精酿啤酒酿造技术

聂 聪 著

中国轻工业出版社

图书在版编目（CIP）数据

精酿啤酒酿造技术/聂聪著 . —北京：中国轻工业出版社，2025.4
ISBN 978-7-5184-2279-1

Ⅰ.①精…　Ⅱ.①聂…　Ⅲ.①啤酒酿造—基本知识
Ⅳ.①TS262.5

中国版本图书馆 CIP 数据核字（2019）第 051365 号

策划编辑：江　娟
责任编辑：江　娟　狄宇航　　责任终审：唐是雯　封面设计：锋尚设计
版式设计：王超男　　　　　　责任校对：吴大朋　责任监印：张　可

出版发行：中国轻工业出版社（北京鲁谷东街 5 号，邮编：100040）
印　　刷：三河市万龙印装有限公司
经　　销：各地新华书店
版　　次：2025 年 4 月第 1 版第 4 次印刷
开　　本：720×1000　1/16　印张：26.5
字　　数：530 千字
书　　号：ISBN 978-7-5184-2279-1　定价：68.00 元
邮购电话：010-85119873
发行电话：010-85119832　010-85119912
网　　址：http://www.chlip.com.cn
Email：club@chlip.com.cn

前　言

啤酒是世界上销量最大的酒精饮料，具有悠久的历史，素有"液体面包"之称。特别是近年来，随着人们生活水平的不断提高，消费者对啤酒口味的要求越来越高，精酿啤酒的迅猛发展为消费者提供了种类繁多、口味迥异的啤酒。"精酿啤酒"翻译自英语的"Craft Beer"，其实，英文原意有手工酿造和原创啤酒之意。目前，我国将此类啤酒定义为"工坊啤酒"。为帮助啤酒酿造者和爱好者更好地理解啤酒的本质，本书介绍了啤酒的历史溯源、啤酒对人类历史发展的助推作用，以及酿酒原料对啤酒酿造和风味的影响，详细介绍了麦汁制备、啤酒发酵和风味形成机理及演变过程，特别对深受消费者喜爱的啤酒类型、特种啤酒酿造工艺做了全面的解读。

1978 年齐鲁工业大学（前身为山东轻工业学院）开设了发酵工程本科专业，大量优秀毕业生已成为啤酒酿造行业的领军人物。1992 年中国自主设计研发的第一条微型啤酒生产线在齐鲁工业大学建成，这对我国在中小型啤酒酿造方面的发展起到了积极的推动作用，我校成为中国精酿啤酒酿造技术和设备设计的发源地，影响了整个中国精酿啤酒行业的发展。

1997 年 7 月 11 日受中德双方政府的委托，原山东轻工业学院与德国著名的杜门斯（DOEMENS）啤酒学院共同建立了中德啤酒技术中心（SBG）。该中心成立 20 多年来，致力于啤酒酿造技术的推广和新产品开发工作，为全国众多啤酒企业提供了技术支持和培训工作。我校已成功主办了 11 届"国际啤酒饮料技术研讨会"，每奇数年举办的研讨会汇集了来自世界各地的顶级啤酒专家，共同探讨啤酒酿造的最新技术和进展，这有力地推动了我国啤酒行业的技术进步。

《精酿啤酒酿造技术》全面介绍了啤酒酿造发展历程和精酿啤酒酿造技术等内容。本书可作为啤酒酿造工程人员、精酿啤酒爱好者、酿酒工程及相关专业本科生的参考书。本书共分为十三部分：啤酒概述、酿造用水、麦芽及辅料、酒花、酵母、麦汁制备、啤酒发酵技术、啤酒过滤技术、酿造设备清洗技术、啤酒稳定性及风味演变、啤酒感官质量及评价、如何构建精酿啤酒工坊和附录。

在本书的编写过程中得到了德国杜门斯学院（DOEMENS）、德国术兹（kaspar-Schulz）、山东申东设备技术有限公司、弗曼迪斯（Fermentis）和拉曼

（Lallemand）公司、比利时城堡麦芽公司等单位的大力支持；研究生关雪芹、郭彦伟、张洁和杨贵恒等在书稿整理中付出了辛勤的工作；感谢所有在本书编写中给予帮助的各位同仁。

由于编者水平有限，错误之处在所难免，恳请各位专家和读者给予指正为盼，以便在今后的再版工作中加以更正。

齐鲁工业大学（山东省科学院）

聂聪

于山东济南长清校区

2018 年 12 月

目　　录

第一章　啤酒概述

第一节　啤酒溯源

一、啤酒历史溯源

啤酒的历史源远流长，是世界上最古老的三种酿造酒（葡萄酒、啤酒、黄酒）之一。啤酒是继葡萄酒之后，最早出现在人类生活中的采用谷物酿造的酒精饮料。它不仅是历史的推动者，而且在一定程度上也改变了世界发展的进程。

啤酒起源于两河流域的美索不达米亚（Mesopotamia）平原（当今伊拉克境内），最先把啤酒带给人类的是当时生活在那里的苏美尔人的祖先。藏于法国巴黎卢浮宫博物馆第四展厅石雕厅的一块石雕可资证明（图1-1），上面刻有苏美尔人酿制啤酒的场面，距今已有5000年。专家们以此推断，啤酒的酿造始于7000～9000年前。

图1-1　收藏于巴黎卢浮宫的记录苏美尔人酿酒的石雕

在古代，女人负责烹饪和酿酒，寺庙的女祭司也是酿酒师。当时所酿造的啤酒，由于采用自然发酵，并且未经过滤，所以其外观浑浊，口味与当今啤酒相差较大。发酵后的酒精含量约为 6%（体积分数），含未发酵糖较多而呈甜味，但通常与香草、香料、水果或蜂蜜调配后混合发酵。据报道，苏美尔人当时可以酿造出 16 种以上不同口味的啤酒。苏美尔人通常使用芦苇吸管饮用啤酒（图 1-2）。据刻在石板上的楔形文字记载，苏美尔人的啤酒酿造方法是，先让大麦芽经发酵、烘烤后制成啤酒面包，再将啤酒面包加水捣碎，最后加入发酵物和蜂蜜使之发酵酿成啤酒。从出土的文物中我们还可以一窥苏美尔人的喝酒方法，他们先将酒倒入一个小罐子内，再将罐子放在矮桌或矮板凳上，然后人坐下来用麦秆吸取啤酒。

图 1-2　苏美尔人饮用啤酒的场景

楔形文字石板上还记载着一个啤酒与草药搭配的配方。1980 年，科学家从 1600 多年前埋葬在苏丹的努比亚木乃伊骨骼碎片上发现四环素类抗生素。人类学家推断，努比亚人精于酿造啤酒，他们用沾有可产生抗生素链霉菌的谷物掺入酿酒原料，使酿制的啤酒具有药性。

公元前 3000 年前后，随着两河流域和尼罗河流域的贸易往来，位于尼罗河下游的古埃及人也学会了啤酒酿造技术。一座建于公元前 2300 年前后的金字塔内墓室石壁上，雕刻了一幅古埃及人酿造啤酒的图画，形象地描绘了其酿造的全过程（图 1-3）。

图 1-3　公元前 2300 年左右，古埃及人用面包酿制啤酒的工艺过程

据有关报道，埃及吉萨金字塔花费了成千上万的劳动力，但他们的薪水不是金钱，而是定量的食物和啤酒。每人一天大概能获得 4L 啤酒，等级越高的监管者获得的食物和啤酒越多。

公元前 1300 年左右，埃及的啤酒作为国家管理下的优秀产业得到高度发展。拿破仑的埃及远征军在埃及发现的罗塞塔石碑上的象形文字表明，在公元前 196 年左右当地已盛行啤酒酒宴。

公元前 3000—公元前 2000 年，古代的巴比伦和埃及人用稷（jì）酿造出一种称作"Boza"的啤酒，而埃塞俄比亚人（Ethiopian）的小麦啤酒和土耳其人的非酒类玉米啤酒也被称作"Boza"。

古代埃及人也曾用高粱来酿造啤酒，称为"Bilbil"，其名字取自诗人 Ibulbul（著有《夜莺的母亲》），因为这种啤酒能刺激饮用者放开歌喉。

二、世界上第一部有关啤酒酿造的法律

古巴比伦人统治了苏美尔地区后，继承了苏美尔人的酿酒文化。汉谟拉比是巴比伦王国第六代国王（公元前 1792—公元前 1750 年）、政治家和统帅，曾征服美索不达米亚的大部分地区和亚述。他的统治时代是古巴比伦王国的全盛时代。古巴比伦国王汉谟拉比颁布的《汉谟拉比法典》（*The Code of Hammurabi*），距今约有 3700 年，是迄今已知的古代第一部比较完整的法典（图 1-4）。《汉谟拉比法典》原文刻在一段高 2.25m，上周长 1.65m，底部周长 1.90m 的黑色玄武岩石柱上，故又名"石柱法"。该石柱收藏于法国巴黎的卢浮宫中，石柱上端是汉谟拉比王站在太阳和正义之神沙马什的面前接受象征王权的权标浮雕，以象征君权神授，王权不可侵犯；下端是用阿卡德楔形文字刻写的法典铭文，共 282 条 3500 行 8000 字，其中第 108 条至第 111 条，就是有关酿造啤酒和出售啤酒的法律，违反这些法律，将被处以极刑。

图 1-4　刻在石柱上的《汉谟拉比法典》

三、大麦种植助推了农业文明的发展

大麦栽培开始于大约公元前 8000 年，甚至能追溯到最后一个冰河世纪的末期。大麦是当时的种植谷物之一。根据考古学和古植物学的研究发现，中东地区的土耳其、以色列、叙利亚、伊拉克和伊朗的西部地区，被认为是大麦种植

3

的起源地。目前大麦种植区域主要有澳大利亚、加拿大、德国等国家（图1-5）。

图1-5　德国维尔斯堡的大麦种植田（作者拍摄）

1. 啤酒引发了农业革命

公元前9000年，人类文明在美索不达米亚平原孕育。最早的苏美尔人的祖先开始种植大麦等作物使其生活趋于稳定，而大麦很快就被发现可用于酿酒。根据史学家推测，当时人们把大麦放在陶制坛子里，下雨之后，大麦被雨水浸泡，雨水干后，大麦发芽，雨水再次落入罐子后，野生酵母将大麦在酶的作用下产生的糖转化为二氧化碳和酒精。猎人打猎回来之后，看到了冒泡的混合物，好奇地品尝后，对此赞不绝口。如何能更多地得到这种奇妙的神水，由此就产生了对大麦的需求，并导致一系列的新发明，促进了农耕文明的发展。

2. 啤酒带来了文字

人类历史上最早的文字是楔形文字（图1-6）。啤酒一词最早由楔形文字记录下来，考古发现楔形文字里竟有160多个单词跟啤酒有关。史学家认为，当时人们为了记录最爱的啤酒以及其他日用品生产和分配的需要，才以符号的形式记录下来，最终演化成了文字。

大约公元前2500年前，居住在城邦中的苏美尔人就使用干燥炉烘焙Bappir（Bappir是苏美尔人的一种两次烘焙的大麦面包，主要用

图1-6　楔形文字中有关啤酒的记录

于古代美索不达米亚地区的啤酒酿造），考古学家发现的一个外形尺寸约为 2m×2m 的半拱形的用泥土建造的遗址，被证明是用来干燥麦芽的烘干炉（图 1-7）。

图 1-7　苏美尔人修建的麦芽烘干炉

四、啤酒在阿拉伯半岛的衰败

为什么啤酒的发源地阿拉伯半岛现在不产啤酒？东罗马帝国时期，公元 395 年，埃及及两河流域的啤酒业仍然很发达。公元 639 年穆罕默德领导的阿拉伯部队迅速征服了美索不达米亚、叙利亚和巴勒斯坦。公元 642 年从拜占庭手中夺取了埃及，公元 711 年横扫大西洋海岸，取得了巨大的胜利，最终皈依伊斯兰教，其教义认为酒是邪恶之源，一律禁酒，啤酒在其发源地渐渐消失了。

五、啤酒由中东引入欧洲

大约公元前 48 年以后，啤酒酿造技术从埃及传到了欧洲，并落地生根，得以快速发展；公元 100 年在北欧出现（应归功于罗马人）；公元 450 年撒克逊人入侵英格兰（同样把啤酒带到了英格兰）；公元 1300 年啤酒成为英格兰的国饮。

当时的日耳曼人和凯尔特人（亦称高卢人）对欧洲啤酒的发展起了很大的促进作用。经过欧洲人不断地改进和发展，啤酒已成为一种清新爽口、妙不可言的饮料，并传播到世界的各个角落。但是，长期以来，由于人们相互保守秘密，啤酒生产发展缓慢，生产原料五花八门，直到公元 8 世纪前后，德国人把大麦和酒花固定为啤酒酿造原料，啤酒酿造技术才实现了重大突破。公元 476 年西罗马帝国灭亡，日耳曼等王国建立，使欧洲进入漫长的中世纪

（公元 500—1500 年）。图 1-8 描绘了公元 1596 年欧洲一教堂中修士酿酒的场景。

啤酒从欧洲传入美洲和大洋洲，公元 1607 年啤酒从英格兰出口至美洲，公元 1773 年库克船长率先在澳洲酿造啤酒。

随着人类科技的进步，如 1830 年发现酶对大麦发芽的作用；1865 年法国巴斯德灭菌方法创立；1866 年发电机问世；1870 年冷冻机应用；1878 年丹麦科学家汉森（Hansen）对啤酒酵母进行纯粹培养和分类研究以及 19 世纪中叶加热方法和蒸汽机得到改进等，啤酒酿造逐步进入工业化。

图 1-8　1596 年纽伦堡酿酒师

六、中国啤酒历史溯源

我国是世界上用粮食原料酿酒历史最悠久的国家之一。中国科学技术大学张居中教授与美国宾夕法尼亚大学考古与人类学家帕特里克·麦克戈温（Patrick McGovem）教授合作，对我国贾湖遗址出土的陶器内壁上的沉积物进行化学分析，研究的结果刊载于美国《国家科学院院刊》上。美国《国家地理》及国内外媒体进行了广泛报道。

研究证实，沉积物中含有酒类挥发后的酒石酸，其成分有稻米、蜂蜜、山楂、葡萄，与现代草药所含某些化学成分相同，根据 C_{14} 同位素年代测定，其年代在公元前 7000—公元前 5800 年。实物证明，在新石器时代早期，贾湖先民已开始酿造发酵的饮料（图 1-9）。

图 1-9　贾湖遗址考古现场和出土的陶坛子

1—C 型 II 式圆腹壶（M252：1）　　2—B 型 II 式扁腹壶（M482：1）　　3—C 型 III 式圆腹壶（M253：1）

专家认为：此前在伊朗发现的大约公元前 5400 年前的酒，被认为是世界上最早的"酒"。"贾湖酒"的发现，改写了这一记录，比国外发现的最早的酒要早 1000 多年，成为目前世界上发现最早与酒有关的实物资料。

2007 年 7 月 19 日，美国《国家地理》刊载文章称，美国特拉华州角鲨头（Dogfish Head's）啤酒厂首席酿酒师萨姆·加拉吉奥尼（Sam Calagione）与宾夕法尼亚大学考古学家麦克戈温教授，经过数月的研制，复制出考古界 1986 年在中国贾湖遗址发现的距今大约 9000 年就曾酿造出的一种酒类饮料，并将其命名为"贾湖城堡"（JIAHU CHATEAU）品牌（图 1-10），全面推向市场。

图 1-10　美国角鲨头啤酒厂酿造的贾湖城堡啤酒

据史料记载，早在 5000 多年前，我们的祖先就已经能够酿造"醴酒"了（图 1-11），其所用的原料、发酵的方法、酿造的时间，与世界公认的苏美尔人所酿啤酒非常相似，如出一辙。明朝张岱《夜航船·卷十一·饮食篇》中"黄帝始作醴，夷狄作酒醪，杜康作秫酒，周公作酎、三重酒"的语句便是明证。

图 1-11　我国古代的酿酒作坊（四川新都县出土的汉代画像砖拓片）

只不过由于这种"醴酒"糖分较高、酒精含量低、口味太淡、不利贮存、容易变酸变质，而被其他香醇可口的美酒所代替。由此可见，位于九曲黄河之滨的中国也是啤酒的一个重要发源地。

直到19世纪，以工业化方法生产的现代啤酒酿造技术才又从西方传到了中国，并逐渐繁衍起来，一批啤酒厂应运而生，著名的啤酒厂如下。

（1）1900年，俄国人在哈尔滨建立了中国最早的啤酒厂——乌卢布列夫斯基啤酒厂（哈尔滨啤酒厂前身）；

（2）1903年，英德合资在青岛开办了英德酿酒有限公司（青岛啤酒厂前身）；

（3）1904年，在哈尔滨出现了第一家中国人开办的啤酒厂——东北三省啤酒厂；

（4）1912年，捷克人在上海开办了斯堪的纳维亚啤酒厂（上海啤酒厂前身）；

（5）1914年，中国人在北京建立了双合盛啤酒厂（五星啤酒厂前身）；

（6）1920年，山东烟台几个资本家集资建成了醴泉啤酒厂（烟台啤酒厂前身）；

（7）1935年，广州建成五羊啤酒厂（广州啤酒厂前身）。

新中国成立前夕，不论是外国人开办的啤酒厂还是中国人自己经营的啤酒厂，总数不过十几家，产量不大，品种很少，当时全国啤酒总产量仅有7000千升。

新中国成立后，随着经济的逐步发展和人民生活水平的提高，啤酒工业取得了一定进展，1958年产量超过5万千升，1967年超过10万千升，1979年超过50万千升，但人均啤酒消费量仍很少，啤酒工业的整体水平仍处在不发达状态，供需矛盾十分突出。2002年，我国成为世界上啤酒产量最大的国家，达到2386.83万千升。2013年创啤酒产量的历史新高，达到5016万千升。近几年由于消费者口味的变化，加之进口啤酒数量的增加和精酿啤酒的发展，啤酒总体销量出现下滑，2017年啤酒总产量下降到了4402万千升，由于高端啤酒的销量上升，啤酒的销售额呈现上升趋势。

第二节　改变啤酒发展进程的重大事件

一、改变啤酒风味的使者——酒花

古代欧洲最先用炒焦的豆子作香料，后来用生姜、苦艾和龙胆根等来调味。酒花和蔷薇等在过去是作为一种观赏和庭院装饰植物种植的，人们并不知道其中的奥妙。公元448年，斯洛伐克人用来款待拜占庭国王使节的啤酒就添加了酒花。公元624年西班牙塞维利亚城的啤酒坊开始使用酒花酿造啤酒。公元8世纪德国修道士酿酒师发现了酒花的妙用。真正的啤酒起始于采用酒花作为其主要的苦味和香味添加剂，正是酒花所赋予啤酒这种特有的苦味和香味，才使得啤酒变得爽口怡人。

二、啤酒在中世纪作为干净的饮用水

欧洲中世纪期间，城市发展导致污水横行，黑死病等疾病疯狂杀人。那时候还没有微生物的概念，人们也不知道水必须烧开才能喝（至今欧洲人都喜欢直接喝自来水，因为他们自信水质达标）。供水政策主要是在1350年黑死病高潮时才成为一项重要议题。因为水源总是被污染，经常会引起各种疾病。不习惯饮用开水的欧洲人找到了最好的解决办法：喝啤酒。几乎人人只从啤酒和食物中获取水分，所以啤酒在当时就成为了人们的首选。这幅1856年的绘画描述了星期日清晨顾客等待酒馆开门的情景（图1-12）。在饮用水不太安全且人口过度拥挤的城市里，喝啤酒比喝水更好。

图1-12　中世纪星期日清晨顾客等待酒馆开门的情景

三、《啤酒纯酿法》

1516年4月23日巴伐利亚公爵威廉四世在德国慕尼黑北部城市英戈尔施塔特（Ingolstadt）召开三级议会（Assembly of estates），他宣布"我们希望在我们的城镇、集市和乡村销售的啤酒中，除了大麦、酒花、水以外，没有其他任何添加成分"。而会议主题是讨论财政税收问题，有关啤酒酿造的文字仅有一小段记录（图1-13）。

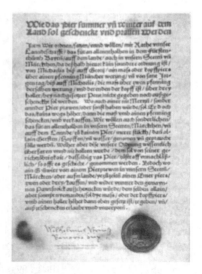

图 1-13　巴伐利亚公爵威廉四世（左）与《啤酒纯酿法》（右）

图 1-14　《啤酒纯酿法》起源地英戈尔施塔特的 500 周年庆祝海报

当时，啤酒酿酒原料使用混乱，质量参差不齐，为保证啤酒质量的统一性，制定了该法律。大麦有皮不能直接食用也是最后作为酿造原料的一个重要原因。其实只有这三种原料是酿造不出啤酒的，当时人们还不知道酵母为何物。

至今，《啤酒纯酿法》存在了 500 多年（图 1-14），《啤酒纯酿法》的德语为"Reinheitsgebot"，这一专有名称存在的时间却不是很长，它是在 1918 年 3 月 4 日的一场德国巴伐利亚州议会关于啤酒税收的激烈辩论中，被一位名叫汉斯·罗赫（Hans Rauch）的议员提出的。而在此之前，这条法律被多人称作"禁止掺杂法案"（德语 Surrogatverbot）。无论如何，《啤酒纯酿法》作为世界上最古老且仍有效的食品安全和消费者保护法案是无可置疑的。2016 年该法律已经有 500 年的历史，虽然该法规限制了啤酒的创新发展，却传承了德国啤酒在世界的美誉。

其实在德国《啤酒纯酿法》也出现了两个版本：巴伐利亚版（南德）和德国版（北德），巴伐利亚版执行更严格，在下面发酵的拉格中只能使用大麦芽、酒花、水和酵母；对上面发酵的啤酒可适当添加小麦芽或燕麦。而德国版《啤酒纯酿法》对下面发酵啤酒拉格的规定更灵活：允许添加纯蔗糖、甜菜糖、转化糖浆、改性淀粉糖浆，甚至由上述糖浆制作的着色剂。因此，德国版《啤酒纯酿法》已经与最初 1516 年的啤酒纯酿法大相径庭。

1695 年，德国汉堡的啤酒厂建议遵循南德的纯酿法酿造啤酒。实际上北德地区，采用大米、豌豆或土豆淀粉代替大麦汁作淀粉源不仅是被允许的，而且被 1871 年德国帝国法律所保护，但这类加料啤酒的生产仅限于"北德啤酒税收共同体"。1906 年 6 月 3 日德国版《啤酒纯酿法》在全德实施；而当 1918 年巴伐利亚王国成为魏玛共和国时期德国的一个省时，魏玛共和国在《啤酒纯酿法》上实行"一国一版"，即只承认并推行巴伐利亚版的《啤酒纯酿法》。同样的情形也出现在 1949 年以后，当时巴伐利亚重新加入德意志联邦共和国。

1987 年欧洲法院判定巴伐利亚版《啤酒纯酿法》限制了啤酒的销售，特别是来自欧洲其他国家啤酒的自由贸易。从此，德国之外那些"非纯酿"啤酒也得以在德国境内销售；而且在德国境内生产的德国啤酒，如果用于出口，也可以不用遵守这过时的德国《啤酒纯酿法》。不过巴伐利亚地区的德国啤酒厂除外。

目前，德国允许啤酒加果汁的混合饮料的生产，如，"Radler"是啤酒加柠檬饮料；"Russen"是小麦啤酒加柠檬饮料。

四、冷冻机的应用——啤酒春天的到来

现代的制冷技术，是 18 世纪后期发展起来的。在此之前，人们很早就懂得"冷"的利用。我国古代就有人用天然冰冷藏食品和防暑降温。如《诗经》中就有"凿冰冲冲、纳于凌阴"的诗句，反映了当时人们贮藏天然冰的情况。马可·波罗在他的著作《马可·波罗游记》中，对中国制冷和造冰窖的方法有详细的记述。1755 年爱丁堡的化学教师库仑利用乙醚蒸发使水结冰。他的学生布拉克从本质上解释了融化和气化现象，提出了潜热的概念，并发明了冰量热器，标志着现代制冷技术的开始。

1840 年，德国移民将拉格啤酒带到了美国，并迅速风靡全国。这是一种需要低温发酵的啤酒，为此，美国啤酒厂试过从冰山上采冰来降温。人们开始研究可以在夏日酿酒的制冷技术。其实，制冷技术是许多专家共同努力的结果。1834 年发明家波尔金斯造出了第一台以乙醚为工质的蒸发压缩式制冷机，并正式申请了英国第 6662 号专利。

1881 年，德国慕尼黑工业大学的卡尔·林德（Carlvon Linde）设计出了世界上第一台利用连续压缩氨的原理进行工作的制冷机，它安全可靠、经济实惠而又效率高，可以用来制冰和冷却液体。后来，他在威斯巴登创建了林德制冰机有限公司，以便使他的发明工业化。

制冷设备的发明，使德国原本就非常出名的低温下发酵啤酒可以在世界各地酿造，这也使工业化大规模生产啤酒成为可能。可以说，林德的这项发明是现代啤酒生产的基础之一，使啤酒的酿造不再受季节的限制。

五、巴氏杀菌——延长了啤酒的保质期

早在 17 世纪，荷兰代尔夫特人科学家安东尼·范·列文虎克（Anton van Leeu-wenhoek）就曾借助显微镜描述过酵母，不过当时这位荷兰微生物学家认为酵母不是生物。直到 19 世纪末才由法国微生物学家路易斯·巴斯德（Louis Pasteur，公元1822—1895 年，图 1-15）正式发现啤酒发酵所需的酵母的存在。

1865 年，法国伟大的科学家巴斯德发明了用加热的方法对啤酒进行杀菌处理，使啤酒的贮藏期得到了成倍的延长。

巴氏灭菌法：采用较低温度（一般在60~82℃），在规定的时间内，对食品进行加热处理，达到杀死微生物营养体的目的，

图 1-15　法国科学家路易斯·巴斯德

是一种既能达到消毒目的又不损害食品质量的方法，是最早用来解决食品变质问题的方法。

他还研究了微生物的类型、习性、营养、繁殖、作用等，把微生物的研究从主要研究微生物的形态转移到研究微生物的生理途径上来，从而奠定了工业微生物学和医学微生物学的基础，并开创了微生物生理学。巴斯德的这一发明，不仅挽救了法国及欧洲众多啤酒厂家和葡萄酒厂家险遭破产的厄运，更是为啤酒的工业化生产和啤酒在世界范围的销售创造了必不可少的技术条件，使啤酒生产技术又大大地向前迈进了一步。

六、汉森——酵母纯种培养的先驱者

酵母细胞的具体特性是由三位不同的科学家在 1834—1835 年发现的。在路易斯·巴斯德开创性研究的基础上，1883 年丹麦科学家汉森（Christian Emil Hansen）在丹麦哥本哈根嘉士伯啤酒厂成功地对啤酒酵母进行单细胞分离和纯种培养，这是啤酒史上伟大的里程碑。汉森最先提出纯种培养而不是混合培养，从而使啤酒酿造业又发生了一次革命。20 世纪中期，纯种培养法已广泛使用，人们可以通过一些技术手段培养出品质优良的酵母菌株，这样就能够酿造出更令人满意的优质啤酒，这极大地提高了啤酒口味的纯净性和一致性。

七、蒸汽机的使用

1769 年，英国的焦耳·瓦特发明了蒸汽机。1781 年，他与马休·波耳顿合作，发明了把活塞运动改变成回转运动的结构型式，并成立了瓦特·波耳顿商社，最早制造出两台动力机器，据说这两台机器被伦敦啤酒公司购买，分别用于酿造用水和麦芽粉碎。

虽然蒸汽机在采矿业很早就用于生产，但是蒸汽机在瓦特改良后才在酿造业中使用。第一台蒸汽设备于 1784 年安装于伦敦的一家酒厂，蒸汽机的使用使大规模酿造成为了可能。

八、温度计

1724 年，德国物理学家华伦海特（Gabriel Daniel Fahrenheit）研制了水银温度计并且制定了使用规范。詹姆斯·巴弗斯托克（James Baverstock）将温度计用于啤酒酿造，迈克尔·康布瑞恩（Michael Combrune）将生产中温度计的使用整理成书。温度计的使用推进了酿造动力学的研究。

九、比重计

比重计是通过相对密度来测算麦汁中糖以及其他固形物含量的装置，John Richardson 最先写了一本书来规范比重计的使用，在酿造生产中，比重计的使用产生的影响比改变原料品种的影响还要深远。

十、麦芽干燥

随着时间的推移，干燥麦芽的技术逐渐从直接燃煤过渡到间接加热。到1700 年，大多数酿造师都已经使用无烟麦芽，但是棕色麦芽仍沿用传统燃烧木头的干燥方法。焦香麦芽在 1870 年左右才得以应用。传统的麦芽干燥方式，不同层面的麦芽质量差别较大，靠近底层的麦芽颜色最深，通常作为烟熏和黑色麦芽出售，而中上层的麦芽根据色度分为焦香和浅色麦芽。为了避免浪费，用不同种类的麦芽来酿造不同风格的啤酒，烟熏啤酒和黑啤酒应运而生。

十一、制麦技术

地板式发芽效率低，麦芽质量不高。格兰德（Galland）和萨拉丁（Saladin）

被认为是现代制麦设备之父。1873 年格兰德首次将通风方式应用于长方形发芽箱（萨拉丁式发芽箱），1880 年萨拉丁将翻麦机应用于发芽箱中，该技术一直沿用至今。德国施密德–塞格（Schmidt Seeger）公司是世界上专用制麦设备生产商，塞格首次使用蒸汽加热产生热风烘干麦芽的技术替代了传统的绿麦芽直火加热烘干的方法，使麦芽质量有了极大的改观。2010 年 8 月 20 日，德国联邦反垄断部门批准了布勒（Buehler）集团收购施密德–塞格公司的协议。两家公司对此结果均很满意，并共同期待着公司的全球增长计划取得进一步的进展。通过对施密德–塞格公司的战略收购，布勒创建了一个谷物管理与麦芽制造领域的跨国公司。

十二、回旋沉淀槽

与麦芽干燥相比，最吸引人眼球的是回旋沉淀槽的发明，这一技术彻底解决了麦汁煮沸后，热凝固物的分离问题，同时也改善了啤酒中令人不愉悦的气味——二甲基硫（DMS）的去除问题。

十三、啤酒过滤机

1880 年德国发明家安岑阁（Lorenz Adelbert Enzinger）制造出了首台用于啤酒过滤的专用过滤机，改变了几千年来人们一直饮用浑浊啤酒的历史。之后德国的赛茨–申克公司（Seitz-Schenk）在啤酒板框式过滤技术方面为啤酒工业的发展做出了很大贡献。

颇尔博士（Dr. David B Pall）创建了位于美国纽约的颇尔公司（Pall Corporation）。颇尔从 1946 年发明世界上第一款过滤器开始，已发展成为目前世界上最大的专注于过滤、分离、纯化技术的跨国公司。2001 年，Pall 收购 US Filter过滤分离部（FSG），包括赛茨–申克、Filterite、Exekia 等公司，奠定了颇尔赛茨等深层过滤技术的领先地位。

十四、皇冠盖

1. 皇冠瓶盖从 24 齿到 21 齿的演变

1892 年英国发明家 William Painter 首次为皇冠盖申请专利。当初将皇冠盖设计成 24 齿。那时他没有考虑到以后会出现高速灌装设备。在滑道中将皇冠盖自动输送给封盖机的过程中瓶盖很容易被卡住。其原因在于偶数齿的皇冠盖每侧有两个齿轮靠在金属滑道上，容易挤住，导致皇冠盖卡在输送管道内。如果采用奇数齿的皇冠盖，一面只有一个齿与滑道接触，皇冠盖则可以随意转动，轻松地划入封盖机，结果证明了奇数齿的可行性，所以将齿数从 24 齿变到 21 齿。

2. 皇冠盖的作用

皇冠盖的内表面印刷一个彩色镜面，利用激光在这个镜面上烧出期望的标识，然后将透明的密封垫压在皇冠盖上，这样就不会像以往那样与饮料产生直接接触。

3. 皇冠盖密封性的改良

为了提高皇冠盖的密封性还需要一种密封材料，软木具有天然特性，最适合作为密封材料，因此，首先采用了天然软木垫片。后来，天然软木垫片被冲压木片取代，由此瓶子得到更快更好的密封。但是，冲压木片也存在氧气通透的缺陷，同时，木塞和胶水也会导致口味缺陷。

1970 年，生产厂家推出了 PVC（聚氯乙烯）发泡密封垫，其具有更高的口味稳定性。但是，PVC 材料含有塑化剂和邻苯二甲酸盐，不允许与饮料接触，而且，由于气体交换量相对较大，容易出现口味的老化。1985 年又推出了不含 PVC 成分的密封垫。针对不同的灌装产品所需温度和瓶子的质量来说，密封垫的正确选择具有重要意义，以减少溶解氧气给啤酒带来的问题。

十五、易拉罐

1959 年，位于美国俄亥俄州代顿市 DRT 公司的艾马尔·克林安·弗雷兹发明了易拉罐，它继承了以往罐形的造型设计特点，在顶部设计了易拉环。这是一次开启方式的革命，给人们带来了极大的方便和享受，因而很快得到普遍应用。这一天才的发明使金属容器经历了 50 年漫长发展之后有了历史性的突破。同时，也为制罐和饮料工业的发展奠定了坚实的基础。易拉罐发源于美国，盛行于世界。

易拉罐有便于携带、质量轻和不会爆瓶的优点，使啤酒在运输和销售过程中变得更加容易，啤酒进一步走入寻常百姓的日常生活。在涂料技术完善之后，易拉罐发挥了其完美避光的优势，保证了啤酒的味道。各精酿啤酒厂也纷纷投入易拉罐的怀抱，受到了更多消费者的青睐。

第三节　世界啤酒发展现状

一、世界啤酒的产量

1998—2017 年世界啤酒产量变化，总体呈上升趋势。1998—2004 年上升较为缓慢，2004—2008 年上升幅度较大，2008—2010 年世界啤酒产量维持在 1.82

千亿升，2010 年至今啤酒产量呈上升趋势，但上升幅度较为平缓，2017 年为 1.98 千亿升（图 1-16）。

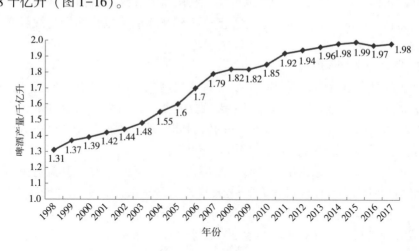

图 1-16 1998—2017 年世界啤酒产量

2015—2016 年世界啤酒产量前 10 位的啤酒厂见表 1-1。

表 1-1 2015—2016 年啤酒产量位居世界前 10 位的公司 单位：十亿升

啤酒公司	2015 年产量	2015/2014 年	2016 年产量	2016/2015 年
百威英博	409.9	21.2%	433.9	22.2%
喜力啤酒	188.3	9.7%	200.1	10.2%
雪花啤酒	117.4	6.1%	118.8	6.1%
嘉士伯啤酒	120.3	6.2%	116.9	6.0%
康胜啤酒	58.1	3.0%	95.2	4.9%
青岛啤酒	70.5	3.6%	79.2	4.0%
朝日啤酒	20.5	1.1%	59.0	3.0%
燕京啤酒	48.3	2.5%	45.0	2.3%
麒麟啤酒	43.1	2.2%	42.5	2.2%
卡思黛乐	29.8	1.5%	32.9	1.7%
总计	1106.2	57.1%	1223.5	62.6%

2013—2017 年欧洲主要啤酒生产国的啤酒产量见表 1-2。欧洲地区总量呈现先降低后升高的趋势。

表 1-2　　　　　　　2013—2017 年欧洲主要啤酒生产国啤酒产量　　　单位：十亿升

国家	2013 年	2014 年	2015 年	2016 年	2017 年
德国	94.4	95.6	95.7	95.3	95.5
俄罗斯	88.9	76.6	73.0	86.2	85.2
英国	42.4	41.2	44.1	42.4	42.1
波兰	39.6	39.2	39.8	41.5	41.5
西班牙	33.1	33.5	34.8	36.3	37.8
荷兰	23.7	23.7	23.7	24.2	24.5
比利时	18.1	18.0	18.3	21.3	22.5
法国	18.7	18.8	20.5	21.3	21.9
捷克共和国	18.6	19.7	20.1	20.6	21.1
罗马尼亚	16.6	16.5	16.1	18.3	19.1
乌克兰	27.6	24.5	19.4	17.5	15.7
意大利	12.7	13.0	15.4	14.5	14.9
奥地利	9.2	9.2	9.3	9.5	9.5
土耳其	8.0	10.1	9.0	9.5	9.2
爱尔兰	8.0	8.0	7.3	7.9	7.9
匈牙利	6.0	6.2	6.5	6.3	6.7
其他欧洲国家	36.2	23.9	21.7	43.2	45.3
欧洲地区总量	531.1	518.8	516.6	538.1	540.2

2013—2017 年美洲、亚洲、非洲和世界啤酒的产量情况见表 1-3。

表 1-3　　　　2013—2017 年美洲、亚洲、非洲和世界啤酒产量　　　单位：十亿升

国家	2013 年	2014 年	2015 年	2016 年	2017 年
美国	224.6	225.9	225.0	200.6	196.6
巴西	134.2	134.5	138.0	127.2	131.0
墨西哥	82.0	82.0	90.0	109.8	116.4
哥伦比亚	22.3	22.0	22.7	22.8	22.5
加拿大	22.6	22.6	22.7	20.8	20.6
阿根廷	16.8	16.3	18.1	18.0	18.0
秘鲁	13.5	13.5	13.7	13.9	14.1

续表

国家	2013 年	2014 年	2015 年	2016 年	2017 年
委内瑞拉	22.2	22.4	21.0	12.9	8.9
其他美洲国家	66.2	68.1	86.4	62.8	64.4
美洲地区总量	572.2	574.1	592.4	568.8	570.4
中国	506.0	493.0	471.6	485.1	488.6
日本	57.2	53.9	53.8	54.3	53.9
越南	32.0	35.4	39.3	40.6	43.2
印度	20.0	20.0	20.5	27.4	27.6
泰国	21.0	22.4	25.5	21.8	22.2
韩国	19.4	20.8	18.8	20.6	20.7
菲律宾	16.2	17.0	17.2	17.7	17.8
其他亚洲地区	158.7	151.9	143.5	153.9	162.4
亚洲地区总量	708.7	701.9	693.5	703.9	712.4
南非	31.5	31.5	32.1	31.6	32.3
尼日利亚	25.0	27.0	27.0	15.6	16.7
其他非洲地区	86.4	99.6	102.6	87.3	92.5
非洲地区总量	127.9	141.1	144.1	128.8	134.0
澳大利亚	17.3	16.9	16.2	16.7	16.7
新西兰	2.9	2.8	2.8	2.8	2.9
大洋洲	1.5	1.4	1.4	1.3	1.4
澳大利亚地区总量	21.7	21.1	20.4	20.9	21.0
世界总量	1961.5	1957.0	1967.1	1960.5	1977.9

二、我国啤酒发展现状

2007—2017 年间，中国啤酒产量变化基本处于平稳上升趋势，只是在 2013 年后出现了拐点（图 1-17）。2016 年我国啤酒产量 4506.4 万千升，同比下降 0.10%，较 2015 年下降 5.10%，2014 年下降 0.96% 有所收窄。国内自 2014 年 7 月之后，啤酒产销量进入了长达 25 个月持续下滑的趋势；而同期进口啤酒呈现较快增长态势，2016 年进口啤酒 64.64 万千升，同比增长 20.07%，在国内啤酒消费量的占比大致为 1.5%。中国啤酒行业正在进行结构性的调整，一方面低端啤酒持续低迷下滑，同时高附加值啤酒、进口啤酒呈现较快增长态势，2017 年达到 71.6 万千升（图 1-18）。

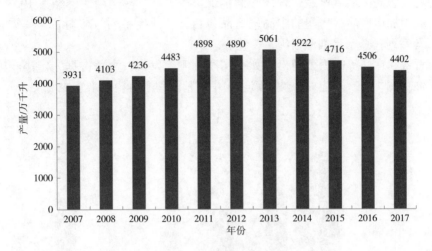

图 1-17　2007—2017 年中国啤酒产量统计图

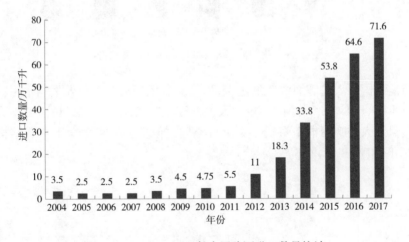

图 1-18　2004—2017 年中国啤酒进口数量统计

　　啤酒行业的下滑与行业升级、市场消费的变化、行业的竞争格局等因素都有密切关系。一方面普通消费者开始购买高端产品，导致低端啤酒消费量持续低迷，另一方面高附加值啤酒、进口啤酒呈现较快增长态势；人口结构的变化、城镇化率的提升、居民收入的不断提高，这些都在推动啤酒行业的消费结构变化。进口啤酒和精酿啤酒加强消费者对啤酒文化的认知程度，让更多的消费者热爱啤酒，将会是未来提升啤酒消费的重中之重。

　　目前，我国前五大啤酒商占据市场份额的 73.7%，其他小型啤酒企业在一段时间内无法撼动其地位，华润雪花和青岛啤酒继续领衔中国啤酒市场的前两名。我国啤酒产量的下滑主因是低端产品占比最大，至今仍有近 80%；而中高端产品特别是高端产品增速最快，是带动行业量价提升的驱动力。各大啤酒企业纷纷发力高附加值产品。青岛啤酒推出了奥古特、鸿运当头、经典 1903、纯生等高附加值产品；华润的中高端产品包括雪花纯生系列、高端品牌"雪花脸谱"等系列；燕京高档酒以纯生为代表。

百威和珠江等啤酒公司已开始在精酿啤酒上发力，力争占据一定小众啤酒的份额（图 1-19）。应对个性化需求，中国精酿啤酒有望迎来较快增长。

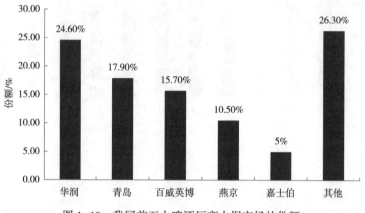

图 1-19　我国前五大啤酒厂商占据市场的份额

目前我国年人均啤酒消费量达 35.77L/人，已经略高于世界平均水平，但仍低于日本 47.69L/人、美国 74.59L/人、英国的 75.22L/人、德国的 107L/人的啤酒消费量，人均啤酒消费量仍存在上升空间，但更大的机会在于消费结构的变化（图 1-20）。

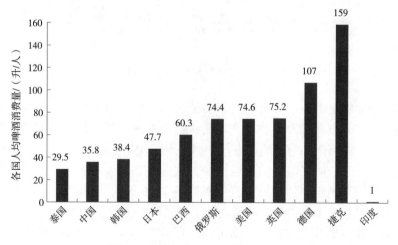

图 1-20　世界各国人均啤酒消费量

三、美国精酿啤酒概况

1. 美国啤酒发展历程

在欧洲人登陆这片土地之前，美国本土的印第安人就已经开始酿造啤酒，他们使用的原料有玉米、白桦树汁和水。移民酿造啤酒的记录最早出现在 1587 年，1620 年一批英国清教徒乘"五月花号"帆船冒险来到美国。1623 年第一个商业啤酒厂由荷兰西印度公司在纽约曼哈顿开办。1898 年"蓝带"啤酒正式注册。1852 年德国移民乔治·施耐德创办了巴瓦瑞啤酒厂，由于经营不善，转让给了肥皂商安海斯（E. Anheuser），1861 年其女莉莉嫁给酒厂的原料供应商阿道夫·布希（Adolphus Busch）。

百威啤酒诞生于 1876 年，它采用质量最佳的纯天然材料，以严谨的工艺控制，通过自然发酵、低温储藏而酿成。整个生产流程中不使用任何人造成分、添加剂或防腐剂。在发酵过程中，又使用数百年传统的山毛榉木发酵工艺，使啤酒格外清爽。百年发展中一直以其纯正的口感、过硬的质量赢得了全世界消费者的青睐，成为世界最畅销、销量最多的啤酒，长久以来被誉为是"啤酒之王"。

2. 震惊世界的美国禁酒令

1919 年 1 月 16 日，美国宪法第十八号修正案正式通过成为法律，从而宣告禁酒令时代的开始，含酒精饮料的生产、销售和运输，都被列为非法。禁酒令实行之后，美国所有合法的啤酒厂都被迫停产，而在此之前的禁酒运动已经使啤酒厂的数量显著减少，只有少数大型啤酒厂还能够生产一些淡啤酒、麦芽糖浆，或其他不含酒精的粮食产品以及可乐和树根啤酒这样的软饮料。酒精的生产和运输主要通过非法途径进行，主要是浓缩型的蒸馏酒，如走私朗姆酒和月光威士忌，这些酒浓度高，比啤酒更容易运输。1930 年达到最低谷，酒厂数量几乎为零。近百年来美国啤酒厂的数量变化见图 1-21。

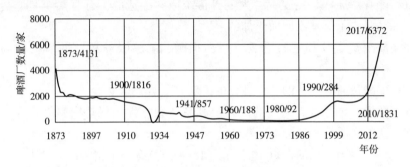

图 1-21　1873—2017 年美国啤酒厂数量变化

20 世纪 70 年代开始的美国精酿运动的起点就是 IPA——英式苦啤。1975 年，Anchor 酒厂的 Fritz Maytag 通过对英国 IPA 的探索，把美国风格的酒花（橙香、松脂香）与美国特有的麦芽风格结合在一起，诞生了第一瓶美式精酿啤酒 Liberty Ale，这款啤酒某种程度上定义和塑造了美国的精酿啤酒。

3. 精酿啤酒的定义和分类

精酿啤酒的英文名称为 Craft Beer，相对于主流啤酒（Main Stream Beer）而言。从制作工艺来看，精酿啤酒不仅没有麦芽替代品，而且酒花、酵母、麦芽的种类极其丰富，各种香料、辛辣料、瓜果蔬菜等也都用在酿造当中，并采用各式的木桶和多样化的辅料，像缔造艺术作品般地酿制出来，颜色各异、口味丰富。

图 1-22　美国酿造商协会对精酿啤酒的诠释

（1）何谓"Craft Beer"　Craft 有手工和原创的意思。美国酿造商协会（Brewers Association，BA）在 20 世纪 70 年代末将手工啤酒酿造商定义为 Craft Beer（图 1-22），而之所以能称之为手工精酿啤酒，需要具备以下三个必需条件：第一，生产规模小。年产量小于 600 万桶（72 万千升）；第二，拥有独立经营权。非精酿酿造者或公司机构，其占股份不能超过 25%；第三，传统工艺酿造。酿造者所酿造的大部分啤酒的风味都应该是从传统的或者创新的原料与发酵工艺中获得。

（2）美国酿造商协会对啤酒酿造的深层解读

①精酿厂是小型酿酒厂。

②精酿啤酒和精酿啤酒制造商的标志是创新。精酿酒厂用独特的方法诠释历史风格，并开发出前所未有的新风格。

③精酿啤酒通常是用麦芽、大麦等传统原料酿造的，有时甚至是非传统的成分，往往是为了与众不同而添加的。

④精酿酿造者往往通过慈善、产品捐赠、志愿服务和赞助活动参与社区活动。

⑤精酿酿造商有独特的、个性化的方法来与客户联系。

⑥精酿酿酒厂通过其酿造的内容及其总体独立性来保持完整性，而不受非精酿啤酒商的实质性利益影响。

⑦大多数美国人生活在每 10 英里（16km）就有一个精酿厂的地方。

（3）美国对啤酒厂的分类　美国通常根据啤酒厂的年生产量将其分为四个类型：微型啤酒厂（Microbrewery），餐馆内 25% 以上的啤酒在现场酿造；啤酒吧、独立的地方性啤酒厂，其主要产品为传统和创新性的啤酒；区域性精酿啤酒厂（Regional Craft Brewery）（精酿），年产量为 15000～6000000 桶的啤酒厂（1755 千升～72 万千升）；大型啤酒厂（Large Brewery），产量超过 600 万桶（72 万千升）的啤酒厂。近几年美国精酿啤酒厂的数量增长迅猛，从 2012 年的 2420 家，上升到 2017 年的 6266 家（表 1-4）。

表 1-4　　　　　　　2012—2017 年美国各类啤酒厂数量变化　　　　　　单位：家

	2012 年	2013 年	2014 年	2015 年	2016 年	2017 年	2016 年/2017 年 变化率/%
精酿啤酒厂	2420	2898	3739	4544	5424	6266	+15.5
区域性精酿啤酒厂	97	119	135	178	186	202	+8.6
微型啤酒厂	1143	1471	2076	2626	3196	3812	+19.3
啤酒吧	1180	1308	1528	1740	2042	2252	+10.3
大型非精酿啤酒厂	23	23	26	30	51	71	
其他非精酿啤酒厂	32	31	20	14	16	35	
啤酒厂总数量	2475	2952	3785	4588	5491	6372	+16.0

4. 美国精酿啤酒的市场份额

美国啤酒行业在 20 世纪 80 年代以后，啤酒人均消费量逐步下跌，啤酒集中度不断上升。但美国大型啤酒厂商普遍采用工业化的同质啤酒，啤酒种类较少。20 世纪 80 年代以后美国居民对产品质量的要求不断提高，这催生了以小型、独立以及采用传统或者创新工艺的精酿啤酒厂迅猛发展。美国精酿啤酒厂从 1994 年的 537 家逐步增长到 2017 年的 6372 家。

整体而言，2017 年度美国啤酒销量下降了 1%，整体啤酒市场呈现了轻微萎缩的态势，整体销售量尽管依然达到了 1114 亿美元的惊人数字，但啤酒总产量已经比去年降低了 1.2%（图 1-23）。

在这种市场环境下，精酿啤酒自身实现了 5.0% 的细分行业总体增长，远远优于 -1.2% 的行业状态，其中小型啤酒厂的工艺生产增长最快。虽然精酿啤酒目前只占 12.7% 的总市场份额，但产值达到 260 亿美元，比 2014 年逆势增长了 8%，且精酿啤酒的销售均价明显高于市场平均水平，占美国啤酒市场的 23% 以上。

美国 2017 年精酿啤酒厂的产量占比见图 1-24。

美国 2004—2017 年精酿啤酒产量的变化见图 1-25，其中区域性啤酒总产量最多，其次为微型啤酒，再次为啤酒吧，最少的为合约啤酒。合约啤酒主要在 2004—2009 年发展，微型啤酒在 2009—2017 年产量呈上升阶段，啤酒吧产量在

图 1-23 美国 2017 年啤酒销售增长

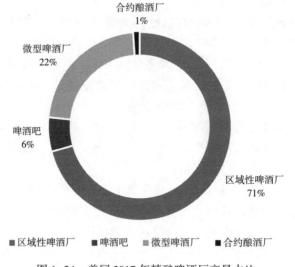

图 1-24 美国 2017 年精酿啤酒厂产量占比

此期间也呈缓慢上升趋势，区域性啤酒 2004—2013 年呈上升阶段，2013—2014 年上升最迅速，2014—2015 年上升势头缓慢，2015—2017 年稳步增长，区域性啤酒厂 2017 年产量达到 19079780 桶（1 桶 ≈ 117 升）。

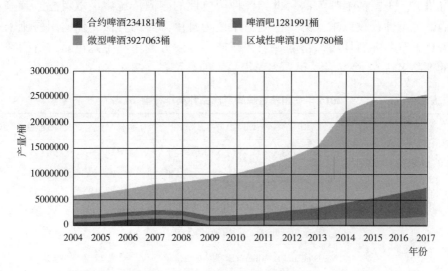

图 1-25　美国 2004—2017 年精酿啤酒产量变化及 2017 年产量

5. 美国精酿啤酒对经济的影响

美国酿酒商协会首席经济学家巴特·沃森（Bart Watson）对美国精酿经济做了全面的分析。2016 年度，精酿啤酒为美国经济贡献了 678 亿美元，这一数字来自于精酿厂生产的啤酒在经过三层体系（啤酒厂、批发商和零售商）以及所有非啤酒产品（如食品和啤酒餐厅及啤酒直销店销售的商品）时所产生的总体影响。

该行业还提供了超过 456000 个全职工作岗位，直接在啤酒厂和酿酒厂工作的岗位超过 128000 个，其中包括啤酒酒吧的在职员工。

除了国家影响外，酿酒商协会还审查了国家精酿啤酒工业的产量，以及 21 岁以上成年人的人均国家经济贡献。

精酿厂在美国 50 个州和哥伦比亚特区都有着强大的影响力，在地方、州和国家层面上，精酿啤酒厂是一支充满活力和蓬勃发展的经济力量。当消费者继续追求范围广泛的高质量全麦啤酒时，小型和独立的精酿酿造商正以创新的产品满足这一日益增长的需求，并在这一过程中创造了高水平的经济价值。

6. 不断创新的美国精酿啤酒

美国精酿啤酒以创新性产品的开发闻名于世。通常情况下，每个啤酒厂至少有 10 个以上的啤酒品种，并且每隔一段时间就会推出新试验性酒款让消费者品饮，首先在自己酒厂的餐厅销售，充分倾听消费者的意见和建议，将口味不断完善后，最终再推向市场。

精酿啤酒商均将自己视为艺术家，每一款啤酒都是创造独特而愉快体验的大好机会。美国精酿啤酒商从世界各种历史性的酿酒传统中汲取灵感。有些对啤酒的纯正性孜孜以求，另一些则采用更为自由奔放的方法，他们用前所未有的方式来重塑啤酒佳酿。精酿啤酒在新产品开发方面不断推陈出新，石头啤酒厂的产品多达 67 个品种，可谓多彩纷呈，种类繁多（表 1-5）。

表 1-5　　　　　2016 年美国精酿啤酒厂产品种类排行前 10 名

	美国精酿啤酒商	啤酒种类
1	Stone Brewing Co. 巨石啤酒公司	67
2	Bell's Brewery, Inc. 贝尔斯酿酒公司	47
3	Sierra Nevada Brewing Co. 内华达山脉啤酒公司	47
4	Avery Brewing Co. 艾维瑞啤酒公司	42
5	New Belgium Brewing 新比利时啤酒公司	41
6	Dogfish Head Craft Brewery 角鲨头啤酒厂	39
7	Firestone Walker Brewing Company 火石行者啤酒公司	38
8	The Bruery 布鲁瑞啤酒厂	38
9	Boulevard Brewing Co. 大道酿酒公司	37
10	Founders Brewing Co. 创立者酿酒公司	33

内华达山脉啤酒公司是美国最早的精酿厂之一，具有传奇色彩。销量在美国精酿界占据第二的位置，总体质量和性价比也是最出色的，属于美国精酿中的首选产品。该公司在美国精酿中的贡献是无人能比的，整个美国精酿运动的起源是美式 Pale Ale 和美式 IPA 的出现，而内华达山脉 Pale Ale 则是公认的美式 Pale Ale 的开山鼻祖，另外，他们还首创了新鲜酒花 IPA，1981 年问世的 Celebration IPA，至今仍是美国很受欢迎的 IPA，还生产全美国性价比第一的鱼雷啤酒 IPA（Torpedo extra IPA），还有添加酒花精油干投的 IPA 等。为保证其产品口味的独特性，他们建有自己的酒花农场，啤酒酿造主要使用自产的干燥的整酒花。另外，美式世涛、美式大麦啤酒（Barley Wine）等类型也是内华达山脉啤酒公司的首创。酿酒师不断创新，以满足市场对产品多元化的需求（图 1-26）。

7. 美国精酿的发展给我们的启示

美国精酿弘扬了传统的酿酒文化，各酒厂有专业的酿酒设备，有专职导游介绍酿酒过程并品尝啤酒，而且多数是免费的，有些需要在网上提前预约；善于输出和分享啤酒文化；啤酒厂拥有自己的啤酒文化展示商店、专业品酒室和餐厅，培养自己的啤酒粉丝；酿造设备质量上乘，现代化水平高；对酿酒技术

图 1-26　美国内华达山脉啤酒公司的多元化产品

精益求精，注重质量的把控和新产品的开发，具有开放的理念，不保守，善于和同行分享技术，共同进行产品推广。这点值得中国同行学习。但必须注意的是，照抄照搬美国的精酿发展模式在我国是行不通的，因为，双方的国情和文化背景迥异。

四、中国精酿的发展趋势

精酿啤酒需要啤酒文化的长期积累和沉淀，我国精酿啤酒市场目前处于起步阶段，一方面精酿啤酒厂商数量较少且杂，同时由于精酿啤酒较高的质量和相对较高的价格，使得目前阶段的受众群体也较小；对比美国 20 世纪 80 年代，我们认为中国精酿啤酒萌芽已经出现，随着我国中产阶层数量的增长以及对于高质量、个性化啤酒的需求升级，啤酒文化的逐步积累，我国精酿啤酒有望迎来春天。

1. 精酿啤酒在中国的发展

1992 年国内第一条小型教学啤酒生产线在山东轻工业学院建成，由韩振宁老师设计，泰安轻工机械厂制作。1993 年中国第一个本土的精酿啤酒坊——加利福尼亚大酒店啤酒坊在济南出现。随后，中国的微型啤酒坊如雨后春笋般在中国大地上大量出现，迎来了中国第一个精酿啤酒发展的高峰期。由于酿酒技术和消费者对啤酒认识的差异，啤酒坊的发展又进入了一个低谷期。

2008 年之后，以上海拳击猫、鹅岛和 The Brew 啤酒屋为代表的国外酿酒元素逐步引入。最初精酿啤酒坊的顾客是在中国工作的外国朋友，但这种啤酒文化很快被中国的年轻一代接受并逐渐热爱上了精酿啤酒。这类啤酒坊有：北京的熊猫、悠航、大跃、牛啤堂、京 A 等；成都的丰收，青岛永红源、唯麦，济南爱丁堡等。

（1）个性化、差异化　消费者不再满足于清一色淡色啤酒，对差异化、浓醇型特色啤酒产品的兴趣越来越高。

（2）小型化　基于"从喝饱向喝好"的转变，理性化消费。

（3）便携化　易拉罐的便携式包装增长迅猛，预计未来几年能达到35%。

（4）高端化　消费水平提高，对啤酒产品的高端或超高端产品的需求日益提高。

2. 精酿啤酒文化的传播

精酿啤酒文化的传播对消费者影响较大，如美国的酿酒师协会（BA）、家酿爱好者协会等非营利性组织对美国精酿啤酒的发展起到了巨大的推动作用；英国的真爱尔运动（CAMRA）、比利时精酿联盟、荷兰家酿爱好者协会都对本国的发展贡献颇大。

在上海、北京、广州、南京、成都等城市，精酿酒坊逐渐增多，这为大众消费者接触并了解精酿啤酒提供了可能；各地的家酿啤酒活动、啤酒节等影响力逐渐增强；啤酒文化、糖酿文化的普及通过微信等方式不断传播；国内宣传精酿啤酒的媒体、平台越来越多，例如，纸媒《啤酒花》《喜啤士》，新媒体 imbeer、啤博士等。各地纷纷成立了家酿和精酿啤酒协会，聚集了很多精酿啤酒爱好者。

2016 年 5 月 26～27 日，第一届中国国际精酿啤酒会议暨展览会（CBCE）在上海成功举办，主办方是喜啤士公司和德国纽伦堡国际展览公司。展会内容涵盖精酿啤酒生产技术、精酿市场商业拓展酒吧运营经验等，会议极大地推动了中国精酿啤酒的发展。

五、精酿啤酒"精"在何方

1. 原料配比精良

精酿啤酒采用纯麦芽酿造，基本不用辅料，对质量要求严格，但又在品种选择上灵活多变，尝试不同原料与啤酒之间的搭配；往往不同的麦芽、酒花、酵母的组合使其风味出奇制胜。

2. 生产工艺精湛

根据原料配比不同及所需风味不同，设计有针对性的糖化、发酵工艺，使升温程序、煮沸时间、酒花添加以及发酵温度、压力的调整上灵活变化，从而使啤酒的组分和风味物质复杂多变。

3. 口感风味精细

精良的原料和精湛的工艺致使精酿啤酒的风味独特精细，在麦香之上还呈现花香、果香以及特种麦芽和酒花的风味，甚至特殊原料的风味，其饱满度、层次感、协调性以至于深邃感都是普通啤酒望尘莫及的。

好的精酿啤酒应具备的特点：除了外观指标外，可以用"四个度"来衡量：①饱和度：品种的特点、特色是否明显；②纯净度：气味、酒体纯正，没有不应该出现的异杂味；③平衡度：该品种应有的各种风味的平衡、协调，一般不应有尖锐、不协调的风味出现；④适饮度：虽说众口难调，但依然有部分消费者趋之若鹜，欣赏精酿啤酒的醇美。

六、精酿啤酒的特点

精酿啤酒对具体的工艺和原料没有约束，给酿酒师极大的发挥空间。崇尚的是精制与创新，不管是原材料，酿造方法，甚至啤酒消费理念和营销方式都有巨大的革新和创造。酿酒原料丰富，不仅麦芽、酒花、酵母种类极多，各种其他原材料都已用在啤酒酿造中，啤酒后储时在橡木桶中陈年，还采用各种各样历史上不曾用过的香辛料，甚至瓜果蔬菜都可用。以美式 IPA 为例，仅仅在酒花使用方面就有很多方式。

1. 美式 IPA

美国人使用本土的麦芽、酒花，酿造出美式 IPA，使它重新变成全球最流行的啤酒。工艺上采用干投酒花，酒花香更显奔放，美式酒花特有的橙香味很好地掩饰了本土麦芽的不足之处。

2. 双料 IPA（Double IPA）

为追求更炫酷的口味，把酒花从辅料变成最重要的成分，具有更重的口味、酒精度，更为丰富的酒花香。

3. 酒花干投（Dry Hopping）

主要用于 IPA 的酿造，为强调酒花香气，在发酵时，再次或多次投放酒花的酿造技术。干投酒花能最大程度地增加酒花香气，通常使用已干燥的酒花花苞或酒花颗粒。

4. 酒花湿投（Wet Hopping）

在酿造过程中使用新鲜的酒花，可在煮沸或发酵时添加。新鲜酒花香气更浓郁，有更丰富的层次感，所以极受欢迎。但新鲜酒花难以保存和运输，所以只能在靠近酒花的产地和产季生产。

七、精酿啤酒对原料的要求更高

1. 优良麦芽的选择

精酿啤酒的特征在于口味和类型的多样性，为此，它们需要高质量的特种麦芽和比尔森麦芽。特种麦芽：赋予啤酒特征和风味；比尔森麦芽：提供主要的浸出物。

2. 多样化的酒花制品

酒花颗粒（增加香味、风味、苦味，所有品种的酒花用量为 1~6g/L）；酒花花苞（鲜酒花，切碎，片花）；二氧化碳酒花浸膏（为了减少植物材料数量）；后发酵酒花制品（酒花油或酒花精香油制品）。

3. 优质的酵母

目前精酿啤酒使用最多的干酵母主要有：弗曼迪斯（FERMENTIS）、拉曼酵母（LALLEMAND）、怀特纯酵母（WHITE LABS YEAST）、国产的安琪啤酒酿造酵母等。利用最先进的技术生产的这些拉格和爱尔型高活性干酵母酿造酵母菌株，为酿造高质量的啤酒提供了重要的保障。

八、精酿啤酒发展前景与存在的问题

研究表明，全球消费者的喜好正转向特种啤酒，收入水平的提高使消费者的口味更高，精酿啤酒更契合年轻人多元化的爱好和时尚的理念，这类啤酒同时适合商务场所品饮。

1. 精酿啤酒的优势

大型啤酒商主要通过扩大产量来降低成本，这就限制了他们品牌组合的多样性，很难满足挑剔的消费者，而精酿啤酒厂更有条件满足消费者对口味个性化的需求。

2. 技术进步助推精酿啤酒

现代技术使精酿啤酒商能精确地控制其酿造工艺，可以全球配置酿造质量更高的原料，不断创新。借助新型通讯工具和互联网，拉近与消费者的距离。

3. 精酿啤酒机遇与问题并存

目前，精酿尚不被人熟知，人们对啤酒文化的缺失和商业模式的不成熟，使消费受到限制。受到相关法律与政策的限制，这个行业目前还处于灰色地带。精酿行业的专业人才培养和管理水平有待提高，并不是每个精酿厂都能做到产品质量优良，大部分啤酒坊和小型精酿厂的分析检测水平还达不到要求。精酿啤酒要实现从家酿、微酿到精酿的转变，仍然需要一个漫长的过程。

　　"精酿化"是大势所趋，但有些小型精酿啤酒厂要对啤酒的内涵和复杂性有深刻认识，化腐朽为神奇，避免一哄而起又一哄而散，如此才会使中国特色啤酒健康发展，实现从"微酿"到"精酿"的历史跨越。精酿啤酒的定义我国还未明确，需要不断地扩展和完善精酿啤酒工艺、原料和风格。另外，精酿啤酒在中国的发展还存在很多不确定的因素；精酿啤酒的健康发展需要全行业的合作和自律，需要政府监管部门的了解和支持。

　　目前，全世界的精酿啤酒厂数量呈指数增长，如，美国、意大利、西班牙、瑞士、瑞典、丹麦、奥地利、德国等。美国精酿啤酒的发展刺激了全世界啤酒行业的发展，这一过程历经近 30 多年的发展和积累，多数精酿啤酒厂装备精良，酿酒师的经验丰富，创新能力较强。中国精酿在国际大潮中也会奋起直追，为消费者带来更多口味和品种多样的精品啤酒，中国的精酿啤酒任重而道远。

第四节　啤酒生产工艺简介

　　啤酒是以麦芽为主要原料，以大米或其他谷物为辅助原料，经麦汁制备，添加酒花煮沸并经酵母发酵酿制而成的，含有二氧化碳、细腻的泡沫、具有清爽的酒花香气和苦味的低酒精度饮料酒。

一、啤酒酿酒的主要原料

大麦芽、水、酒花和酵母（图 1-27）。

图 1-27　啤酒酿酒的主要原料

二、大麦到成品啤酒的增值工艺流程

啤酒酿造是原料不断增值的过程（图1-28）。从大麦收购、麦芽制造、麦汁制备、啤酒发酵、啤酒后熟、啤酒过滤、灌装到成品啤酒的分销，在这一完成的供应链增值过程中，每个环节都对啤酒的质量产生影响。

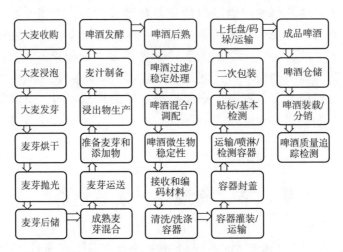

图1-28 大麦到成品啤酒的增值工艺流程

三、啤酒酿造的基本工艺流程

（1）制麦 大麦先经浸麦、发芽制成绿麦芽，干燥后成为成品麦芽，再经6~8周时间的贮藏。

（2）麦芽粉碎、糖化 用粉碎机将麦芽粉碎，加入糖化锅与水混合一段时间，使麦芽粉吸水膨胀，使酶溶出、恢复活力，再将麦芽醪液逐步加热升温。让麦芽醪先在较低的温度下（50℃左右）进行蛋白质分解，保持一定时间，使蛋白酶将蛋白质转化成相对分子质量较小的更易溶解的分解产物（多肽与氨基酸等）。然后，将温度升至65℃左右，并在此温度下保持一定时间进行糖化，淀粉酶将醪液中的淀粉分解成糊精和麦芽糖。

（3）麦汁过滤 糖化结束后，将糖化醪升温至76~78℃，使酶活力丧失，醪液中各种成分的相对比例即可基本固定下来。把糖化醪泵入过滤槽或压滤机进行过滤。待第一麦汁滤出后，泵入洗糟水，将麦糟中的残留糖分洗出。过滤结束后，麦糟可作优质饲料。

（4）煮沸 把过滤得到的麦汁和第一麦汁混合于煮沸锅中，煮沸60~90min。在煮沸过程中添加酒花或其制品，使其中的有效成分溶解出来，而使蛋白质和单宁缩合，形成热凝固物析出，同时对麦汁进行了杀菌。

（5）麦汁后处理 麦汁经煮沸后，进入回旋沉淀槽，分离掉酒花糟和热凝固物，经过板式换热器，使其进一步冷却至发酵所需温度，进入发酵罐。

（6）发酵 麦汁加入发酵罐后迅速添加酵母，进入发酵阶段。啤酒发酵通常分为两个阶段。第一个阶段为前发酵：下面发酵啤酒起始温度相对较低，为 7~10℃，需 6~10 天；而上面发酵啤酒起始温度相对较高，为 16~22℃，需 3~7 天。前发酵结束时，酵母沉降下来，将其排出，其中强壮的酵母可循环再用。

（7）后熟 将前发酵嫩啤酒留在罐内或倒罐，在低温下（0℃左右）进行后发酵（也称后熟），使其进一步澄清、后熟和二氧化碳饱和。后发酵的时间随所用菌种、后发酵温度及所酿啤酒品种的不同而有差别，短则仅 7 天左右，长则达 1~3 个月。

（8）啤酒过滤和灌装 将成熟啤酒用啤酒过滤机进行过滤后，即可装入瓶内、罐内或桶内，得到成品啤酒。传统桶装啤酒不经灭菌即为生啤酒，桶装啤酒最好采用冷链销售，这是目前保持啤酒口味最佳的一种方式。也可在装桶前先经无菌处理制成无菌生啤酒；瓶装啤酒或罐装啤酒在灌装后进行巴氏灭菌，或者在灌装前进行无菌过滤，保质期在 6 个月左右。中小型啤酒厂酿造过程示意图见图 1-29。

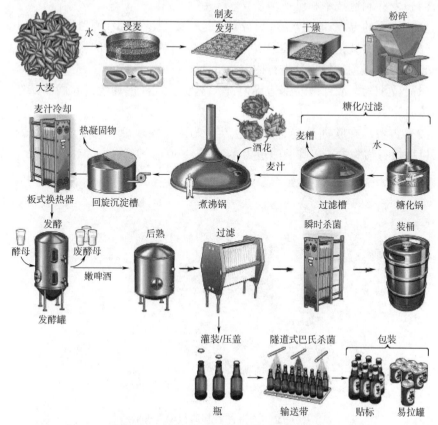

图 1-29 中小型啤酒厂的酿造过程示意图

第五节　啤酒类型

一、啤酒类型和风格的演变

啤酒是世界上生产和消费量最大的酒种，全世界有150多个国家和地区生产超过1000多个啤酒种类。

1. 导致啤酒类型和风格的变化的因素

（1）大麦和谷物品种的地域类型，每个地域都有自己的特种谷物和酿造原料。

（2）不同地区的水质变化。

（3）不同酵母菌株，发酵后形成的风味类型不同。

（4）麦芽制造技术和设备的差异。

（5）不同的温度和气候条件，导致了地区酿酒风格和饮酒习惯的差异化。

（6）不同的文化背景直接影响啤酒的消费和对啤酒类型的喜好。

2. 历史上根据地域划分进行的分类

（1）欧洲葡萄酒产区北部边界南部，气候适宜种植葡萄，人们以酿造和饮用葡萄酒为主。

（2）古罗马在欧洲鼎盛时期的边界向北，气候寒冷，无法进行葡萄种植，主要以种植谷物为主，以啤酒酿造为主（图1-30）。

图1-30　发芽的谷物原料酿造啤酒

3. 近年来消费者对啤酒口味的变化，影响啤酒的类型

（1）消费者在味道和酒体上都倾向淡爽型啤酒。

（2）清澈透明的过滤啤酒成为消费者的首选。

（3）啤酒的货架寿命和稳定性越来越重要（生物和物理稳定性）。

（4）啤酒正成为全球性的低酒精饮料。

4. 是否有一种全球性啤酒风格？

（1）使用麦芽和辅料酿造的低酒花含量的拉格啤酒占世界啤酒消费量的95%左右。

（2）美国主导这一类型的淡爽型啤酒风格。

（3）淡爽型风格的啤酒已经成为世界各地多数啤酒厂的主打产品。

（4）淡爽型风格的啤酒受欢迎程度在全球范围内正在增加。

5. 为什么淡爽型啤酒会转变成全球性的啤酒风格？

（1）这种啤酒喝起来使人舒心而且易于饮用。

（2）消费者不需要去习惯这类啤酒的味道。

（3）越来越多的消费者正在远离传统啤酒风格。

（4）啤酒行业既要面向口味更清淡、更温和的产品，也要考虑产品消费的便利性。

6. "传统类型"啤酒还有生存空间吗？

（1）传统型啤酒近年来受欢迎程度越来越高，而且具有很大的发展空间，精酿啤酒的迅猛发展就是很好的证明。这取决于消费者对口味多样化的需求，精酿啤酒厂更多的空间是用来生产"特色啤酒"。

（2）大型啤酒企业集团将继续合并，主流啤酒仍将一统天下。

（3）大规模生产的主流啤酒是用来"解渴"的，而精酿啤酒是用来"解馋"的。

在激烈的市场竞争中，消费者将最终决定哪种啤酒风格会消亡，或者哪种类型将蓬勃发展。世界上啤酒的种类繁多，每款啤酒呈现出的香气、风味和口感，各具特色。拉格啤酒的消费起到了主导作用，占世界啤酒总量的95%以上，其麦香优雅，酒花苦味柔和，深受消费者喜爱。爱尔啤酒品种最多，且风格迥异，消费者饮后往往回味无穷，引人入胜。消费者将最终决定哪种啤酒类型和风格发展。

二、根据啤酒酵母的性质分类

根据啤酒酵母的性质，人们将啤酒分为下面发酵啤酒和上面发酵啤酒。

每一种酵母进行的发酵都会产生酒精和一系列的发酵副产物，但其在生产过程中的发酵副产物因酵母品种不同而有所区别，因此这两类啤酒的口味和气味有很大的区别。

现代精酿界对啤酒风格的分类主要是按照啤酒酵母的类型划分。美国和其他大部分地区的酿酒师通常把使用上面发酵型（爱尔）酵母的啤酒统称为爱尔（Ale）啤酒，使用下面发酵型（拉格）酵母的啤酒统称为拉格（Lager）啤酒。按照发酵方式，很多分类体系还会允许第三个类别，称为自然发酵型（Spontaneous Fermentation）啤酒。比利时还有一个啤酒类型为混合发酵型（Combined Fermentation）啤酒，如酸啤酒和南弗兰德地区的啤酒。不过，更为广泛使用的词汇是野生菌型，即使用野生酵母，甚至细菌等非酵母类型菌种发酵。实际上，野生菌并不等价于自然发酵；前者大多是通过人工接种发酵所需的菌种，而后者是直接使用自然界里的菌种（比如布鲁塞尔地区空气里的菌种适合酿造比利时拉比克），无需人工接种。

在德国和其他传统的酿酒地区，通常用上面发酵和下面发酵两个词来区别啤酒。德国人习惯把爱尔啤酒当作一种特定的英式啤酒，把拉格啤酒当作一种贮存啤酒的方式（注：Lager 在德语中是贮存的意思）。所以德国人认为科尔施啤酒（Kölsch）是一种上发酵的拉格啤酒，而非爱尔啤酒。

在某些历史阶段，英国酿酒师会把爱尔（Ale）、波特（Porter）和世涛（Stout）视为不同类型的啤酒。在有些历史背景下，啤酒必须使用酒花（或使用了比爱尔更多酒花），而爱尔可以不添加酒花。

三、根据啤酒色泽分类

啤酒色泽是啤酒质量的一项重要指标，按色度的深浅可将啤酒分为三类。

1. 淡色啤酒

色度为 5.0~14.0EBC，是产量最大的啤酒品种，约占 98%，根据地区的嗜好，淡色啤酒又分为淡黄色啤酒、金黄色啤酒和棕黄色啤酒三种类型。

（1）淡黄色啤酒　色度为 7EBC 以下，大多采用色泽极浅、溶解度不甚高的麦芽为原料，糖化时间短，麦汁与空气接触少，而且多经过非生物稳定剂的处理，除去酒体内的一部分多酚物质，因此色泽不带红棕色，而带黄绿色，在口味上多属淡爽型，酒花香气突出。

（2）金黄色啤酒　色度为 7~10EBC，采用的麦芽溶解度一般较淡黄色啤酒高些，非生物稳定性的处理也较轻，口味清爽醇和，要求酒花香突出。

（3）棕黄色啤酒　色度为 10~14EBC，采用的麦芽大多溶解度较高，或者焙焦温度高，通风不良，色泽较深，糖化时间较长，麦汁冷却时间长，接触空气多。其口感较为粗重，色泽黄中略带棕色，严格来讲，不应称其为淡色啤酒。

2. 浓色啤酒

色度为 15.0~40.0EBC，色泽呈红棕色或红褐色，特点是麦芽香突出、口味醇厚、酒花苦味较轻。酿制浓色啤酒除采用溶解度较高的浓色麦芽外，尚需加入部分特种麦芽，如焦香麦芽、巧克力麦芽等。根据其色度深浅，浓色啤酒又可分为以下三种。

棕色啤酒色度为：15~25EBC；

红棕色啤酒色度为：25~35EBC；

红褐色啤酒色度为：35~40EBC。

3. 黑色啤酒

色度为大于40.0EBC，色泽深红褐色乃至黑褐色。特点是一般原麦汁浓度较高、麦芽香味突出、口味醇厚、泡沫细腻，苦味则根据产品的类型有较大的差异。

四、根据原麦汁浓度分类

1. 低浓度啤酒

原麦汁浓度小于7°P。

2. 中浓度啤酒

原麦汁浓度为7~11°P。

3. 全麦啤酒

原麦汁浓度为11~14°P。

4. 强烈啤酒

原麦汁浓度大于16°P。

五、根据是否巴氏杀菌分类

1. 生啤酒

生啤酒指不经巴氏灭菌或瞬时高温灭菌，而采用物理过滤方法除菌，达到一定生物稳定性的啤酒。

2. 鲜啤酒

鲜啤酒指不经过巴氏灭菌或瞬时高温灭菌，成品中允许含有一定量的活酵母菌，达到一定生物稳定性的啤酒。鲜啤酒是地销产品，口感新鲜，但保质期较短；多为桶装啤酒，也有瓶装啤酒。

3. 熟啤酒

熟啤酒指经过巴氏杀菌或瞬时高温灭菌的啤酒；多为瓶装或罐装，保质期可达180d。

六、根据生产方法分类

1. 干啤酒

干啤酒除符合淡色啤酒的技术要求外，真正（实际）发酵度不低于72%，口味干爽。

2. 冰啤酒

除符合淡色啤酒的技术要求外，在滤酒前须经冰晶化处理，其口味纯净，保质期浊度不大于 0.8EBC。

3. 低热量啤酒

低热量啤酒适用于那些必须或希望摄取低营养物质的消费者。德国低热量啤酒的产量约为 10 万千升，低于啤酒总产量的 1%。低热量啤酒的原麦汁浓度没有限制，但必须按照联邦德国 1988 年制定的"低热量规定"。其重要要求是：脂肪和酒精的含量不得高于同类的普通食品；可利用的碳水化合物含量不得高于 0.75g/100L。

4. 淡爽啤酒

淡爽啤酒没有准确的定义。这种啤酒适应了消费者追求健康保健食品的趋势，其特点是相对于其他常见啤酒酒精含量少，热量也较少。在上面发酵、下面发酵以及浅色、深色等各个类型的啤酒中都可以有相应的淡爽啤酒。大概来讲，淡爽啤酒应达到以下的要求。

原麦汁浓度一般在 7.4~8.0°P，若未经过专门除醇处理，酒精含量在 3.0%~3.4%（体积分数）。与比尔森啤酒 4.8%~5.2%（体积分数）的酒精含量相比，淡爽啤酒的酒精含量要低 1/3。经过除醇的淡爽啤酒的酒精含量可降至 1.5%~2%。其发酵度大多在 68%~82%。淡爽啤酒的热量为 1100~1200kJ/kg，相当于普通啤酒热量的 49%。

5. 无醇啤酒

无醇啤酒是指酒精浓度低于 0.5%（体积分数）的啤酒。无醇啤酒越来越受到消费者的欢迎。1992 年德国无醇啤酒的产量占啤酒总产量的 3.6%。

无醇啤酒的生产方法很多，常用的方法可以归纳为三类：膜分离法，热处理法，终止发酵法。

6. 纯生啤酒

纯生啤酒是不经巴氏灭菌或瞬时高温灭菌，而采用物理过滤方法除菌，达到一定生物稳定性的啤酒。"纯"字完全是出于商业原因人为加上去的。由于在生产过程中没有经过巴氏杀菌或瞬时杀菌，避免了加热造成的风味物质和营养成分的破坏，保持了啤酒的新鲜口味和营养成分，而且保质期相对较长，可达 180d，兼顾了鲜啤酒和熟啤酒各自的优点。因此纯生啤酒比熟啤酒更纯正、更新鲜、更富有营养，目前已成为国际市场上最有竞争力、最受欢迎的啤酒品种。自珠江啤酒公司首家推出纯生瓶装啤酒后，到目前为止国内已有 18 条纯生啤酒生产线。其中安徽龙津啤酒厂有第一条易拉罐纯生啤酒生产线。

第六节　世界特色啤酒

啤酒作为世界上产销量最大的酒种，品牌众多，风格各异。而我国的知名啤酒品牌相对来说较少，在啤酒品种的名称上与国外相比也有差异。本节主要介绍一些国内外著名特色啤酒品种及其酿造特点。

一、下面发酵啤酒

1. 比尔森（Pilsen）啤酒

比尔森啤酒因产于捷克波希米亚的比尔森啤酒厂而得名，是世界上最负盛名的下面发酵啤酒，色泽很浅，泡沫好，酒花香味突出，苦味纯正，口味醇爽。其色度在 6~11EBC，原麦汁浓度平均在 11.5~11.7°P，酒精含量平均在 4.78%~5.15%（体积分数），苦味值平均在 28~40IBU。

酿造特点：采用的水质极软，各种盐类含量甚低；麦芽采用浅色的二棱大麦，低温发芽，溶解度不甚高，干燥温度不超过83℃，麦芽色度为 3.8~4.0EBC；酒花采用捷克萨兹香型酒花，添加量很高，达 500g/100L 麦汁，分三次添加；传统的比尔森啤酒采用三次煮出糖化法，麦汁煮沸时间在 2.5h，低温敞口进行主发酵，后发酵贮藏在小型的柞木桶内，加高泡酒，贮藏三个月。

2. 多特蒙德（Dortmund）啤酒

多特蒙德啤酒是在德国多特蒙德制造的淡色下面发酵啤酒。该啤酒别具风格，色泽略深（10EBC），苦味较轻（20~25IBU），酒精含量较高，口味甘爽。多为出口啤酒，欧美国家仿制者甚多。

酿造特点：水质极硬，各种盐类含量高达 1100mg/L，因永久硬度大于暂时硬度，总硬度虽达 7.31mmol/L，而残余碱度并不高。采用煮出糖化法，酒花用量较低，原麦汁浓度 13.5°P 左右，低温发酵，发酵度中等，酒精含量 5.5%（体积分数）。

3. 慕尼黑（Munich）浓色啤酒

慕尼黑浓色啤酒是德国慕尼黑地区制造的下面发酵浓色啤酒，也是国际公认的啤酒品种。色泽深（40EBC），具有浓郁的焦香麦芽味，口味浓醇而不甜，苦味较轻（20IBU）。

酿造特点：水质中等硬度，主要是暂时硬度高，各种盐类含量不算高（300mg/L），特别是硫酸盐和氯化物的含量低。采用深色麦芽和三次煮出糖化法，酒花用量较少，原麦汁浓度 12.5°P 左右［出口慕尼黑啤酒原麦汁浓度为

16~18°P，近似博克（Bock）啤酒]。低温下面发酵，发酵度较低，贮藏期 3 个月以上，酒精含量 5%（体积分数）。如今，在德国慕尼黑只有 Hofbräuhaus（慕尼黑皇家啤酒 HB）和 Augustiner 两家啤酒厂还生产该类型啤酒。

4. 出口型（Export）啤酒

出口型啤酒从名称上很容易给人造成误解，认为此类啤酒只限于出口，其实该啤酒很少出口，是德国啤酒的一个类型。出口啤酒是继比尔森啤酒之后，最受德国人欢迎的下面发酵啤酒。色泽较比尔森啤酒略深，口味丰满、柔和、清香。其色度在 8~l5EBC，原麦汁浓度在 12.5~13.5°P，明显较比尔森啤酒要强烈一些，酒精含量为 4.65%~5.78%，平均为 5.40%（均为体积分数），苦味值为 23~25IBU，没有比尔森那么苦。

色度在 45~100EBC 的深色出口啤酒为颜色很深的啤酒，此类啤酒的原麦汁浓度一般较高（约 13°P），以保证其口味的丰满性。

5. 三月（Märzen）啤酒

以前德国有些啤酒厂在春季三月份生产一款强烈啤酒，很受消费者欢迎，由此称其为三月啤酒。三月啤酒的原麦汁浓度在 l3~14°P，相对较强烈。颜色在浅色和深色啤酒之间。如今大量生产两款三月啤酒：浅色类，11~12EBC；深色类，40~42EBC。

由于原麦汁浓度和发酵度（80%）高，所以酒精含量也相当高，在 4.7%~5.9%（体积分数）。三月啤酒属于生产量较小的啤酒种类，一般只能在短时间内销售。

6. 强烈型（Bock）啤酒

强烈型啤酒这一名称来源于萨克森州 Einbeck 啤酒厂的啤酒，它们在约 500 年前与穆默啤酒（Braunschweiger Mumme）就已十分著名。Einbeck 啤酒来到巴伐利亚后，名称先变为"Oambock"，后来又被称为"博克（Bock）强烈型啤酒"，"Bock"在德语中是公羊的意思。

强烈型啤酒的原麦汁浓度为 16~17°P，一般按季节生产（五月、秋季、圣诞节强烈型啤酒），并不是整年均可购买。强烈型啤酒的生产过程需要很高的技能，因为通过长时间的发酵和后熟过程，会产生许多芳香物质，它们会对啤酒的口味或多或少地产生影响。因此每年的强烈啤酒会不一样，并且不同季节的强烈型啤酒也应有一定的区别，例如，五月强烈型啤酒颜色浅，淡爽，苦一些；圣诞节强烈型啤酒丰满，柔和一些。强烈型啤酒必须特别注意一点，即所有的啤酒在后发酵间均有一个处于最佳质量的时刻。若给强烈型啤酒添加高泡酒，于低温下可以贮酒 3~4 个月，但必须精确控制，不能有酵母的自溶，以免降低啤酒的质量。强烈型啤酒很容易提前出现老化味道。

强烈型啤酒有浅色（8~13EBC）和深色（45~100EBC）两种。尽管其发酵度低（65%~75%），但酒精含量平均仍有 6.0%~7.5%（体积分数）。

7. 双强烈型（Double Bock）啤酒

原麦汁浓度为 18.0~19.5°P 的双强烈型啤酒（双料博克）是常见的最强烈的啤酒，其酒精含量高达 7.0%~7.5%（体积分数）。因此大量饮用受到限制，仅有特定的消费群，必须指出，高浓度的强烈型啤酒一般含有更多的高级醇和酯类，若大量饮用，第二天早上就应避免头部的剧烈运动。

双强烈型啤酒的生产和销售具有季节性。若将当年的需要量全部生产出来，并常年销售，则啤酒老化危险性很大，同时可能形成口味缺陷。

二、上面发酵啤酒

1. 德国小麦啤酒（German Wheat Beer）

德国小麦啤酒为至少使用了 50% 小麦麦芽制成的上面发酵啤酒，其原麦汁浓度至少为 11°P。在德国主要是南部的居民饮用小麦啤酒。1991 年德国巴伐利亚的小麦啤酒产量占 23%，几乎和比尔森啤酒产量一样。而在南巴伐利亚，小麦啤酒产量占 30.2% 的份额，几乎是比尔森啤酒产量（占 10.6%）的 3 倍。在德国的其他联邦州，小麦啤酒也越来越受到欢迎。

在德国，小麦啤酒常分为两种类型：带酵母的小麦啤酒和过滤小麦啤酒。

（1）带酵母的小麦啤酒（Hefeweizen）　该小麦啤酒的颜色区别很大，浅色类介于 8~14EBC，深色类在 25~60EBC。原麦汁浓度通常在 11~12°P，也可能升至 13°P。小麦麦芽的比例在 50%~100%。麦汁的颜色可以通过添加深色麦芽或深色焦香麦芽以及小麦着色麦芽来调整。

酿造特点：糖化工艺加强蛋白质分解，采用投料温度为 35~37℃ 的两次煮出糖化法或一次煮出糖化法。糖化醪的料液比为 1∶2.8~1∶3，醪液煮沸时间为 20~25min。接种温度约 12℃，酵母添加量为 0.3~1L/100L；主发酵十分强烈，在 13~21℃ 下发酵 3~4d 即可达到最终发酵度 78%~85%，然后回收酵母（从发酵池上面捞取，锥形发酵罐从罐底部排出）。为保证后发酵产生足够的二氧化碳，必须重新添加富含浸出物的麦汁。另外，后发酵一般在瓶内进行，添加下面酵母。

（2）过滤型小麦啤酒　该小麦啤酒的原麦汁浓度一般在 12.5~13°P，色度为 8~12EBC。

酿造特点：麦芽使用量为 50%~70%，可用浅色小麦麦芽加上着色特种麦芽，糖化工艺类似酵母小麦啤酒。至前发酵的处理过程与平常一样，只是当前发酵进行到距离最终发酵度约 12% 时，不进行冷却马上下酒至高温发酵罐内，高温发酵罐保压至 0.14~0.15MPa，3~7d 后冷却至 8℃ 左右，接着添加酵母或高泡酒后下酒至一只低温发酵罐内，在 10d 内降温至 0℃，并维持此温度至灌装。

2. 老（Alt）啤酒

老啤酒，又称阿尔特啤酒，发源于莱茵河畔的杜塞尔多夫。它是由大麦和小麦麦芽或单独由小麦麦芽制成的上面发酵深色啤酒，酒花加量大。阿尔特啤酒的原麦汁浓度在 11.2~12°P，色度为 25~38EBC，苦味值在 28~40IBU。

酿造特点：麦芽的混合比例可随意调整，例如可以如下搭配使用：100%的深色麦芽；90%的浅色麦芽加上 10%的深色焦香麦芽；70%维也纳麦芽。20%慕尼黑麦芽和 10%小麦麦芽。采用的糖化工艺与常见工艺无异，酒花分 3~5 次添加，要求使用质量最好的酒花。添加 0.5L 酵母/100L 麦汁时，接种温度 12℃，最高温度 16℃；添加正常酵母量时，接种温度 18℃，最高温度 20℃。冷却至 14~16℃后回收一部分酵母，等待双乙酰还原结束后，降温至 0℃，冷贮 1~2 周。

3. 科尔施（Kölsch）啤酒

科尔施啤酒为浅色清亮的上面发酵啤酒，发源于莱茵河畔的科隆。该酒发酵度高，酒花添加量大，原麦汁浓度至少 10°P。科尔施啤酒的原麦汁浓度通常为 11.2~11.8°P，色度为 7.5~15EBC，苦味值 16~34IBU。

酿造特点：一般使用维也纳麦芽，添加部分小麦麦芽，最高可达 20%，以提高口味的丰满度。糖化采用一次煮出糖化法或浸出糖化法，前发酵 14~18℃维持 3~4d 后降温至 8~10℃。与普通酒的生产一样，当还有部分残糖时下酒，进入后发酵。后发酵时间为 4~5℃时 40~60d，然后 0~1℃，贮酒 14~40d。

4. 英国爱尔（Ale）啤酒

英国爱尔啤酒品牌很多，其中比较有名的是纽卡斯尔棕色爱尔（Newcastle Brown Ale）啤酒和伯顿爱尔（Burton Ale）啤酒。

（1）纽卡斯尔棕色爱尔啤酒，该啤酒色泽呈琥珀色，麦芽香味浓，酒精含量较淡色爱尔啤酒略低，口感略甜而醇厚，爽口微带酸味。原麦汁浓度为 11.5°P，酒精含量 4.7%（体积分数），色泽 50EBC，苦味值 24IBU。

酿造特点：采用英国浅色爱尔（Pale Ale）麦芽，同时添加部分结晶麦芽和下酒时加糖，制成两种色泽深浅不同、浓度高低不同的爱尔啤酒，然后将二者勾兑而成。勾兑的原因是使成品酒既具麦芽香，又略带水果酯香。

（2）伯顿（Burton）爱尔啤酒是生产于英国伯顿的一种琥珀色上面发酵啤酒，呈琥珀色，苦味重，富有酒花香味和麦芽香味，口味淡爽。

酿造特点：水质极硬，暂时硬度高，钙和硫酸根含量高，各种盐类含量高达 1790mg/L。采用一种特殊的英国"Pale Ale"浅色麦芽，麦芽的溶解度甚高，色泽深，给予啤酒一种琥珀色泽和特殊的风味。采用浸出糖化法，酒花用量大，麦汁煮沸时加糖，原麦汁浓度 11~12°P（出口爱尔啤酒的原麦汁浓度为 16~17°P），采用上面发酵，发酵度高，酒精含量 5%（体积分数），下酒时添加优质香型法格尔（Fuggle）干酒花 100~200g/hL 酒。伯顿爱尔啤酒的生产方式也很特殊，它的风格与水质有关。因此，任何地区要仿制伯顿爱尔啤酒，首先要把水质"伯顿"化。

5. 爱尔兰世涛黑（Black Stout）啤酒

世涛黑啤酒是一种爱尔兰生产的著名上面发酵黑啤酒。都柏林的健力士（Guinness）公司生产的世涛是世界上最受欢迎的品牌之一，欧美国家及日本多有仿制。也有国家采用下面发酵制造黑啤酒，一般采用的原麦汁浓度都比较高。该啤酒特点是：色泽深褐，酒花苦味重，有明显的焦香麦芽味，口感偏干而醇，泡沫好，高档世涛啤酒的酒精含量很高。

酿造特点：采用烘烤较重的麦芽及 7% ~ 10% 的结晶麦芽和少量的黑麦芽，麦芽的溶解度甚高。采用浸出糖化法，无蛋白质分解时间，酒花添加量极高（600 ~ 700g/hL 麦汁），麦汁煮沸有时添加糖色。普通世涛的原麦汁浓度并不高，一般为 12°P 左右，其在英国销售的大量生啤酒原麦汁浓度只有 10°P，酒精含量 4.2%（体积分数），苦味值 45IBU，色度 130EBC。出口的高端世涛原麦汁浓度则高达 18 ~ 20°P。其为上面发酵，采用悬浮性强的酵母，发酵度较高。

三、野生酵母啤酒

啤酒品系中利用野生酵母自然发酵的啤酒仅有一种，即比利时的拉比克（Lambic）啤酒。拉比克啤酒是一种古老的传统啤酒，最初仅在比利时布鲁塞尔周围生产，而后扩展至法国和荷兰以及更多的国家。虽然产量不大，却作为啤酒的一个品系存在。很多以拉比克为酒基的传统果汁啤酒，也属于拉比克品系。它的特殊风格，正引起新一代啤酒爱好者的注意。该啤酒特点是：具有特殊的酒香味和酸味，像葡萄酒而不太像啤酒，酒精含量 5.0%（体积分数）。

酿造特点：原料麦芽中掺用30%的生小麦。原麦汁浓度控制在 11.5 ~ 13.5°P，麦汁浑浊，煮沸时间长达数小时，添加陈酒花，只是为了防腐。在冷却盘冷却时，打开窗户，引进野生酵母进行发酵。拉比克啤酒在木桶中贮存，贮存期一般 3 年。此时酒液澄清，粉红色，口感复杂。据说参与拉比克发酵的微生物多达 70 余种，其中只有 2 种有分类名称，即拉比克酒香酵母（*Brettanomyces lambicus*）和布鲁塞尔酒香酵母（*Brettanomyces bruxellensis*）。其他地区利用拉比克自然发酵工艺生产拉比克啤酒，则不具有典型的拉比克啤酒风格。这可能是不同气候地区的微生物体系不同使然。目前，真正不经调配的拉比克啤酒已经很难找到。

四、橡木桶陈贮啤酒

在啤酒酿造完成之后，再将其倒入特别挑选的橡木桶中进行继续发酵陈酿的过程，称为"过桶"。啤酒过桶的工艺最早由英国精酿酒厂发明，后来被比利时人学去，创新了本就经典的佛兰德斯红色爱尔，酒中丰富且平衡的酸度，就是得益于橡木桶中的乳酸菌与陈年酵母。该啤酒特点是：木桶陈酿增味和基酒味道的良好平衡。在最佳范例中，应能体现丝滑的口感、丰富的味道，以及良好的平衡感和陈酿感。

啤酒的酿造，离不开水、麦芽、酒花与酵母"四大件"，所以想要创造独一无二的口感，有时就得借助橡木桶。总的来说，橡木桶为啤酒提供额外的风味，主要通过两点：第一为啤酒提供橡木桶中残余的味道；第二利用本就存在的微生物与野生酵母进行二次发酵。根据自己想要得到的最终口感与啤酒本身的风味，酿酒师们在挑选橡木桶时，也有着一定的标准。啤酒的风味根据橡木桶的类型（表1-6），会呈现出不同的口味特点。

表1-6 不同类型橡木桶与酒体风味

橡木桶类型	啤酒中增加的风味	代表酒款
波本威士忌橡木桶	香草味、烤椰子油味、太妃糖味	鹅岛、波本世涛
白兰地橡木桶	水果香味、单宁口感	帝磨栏、炸弹与手榴弹
苏格兰威士忌橡木桶	烘焙味、香草味	巴克斯顿、丘陵
葡萄酒橡木桶	单宁口感、果酸味	安克雷奇、爱情召唤

五、酸啤酒

从公认的啤酒分类体系上来看，广义的酸啤分为以下三大类。

第一大类：比利时酸啤酒。主要分为拉比克（Lambic，拉比克又分为原浆拉比克，水果拉比克和老贵兹三个亚风格），佛兰德斯红色爱尔和佛兰德斯老棕色爱尔三个风格。这三个风格的区别主要是在发酵方式上。拉比克类啤酒是以开放式自然发酵酿造的，在主发酵的过程中是利用自然环境中的各种微生物（主要是各种野生酵母和细菌）来把原麦芽汁中的糖分转化为酒精，并带来酸味和其他一些特殊的风味。由于是自然发酵，所以这种酒最明显的特征是具有复杂的微生物发酵气息，比如很多拉比克/老贵兹都会有野生酵母带来的霉香（有很多人不觉得这是"风味"缺陷）。野生酵母的发酵过程相当复杂，不同菌株和不同发酵环境都会带来不同的风味，不过一般来说主要是霉味、马毯子味、马厩味，泥土味、草药味、干花香，奶酪香，有的时候会有一些水果香气，比如桃子和柑橘之类的香气；而佛兰德斯两种风格的酸啤则是在主发酵（酵母发酵）结束后，把发酵液转入其他容器，让容器中的微生物对酒进行"酸化"。而佛兰德斯红色爱尔/棕色爱尔由于使用了很多深色麦芽，所以会有明显的麦芽甜味，以及一些红色水果气息，比如葡萄、樱桃、树莓的味道，有一些老棕色爱尔还会有一些明显的焦糖味道。

第二大类：德国酸啤酒。德国酸啤酒最典型的代表风格是柏林小麦和古斯（Berliner Weisse 和 Gose，这两种风格都是使用乳酸菌和爱尔酵母作为主要的微生物对啤酒的原麦芽汁进行发酵，度数都不高，在谷物配比中也都有大量的小麦芽。）这两种风格的主要区别是古斯啤酒在酿造过程中会加入一些增味物质，比如香菜籽，最特别的是盐。德国的两款酸啤酒风格由于麦芽和发酵元素比较简单，所以基酒会比较清爽、干净，古斯会有明显的香料味道，以及非常淡的咸味。柏林小麦啤酒大多凸显的是添加成分，比如水果的风味（如果没有增味成分的柏林小麦啤酒则具有干净纯粹的酸味和一点点淡淡的麦香）。

第三大类：美国酸啤酒。只有一个风格——美国野生爱尔（American Wild Ale），是啤酒世界里最新的一种酸啤酒风格。虽然称为野生/野菌爱尔，不过这种酸啤酒大部分的酒款并不是像比利时拉比克酸啤酒一样通过自然发酵来得到各种风味（最近几年有一些美国的小酒厂也使用自然发酵的方法来酿造酸啤酒，比如 Crooked Stave 酒厂，Jester King 酒厂），而是通过向麦芽汁中加入野生酵母/产酸细菌或者通过主发酵之后在其他容器（主要是各种橡木桶，尤其是葡萄酒桶）中二次发酵来获得酸味以及其他一些风味。而在原料的使用和酿造的方法上美国野生爱尔啤酒也更加广泛，相当多的一部分美国野生爱尔啤酒会加入各种水果、香料，有的还会有各种酒花味道，各种橡木桶味道。

第七节　美国酿造商协会啤酒分类指南

美国酿造商协会（Brewers Association-BA）从 1993 年出版啤酒分类指南（Beer Style Guidelines）一直到 2017 年，为啤酒酿造者提供了一套较为完善的啤酒分类指南。

（1）强度级别术语　啤酒风味特质参照在啤酒风味指南里经常被参考的相关强度描述。这些特质可以包括苦味、风味、香味、酒体（主要部分）、麦芽、甜味或其他。按强度增加的顺序来描述设有：非常低、低度、中低度、中度、中高度、高度、非常高。

（2）颜色范围　以美国标准和欧洲酿造协会（EBC）测量啤酒颜色的方法，来测量光的一定波长并进行等级划分（表 1-7）。这些数值不总是和我们视觉看到的颜色的深浅或色调一致。

表 1-7 啤酒的颜色范围

颜色描述	色度/EBC
很淡	1.5~2.5
稻草色	3.5~6.5
暗淡色	9.5
金色	12~14
淡琥珀色	17
琥珀色	20
中等琥珀色	22.5
铜色/深红色	25~30.5
浅棕色	33~38.5
棕色/红棕色（褐色）/栗棕色	41~44
深棕色	46.5~62.5
很深	65~102.5
黑色	105+

（3）苦味 在啤酒的世界里，苦味被分析性测量为"苦味单位"或"国际苦味单位"。这个数值是对特定酒花混合物的测量值，并不会一直与个人对苦味的感知相一致。

①由于基因和其他方面的不同，个体对苦味将会有不同的敏感度。当其他人在一样的啤酒中感知不到苦味的时候，一些人能感觉到很高级别的苦味。在这些指南中苦味的描述趋向于表现对苦味的平均敏感度。

②啤酒其他的组成原料也可以为啤酒的苦味感知度做贡献。

③酒花风味和香气的级别和质量源于酒花油、花苞、整个酒花或者其他可以很大改变苦味级别感知度的酒花种类。

（4）美国酿造商协会（BA）对啤酒类型的分类和数量见图 1-31。

一、爱尔型（ALE STYLES）

1. 英式爱尔（British Origin Ale Styles）

（1）普通苦啤（Ordinary Bitter） 技术参数：原麦汁浓度：8.3~9.5°P；最终浓度：1.5~3.1°P；酒精含量：3.0%~4.2%（体积分数）；苦味值：20~35IBU；色度：10~24EBC。

（2）特制苦啤/优质苦啤（Special Bitter or Best） 技术参数：原麦汁浓度：

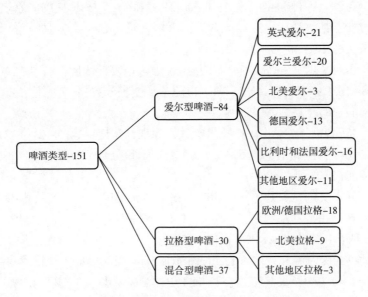

图 1-31　啤酒类型的分类和数量（据 BA 啤酒分类表）

9.5~11.2°P；最终浓度：1.5~3.1°P；酒精含量：4.2%~4.8%（体积分数）；苦味值：28~40IBU；色度：12~28EBC。

（3）特制烈性苦啤（Extra Special Bitter）　技术参数：原麦汁浓度：11.4~14.7°P；最终浓度：2.6~4.1°P；酒精含量：4.8%~5.8%（体积分数）；苦味值：30~45IBU；色度：16~28EBC。

（4）苏格兰淡色爱尔（Scottish-Style Light Ale）　技术参数：原麦汁浓度：7.6~8.8°P；最终浓度：1.5~3.1°P；酒精含量：2.8%~3.5%（体积分数）；苦味值：9~20IBU；色度：12~30EBC。

（5）苏格兰深色爱尔（Scottish-Style Heavy Ale）　技术参数：原麦汁浓度：8.8~10°P；最终浓度：2.6~3.6°P；酒精含量：3.5%~4.1%（体积分数）；苦味值：12~20IBU；色度：16~60EBC。

（6）苏格兰出口型爱尔（Scottish-Style Export Ale）　技术参数：原麦汁浓度：10~12.4°P；最终浓度：2.6~4.6°P；酒精含量：3.2%~4.2%（体积分数）；苦味值：15~25IBU；色度：18~38EBC。

（7）英式夏季爱尔（English-Style Summer Ale）　技术参数：原麦汁浓度：9~12.4°P；最终浓度：1.5~3.1°P；酒精含量：3.7%~5.1%（体积分数）；苦味值：20~30IBU；色度：6~14EBC。

（8）经典英式淡色爱尔（Classic English-Style Pale Ale）　技术参数：原麦汁浓度：10~13.8°P；最终浓度：2.1~4.1°P；酒精含量：4.4%~5.3%（体积分数）；苦味值：20~40IBU；色度：10~24EBC。

（9）英式 IPA（English-Style India Pale Ale）　技术参数：原麦汁浓度：11.4~15.7°P；最终浓度：3.1~4.6°P；酒精含量：4.5%~7.1%（体积分数）；苦味值：35~63IBU；色度：12~28EBC。

（10）强烈爱尔（Strong Ale）　技术参数：原麦汁浓度：14.7~29°P；最终浓度：3.6~10°P；酒精含量：7.0%~11.3%（体积分数）；苦味值：30~65IBU；色度：16~42EBC。

（11）老爱尔（Old Ale）　技术参数：原麦汁浓度：14.3~21.1°P；最终浓度：3.6~7.6°P；酒精含量：6.3%~9.1%（体积分数）；苦味值：30~65IBU；色度：24~60EBC。

（12）英式淡色温和爱尔（English-Style Pale Mild Ale）　技术参数：原麦汁浓度：7.6~9.0°P；最终浓度：1~2.1°P；酒精含量：3.4%~4.4%（体积分数）；苦味值：10~20IBU；色度：12~18EBC。

（13）英式深色温和爱尔（English-Style Dark Mild Ale）　技术参数：原麦汁浓度：7.6~9.0°P；最终浓度：1~2.1°P；酒精含量：3.4%~4.4%（体积分数）；苦味值：10~24IBU；色度：34~68EBC。

（14）英式棕色爱尔（English-Style Brown Ale）　技术参数：原麦汁浓度：10~12.4°P；最终浓度：2.1~3.6°P；酒精含量：4.2%~6.0%（体积分数）；苦味值：12~25IBU；色度：24~34EBC。

（15）棕色波特啤酒（Brown Porter）　技术参数：原麦汁浓度：10~12.4°P；最终浓度：1.5~3.6°P；酒精含量：4.4%~6.0%（体积分数）；苦味值：20~30IBU；色度：40~70EBC。

（16）烈性波特啤酒（RoIBUst Porter）　技术参数：原麦汁浓度：11.2~14.7°P；最终浓度：2.1~4.1°P；酒精含量：5.1%~6.6%（体积分数）；苦味值：25~40IBU；色度：60+EBC。

（17）甜世涛/奶油世涛（Sweet Stout or Cream Stout）　技术参数：原麦汁浓度：11.2~13.8°P；最终浓度：3.1~5.1°P；酒精含量：3.2%~6.3%（体积分数）；苦味值：15~25IBU；色度：80+EBC。

（18）燕麦世涛（Oatmeal Stout）　技术参数：原麦汁浓度：9.5~13.8°P；最终浓度：2.1~5.1°P；酒精含量：3.8%~6.1%（体积分数）；苦味值：20~40IBU；色度：40+EBC。

（19）苏格兰爱尔（Scotch Ale）　技术参数：原麦汁浓度：17.5~20.4°P；最终浓度：4.1~7.1°P；酒精含量：6.6%~8.5%（体积分数）；苦味值：25~35IBU；色度：30~60EBC。

（20）英式帝国世涛（British-Style Imperial Stout）　技术参数：原麦汁浓度：19.3~23.7°P；最终浓度：5.1~7.6°P；酒精含量：7.0%~12.0%（体积分数）；苦味值：45~65IBU；色度：40~70+EBC。

（21）英式大麦酒（British-Style Barley Wine Ale）　技术参数：原麦汁浓度：20.4~28°P；最终浓度：6.1~7.1°P；酒精含量：8.5%~12.2%（体积分数）；苦味值：40~60IBU；色度：28~36EBC。

2. 爱尔兰爱尔（Irish Origin Ale Styles）

（1）爱尔兰红色爱尔（Irish-Style Red Ale）　技术参数：原麦汁浓度：10~11.9°P；最终浓度：2.6~3.6°P；酒精含量：4.0%~4.8%（体积分数）；苦味值：20~28IBU；色度：22~36EBC。

（2）经典爱尔兰干世涛（Classic Irish-Style Dry Stout）　技术参数：原麦汁浓度：9.5~11.9°P；最终浓度：2.1~3.1°P；酒精含量：4.1%~5.3%（体积分数）；苦味值：30~40IBU；色度：80+EBC。

（3）出口型世涛（Export-Style Stout）　技术参数：原麦汁浓度：12.9~17.5°P；最终浓度：2.1~5.1°P；酒精含量：5.7%~9.5%（体积分数）；苦味值：30~60IBU；色度：80+EBC。

3. 北美爱尔（North American Origin Ale Styles）

（1）金色爱尔（Golden or Blonde Ale）　技术参数：原麦汁浓度：11.2~13.3°P；最终浓度：2.1~4.1°P；酒精含量：4.1%~5.1%（体积分数）；苦味值：15~25IBU；色度：6~14EBC。

（2）美式琥珀/红色爱尔（American-Style Amber/Red Ale）　技术参数：原麦汁浓度：11.9~14.3°P；最终浓度：2.5~4.6°P；酒精含量：4.4%~6.1%（体积分数）；苦味值：25~45IBU；色度：22~36EBC。

（3）美式淡色爱尔（American-Style Pale Ale）　技术参数：原麦汁浓度：11~12.4°P；最终浓度：2.1~3.6°P；酒精含量：4.4%~5.4%（体积分数）；苦味值：30~50IBU；色度：12~28EBC。

（4）美式强烈淡色爱尔（American-Style Strong Pale Ale）　技术参数：原麦汁浓度：11~12.4°P；最终浓度：2.1~3.6°P；酒精含量：4.4%~5.4%（体积分数）；苦味值：30~50IBU；色度：12~28EBC。

（5）美式印度淡色爱尔（American-Style India Pale Ale）　技术参数：原麦汁浓度：14.7~17.1°P；最终浓度：2.5~4.1°P；酒精含量：6.3%~7.5%（体积分数）；苦味值：50~70IBU；色度：12~24EBC。

（6）赛森印度淡色爱尔（Session India Pale Ale）　技术参数：原麦汁浓度：9.5~12.9°P；最终浓度：2.0~4.6°P；酒精含量：3.7%~5.0%（体积分数）；苦味值：40~55IBU；色度：8~24EBC。

（7）美式贝尔戈淡色爱尔（Pale American-Belgo-Style Ale）　技术参数：色度：10~30EBC。

（8）美式贝尔戈深色爱尔（Dark American-Belgo-Style Ale）　技术参数：原麦汁浓度、最终浓度、酒精含量和苦味值根据风格不同有所差别；色度：32+EBC。

（9）美式棕色爱尔（American-Style Brown Ale） 技术参数：原麦汁浓度：10~14.7°P；最终浓度：2.6~4.6°P；酒精含量：4.2%~6.3%（体积分数）；苦味值：25~45IBU；色度：30~52EBC。

（10）美式黑色爱尔（American-Style Black Ale） 技术参数：原麦汁浓度：13.8~18.2°P；最终浓度：3.1~4.6°P；酒精含量：6.3%~7.6%（体积分数）；苦味值：50~70IBU；色度：70+EBC。

（11）美式世涛（American-Style Stout） 技术参数：原麦汁浓度：12.4~18.2°P；最终浓度：2.6~5.6°P；酒精含量：5.7%~8.9%（体积分数）；苦味值：35~60IBU；色度：80+EBC。

（12）美式帝国世涛（American-Style Imperial Stout） 技术参数：原麦汁浓度：19.3~23.7°P；最终浓度：5.1~7.6°P；酒精含量：7.0%~12.0%（体积分数）；苦味值：50~80IBU；色度：80+EBC。

（13）美式帝国波特（American-Style Imperial Porter） 技术参数：原麦汁浓度：19.3~23.7°P；最终浓度：5.1~7.6°P；酒精含量：7.0%~12.0%（体积分数）；苦味值：35~50IBU；色度：80+EBC。

（14）帝国或双料印度淡色爱尔（Imperial or Double India Pale Ale） 技术参数：原麦汁浓度：17.1~23.7°P；最终浓度：3.1~5.1°P；酒精含量：7.6%~10.6%（体积分数）；苦味值：65~100IBU；色度：10~30EBC。

（15）双料红色爱尔（Double Red Ale） 技术参数：原麦汁浓度：14.3~19.3°P；最终浓度：3.9~6.1°P；酒精含量：6.1%~7.9%（体积分数）；苦味值：45~80IBU；色度：20~34EBC。

（16）帝国红色爱尔（Imperial Red Ale） 技术参数：原麦汁浓度：19.3~23.7°P；最终浓度：5.1~7.1°P；酒精含量：8.0%~10.6%（体积分数）；苦味值：55~85IBU；色度：20~34EBC。

（17）美式大麦爱尔（American-Style Barley Wine Ale） 技术参数：原麦汁浓度：21.6~28°P；最终浓度：6.1~7.1°P；酒精含量：8.5%~12.2%（体积分数）；苦味值：60~100IBU；色度：22~36EBC。

（18）美式小麦爱尔（American-Style Wheat Wine Ale） 技术参数：原麦汁浓度：21.1~28°P；最终浓度：6.1~8°P；酒精含量：8.5%~12.2%（体积分数）；苦味值：45~85IBU；色度：10+EBC。

（19）烟熏波特（Smoke Porter） 技术参数：原麦汁浓度：12.4~15.9°P；最终浓度：2.6~4.6°P；酒精含量：5.1%~8.9%（体积分数）；苦味值：20~40IBU；色度：40+EBC。

（20）美式酸爱尔（American-Style Sour Ale） 技术参数：随啤酒风格而变化。

4. 德国爱尔（German Origin Ale Styles）

（1）科尔施（Kölsch German-Style）　技术参数：原麦汁浓度：10.5~11.9°P；最终浓度：1.5~2.6°P；酒精含量：4.8%~5.3%（体积分数）；苦味值：22~30IBU；色度：6~12EBC。

（2）老啤酒（Altbier）　技术参数：原麦汁浓度：11~12.9°P；最终浓度：2.1~3.6°P；酒精含量：4.6%~5.6%（体积分数）；苦味值：25~52IBU；色度：22~38EBC。

（3）窖藏爱尔（Kellerbier or Zwickelbier Ale）　技术参数：随啤酒风格而变化。

（4）柏林小麦啤酒（Berliner-Style Weisse）　技术参数：原麦汁浓度：7.1~11.0°P；最终浓度：1~1.5°P；酒精含量：2.8%~5.0%（体积分数）；苦味值：3~6IBU；色度：4~8EBC。

（5）莱比锡古斯（Leipzig-Style Gose）　技术参数：原麦汁浓度：9~13.8°P；最终浓度：2.1~3.1°P；酒精含量：4.4%~5.4%（体积分数）；苦味值：10~15IBU；色度：6~18EBC。

（6）南德小麦啤酒（South German-Style Hefeweizen）　技术参数：原麦汁浓度：11.7~13.8°P；最终浓度：2.1~4.1°P；酒精含量：4.9%~5.6%（体积分数）；苦味值：10~15IBU；色度：6~18EBC。

（7）南德水晶小麦啤酒（South German-Style Kristal Weizen）　技术参数：原麦汁浓度：11.7~13.8°P；最终浓度：2.1~4.1°P；酒精含量：4.9%~5.6%（体积分数）；苦味值：10~15IBU；色度：6~18EBC。

（8）德国淡爽小麦啤酒（German-Style Leichtes Weizen）　技术参数：原麦汁浓度：7.1~11°P；最终浓度：1~2.1°P；酒精含量：2.5%~3.5%（体积分数）；苦味值：10~15IBU；色度：7~30EBC。

（9）南德琥珀色小麦啤酒（South German-Style Bernsteinfarbenes Weizen）技术参数：原麦汁浓度：11.9~13.8°P；最终浓度：2.1~4.1°P；酒精含量：4.8%~5.4%（体积分数）；苦味值：10~15IBU；色度：18~26EBC。

（10）德国南部深色小麦啤酒（South German-Style Dunkel Weizen）　技术参数：原麦汁浓度：11.9~13.8°P；最终浓度：2.1~4.1°P；酒精含量：4.8%~5.4%（体积分数）；苦味值：10~15IBU；色度：20~50EBC。

（11）德国南部博克小麦啤酒（South German-Style Weizenbock）　技术参数：原麦汁浓度：16.1~19.3°P；最终浓度：4.1~7.1°P；酒精含量：7.0%~9.5%（体积分数）；苦味值：15~35IBU；色度：9~60EBC。

（12）德国黑麦爱尔（German-Style Rye Ale）　技术参数：原麦汁浓度：11.7~13.8°P；最终浓度：2.1~4.1°P；酒精含量：4.9%~5.6%（体积分数）；苦味值：10~15IBU；色度：8~50EBC。

（13）班贝克烟熏小麦啤酒（Bamberg-Style Weiss Rauchbier）　技术参数：原麦汁浓度：11.7~13.8°P；最终浓度：2.1~4.1°P；酒精含量：4.9%~5.6%（体积分数）；苦味值：10~15IBU；色度：8~36EBC。

5. 比利时和法国爱尔（Belgian and French Origin Ale Styles）

（1）比利时金色爱尔（Belgian-Style Blonde Ale）　技术参数：原麦汁浓度：13.3~16.6°P；最终浓度：2.1~3.6°P；酒精含量：6.3%~7.9%（体积分数）；苦味值：15~30IBU；色度：8~14EBC。

（2）比利时淡色爱尔（Belgian-Style Pale Ale）　技术参数：原麦汁浓度：11~13.3°P；最终浓度：2.1~3.6°P；酒精含量：4.1%~6.3%（体积分数）；苦味值：20~30IBU；色度：12~24EBC。

（3）比利时淡色强烈爱尔（Belgian-Style Pale Strong Ale）　技术参数：原麦汁浓度：15.7~22.9°P；最终浓度：2~6.1°P；酒精含量：7.1%~11.2%（体积分数）；苦味值：20~50IBU；色度：7~20EBC。

（4）比利时深色强烈爱尔（Belgian-Style Dark Strong Ale）　技术参数：原麦汁浓度：15.7~22.9°P；最终浓度：3.1~6.1°P；酒精含量：7.1%~11.2%（体积分数）；苦味值：20~50IBU；色度：18~70EBC。

（5）比利时双料啤酒（Belgian-Style Dubbel）　技术参数：原麦汁浓度：14.7~18.2°P；最终浓度：3.1~4.1°P；酒精含量：6.3%~7.6%（体积分数）；苦味值：20~35IBU；色度：32~72EBC。

（6）比利时三料啤酒（Belgian-Style Tripel）　技术参数：原麦汁浓度：17.1~22°P；最终浓度：2.1~4.6°P；酒精含量：7.1%~10.1%（体积分数）；苦味值：20~45IBU；色度：8~14EBC。

（7）比利时四料啤酒（Belgian-Style Quadrupel）　技术参数：原麦汁浓度：20.2~28°P；最终浓度：3.6~5.1°P；酒精含量：9.1%~14.2%（体积分数）；苦味值：25~50IBU；色度：16~40EBC。

（8）比利时小麦啤酒（Belgian-Style Witbier）　技术参数：原麦汁浓度：11~12.4°P；最终浓度：1.5~2.6°P；酒精含量：4.8%~5.6%（体积分数）；苦味值：10~17IBU；色度：4~8EBC。

（9）经典法国/比利时赛森（Classic French & Belgian-Style Saison）　技术参数：原麦汁浓度：10~14.7°P；最终浓度：1.5~2.5°P；酒精含量：4.4%~6.8%（体积分数）；苦味值：20~38IBU；色度：10~14EBC。

（10）法式高浓贮藏型啤酒（French-Style Bière de Garde）　技术参数：原麦汁浓度：14.7~19.3°P；最终浓度：3.1~6.1°P；酒精含量：4.4%~8.0%（体积分数）；苦味值：20~30IBU；色度：14~32EBC。

（11）比利时佛兰德斯深棕或红色爱尔（Belgian-Style Flanders Oud Bruin or Oud Red Ale）　技术参数：原麦汁浓度：11~13.8°P；最终浓度：2.1~4.1°P；

酒精含量：4.8%~6.6%（体积分数）；苦味值：5~18IBU；色度：24~50EBC。

（12）比利时拉比克（Belgian-Style Lambic）　技术参数：原麦汁浓度：11.7~13.8°P；最终浓度：0~2.6°P；酒精含量：5.0%~8.2%（体积分数）；苦味值：9~23IBU；色度：12~26EBC。

（13）比利时贵兹拉比克（Belgian-Style Gueuze Lambic）　技术参数：原麦汁浓度：11~13.8°P；最终浓度：0~2.6°P；酒精含量：5.0%~8.9%（体积分数）；苦味值：11~23IBU；色度：12~26EBC。

（14）比利时水果拉比克（Belgian-Style Fruit Lambic）　技术参数：原麦汁浓度：10~17.5°P；最终浓度：2.1~4.1°P；酒精含量：5.0%~8.9%（体积分数）；苦味值：15~21IBU。

（15）其他比利时爱尔（Other Belgian-Style Ale）　技术参数：随啤酒风格而变化（Varies with style EBC）。

（16）比利时餐用啤酒（Belgian-Style Table Beer）　技术参数：原麦汁浓度：2.1~9.5°P；最终浓度：1~8.5°P；酒精含量：0.5%~3.5%（体积分数）；苦味值：5~15IBU；色度：10~100EBC。

6. 其他地区的爱尔（Other Origin Ale Styles）

（1）古德斯克（Grodziskie）　技术参数：原麦汁浓度：7.1~9°P；最终浓度：1.5~2.6P；酒精含量：2.7%~3.7%（体积分数）；苦味值：15~25IBU；色度：10~100EBC。

（2）阿达木啤酒（Adambier）　技术参数：原麦汁浓度：17.1~21.6°P；最终浓度：2.6~5.1°P；酒精含量：9.0%~11.0%（体积分数）；苦味值：30~50IBU；色度：30~70EBC。

（3）荷兰酷特（Dutch-Style Kuit, Kuyt or Koyt）　技术参数：原麦汁浓度：12.4~19.3°P；最终浓度：1.5~3.7°P；酒精含量：4.7%~7.9%（体积分数）；苦味值：25~35IBU；色度：10~25EBC。

（4）澳大利亚淡色爱尔（Australian-Style Pale Ale）　技术参数：原麦汁浓度：10~12.5°P；最终浓度：1~2°P；酒精含量：4.2%~6.2%（体积分数）；苦味值：20~45IBU；色度：6~28EBC。

（5）国际淡色爱尔（International-Style Pale Ale）　技术参数：原麦汁浓度：10~14.7°P；最终浓度：1.5~3.6°P；酒精含量：4.4%~6.6%（体积分数）；苦味值：20~42IBU；色度：10~28EBC。

（6）自然发酵高斯啤酒（Contemporary Gose）　技术参数：原麦汁浓度：9~13.8°P；最终浓度：2.1~3.1°P；酒精含量：4.4%~5.4%（体积分数）；苦味值：10~15IBU；色度：6~18EBC。

（7）特制赛森（Specialty Saison）　技术参数：原麦汁浓度：10~19.3°P；最终浓度：2.5~3.5°P；酒精含量：4.4%~8.4%（体积分数）；苦味值：20~

40IBU；色度：8~40EBC。

（8）芬兰萨特（Finnish-Style Sahti） 技术参数：原麦汁浓度：14.7~21.6°P；最终浓度：4~10°P；酒精含量：7%~8.5%（体积分数）；苦味值：3~16IBU；色度：8~24EBC。

（9）瑞典哥特兰德瑞克（Swedish-Style Gotlandsdricke） 技术参数：原麦汁浓度：10~12.4°P；最终浓度：2.5~3.5°P；酒精含量：5.5%~6.5%（体积分数）；苦味值：15~25IBU；色度：8~24EBC。

（10）波兰布雷斯劳淡色啤酒（Breslau-Style Pale Schöps） 技术参数：原麦汁浓度：16.5~17.5°P；最终浓度：4.5~6.1°P；酒精含量：6.0%~7.0%（体积分数）；苦味值：20~30IBU；色度：4~16+EBC。

（11）波兰布雷斯劳深色啤酒（Breslau-Style Dark Schöps） 技术参数：原麦汁浓度：16.5~17.5°P；最终浓度：4.5~6.1°P；酒精含量：6.0%~7.0%（体积分数）；苦味值：20~30IBU；色度：50~80+EBC。

二、拉格型（Lager Styles）

1. 欧洲/德式拉格（European-Germanic Origin Lager Styles）

（1）德式比尔森（German-Style Pilsener） 技术参数：原麦汁浓度：11~13.6°P；最终浓度：1.5~3.1°P；酒精含量：4.6%~5.3%（体积分数）；苦味值：25~40IBU；色度：6~8EBC。

（2）波西米亚比尔森（Bohemian-Style Pilsener） 技术参数：原麦汁浓度：11~13.8°P；最终浓度：3.6~4.5°P；酒精含量：4.1%~5.1%（体积分数）；苦味值：30~45IBU；色度：6~12EBC。

（3）慕尼黑型淡色啤酒（Münchner-Style Helles） 技术参数：原麦汁浓度：11~12.4°P；最终浓度：2.1~3.1°P；酒精含量：4.8%~5.6%（体积分数）；苦味值：18~25IBU；色度：8~11EBC。

（4）多特蒙德/欧式出口型啤酒（Dortmunder/European-Style Export） 技术参数：原麦汁浓度：11.9~13.8°P；最终浓度：2.6~3.6°P；酒精含量：5.1%~6.1%（体积分数）；苦味值：23~29IBU；色度：6~12EBC。

（5）维也纳拉格（Vienna-Style Lager） 技术参数：原麦汁浓度：11.4~13.8°P；最终浓度：3.1~4.6°P；酒精含量：4.8%~5.4%（体积分数）；苦味值：22~28IBU；色度：20~36EBC。

（6）德国三月节啤酒（German-Style Märzen） 技术参数：原麦汁浓度：12.4~14.7°P；最终浓度：3.1~5.1°P；酒精含量：5.1%~6.0%（体积分数）；苦味值：18~25IBU；色度：8~30EBC。

（7）德国十月庆典啤酒（German-Style Oktoberfest/Wiesn） 技术参数：

原麦汁浓度：11.9~13.8°P；最终浓度：2.6~3.6°P；酒精含量：5.1%~6.1%（体积分数）；苦味值：23~29IBU；色度：6~10EBC。

（8）慕尼黑深色啤酒（Münchner-Style Dunkel）　技术参数：原麦汁浓度：11.9~13.8°P；最终浓度：3.6~4.6°P；酒精含量：4.8%~5.3%（体积分数）；苦味值：16~25IBU；色度：30~34EBC。

（9）欧洲黑色拉格（European-Style Dark Lager）　技术参数：原麦汁浓度：11.9~13.8°P；最终浓度：3.6~4.6°P；酒精含量：4.8%~5.3%（体积分数）；苦味值：20~35IBU；色度：30~48EBC。

（10）德国黑啤酒（German-Style Schwarzbier）　技术参数：原麦汁浓度：11~12.9°P；最终浓度：2.6~4.1°P；酒精含量：3.8%~4.9%（体积分数）；苦味值：22~30IBU；色度：50~80EBC。

（11）德国淡爽啤酒（German-Style Leichtbier）　技术参数：原麦汁浓度：6.6~8.5°P；最终浓度：1.5~2.6°P；酒精含量：2.5%~3.7%（体积分数）；苦味值：16~24IBU；色度：4~8EBC。

（12）班贝克淡色烟熏啤酒（Bamberg-Style Helles Rauchbier）　技术参数：原麦汁浓度：11~12.4°P；最终浓度：2.1~3.1°P；酒精含量：4.8%~5.6%（体积分数）；苦味值：18~25IBU；色度：8~11EBC。

（13）班贝克三月烟熏啤酒（Bamberg-Style Märzen Rauchbier）　技术参数：原麦汁浓度：12.4~14.7°P；最终浓度：3.1~5.1°P；酒精含量：5.1%~6.0%（体积分数）；苦味值：18~25IBU；色度：8~30EBC。

（14）班贝克强烈烟熏啤酒（Bamberg-Style Bock Rauchbier）　技术参数：原麦汁浓度：16.1~18°P；最终浓度：4.6~6.1°P；酒精含量：6.3%~7.6%（体积分数）；苦味值：20~30IBU；色度：40~60EBC。

（15）德国淡色强烈/五月强烈啤酒（German-Style Heller Bock/Maibock）技术参数：原麦汁浓度：16.1~18°P；最终浓度：3.1~5.1°P；酒精含量：6.3%~8.1%（体积分数）；苦味值：20~38IBU；色度：8~18EBC。

（16）德国传统强烈啤酒（Traditional German-Style Bock）　技术参数：原麦汁浓度：16.1~18°P；最终浓度：4.6~6.1°P；酒精含量：6.3%~7.6%（体积分数）；苦味值：20~30IBU；色度：40~60EBC。

（17）德国双强烈啤酒（German-Style Doppelbock）　技术参数：原麦汁浓度：18~19.3°P；酒精含量：6.6%~7.9%（体积分数）；苦味值：17~27IBU；色度：24~60EBC。

（18）德国强烈冰啤酒（German-Style Eisbock）　技术参数：原麦汁浓度：18~27.2°P；最终浓度：°P；酒精含量：8.6%~14.3%（体积分数）；苦味值：26~33IBU；色度：30~100EBC。

（19）德国窖藏或陈贮啤酒（Kellerbier or Zwickelbier Lager）　技术参数：

随啤酒风格而变化。

2. 原产北美地区的拉格（North American Origin Lager Styles）

（1）美式拉格（American-Style Lager）　技术参数：原麦汁浓度：10～11.9°P；最终浓度：1.5～3.6°P；酒精含量：4.1%～5.1%（体积分数）；苦味值：5～15IBU；色度：4～12EBC。

（2）美式淡色拉格（American-Style Light Lager）　技术参数：原麦汁浓度：6.1～10°P；最终浓度：2.1～2.1°P；酒精含量：3.5%～4.4%（体积分数）；苦味值：4～10IBU；色度：3～8EBC。

（3）美式琥珀淡色拉格（American-Style Amber Light Lager）　技术参数：原麦汁浓度：6.1～10°P；最终浓度：0.5～2.1°P；酒精含量：3.5%～4.4%（体积分数）；苦味值：8～15IBU；色度：8～24EBC。

（4）美式比尔森（American-Style Pilsener）　技术参数：原麦汁浓度：11.2～14.7°P；最终浓度：3.1～4.6°P；酒精含量：4.9%～6.0%（体积分数）；苦味值：25～40IBU；色度：6～12EBC。

（5）美式冰拉格（American-Style Ice Lager）　技术参数：原麦汁浓度：10～14.7°P；最终浓度：1.5～3.6°P；酒精含量：4.8%～6.3%（体积分数）；苦味值：7～20IBU；色度：4～16EBC。

（6）美式麦芽酒（American-Style Malt Liquor）　技术参数：原麦汁浓度：12.4～14.7°P；最终浓度：1～2.6°P；酒精含量：6.3%～7.6%（体积分数）；苦味值：12～23IBU；色度：4～10EBC。

（7）美式琥珀拉格（American-Style Amber Lager）　技术参数：原麦汁浓度：10.5～13.8°P；最终浓度：2.6～4.6°P；酒精含量：4.8%～5.4%（体积分数）；苦味值：18～30IBU；色度：12～28EBC。

（8）美式深色拉格（American-Style Dark Lager）　技术参数：原麦汁浓度：10～12.4°P；最终浓度：2.1～3.1°P；酒精含量：4.1%～5.6%（体积分数）；苦味值：14～24IBU；色度：28～50EBC。

3. 其他原产地拉格（Other Origin Lager Styles）

（1）波罗的海波特（Baltic-Style Porter）　技术参数：原麦汁浓度：17.5～22°P；最终浓度：4.1～5.6°P；酒精含量：7.6%～9.3%（体积分数）；苦味值：35～40IBU；色度：40+EBC。

（2）澳大拉西亚，拉丁美洲或热带风格的淡啤酒（Australasian, Latin American or Tropical-Style Light Lager）　技术参数：原麦汁浓度：9.5～11.4°P；最终浓度：1.5～2.6°P；酒精含量：4.1%～5.1%（体积分数）；苦味值：9～18IBU；色度：4～10EBC。

（3）国际比尔森（International-Style Pilsener）　技术参数：原麦汁浓度：11～12.4°P；最终浓度：2.1～2.6°P；酒精含量：4.6%～5.3%（体积分数）；苦

味值：17~30IBU；色度：6~8EBC。

4. 混合型拉格或爱尔（Hybrid/mixed Lagers or Ales）

（1）赛森（Session Beer） 技术参数：原麦汁浓度：8.5~10°P；最终浓度：1~2.6°P；酒精含量：3.5%~5.0%（体积分数）；苦味值：10~35IBU；色度：40+EBC。

（2）美式奶油爱尔（American-Style Cream Ale） 技术参数：原麦汁浓度：11~12.9°P；最终浓度：1~2.6°P；酒精含量：4.3%~5.7%（体积分数）；苦味值：10~22IBU；色度：4~10EBC。

（3）加州普通啤酒（California Common Beer） 技术参数：原麦汁浓度：11.2~13.8°P；最终浓度：2.6~4.6°P；酒精含量：4.6%~5.7%（体积分数）；苦味值：35~45IBU；色度：16~30EBC。

（4）淡色美式小麦啤酒与酵母（Light American Wheat Beer with Yeast） 技术参数：原麦汁浓度：9~13.8°P；最终浓度：1.0~4.1°P；酒精含量：3.5%~5.6%（体积分数）；苦味值：10~35IBU；色度：8~20EBC。

（5）淡色美式小麦啤酒无酵母（Light American Wheat Beer without Yeast） 技术参数：原麦汁浓度：9~12.4°P；最终浓度：1~4.1°P；酒精含量：3.8%~5.1%（体积分数）；苦味值：10~35IBU；色度：4~20EBC。

（6）深色美式含酵母小麦啤酒（Dark American Wheat Beer with Yeast） 技术参数：原麦汁浓度：9~12.4°P；最终浓度：1~4.1°P；酒精含量：3.8%~5.1%（体积分数）；苦味值：10~25IBU；色度：18~44EBC。

（7）深色美式无酵母小麦啤酒（Dark American Wheat Beer without Yeast） 技术参数：原麦汁浓度：9~12.4°P；最终浓度：1~4.1°P；酒精含量：3.8%~5.1%（体积分数）；苦味值：10~25IBU；色度：18~44EBC。

（8）美式水果啤酒（American-Style Fruit Beer） 技术参数：原麦汁浓度：7.6~25.9°P；最终浓度：1.5~7.6°P；酒精含量：2.5%~12.0%（体积分数）；苦味值：5~45IBU；色度：10~100EBC。

（9）水果小麦啤酒（Fruit Wheat Beer） 技术参数：原麦汁浓度：9~12.4°P；最终浓度：1~4.1°P；酒精含量：3.8%~5.1%（体积分数）；苦味值：10~35IBU；色度：4~20EBC。

（10）比利时水果啤酒（Belgian-Style Fruit Beer） 技术参数：原麦汁浓度：7.6~25.9°P；最终浓度：1.5~7.6°P；酒精含量：2.5%~12.0%（体积分数）；苦味值：5~70IBU；色度：10~100EBC。

（11）野生菌啤酒（Field Beer） 技术参数：原麦汁浓度：7.6~25.9°P；最终浓度：1.5~7.6°P；酒精含量：2.5%~13.3%（体积分数）；苦味值：5~70IBU；色度：10~100EBC。

（12）胡椒啤酒（Chili Pepper Beer） 技术参数：原麦汁浓度：7.6~25.9°P；

最终浓度：1.5~7.6°P；酒精含量：2.5%~13.3%（体积分数）；苦味值：5~70IBU；色度：10~100EBC。

（13）南瓜香料啤酒（Pumpkin Spice Beer）　技术参数：原麦汁浓度：7.6~25.9°P；最终浓度：1.5~7.6°P；酒精含量：2.5%~12.0%（体积分数）；苦味值：5~35IBU；色度：10~100EBC。

（14）南瓜/南瓜属啤酒（Pumpkin/Squash Beer）　技术参数：原麦汁浓度：7.6~25.9°P；最终浓度：1.5~7.6°P；酒精含量：2.5%~12.0%（体积分数）；苦味值：5~35IBU；色度：10~100EBC。

（15）巧克力或可可啤酒（Chocolate or Cocoa Beer）　技术参数：随啤酒风格而变化。

（16）咖啡啤酒（Coffee Beer）　技术参数：随啤酒风格而变化。

（17）草药和香料啤酒（Herb and Spice Beer）　技术参数：原麦汁浓度：7.6~25.9°P；最终浓度：1.5~7.6°P；酒精含量：2.5%~12.0%（体积分数）；苦味值：5~40IBU；色度：10~100EBC。

（18）特种啤酒（Specialty Beer）　技术参数：原麦汁浓度：7.6~32.1+°P；最终浓度：1.5~7.6+°P；酒精含量：2.5%~25+%（体积分数）；苦味值：1~100IBU；色度：2~200EBC。

（19）特种蜂蜜啤酒（Specialty Honey Beer）　技术参数：原麦汁浓度：7.6~25.9°P；最终浓度：1.5~7.6°P；酒精含量：2.5%~12.0%（体积分数）；苦味值：1~100IBU；色度：2~200EBC。

（20）日本吟酿啤酒/清酒酵母啤酒（Ginjo Beer or Sake Yeast Beer）　技术参数：原麦汁浓度：10~21.6°P；最终浓度：2.1~5°P；酒精含量：4.3%~10.2%（体积分数）；苦味值：12~35IBU；色度：8~40EBC。

（21）木桶或橡木桶陈酿淡色至琥珀啤酒（Wood and Barrel Aged Pale to Amber Beer）　技术参数：酒精含量：3.8%~6.3%（体积分数）；色度：8~36EBC。

（22）木桶或橡木桶陈酿黑色啤酒（Wood and Barrel Aged Dark Beer）　技术参数：酒精含量：3.8%~6.3%（体积分数）；色度：>36EBC。

（23）木桶或橡木桶陈酿烈性啤酒（Wood and Barrel Aged Strong Beer）　技术参数：酒精含量：>6.3%（体积分数）。

（24）其他烈性爱尔或拉格（Other Strong Ale or Lager）　技术参数：酒精含量：8%+（体积分数）。

（25）无酒精麦芽饮料（Non-Alcoholic Malt Beverage）　技术参数：酒精含量：<0.63%（体积分数）。

第八节 啤酒新产品开发与配方设计

精酿啤酒的迅猛发展，使消费者品尝到了口味更加丰富多彩的啤酒，这同时也改变了消费者对啤酒的认知。酿酒师应在遵循科学酿酒原理的同时，发挥各自的想象力和创造才能，推出各种类型的新产品。开发一款新产品需要考虑的因素很多（图1-32），涉及酿酒原料、期望的风味特征、包装形式和针对性的消费群体。啤酒的感官品评非常重要，国际品酒大赛中评委们主要从以下五个方面给予评价和打分，包括：啤酒的外观、香气、味道、口感和整体评价。

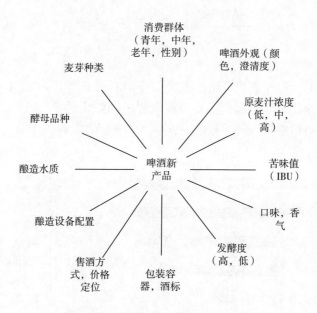

图1-32 啤酒新产品开发涉及的问题

一、新产品开发与消费趋势

啤酒酿造工业的发展经历了多个发展阶段。工业文明促进了啤酒生产的标准化和规模化，科技的发展在酿酒行业更多地体现对消费者的关注和满足个性化需求。促进酿酒工业发展的消费趋势发生了新的变化（图1-33），顺应消费趋势的产品才能有好的市场需求。

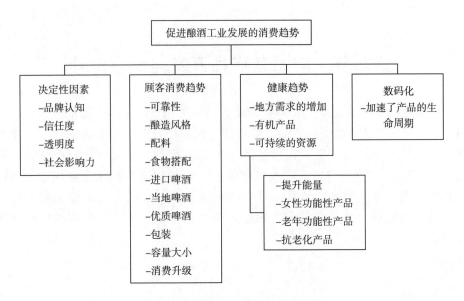

图1-33　促进酿酒工业发展的消费趋势

在峰期后的一段时期里，由于B2C（企业对消费者）向C2B（消费者对企业）的转变，个性化和定制化的商品将取悦不同需求的消费者（图1-34）。白酒和葡萄酒将与精酿啤酒共同竞争，分享市场发展的红利。

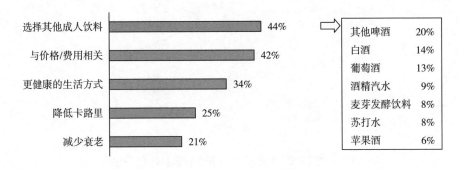

图1-34　消费者选择产品的决定性因素

当选择精酿啤酒时，啤酒风味和新鲜度是消费者首要考虑的因素。当顾客选择购买一款精酿啤酒时，对啤酒的哪些方面感兴趣，并最终做出购买选择，这是我们进行新产品开发需要首先考虑的问题。研究发现，消费者对啤酒的风味关注度最高，依次为啤酒的新鲜度、香气和酿造原料等。消费者对产品各因素关注程度见图1-35。对于千禧一代（1984—1995年出生）的男性朋友们来说，他们更渴望高酒精浓度的啤酒。

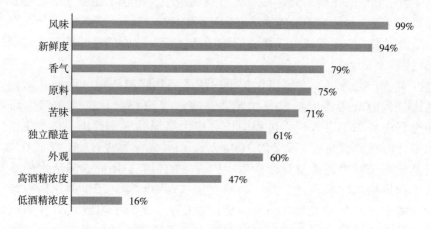

图 1-35　消费者对产品的关注程度

二、新产品开发的主要影响因素

精酿啤酒对具体的工艺和原料没有约束，给予了酿酒师较大的发挥空间，崇尚的是精制与创新，不管是原材料、酿造方法，甚至啤酒消费理念和营销方式都有巨大的革新和创造。对新产品开发起到重要杠杆作用的主要因素依然是酿酒原料的选择（图 1-36）。

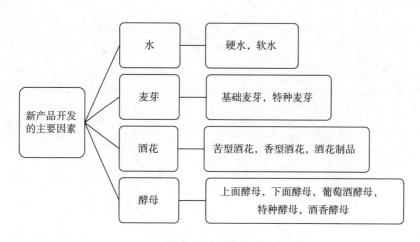

图 1-36　新产品开发的主要影响因素

1. 酿造水

酿酒用水的成分组成直接影响啤酒的质量。不同地域的水含有的矿物质不尽相同，它能够形成硬度并因此影响啤酒质量。水是一种溶剂和啤酒的主要成分，啤酒中其他的任何组分都必须要溶解到水中，但水不能完全溶解麦芽和酒花的部分组分，水的离子组成能够影响其溶解度。

酿造用水中的离子成分还能够影响酿造性能、啤酒的风味特征、啤酒风味的稳定性。

以水中 Ca^{2+} 为例：它可以保护蛋白酶受到热降解作用，增加其活性。麦汁煮沸过程中改善凝固物成分，促进草酸钙（啤酒石）沉淀在锅里而不是包装过程中，如果进入包装过程中，会成为喷涌的一个原因。Ca^{2+} 在糖化和煮沸麦汁时可降低 pH。每增加 100mg/kg Ca^{2+} 会导致麦汁 pH 降低 0.4。水中的其他离子对啤酒质量都会产生不同程度的影响。因此，酿造水的选择对酿造不同风格的啤酒非常重要。如捷克比尔森啤酒闻名于世的原因得益于其非常软的地下水（总硬度 1.6°d，德国硬度），赋予了啤酒爽口、柔顺的感觉。在设计酒体风格时，首先要对酿造水进行调配，才能酿造出典型风格的啤酒。

2. 麦芽

麦芽是啤酒酿造的最主要原料之一，麦芽的品种和类型很多（图 1-37），每种麦芽都有其独特的酿造特性。酿酒师面临的挑战，主要是麦芽供应和麦芽质量的波动。基础麦芽是麦汁中可发酵性糖和酵母所需氨基酸的主要来源，占麦芽配比最大，它决定了啤酒原麦汁浓度的高低。啤酒的颜色和特殊麦芽香气主要由特种麦芽提供，特种麦芽占麦芽配比较小，但对啤酒的外观和风味影响较大。配方设计中对麦芽的选择和添加比例需要通过做实验和多次酿造实践才能准确确定。

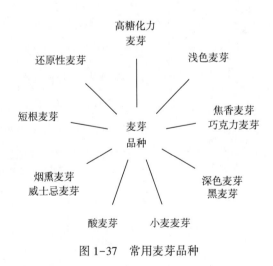

图 1-37　常用麦芽品种

焦香麦芽在酿酒时使用频率非常高，使用范围也非常广。它们可以用于啤酒酿造中的调色、提味和增加特殊的麦芽甜度。焦香麦芽在制作过程中酶的活力丧失，并没有分解淀粉和糖化的能力，因此它们只能作为辅助麦芽而不是基础麦芽使用。由于麦芽在烘烤的焦糖化过程中，生成了部分非发酵性糖，所以这也是为什么焦香麦芽能增加啤酒醇厚感的原因。中度焦香麦芽有更烈的焦糖味。通常焦香麦芽在麦芽配比中占2%～15%的比例，深色的焦香麦芽更应该掌握好添加比例，不宜过量，否则会造成酒体的尖涩感和焦煳味，降低啤酒的平衡度（详细使用比例参加第三章麦芽部分）。

3. 酒花

酒花素有"啤酒的灵魂"之称，与啤酒酿造中所需的大量麦芽相比，酒花使用量相对较小，却能神奇地改变啤酒的口感和风味特征。因此，酒花品种对啤酒酿造有着极为重要的影响（图1-38）。特别是精酿啤酒的发展对酒花的风味和香气提出了更高的要求。啤酒苦味值的计算参见第四章酒花部分。近年来，香型酒花的品种每年都有新品出现（世界各地香型酒花的风味和香气特征见附录）。

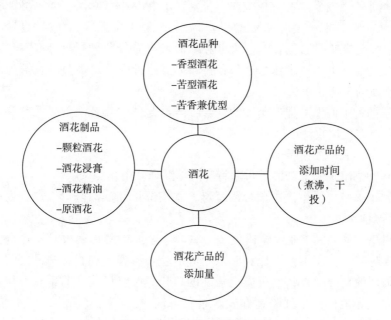

图1-38　酒花类型及添加方法

香型酒花对啤酒的风味影响较大，特别是美国酒花的香气独特，深受广大精酿啤酒爱好者的青睐，美式IPA具有复杂香气和令人难忘的口感。最常用的美国香型和苦香兼优型酒花有：西楚、亚麻黄和西姆科等。美国酒花的香气特征具有人们喜爱的橘香、柚子和松树叶的香气，热带水果的香气（表1-8）。

表 1-8	美国酒花的品种和香气特征		
酒花香气	花果香和酯香（苹果、香蕉、草莓、玫瑰、薰衣草……）	柑橘柠檬香（柚子、橘子、柠檬、荔枝、芒果……）	松叶、薄荷香
酒花品种	奇努克 胡德峰 克劳斯特 超级金牌 斯特林	卡斯卡特 西楚 亚麻黄 顶峰 世纪 阿波罗	威廉麦特 胡德峰 法格尔 斯特林

4. 酵母

酵母的类型主要分为下面发酵酵母和上面发酵酵母，其酿造的啤酒分别称为拉格（比尔森、淡色啤酒、窖藏啤酒、出口型啤酒、黑啤酒、三月节啤酒）和爱尔啤酒（淡色爱尔、棕色爱尔、世涛、波特、小麦啤酒、老啤酒、科尔施啤酒和 IPA 等）。混合型菌种发酵的啤酒（拉比克、贵兹等）。使用合适的酵母菌种可以突出或抑制酒花香味。全世界上面发酵酵母菌种超过 200 多种，下面发酵酵母接近 100 种，并且每年都有新的酵母菌种问世。多菌种发酵为新产品开发带来新的机遇和挑战。

（1）两种下面发酵酵母菌种的联合　酵母菌种的互补改善了香味和口味稳定性，可以多次回收使用。

（2）上面和下面酵母混合发酵。

（3）啤酒酵母和非啤酒酵母属特殊酵母混合使用。

（4）上发酵麦汁中使用葡萄酒酵母、香槟酵母和烈酒酵母，混合发酵会产生一种新型啤酒。

据报道，慕尼黑工业大学研发了一款非常全面的酵母菌种除了适合生产比利时小麦啤酒外，还可生产比利时双料啤酒、三料啤酒和香料啤酒。它赋予啤酒一种强烈的复合酚香味，可以掩盖酯的口味。该酵母菌种的丁香香味在成品啤酒中占主导地位。根据酿造和发酵过程不同，生产的啤酒不仅略带酸涩味，而且带有轻微的果味。通过添加橙皮可以调节口味的多样性。

三、新产品开发的次要影响因素

酿酒原料丰富多彩，不仅麦芽、酒花、酵母种类极多，各种其他原材料如青稞、黑麦、燕麦、荞麦等都已用在啤酒酿造中。利用橡木桶陈贮啤酒和新的酿造方式，历史上不曾用过的各种各样的香辛料，甚至瓜果蔬菜。上述众多因素已成为新产品开发的次要因素（图 1-39）。

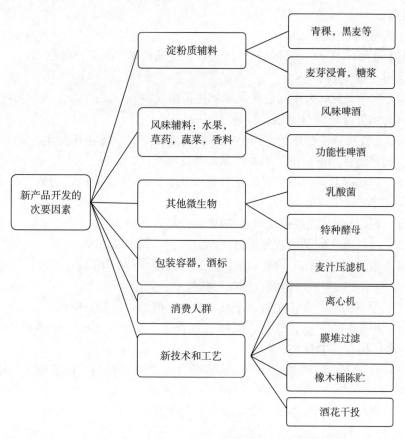

图 1-39 新产品开发的次要因素

1. 突出产品的原产地特性

美国明尼苏达州的一家啤酒厂，使用生长在当地湖泊中的入侵植物西洋蓍草和欧亚贻贝，酿造了一款口味迥异的赛森爱尔啤酒，深受当地消费者欢迎。

2. 挖掘地方特色

如海南的咖啡啤酒、热带水果啤酒；绿茶、铁观音和红茶产区的茶啤酒。

3. 柑橘属和浆果类啤酒被广泛开发

例如，樱桃啤酒、草莓、蓝莓啤酒等。

4. 体现风味独特性

例如，青稞小麦啤酒、藜麦啤酒、木薯啤酒、高粱啤酒。青稞啤酒已工业化规模生产，其感官品评结果表明，啤酒后味爽净，独一无二。

5. 依靠植物成分进行品牌拓展

茶（抗氧化）、甘菊、枸杞、紫锥菊（刺激免疫系统）、人参、白果、迷迭香、滇荆芥、苦艾等，该类植物含有多酚、植物甾醇、皂苷、多聚糖苷、黄酮类物质等。

6. 酿造新工艺的应用

无土过滤技术，离心机代替传统过滤，过桶技术，酒花干投技术。

7. 树立健康形象

嘉士伯开发的红大麦酿造而成的红色拉格啤酒。

8. 突出酵母与辅料的感官影响

例如，使用燕麦酿造的德国小麦啤酒、燕麦爱尔，高粱 IPA 等。

9. 技术进步助推精酿啤酒新产品的开发

（1）消除啤酒风味不稳定的前体物质的大麦品种的推出，例如，嘉士伯啤酒不含脂肪酸氧化酶的 4G 大麦。

（2）现代技术使精酿啤酒商能精确地控制其酿造工艺。

（3）可以全球配制酿造品质更高的原料，不断创新。

（4）借助新型通讯工具和互联网，拉近与消费者的距离。

10. 根据不同年龄段消费群体的口味特点开发新产品

（1）中年男子　高苦味值、干爽、有劲、酒精含量高、提神。

（2）中年妇女　低苦味值、柔和、果香味、绵软、甜味、低酒精含量、低浓度啤酒、提神、少量 CO_2。

（3）青年人　酒精含量低、苦味适中、水果味、提神、包装精美、赋予时代感。

（4）老年人　得到温暖、含矿物质、高维生素、适合长期饮用。

11. 包装容器的创新

常见的啤酒包装容器有，玻璃瓶、易拉罐、PET 聚酯瓶、陶瓷瓶、不锈钢瓶、铝制瓶子、马口铁罐，不锈钢桶等。

12. 酒标的创新

啤酒的商标贴已成为一种独特的啤酒文化，其丰富的内涵也不断得到挖掘和展现。酒标包括啤酒瓶外所有的附贴物，常见的有：贴标（主要信息、牌名、商标等都在其上）、吊标（既可封口，也作装饰）、背标（产品的历史、特点、成分等介绍）、封标、颈标、垫标等，酒标最初是用普通白纸印制的。在市场与新技术的推动下，酒标所用的材料也日趋广泛，有铜版纸、铝箔复合纸、镀铝纸和透明不干胶。

最近备受关注的是被称为"水晶标"的透明不干胶标。它可以让啤酒显得晶莹剔透，纯净无瑕。此外还有热敏标，激光防伪标。酒标也可以直接印刷到瓶子、易拉罐和桶上。

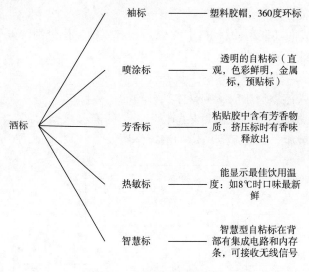

图 1-40　酒标的类型

四、特种啤酒饮料的开发

1. 啤酒混合型饮料的开发

啤酒混合饮料的类型见图 1-41。

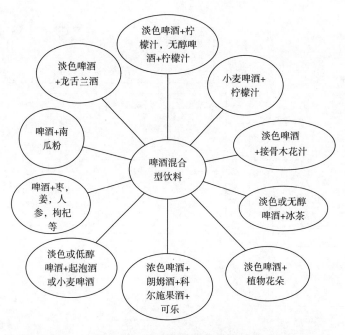

图 1-41　啤酒混合饮料的类型

2. 麦芽功能型饮料的开发

由麦芽制成的功能型饮料（图1-42）具有提神，保健的特点。

功能性饮料对健康的益处如下：

(1) 补充人体的矿物质和维生素；

(2) 调节人体渗透压或影响身体某种功能；

(3) 特殊功能（比如能满足某些特定人员的需求）。

(4) 促进健康，甚至起到一定的治疗作用。

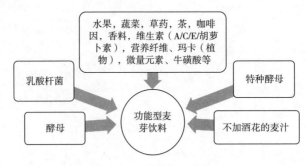

图 1-42　功能型麦芽饮料

五、新啤酒产品开发生产过程要点

新啤酒产品开发生产过程要点见图1-43。

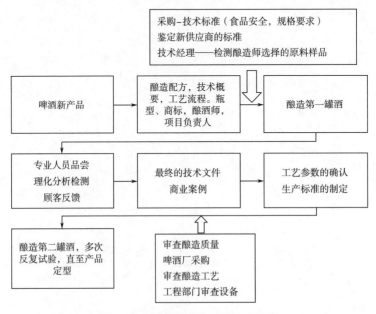

图 1-43　新啤酒产品开发生产过程

六、啤酒配方设计实例

1. 赛森印度淡色爱尔啤酒（Session India Pale Ale）配方

（1）啤酒质量参数

原麦汁浓度：1.044（11.1°P）；

最终麦汁浓度：1.010（2.5°P）；

苦味值：65IBU；

酒精含量：4.5%；

外观发酵度：77.3%；

煮沸时间：90min。

（2）麦芽配比

87%的二棱浅色麦芽；

2.9%的结晶麦芽（30EBC）；

2.9%的胜利麦芽；

7.2%的焦香比尔森麦芽。

（3）酒花配比

58.2g/hL 的 German Magnum（德国马格努门）酒花（α-酸14%）头道麦汁添加；

66.0g/hL 的 Ahtanum（阿塔纳姆）酒花（6% α-酸）煮沸 10min 添加；

128.1g/hL 的 Chinook（奇努克）酒花（13% α-酸）煮沸 10min 添加；

66.0g/hL 的 Steiner（斯丹纳）#06300 或 06297 煮沸 10min 添加；

54.3g/hL 的 Cascade（卡斯卡特）酒花（5.5% α-酸）煮沸 10min 添加；

38.8g/hL 的 Magnum（马格努门）酒花（14% α-酸）回旋沉淀槽添加；

66.0g/hL 的 Sterling（斯特林）酒花（7.5% α-酸）回旋沉淀槽添加；

66.0g/hL 的 Crystal（水晶）酒花（3.5% α-酸）回旋沉淀槽添加；

217.3g/hL 的 Mosaic（摩西）酒花（12.25% α-酸）回旋沉淀槽添加；

132.0g/hL 的 Amarillo（亚麻黄）酒花（9.2% α-酸）回旋沉淀槽添加；

132.0g/hL 的 Ahtanum（阿塔纳姆）酒花（6% α-酸）回旋沉淀槽添加；

388.0g/hL 的 Mosaic（摩西）酒花（12.25% α-酸）（干投酒花）；

232.8g/hL 的 Citra（西楚）酒花（12% α-酸）（干投酒花）；

116.4g/hL 的 Cascade（卡斯卡特）酒花（5.5% α-酸）（干投酒花）。

（4）酵母 怀特纯酵母发酵实验室（White Labs）的 WLP007 英国爱尔干酵母或 WLP002 英国爱尔酵母。

2. 墨菲爱尔兰世涛（Murphy's Irish Stout）

（1）风格特点

该啤酒厂位于爱尔兰的 Cork 市，自从 1856 年墨菲一直在酿造自己的世涛啤酒。使用井水，现在这个啤酒厂被奉为啤酒圣地。这容易饮用的世涛现已装在氮气瓶中，有洁白细腻的泡沫和黑褐色的酒体。这款啤酒散发着咖啡和太妃糖的香气，口感上带着丝滑的中等苦度和烘烤麦芽的味道。

（2）产品技术参数

种类：干烈黑啤酒。

原麦汁相对密度：1.042~1.043；发酵终止相对密度：1.009~1.010。

苦味值：35IBU；色度：77EBC；酒精含量：4.2%（体积分数）。

（3）原料：按照每百升配料，见表1-9。

表1-9　　　　　　　　　　　墨菲爱尔兰世涛配料表

麦芽	质量（g）/色度（EBC）	比例
烘烤麦芽	1350	47%
英国巧克力麦芽	900	32%
英国水晶麦芽	600/110	21%
酒花及添加时间		g/hL
目标（Target）-头道麦汁时加入		148
东肯特哥尔丁（East kent goldings）-45min		74

酵母：第一种选择：Wyeast's 1084爱尔兰爱尔酵母，发酵温度20~22℃；第二种选择：Wyeast's 1098英国爱尔酵母，发酵温度20~22℃。

3. 罗斯福8号修道院啤酒（Trappist Rochefort 8）

（1）风格特点

这款修道院啤酒，是世界七大修道院派啤酒厂产的啤酒之一。该啤酒厂位于比利时Rochefort市的一个宁静的修道院，僧人酿造这3款比利时深色强烈爱尔啤酒：罗斯福6号（红色盖子）、罗斯福8号（绿色盖子）、罗斯福10号（蓝色盖子）。

该款啤酒呈深栗色，如奶油般细腻的啤酒泡沫在高脚杯上留下美丽的痕迹。这款深色啤酒散发出多种香气，辛辣的麦芽味、复杂的水果香、强烈的干果香。这种麦芽风味、干果、酒精混合浓烈碳酸化的味道很受欢迎。这种来自灵魂的满足感很好地诠释了啤酒酿造漫长而复杂的过程。

（2）产品技术参数

类型：比利时深色强烈爱尔啤酒。

原麦汁相对密度：1.089~1.090；发酵终止相对密度：1.016~1.017。

苦味值：23.5IBU；色度：36EBC；酒精含量：9.3%（体积分数）。

（3）原料　按照每百升配料，见表1-10。

表 1-10　　　　　　　　　　　罗斯福 8 号修道院啤酒配料表

麦芽	质量/g	比例
比利时卡拉-慕尼黑麦芽	1650	42%
比利时卡拉-维也纳麦芽	1200	30%
比利时饼干麦芽	600	15%
英国巧克力麦芽	524	13%

酒花及添加时间	g/hL
德国哈拉道赫斯布鲁克（German Hallertau Hersbrucker）-头道麦汁时加入	148
施蒂里亚哥尔丁（Styrian Goldings）-头道麦汁时加入	100
施蒂里亚哥尔丁（Styrian Goldings）-45min	74
德国哈拉道赫斯布鲁克（German Hallertau Hersbrucker）-45min	37
施蒂里亚哥尔丁（Styrian Goldings）-10min	37
东肯特哥尔丁（East Kent Goldings）-干投	74

酵母：第一种选择：1388 比利时强烈爱尔酵母，在 20~22°C 下发酵；第二种选择：1762 比利时修道院酵母，在 20~22°C 下发酵。

第二章　酿造用水

水是啤酒酿造最重要的原料，酿造用水被称为"啤酒的血液"。世界著名啤酒的特色都是由各自的酿造用水所决定的，酿造水质不仅决定着产品的质量和风味，还直接影响着酿造的全过程。因此，正确地认识和合理地处理酿造用水在啤酒生产中具有极为重要的意义。

在啤酒的生产过程中酿造用水是啤酒最主要的原料，约占普通啤酒的95%（体积分数）。水还被用于清洗设备和管道、冲洗、工艺用水、冷却水、产生蒸汽等用途。酿造1千升啤酒，由于工艺的差别，通常需要3千升~6千升水。

第一节　水的质量要求

一、水的硬度及分类

1. 水的硬度

水的硬度是指溶解在水中的钙、镁离子以及碳酸根离子、碳酸氢根离子、硫酸根离子、氯离子和硝酸根离子所形成盐类的浓度。过去，我国水的硬度常以德国硬度（°dH）表示，即每升水中含有10mg氧化钙称为1度。现在，均以法定计量单位mmol/L表示。

2. 硬度的分类

硬度的分类方法有两种（表2-1）。

（1）以碳酸盐硬度和非碳酸盐硬度来分　碳酸盐硬度即钙和镁的碳酸氢盐溶解于水形成的硬度。由于该硬度的水在加热煮沸时，可分解成溶解度很小的 $CaCO_3$、$MgCO_3$ 沉淀使水的硬度降低，所以该硬度又称为暂时硬度。

非碳酸盐硬度是钙和镁的硫酸盐、硝酸盐或氯化盐等溶于水形成的硬度。由于加热煮沸也不沉淀，又称为永久硬度。

（2）以钙硬和镁硬来分　钙硬即钙盐所形成的硬度，镁硬即镁盐所形成的硬度。钙硬和镁硬是硬度指标的基础。

表 2-1 硬度的分类

总硬度		总硬度	
碳酸盐硬度	非碳酸盐硬度	钙硬	镁硬
$Ca(HCO_3)_2$	$CaSO_4$	$Ca(HCO_3)_2$	$Mg(HCO_3)_2$
$Mg(HCO_3)_2$	$MgSO_4$	$CaCl_2$	$MgSO_4$
	$CaCl_2$	$Ca(NO_3)_2$	$MgCl_2$
	$MgCl_2$	$CaSO_4$	$Mg(NO_3)_2$
	$Ca(NO_3)_2$		

二、水中离子对啤酒酿造的影响

1. 水中离子与酸度的关系

在啤酒生产过程中，麦汁和啤酒的 pH 都直接或间接地受到水中离子的影响，水中各种离子对于 pH 的影响主要通过以下几方面的作用。

（1）消酸作用 只有碳酸氢根离子具有消酸作用，在煮沸或其他化学变化过程中消耗氢离子，使 pH 上升。

$$HCO_3^- + H^+ \longrightarrow H_2O + CO_2$$

（2）增酸作用 钙、镁离子都具有增酸作用，其作用是通过相应的硫酸盐实现的。

①$CaSO_4$的增酸作用

$$4K_2HPO_4 + 3CaSO_4 \longrightarrow Ca_3(PO_4)_2 \downarrow + 2KH_2PO_4 + 3K_2SO_4$$

$CaSO_4$ 与碱性 K_2HPO_4 反应，生成酸性 KH_2PO_4 和不溶性的 $Ca_3(PO_4)_2$，使醪液和麦汁的酸度增加。

②$MgSO_4$的增酸作用

$$4K_2HPO_4 + 3MgSO_4 \longrightarrow Mg_3(PO_4)_2 + 2KH_2PO_4 + 3K_2SO_4$$

因只有当加热时形成的 $Mg_3(PO_4)_2$ 才呈不溶状态。通常情况下酸性 KH_2PO_4 的生成量较少，所以 $MgSO_4$ 的增酸作用较弱。

由此可见，钙离子的增酸作用比镁离子强，其作用是镁离子的两倍。

（3）降酸作用 麦汁中酸性 KH_2PO_4 与水中碳酸盐反应生成碱性 K_2HPO_4，从而使麦汁的酸度降低，水中碳酸盐均有这种降酸作用。

①$Ca(HCO_3)_2$的降酸作用：当水中仅有少量或中等量的 $Ca(HCO_3)_2$ 时，反应如下：

$$2KH_2PO_4 + Ca(HCO_3)_2 \longrightarrow CaHPO_4 + K_2HPO_4 + 2H_2O + 2CO_2 \uparrow$$

当水中有过量 $Ca(HCO_3)_2$ 时，上述反应将继续进行，直至形成 $Ca_3(PO_4)_2$。

$$4KH_2PO_4+3Ca(HCO_3)_2 \longrightarrow Ca_3(PO_4)_2 \downarrow +2K_2HPO_4+6H_2O+6CO_2 \uparrow$$

②$Mg(HCO_3)_2$ 的降酸作用

$$2KH_2PO_4+Mg(HCO_3)_2 \longrightarrow MgHPO_4+K_2HPO_4+2H_2O+2CO_2 \uparrow$$

通常酿造水中镁离子含量都较低，反应不能进行到生成 $Mg_3(PO_4)_2$，而只能生成 $MgHPO_4$，$MgHPO_4$ 显碱性而且在水中是溶解状态，与碱性 K_2HPO_4 共同作用使酸度降低。由此可见，$Mg(HCO_3)_2$ 的降酸作用比 $Ca(HCO_3)_2$ 强。

2. 水中离子对啤酒酿造的影响

水的性质主要由水中所含离子性质所决定，这些离子对麦汁的组成、发酵性能和啤酒质量有不同程度的影响（表2-2）。

表 2-2　　　　　　　　水中离子对啤酒酿造的影响

水中离子	对啤酒酿造的影响
钙离子	其最大作用是调节糖化醪和麦汁的 pH，保护 α-淀粉酶的活力，沉淀蛋白质和草酸根，避免成品啤酒产生浑浊和喷涌现象；含量过高会带来粗糙的苦味
锌离子	是酵母生长的必需离子，含量在 $0.1 \sim 0.5mg/L$ 时，能促进酵母生长代谢，增强泡持性
钠离子	钠的碳酸盐形式能使糖化醪和麦汁的 pH 大幅度升高，与氯离子并存能使啤酒带有咸味；含量过高常使啤酒变得粗糙、不柔和
镁离子	也能使糖化醪和麦汁的 pH 升高；过多有苦涩味，会损害啤酒的风味和泡沫稳定性
铁离子	铁含量过高，会抑制糖化的进行，加深麦汁色度，影响酵母的生长和发酵，加速啤酒氧化，产生粗糙的苦味和铁腥味，导致啤酒浑浊和喷涌
锰离子	微量利于酵母生长；过量会使啤酒缺乏光泽，口味粗糙，引起啤酒浑浊并影响风味稳定性
硫酸根离子	有增酸作用，提高酒花香味，促进蛋白质絮凝，利于麦汁澄清；过量易使啤酒中挥发性硫化物增多，致使啤酒口味淡薄、苦涩
硝酸根离子	可作为水源是否污染的指示性离子，能对酵母造成严重伤害，可抑制酵母生长，阻碍发酵
氯离子	含量适当，能促进 α-淀粉酶的作用，提高酵母活性，啤酒口味柔和、圆润、丰满；含量过高，易引起酵母早衰，使啤酒带有咸味，且容易腐蚀设备及管路
硅酸盐	含量过高，麦汁不清，影响酵母发酵和啤酒过滤，容易引起啤酒浑浊，使啤酒口味粗糙

三、对酿造用水的基本要求

啤酒的酿造用水至少应达到表 2-3 所列各项指标的要求，这是保证生产正常进行、成品啤酒不致产生缺陷的基本条件。

表 2-3 　　　　　　　　　　　对酿造用水的基本要求

指标	要求	备注
色	无色	有色的水是严重污染水，不能用来酿造啤酒
透明度	透明，无沉淀	影响麦汁和啤酒的澄清度
味	无异味，无异臭	有异味的水不能用来酿造啤酒，否则易使啤酒口味恶劣
总硬度	<6.24mmol/L	视残余碱度（RA 值）而定
非碳酸盐硬度/碳酸盐硬度	(2.5~3.0) /1	
钙硬/镁硬	>3/1	
残余碱度 RA 值	-0.89~1.79mmol/L	人们更倾向于负值
钠离子	≤75mg/L	
铁离子	<0.05mg/L	含量大于 0.1mg/L 会产生负面影响
锰离子	<0.03mg/L	
硅酸盐（SiO_2）	<20mg/L	
氯离子	<200mg/L	
硫酸根离子	<300mg/L	
硝酸根离子	<25mg/L	

四、不同啤酒品种对水的残余碱度（RA 值）的要求

水的残余碱度（RA 值）是酿造水质量指标中十分重要的一项，根据 Kolbach 残余碱度的计算方法，人们可以预测水中降酸的 HCO_3^- 和增酸的 Ca^{2+}、Mg^{2+} 对于醪液、麦汁和啤酒 pH 的影响程度，从而又可以判断糖化中各种酶的反应、物质分解过程、麦汁过滤时麦皮物质的洗脱和煮沸中酒花苦味质的变化情况。因此 RA 值是分析和评价水质、合理处理酿造用水的重要根据之一。

1. 水的残余碱度（RA 值）的计算方法（Kolbach 法）

（1）水的总碱度（GA）　　水的碱度与水中硬度具有相同的表达意义。因为在多数情况下，碳酸氢根只与钙、镁离子结合成为相应的盐，所以当水中不含有 $NaHCO_3$ 时，水的总碱度实际就是水中碳酸盐硬度。

（2）抵消碱度（AA） 抵消碱度是钙、镁离子增酸效应所抵消的碳酸盐的碱度。从以下反应可以看出，钙、镁离子与氢离子的定量关系。

$$3Ca^{2+}+2HPO_4^{2-}\longrightarrow Ca_3(PO_4)_2\downarrow+2H^+$$

即 3mol 的钙离子可以释出 2mol 的氢离子，但考虑到反应不完全的因素，实际计算需要附加系数，即 $Ca^{2+}:H^+=7:2$；又因为镁离子的增酸效应只有钙离子的一半，所以又有 $Mg^{2+}:H^+=7:1$ 的关系。

（3）RA 值的计算公式 水的残余碱度（RA 值）是水中总碱度与抵消碱度的差。RA 的计算公式为：

$$RA=GA-AA=GA-（钙硬/3.5+镁硬/7.0）$$

注：GA、AA、RA、钙硬和镁硬的单位均为 mmol/L。

2. RA 值与麦汁 pH 的关系

从 RA 值计算公式可以看出：当总碱度高于抵消碱度时，RA 值为正值；当增酸效应强即抵消碱度高于总碱度时，RA 值为负值；增酸效应愈强，RA 值愈小，麦汁的 pH 也愈低。

当蒸馏水的 RA=0 时，麦汁的 $pH=pH_0$（pH_0 为原水的 pH）

当水的 RA=1.79mmol/L 时，麦汁的 $pH=pH_0+0.3$。

当水的 RA=-1.79mmol/L 时，麦汁的 $pH=pH_0-0.3$。

水的残余碱度（RA 值）=±1.79mmol/L，可使麦汁的 pH 波动±0.3，由此可见，RA 值对麦汁和啤酒的 pH 有着直接的影响。

3. 水的 RA 值对啤酒生产过程的影响

如前所述，水的 RA 值高低，会使醪液和麦汁的 pH 升高或降低，由此对啤酒的生产过程产生一系列的影响。

（1）对酶的影响 在糖化过程中，pH 对各种酶尤其是 α-淀粉酶有显著的影响。在 pH5.2~5.8 的范围内，pH 愈低，酶作用愈好。当 pH 高时，α-淀粉酶受到抑制，糖化时间延长，最终发酵度也会因 β-淀粉酶的钝化而降低，β-葡聚糖酶也表现出较低的活性，从而导致麦汁黏度升高，同时内肽酶只分解出少量的可溶性氮，使蛋白质分解为氨基酸的速度减慢；当 pH 在 6.2 时，氨肽酶和二肽酶的活力几乎全部丧失；磷酸酶也同样受到抑制，因此只有少量的无机磷酸盐从有机磷酸盐（如肌醇六磷酸钙镁）分解出来，与碳酸氢盐反应形成磷酸盐沉淀，导致麦汁中磷酸盐含量明显减少，降低了麦汁中的缓冲能力。

（2）对糖化收得率的影响 由于酶的作用受到抑制，麦汁的黏度升高，因此会出现过滤困难和洗糟不净问题，一般可使糖化收得率降低 2%~3%。

（3）对麦汁性质的影响 当醪液的 pH 较高时，第一麦汁和洗糟水会将麦皮中对口味不利的物质洗脱，例如聚合指数较高的多酚，致使成品啤酒的色度升高，口味生硬、淡薄；某些在酸性条件下凝集的蛋白质在较高的 pH 下凝集不利，使啤酒易形成浑浊。

（4）对酒花苦味质利用率的影响　pH 高时，酒花的利用率较高，但苦味较粗糙，许多对口味有害的物质从酒花中浸出，会使啤酒产生刺激口味，如水的 RA 较高时，建议酒花的添加量应适当减少。

（5）对发酵的影响　前面已经提到，糖化过程中较高的 pH 会抑制麦芽中许多酶的作用，而使麦汁中氨基酸不足和麦汁黏度升高，这也会给发酵带来不利的影响。氨基酸不足会降低发酵速度；黏度高的麦汁中往往含有高分子蛋白质，这些蛋白质附着在酵母细胞表面上，使酵母过早地形成块状沉淀而沉降下来，所以啤酒的真正发酵度与最终发酵度差距较大，成品啤酒的组成不理想，泡沫性能和稳定性也较差。

4. 不同的啤酒品种对水的残余碱度（RA 值）的要求

不同的啤酒品种对水的残余碱度（RA 值）有不同的要求（表 2-4）。

表 2-4　　　　　　　　　　　　不同啤酒品种对 RA 值的要求

啤酒品种	对 RA 的要求
浅色啤酒	RA ≤ 0.89mmol/L
深色啤酒	RA > 0.89mmol/L
黑色啤酒	RA > 1.78mmol/L

酿造浅色啤酒对水质的要求较高，RA 值应小于 0.89mmol/L。从理论上讲，水的 RA 值等于 0.89mmol/L 已能满足浅色啤酒的生产要求，但是随着人们对浅色啤酒低色度的追求，人们希望水的 RA 值更低，甚至是负值。世界上四种典型啤酒的酿造水分析结果见表 2-5。

表 2-5　　　　　　　　　　　世界上四种典型啤酒的酿造水分析结果

项目　　　　　　啤酒品种	慕尼黑（Muenchen）	比尔森（Pilsen）	多特蒙德（Dortmund）	维也纳（Wien）
总硬度/(mmol/L)	2.64	0.29	7.31	6.88
碳酸盐硬度/(mmoL/L)	2.53	0.23	3.00	5.51
非碳酸盐硬度/(mmoL/L)	0.11	0.05	4.37	1.37
钙硬/(mmoL/L)	1.89	0.18	6.54	4.07
镁硬/(mmoL/L)	0.75	0.11	0.82	2.82
RA/(mmoL/L)	1.89	0.16	1.02	3.94
SO_4^{2-}/(mg/L)	9.0	5.2	290	216
Cl^-/(mg/L)	1.6	5.0	107	39

有人认为，水的硬度愈高，愈不适于酿造浅色啤酒，这种观点是片面的，酿造水是否适宜还应根据水的 RA 值来确定。多特蒙德的水总硬度为 7.3mmol/L，

虽然很高，但啤酒色度却很低，成为当地的特产。这是因为水中非碳酸盐硬度远高于碳酸盐硬度，RA 值较低，为 1.02mmol/L，仍然可以酿造浅色啤酒；慕尼黑的水总硬度虽只有 2.64mmol/L，但碳酸盐硬度相对较高，RA 值较高，为 1.89mmol/L，所以啤酒色度也较高；著名的比尔森啤酒是世界上最典型的突出酒花香的浅色啤酒，其酿造水的 RA 值仅为 0.16mmol/L；维也纳啤酒酿造水的 RA 值很高，为 3.94mmol/L，适宜于酿造浓色啤酒。

从表 2-5 可以看到，水的 RA 值与非碳酸盐/碳酸盐的值有关，其值愈高，RA 值愈低。理想的浅色啤酒的酿造用水非碳酸盐/碳酸盐应为 (2.5~3.0)∶1。添加酸和石膏都可以提高非碳酸盐/碳酸盐值，即使钙硬高达 6.24mmol/L，对口味亦无不良影响。

五、其他要求

酿造水中 Ca^{2+} 至少应为 40~50mg/L，相当于 1.07~1.25mmol/L。这对于防止草酸盐引起的啤酒喷涌是十分重要的，所以自古以来人们就反对用软水或硬度很低的水酿造啤酒。采用离子交换法处理后的水，往往要用石膏或氯化钙增硬至这一最低要求。

另外要求酿造水中钙、镁离子的比例要适当，即 $Ca^{2+}∶Mg^{2+}>3∶1$。镁离子过高会使啤酒产生苦味，通常生产上控制酿造水的镁硬 ≤0.89mmol/L。当镁硬高时，应先脱阳离子，然后再用石膏或氯化钙增加非碳酸盐硬度，使钙、镁离子保持合理的比例。

不同的啤酒品种对水中盐的含量要求也不同。根据德国啤酒专家纳尔蔡斯（Narziss）的观点，醇厚型啤酒要求水中具有较高的含盐量，而清爽啤酒则要求水的含盐量很低。进行水处理时，应根据自己的产品特点合理地选择处理方法，避免盲目处理水，造成不必要的浪费。

第二节 水处理原理及技术

水处理的方法很多，下面简要介绍几种常见的水处理原理及技术。

一、加酸法

1. 基本原理

用酸改善水质是一种简单方便、行之有效的方法，生产中经常采用。加酸虽然不能改变水的总硬度，但可将碳酸盐硬度转变为非碳酸盐硬度，达到降低 RA 值、改善水质的目的。反应原理如下：

$$Ca(HCO_3)_2 + 2H^+ \longrightarrow Ca^{2+} + 2H_2O + 2CO_2 \uparrow$$

2. 加酸后的效果

加酸后水质变化情况见表 2-6。

表 2-6 加酸后水质的变化

| 项目 | 原水 | 加酸后的水 | | | |
| | | 1：2 | | 1：14 | |
		H_2SO_4	HCl	H_2SO_4	HCl
总硬度/(mmol/L)	2.68	2.68		2.68	
碳酸盐硬度/(mmol/L)	2.50	0.89		0.18	
非碳酸盐硬度/(mmol/L)	0.18	1.8		2.50	
钙硬/(mmol/L)	1.61	1.61		1.61	
镁硬/(mmol/L)	1.07	1.07		1.07	
RA 值/(mmol/L)	1.87	0.27		-0.45	
SO_4^{2-}/(mg/L)	11	165	11	234	11
Cl^-/(mg/L)	5	5	119	5	109
游离 CO_2/(mg/L)	17.1	15.8		221	

从表 2-6 可以看出，加酸对于降低 RA 值有显著作用，但实际生产中不能单靠加酸大幅度降低 RA 值。如果水的总硬和碳酸盐硬度都较高，应先用其他水处理方法除硬或添加石膏改良水质，然后加酸使 RA 值降低 0.36~0.54mmol/L，效果最好。

糖化中加酸对降低麦汁 pH 的作用较大，而对降低啤酒 pH 的作用极小，其原因是加酸提高了麦汁的缓冲能力，限制了发酵过程中啤酒 pH 的下降。加酸后麦汁和啤酒的 pH 及缓冲能力的变化见表 2-7。

表 2-7 加酸后麦汁和啤酒 pH 及缓冲能力的变化

项目	无酸	加酸
麦汁 pH	5.56	5.32
啤酒 pH	4.46	4.44
pH 降低值	1.10	0.88
缓冲能力	18.0	21.3

在煮沸锅中加酸和在糖化锅中加酸的效果有很大的不同。在煮沸锅中加酸可以显著地降低麦汁的 pH，其作用比在糖化锅中加酸提高一倍，而麦汁自身的

缓冲能力不改变。也就是说，要达到相同的麦汁 pH，煮沸锅中的加酸量可以减少一半。因此在煮沸锅中加酸已成为一种降低麦汁 pH 的重要手段，以使麦汁的 pH 有较大幅度的降低，从而通过煮沸除去易形成浑浊的 β-球蛋白、醇溶蛋白，提高啤酒的稳定性。另外，加酸还可以明显改善啤酒风味，使啤酒的风味圆润、丰满。当然，在糖化锅和糊化锅中仍然要加一部分酸，以降低醪液 pH，有利于糖化酶充分发挥作用。

3. 加酸的种类和数量

麦汁 pH 降低 0.1，每 100kg 麦芽的加酸量见表 2-8。

表 2-8　　　　　　　　　　　每 100kg 麦芽的加酸量

酸的种类	在糖化时加酸	在煮沸时加酸
100%乳酸	58g	29g
80%乳酸	72g＝60mL	36g＝30mL
98%硫酸	32g＝17mL	16g＝9mL

注：添加酸的质量，应达到食用级或化学纯级别。

二、石膏或氯化钙法

1. 基本原理

添加石膏或氯化钙对于改善水质、降低 RA 值具有显著的作用，合理使用对啤酒质量无影响，而且成本远低于加酸法，是啤酒生产中应用极为广泛的水处理方法。

加入石膏或氯化钙后使碱性磷酸氢盐重又变为酸性磷酸二氢盐，抵消了 $Ca(HCO_3)_2$ 的降酸作用，达到了提高酸度、降低 RA 值的目的，反应原理如下：

$$4K_2HPO_4+3CaSO_4\longrightarrow Ca_3(PO_4)_2\downarrow+2KH_2PO_4+3K_2SO_4$$
$$4K_2HPO_4+3CaCl_2\longrightarrow Ca_3(PO_4)_2\downarrow+2KH_2PO_4+6KCl$$

另外，添加石膏或氯化钙后也可使部分碳酸盐硬度转变为非碳酸盐硬度，对提高酸度、降低 RA 值也有一定的作用。反应如下：

$$MgCO_3+CaSO_4\longrightarrow MgSO_4+CaCO_3\downarrow$$
$$MgCO_3+CaCl_2\longrightarrow MgCl_2+CaCO_3\downarrow$$

当形成 $MgSO_4$ 量较多时，啤酒会呈苦味，而 $MgCl_2$ 则对口味无影响，因此，在实际生产中经常使用氯化钙，能使啤酒口味柔和、醇厚，避免使用石膏生成 $MgSO_4$，对口味产生不利影响。

2. 添加效果及添加量

石膏和氯化钙的添加量可根据以下关系计算，即非碳酸盐硬度每增加 0.18mmol/L，需添加：石膏（无结晶水）24g/t 水，$CaCl_2$（无结晶水）20g/t 水。

添加石膏或氯化钙不仅可以改善水质，同时还可促进糖化过程中多种酶反应，如 Ca^{2+} 和 Cl^- 可提高 α-淀粉酶活力，另外它还是调整离子之间的合理比例、改善啤酒风味的重要手段。用其他水处理方法（如离子交换法、电渗析法和反渗透法等）处理后的水也多用这种方法增硬改良水质。

3. 注意事项

使用石膏和氯化钙改良水质时应注意以下几个问题。

（1）添加量不宜过大，尤其石膏添加过量会导致啤酒后味苦涩，添加后水的非碳酸盐硬度应 $<6.06mmol/L$，同时注意 SO_4^{2-} 浓度 $<300mg/L$，Cl^- 浓度 $<200mg/L$。

（2）如前所述，分别用石膏或氯化钙处理后的水口味有所不同，生产的啤酒口味也有差异，因此应注意根据自己的水质特性和产品特点合理地选择或配合使用。

（3）添加石膏和氯化钙后麦汁和啤酒的缓冲能力有所下降，这是由于部分磷酸盐与钙离子反应生成磷酸钙沉淀，而造成可溶性磷酸盐损失，致使缓冲能力下降。缓冲能力的下降情况见表2-9。

表 2-9　　　　　添加石膏和氯化钙后麦汁和啤酒缓冲能力的下降情况

	蒸馏水对照	CaSO$_4$		蒸馏水对照	CaCl$_2$	
总硬度/（mmol/L）	0	2.68	4.82	0	2.68	4.82
冷却麦汁中添加 P_2O_5/（mg/L）	821	710	649	808	701	635
降低幅度	0	13%	21%	0	13%	21%

三、煮沸法

1. 基本原理

将水煮沸可以使部分可溶性的碳酸氢盐分解为不溶性的碳酸盐和二氧化碳，以降低水的暂时硬度。反应公式如下：

$$Ca(HCO_3)_2 \longleftrightarrow CaCO_3 \downarrow + CO_2 + H_2O$$

$$Mg(HCO_3)_2 \longleftrightarrow MgCO_3 + CO_2 + H_2O$$

碳酸钙和碳酸镁在水中的溶解情况是不同的。碳酸钙几乎全部被析出，在冷水中也为不溶性；而碳酸镁析出则比较困难，缓慢且不完全，当水温下降时，会重新溶解于水，因此，煮沸之后应立即过滤，或添加氯化钙、石膏等凝聚剂，才能将碳酸镁除去。

2. 实际操作

将一糖化锅次所需的糖化水或全部用水（包括洗糟水）置于煮沸锅或一个

敞口的加热器中，只需加热至80℃（不必煮至沸腾），开动搅拌或泵送循环，通入压缩空气，排除游离的二氧化碳，便足以使碳酸盐分解，在容器底部形成碳酸钙等沉淀，然后将热水泵入热水贮罐或在原煮沸锅中静置。为了改善除硬效果，也可以分数次加入石膏或氯化钙。

3. 注意事项

因生产用水的性质不同，煮沸法除盐的效果相差悬殊，即使处理同一种水，煮沸条件不同，也会收到不同的效果。

（1）单用煮沸法不能除去碳酸钠和碳酸氢钠。如果水中碳酸钠和碳酸氢钠含量较高，则必须考虑采用其他水处理方法。

（2）煮沸除盐效果与碳酸氢盐分解所必需的温度（75℃）有关，更重要的是必须加强搅拌或通入压缩空气，以及时排除水中游离的二氧化碳。这是因为，随着煮沸时间的延长，碳酸盐析出的量不断增多，而碳酸氢钙分解成碳酸钙和二氧化碳的反应是可逆的，如果不把从碳酸氢钙中释出的游离二氧化碳排掉，便会发生如下的可逆反应，而且这一反应会阻止碳酸氢盐的分解。

$$CaCO_3 + H_2O + CO_2 \longleftrightarrow Ca(HCO_3)_2$$

（3）去除碳酸镁时，最好添加氯化钙而不加硫酸钙。因为会发生如下反应，生成硫酸镁，而硫酸镁含量较高时，会对啤酒口味产生不良影响，氯化镁则无明显的副作用。

$$MgCO_3 + CaSO_4 \longleftrightarrow MgSO_4 + CaCO_3 \downarrow$$
$$MgCO_3 + CaCl_2 \longleftrightarrow MgCl_2 + CaCO_3 \downarrow$$

四、离子交换法

离子交换法是啤酒厂普遍采用的水处理方法，处理成本低，适用范围广，可以满足啤酒厂对各种不同酿造用水的需要。

离子交换剂的种类很多，但啤酒厂应用的全部是合成树脂（离子交换树脂）。离子交换树脂分为：

（1）阳离子交换树脂　包括弱酸型阳离子交换树脂、强酸型阳离子交换树脂。

（2）阴离子交换树脂　包括强碱型阴离子交换树脂、弱碱型阴离子交换树脂。

五、反渗透法

采用反渗透法也可将水中的盐比较彻底地除去。此外，采用反渗透法还可以除去水中的有机物、细菌、病毒等。

1. 反渗透水处理的工艺过程

首先，原水经过滤器过滤，除去有可能与聚合电解质形成化合物的胶体、悬浮物、天然的无机物、有机物、铁、锰等物质，避免反渗透膜堵塞。所以，每隔几周就要用水清洗一次反渗透膜，以除去附着在反渗透膜上的堵塞物。

接着，水借助于高压泵通过超微过滤机（5~10μm）后进入反渗透装置。如果将水轻微加热，处理效果会更好。为了避免浓液区因盐的浓度增高在膜面上形成盐类沉积物，可在水中加入二氧化碳或硫酸，使部分硫酸氢盐转变为硫酸盐，释放出的二氧化碳须经脱气塔除去。为了稳定其他的硬度组成物质，还可加入专门的磷酸盐。将渗透液与原水混合，可以达到理想的残余硬度，即残余碳酸盐硬度；如果不与原水混合，则可添加石灰水达到所需的残余碳酸盐硬度（碳酸氢钙）。

2. 处理效果

如果用反渗透设备制备低盐水，原水的收得率只能达到 75%，这对于酿造用水的制备通常是不必要的。如果水的收得率达到 90%，则不可避免地会形成稍高的透盐量（约 10%），这主要取决于原水中的含盐量，当原水中的含盐量低于 1000mg/L 时（以 NaCl 表示），不会影响设备的工作能力。不过，这足以满足绝大多数类型的水的处理要求。反渗透处理的浓缩液可作为清洗水加以利用。

原水中阴离子、阳离子透过反渗透膜的能力是不同的，这主要取决于离子的化学键和离子的半径。阳离子中，钠的透过性比钙和镁强；阴离子中，硅酸根离子和氯离子的透过性要比硫酸根离子强。当钠离子等碱金属离子的值较高时，会导致纯水中不同程度（视原水的组成）地形成碳酸氢钠，即出现水的碳酸盐硬度高于总硬度的现象。此时，可通过添加适量的硫酸钙进行调节。

第三节　典型酿造水处理工艺方案

一、项目概述

本工艺方案是以地下水作为原水水源而制定的水处理方案。本系统采用"预处理+单级反渗透+紫外线消毒"水处理工艺。设备具有安装方便、使用方便、操作方便、维护方便、运行稳定、节能、环保、自动化程度高、经济实用等特点。

二、设计依据

（1）反渗透系统设计软件。

（2）原水水质　原水水质达到生活饮用水的水质标准。

（3）用户要求　产水量≥1.0m³/h（25℃）。

（4）控制设备、测量仪表和电气设备的设计、制造符合有关规定和标准。

三、水处理工艺流程

酿造用水处理工艺流程图如图2-1所示。

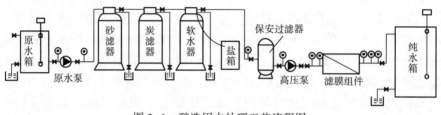

图2-1　酿造用水处理工艺流程图

四、工艺流程

1. 预处理

对原水进行前期处理，改善供水水质，使之达到要求，减少、延缓膜的污染，延长其寿命，它处理的对象主要是进水中的微生物、细菌、胶体、有机物、重金属离子、固体颗粒及游离氯等，以满足反渗透装置进水的要求，保证反渗透装置能长期稳定运行。

预处理由砂滤器、炭滤器、软水器和保安过滤器组成。

砂滤器：滤除水中的泥沙、杂质、悬浮物，降低原水的SDI（污染指数密度）值。

炭滤器：具有双重作用，一是吸附；二是过滤，滤除自来水中的化学有机物、重金属、色度、异味、余氯等，改善口感。

软水器：通过钠型阳离子交换树脂交换处理，去除原水的钙、镁等结垢离子，去除原水的硬度。

保安过滤器：5μm PPF（聚丙烯纤维滤芯）滤芯，拦截大于5μm的物体，延长膜的寿命。

2. 反渗透装置

膜的分离孔径在 $10^{-7} \sim 10^{-6}$ cm，能除去水中有机物（如三卤甲烷中间体、胶体、悬浮物、微生物、细菌、藻类、霉菌类等）、热源、病毒等物质，流体经前三级预处理后的水经反渗透 RO 膜主机深层分离处理后，使有益于人体健康的水通过，不利于人体健康的水排出，脱盐率 98%，生产出纯净水进入纯水箱（根据具体情况，膜过滤分一级或二级反渗透处理）。一个良好系统设计可保证整个系统在 3 年内不用更换膜元件（使用寿命与水源水质有关）；在线电导率显示仪随时动态显示净水生产的水质状态。高压泵提供膜透过水的工作压力，保持产水率，分一级或二级高压泵加压渗透处理。

3. 控制功能描述

本系统根据高压、低压、液位、复位、开关等输入信号的变化改变进水阀、高压泵、冲洗阀等执行元件相对应的输出信号，达到自动控制一个标准的 RO 系统，实现压力保护、液位控制、开机/满水/自动冲洗等功能。

第四节　水处理对啤酒酿造的影响

软化处理过程中的水和酿造用水必须加强水质检测。对酿造用水的质量控制，只需要检测 P 值和 M 值［P 值：在 100mL 水中加入酚酞作指示剂，用强酸标准溶液进行滴定到溶液变成无色，所消耗 0.1mol/L HCl 标准溶液的体积（mL），也称酚酞碱度。M 值：在 100mL 水中加入甲基橙作指示剂，用强酸标准溶液进行滴定到溶液由橙黄色变为橙红色，消耗的 0.1mol/L HCl 标准溶液的用量（mL）］。为了检查软化水设备的工作状态，还要重视水中总硬度的测定。

对于组成变化较大的工厂用水，需要特别精心控制原水及软水的水质。石灰水除硬设备很难适应水的硬度的变化；对于离子交换设备，CO_2 脱气塔具有均衡水质的作用。酿造用水由硬水而改为软水时，例如，由原来残余碱度的1.783mmol/L 硬水改用为残余碱度 0.1783 ~ 0.3566mmol/L 的软水，由于水质的变化而引起啤酒内在质量的变化，这种变化在一定条件下会造成消费者的不满，或感到不习惯而影响消费心理。

使用脱硬的软水酿制的啤酒色度较低，口感适宜，但有时也会出现不爽口，缺乏醇厚感。由于麦汁的 pH 较低，造成了 α-酸的溶解度偏低，结果给人以酒花苦味较弱的感觉。因此，最好先以小型发酵试验测定嫩啤酒中的苦味质含量，直至测得值与产品值十分接近，然后确定生产上的酒花加量。绝大多数情况下需要增加酒花用量，如上面的例子需增加酒花 10%。如以软水酿造浅色拉格啤酒或麦芽香型出口啤酒，使用麦芽香味突出、色度 3.5EBC 单位的麦芽代替

3.0EBC单位的麦芽,可以获得满意的效果。采用水处理,蛋白质分解作用好,麦汁过滤速度快,糖化收得率高,麦汁具有理想的pH,煮沸时蛋白质凝集充分,啤酒的最终发酵度也较高。麦汁的色度较低,原因是多酚的组成适宜,洗糟水中只有少量的麦皮中的生色物质洗脱。多酚组成良好主要表现在活性多酚的含量上,见表2-10。

表2-10　　　　　　　　　　　　水质和活性多酚的关系

水的残余碱度/(mmol/L)	+1.7832	0	-1.7832
啤酒中活性多酚(PVP)的含量/(mg PVP/L)	24	36	54

然而,当水的残余碱度从1.7832mmol/L降至0~0.3566mmol/L时,啤酒pH的变化并不像麦汁和糖化醪液那样大,见表2-11。

表2-11　　　　　　　　　　水的脱硬对麦汁和啤酒pH的影响

项目	CaCO$_3$硬度1.7832mmol/L	蒸馏水
第一麦汁pH	5.90	5.70
煮沸前麦汁pH	6.17	5.84
煮沸终了麦汁pH	5.85	5.58
啤酒pH	4.51	4.56
pH降低幅度	1.34	1.02
缓冲能力	12.7	14.4

由于磷酸酶作用的改善和磷酸盐沉淀的减少,麦汁的缓冲能力提高,它限制了发酵中pH的大幅度下降。这种缓冲能力可以通过添加石膏或氯化钙而抑制。

麦汁的酸化虽然使第一麦汁和煮沸终麦汁的pH下降,但它并不会导致很低的啤酒pH。加酸对麦汁和啤酒pH的影响见表2-12。

表2-12　　　　　　　　　　　加酸对麦汁和啤酒pH的影响

项目	未加酸	加酸
麦汁pH	5.56	5.32
啤酒pH	4.46	4.44
pH降低幅度	1.10	0.86
缓冲能力	18.0	21.3

在煮沸锅中加酸的作用只是固定麦汁的pH,而不会提高麦汁的缓冲能力,煮沸中要求添加少量的酸,使啤酒具有相同或更低的pH。

总之,酿造用水对全部酿造过程,尤其对啤酒的风味具有重要的影响。除用于酿造外，水还有其他用途，如浸麦用水、酵母洗涤水、容器设备清洗水、锅炉给水、冷却水、制冷水等。所以，啤酒厂中的用水问题比其他工厂更为突出。现在水已成为重要的成本之一，水是极其宝贵的酿造原料。因此，必须像珍惜其他酿造原料一样精心、合理地利用它。

目前，寻找充足的酿造和生产用水水源已成为十分紧迫的问题。这一问题与社会供水、废水处理与净化设备以及充足的水贮备有着密切的关系。所以，啤酒厂不仅要有足够大的原水贮存容量，而且还要有足够大的处理后的水的贮存容量，避免因水处理设备发生故障时受其干扰而影响连续运转。设置相应容量的热水罐可将废热以热水的形式回收利用。

第三章　麦芽及辅料

大麦芽是啤酒酿造的主要原料，有啤酒的"骨架"之称。大麦芽是大麦经过浸麦、发芽和烘干后制成的。那么，在众多的谷物当中为什么最终选择大麦来酿造啤酒，其主要原因如下。

（1）大麦中含有平衡的淀粉（浸出物的主要来源）和蛋白质（泡沫，酵母的营养）的比率；

（2）大麦制成的麦芽中含有很多酶；

（3）大麦的皮壳在麦芽制造过程中能充分保护种子，有利于发芽；

（4）大麦的皮壳在麦汁过滤中形成了良好的过滤层，有利于提高麦汁的澄清度；

（5）麦芽在焙烤过程中能产生大量的对啤酒颜色和香味有积极作用的物质。

第一节　大麦及麦芽制备

一、大麦的植物学描述

大麦属于禾本科，小麦种，大麦亚种，大麦属，二棱/六棱大麦，大麦与一些和小麦有关的品种相反，大麦品种是自花授粉。啤酒酿造主要使用二棱夏大麦。

二、大麦的分类

（1）按用途分类　可分为饲料大麦、食用大麦和啤酒专用大麦。

（2）根据种植时间分类　可分为夏大麦和冬大麦。

（3）根据外观色泽分类　可分为白皮、黄皮和紫皮大麦。

（4）根据麦穗形态分类　可分为直穗和曲穗大麦。

（5）根据生长形态分类　可分为六棱、四棱和二棱大麦。

三、大麦的种类

1. 夏大麦

在二月末播种，分蘖开始于五月，大部分在三月和四月；收获从同一年的七月到八月。没有霜冻冲击，从营养生长（直到嫩枝形成）到生殖生长水平（尖状物、谷物形成），不能或只能在轻微的防冻的保护下生长。

2. 冬大麦

播种在九月，在分蘖的阶段冬眠，在下一年的六月/七月收获，需要一个突然的霜冻（人工促进发育，低温处理几个星期）才能从营养生长到生殖生长水平，防冻。夏大麦与冬大麦的麦穗特征见图3-1。

图3-1　夏大麦（左）与冬大麦（右）

3. 六棱大麦

叶轴的每个弯曲处有3朵雌花，叶轴的每个弯曲处有三粒谷子，其中两个是在低的生长水平的（图3-2）。高蛋白质，浸出率低，糖化能力更强。因为酶含量高，所以它被认为在高浓酿造中很有用，在美国使用较多，部分在法国使用，如冬季大麦。

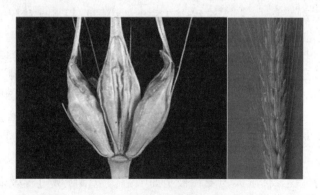

图3-2　六棱大麦

4. 二棱大麦

叶轴上的每个弯曲处有一朵雌花，侧边花是雄花或者没有，叶轴上的每个弯曲处只有一颗谷粒，但是这颗谷粒非常好地生长发育（图3-3）。二棱大麦蛋白质少溶，酶活力低，浸出率高，全世界范围内大多使用二棱夏大麦来酿造啤酒。

图3-3　二棱大麦

第二节　麦芽制备

大麦芽是啤酒酿造的主要原料，它是以大麦为原料，在人工控制的条件下，经过浸麦、发芽、干燥而制成的，这一过程为制麦。

一、制麦的目的

（1）制造酶制剂　大麦发芽后，一部分淀粉分解，并同时生成大量的酶类。

（2）麦芽适度溶解　制麦过程中在酶类的协同作用下，麦粒中的淀粉和蛋白质得到适度的溶解，大分子物质得到了降解。

（3）除去生青味，产生色、香、味　通过干燥除去绿麦芽中多余的水分和生青味，并在焙焦中使麦粒产生特有的色、香、味，这将对啤酒的风味产生重要的影响。

二、制麦的两个主要变化过程

（1）生物过程　休眠大麦麦粒被全面唤醒，包括呼吸过程及麦根和胚芽的生长；其他结构变化；酶的产生或释放。

（2）化学过程　不必呼吸和发生生长，在酶的作用下（与酶释放完全不同），将麦芽"溶解"，形成称作浸出物的可溶物质和麦芽风味物质。发芽麦粒中酶的形成见图3-4。

三、制麦的工艺流程

麦芽的制备一般经过多个流程完成，将大麦最终制作为成品麦芽（图3-5）。

四、发芽的方式

大麦发芽的方式主要有以下几种。

（1）地板式发芽　传统的发芽方式，已淘汰。

（2）通风式发芽　空气增湿转筒式发芽，箱式发芽［矩形发芽箱：典型的萨拉丁式发芽箱；圆形发芽箱；移动式发芽箱：带干燥的劳斯曼（Lausmann）制麦系统］。

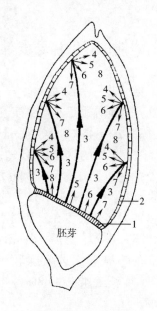

图3-4　制麦过程中酶的形成
1—盾状体上的上皮层　2—糊粉层
3—赤霉酸和类赤霉酸物质
4—β-葡聚糖酶
5—α-淀粉酶　6—蛋白酶
7—磷酸酯酶　8—β-淀粉酶

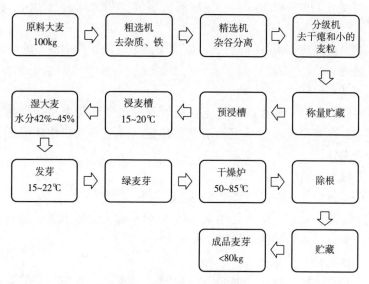

图3-5　制麦工艺流程图

五、制麦的主要步骤

1. 第一步——浸麦

（1）启动休眠已久的大麦生理活性，开始制麦的生命过程。要求大麦水分含量增至42%~45%，需要适量的空气供大麦呼吸，并排除 CO_2 以免窒息。这个过程伴随着组织的软化和膨胀。

（2）进一步清洗大麦，除去脏污、灰尘、被侵蚀的壳、发芽抑制剂，除去漂浮的大麦，部分去除谷皮上的单宁和有害成分。

（3）大多数大麦在浸泡时水分由近端（胚芽端）进入，也有部分大麦由远端（背部）进入。然后，谷壳内的水分在毛细管力的作用下，通过果皮和细胞膜组成的半透膜，进入胚乳。一般情况下，大麦水分由分级后的11.0%~13.5%，增长至43%~48%，体积增长约为30%（20%~40%），质量增加约为60%。

2. 第二步——发芽

发芽的目的是形成大麦的谷粒中并不存在的酶，改变高分子胚乳物质，如淀粉、蛋白质、大麦胶，使胚乳成熟，使麦芽制作损失最小化（干的物质在发芽过程中损失，呼吸损失），发芽的大麦称为绿色麦芽。

发芽的控制参数如下。

（1）时间（4~6d）　时间越长，溶解度就越强，但损失越多。

（2）温度（12~20℃）　温度越高，溶解度就越强，蛋白质损失越多。

（3）湿度（42%~48%）　湿度越高，溶解度和酶活力就越强，但是损失越多。

（4）调节发芽中 CO_2/O_2 的比率，以减少损失，防止酶的活力的降低。

（5）翻麦：2~3次/d。

3. 第三步——干燥

干燥的目的是使发芽和溶解终止：通过减少湿度来使麦芽变得耐贮藏，变成稳定麦芽，将发芽过程中形成的酶变得稳定，颜色和风味物质形成，除去不理想的香味成分。

麦芽干燥的控制参数如下。

（1）降低水分　40%以上降至5%以下。通入大量热空气，水分降至10%~12%时，升温至50℃以上使麦粒凋萎；超过80℃时，会形成美拉德反应，一系列低分子物质会形成各种色素物质和香味物质。

（2）干燥时间　一般在20~24h。

最后，麦芽除根、除尘、抛光，即为成品麦芽了。刚加工完的麦芽需要回潮，使在干燥过程中受到温度影响的酶得以修复，经过两周以后就可以用于啤酒酿造了。通常情况下 100kg 大麦可制成 80kg 麦芽。

第三节　麦芽的主要理化指标及意义

一、麦芽的感官鉴定方法

一般情况下，我们可以从麦芽的外观、色泽和香味等方面综合进行鉴定（表 3-1）。

表 3-1	麦芽的感官鉴定方法
项目	感官鉴定
外观	麦芽应外观整齐、除根干净，不含杂草、谷粒、尘埃、枯芽、半粒、霉粒、损伤残缺粒等杂质
色泽	麦芽应有一定的颜色及光泽，如浅色麦芽，与大麦一样应具淡黄色而有光泽；深色麦芽，应呈琥珀色、深褐色且有光泽。发霉的麦芽呈绿色、黑色或红斑色；含铁质的水也能影响麦芽色泽，使其发暗
香味	麦芽应有特殊的香味，不应有霉味、潮湿味、酸味、焦苦及烟熏味等；麦芽香味与麦芽类型有关，浅色麦芽香味轻一些，深色麦芽香味浓一些；长期贮存或保管不善的麦芽会逐渐失去其固有的香味

啤酒种类繁多，许多产品以其特有的泡沫、色度、香味、口味以及丰满性在市场上占有特殊地位。这意味着要生产不同的啤酒，就应添加一些特别的麦芽，以突出该产品的典型特征。这些麦芽被称为"特种麦芽"。

特种麦芽能赋予啤酒以特殊的性质，影响到啤酒的生产过程、色香味及其稳定性。

二、麦芽的主要理化指标及意义

以上任何一种理化指标都不能对麦芽做全面评价，进行综合评价较为可靠。在实际生产中麦芽的主要理化指标及意义见表 3-2。

表 3-2 麦芽的主要理化指标及意义

项目	单位	浅色麦芽 实际值	浅色麦芽 理论值	深色麦芽 实际值	深色麦芽 理论值	小麦麦芽 实际值	小麦麦芽 理论值	在实际生产中的意义
水分	%	3.5~6.0	<5.0	2.0~5.0	<3.5	3.5~6.0	<5.0	计算绝干麦芽
无水浸出率	%	78.5~83.5	>80.5	78.5~82.0	80.5	82.0~86.5	>83.5	涉及糖化室收得率、啤酒产量、计算绝干麦芽
最终发酵度（外观）	%	76.5~83.0	81.0	63.0~78.0	>75.0	75.0~82.0	>79.5	麦汁质量、对酵母活性的影响、啤酒的口味
pH		5.55~6.05	5.70~5.95	5.30~5.80	5.50~5.70	5.70~6.30	5.90	糖化时酶的活性、麦汁时酶的活性、硫化物的挥发
色度	EBC单位	2.0~5.7	比尔森型<2.5 拉格啤酒<3.5	11.0~17.0 17.0~27.0	根据用途确定	2.5~6.5	根据用途确定	啤酒的色度、麦芽投料量
煮沸色度	EBC	3.0~7.0	<5.5	2.0~6.0	根据用途确定	3.5~8.0	根据用途确定	啤酒的色度、麦芽投料量
粗细粉差	%, EBC单位	0.5~3.5	1.2~2.2	0.5~4.5	1.2~2.2	0.5~3.5	1.2~2.2	细胞溶解度、收得率、对麦汁过滤和啤酒过滤的影响
黏度	mPa·s	1.43~1.65	1.48~1.55	1.48~1.65	1.48~1.55	1.50~2.20	<1.75	对麦汁过滤和啤酒过滤的影响
脆度值	%	75.0~95.0	82.0~90.0	75.0~95.0	>82.0	无分析意义		麦芽溶解度
全玻璃粒	%	0.0~6.0	<2.0	0.0~6.0	<2.0	无分析意义		不能发芽的麦粒、β-葡聚糖
β-葡聚糖	mg/100g	100~700	<250 哈同值（45℃）麦汁	不经常分析		无分析意义		对麦汁过滤和啤酒过滤的溶解度
全蛋白质	%	8.5~13.0	比尔森型<10.5 拉格啤酒<11.5	8.5~13.0	<12.0	10.5~14.0	<12.5	糖化室收得率、细胞溶解度、啤酒的稳定性
可溶性氮（绝干计）	mg/100g	580~800	相当于库尔巴哈值为38%~42%	530~750	相当于库尔巴哈值为35%~39%	650~950	<730	啤酒的泡沫及稳定性
库尔巴哈值	%	33.0~48.0	38.0~42.0	31.0~45.0	38.0~42.0	31.0~45.0	<36.0	蛋白质的溶解性
α-氨基氮（绝干计）	mg/100g	120~190	135~155 大约为20%的可溶性氮	110~170	135~155	85~150	>90 大约为17%的可溶性氮	酵母的营养、啤酒的泡沫和口味
哈同值（45℃）	%	28.0~50.0	>35.0（36）	32.0~52.0	>35.0（36）	30.0~45.0	>35.0（36）	蛋白酶活力
α-淀粉酶	U（ASBC）	25~80	>45	15~40	>30	25~65	>40	发酵速度、碘值、最终发酵度
糖化力	WK	200~450	>250	100~250	>150	200~450	>250	最终发酵度
DMS-前体	mg/kg	2.0~11.0	<7.0 开口煮沸	无分析意义		无分析意义		麦芽中蛋白质的溶解、煮沸强度

第四节　麦芽质量与啤酒质量的关系

在实际生产过程中，根据目前的经验，麦芽质量中所涉及的浸出率、粗细粉差、糖化时间、过滤时间、色度、总氮、库尔巴哈值、煮沸麦汁色度等技术指标直接影响着啤酒的质量，现将麦芽的质量进行分述讨论。

1. 浸出率

麦芽浸出率的多少取决于原大麦的品种，与它种植的年份和地点有关，与蛋白质含量也有一定的关系。优质麦芽浸出率通常规定在79.5%~81%。浸出率高低固然重要，不测定浸出率，就无需做麦芽分析。从技术上看，浸出率低常常是因为蛋白质溶解不足，蛋白质溶解度较高，浸出率也较高。浸出率的提高不意味着碳水化合物溶解得好，因此浸出率是一个重要的参数，细胞溶解得既好又均匀更为重要。

2. 粗细粉差

粗细粉差表示大麦细胞壁的溶解程度。粗细粉差小表示细胞壁溶解得好，有利于糖化麦汁的过滤和改善。粗细粉差影响到原料利用率以及麦汁和啤酒过滤速度，也影响到麦汁组成。优质麦芽的粗细粉差<1.8%，利用粗细粉差低的麦芽可以提高啤酒的产量。

3. 糖化时间

尽管糖化是 α、β-淀粉酶共同作用的结果，糖化时间仍可间接显示麦芽中 α-淀粉酶的存在量。如果麦芽的糖化时间超过15min，糖化会有困难。溶解不好的麦芽会使糖化时间拖长。适当提高浸麦度、实施低温长时间发芽、发芽后期提高麦层中二氧化碳浓度等有利于酶的生成与积累，提高酶的活力可以缩短糖化时间。

4. 色度

色度在行标中作为一般指标，淡色麦芽色度要求2.5~3.5EBC，但随着淡色啤酒的流行，啤酒厂对麦芽色度的重视程度似乎已成为各项指标的首要因素。有些厂家要求麦芽色度越低越好，这与客观上大麦的底色和焙焦着色相违背，还有的厂家认为麦芽外观亮白，麦芽色度就浅。我们对采集的小样分析，有些麦芽外观虽然亮白，但实测麦芽色度高达9.5EBC。对于色度，国内实验室检测设施不一，有EBC比色法，同一麦芽样品，在不同实验室可能有如下读数：3.0、3.1、3.25、3.3、3.5EBC，其中3.0与3.5EBC可能由视觉误差造成，3.1、3.25、3.3EBC则是估计读数造成误差。另外，还有碘液比色法，操作误差较大，应予淘汰，所以应统一使用EBC色度计，标色盘定期校正，建议逐步采用 EBC 数字显示计。

5. 煮沸色度

煮沸色度行业标准要求甘油温度 108℃±2℃，根据我们试验很难保证如此精度，甘油温度一旦升上去，再降下来需很长时间，另外甘油上中下层温度相差较大，有的实验室采用了饱和食盐水作为恒温水浴，沸腾状态温度可达 108℃±1℃，且各点温度一致，效果是可以的，但需统一起始温度。煮沸色度与成品啤酒色度的相关性很好，由此对可溶性氮数值做逆向检查，通常规定浅色麦芽煮沸色度最高为 7EBC，不同实验室测定值往往差异很大，说明这项测定要十分小心才能做好。作为一般原则，不同批次的麦芽煮沸色度不能变化太大，否则会使啤酒的色度差异太大。

6. 总氮

为测定库尔巴哈指数，需要知道麦芽的蛋白质含量，蛋白质含量对啤酒产出量的影响众所周知。蛋白质含量越高，啤酒产出量越低，但蛋白质含量对啤酒质量的影响却要比人们设想的程度低得多，单看蛋白质含量，实际上范围相当大（10%~12%）都没有影响，重要的是要与可溶性蛋白质一起评价。

7. 可溶性氮

可溶性氮是衡量蛋白质溶解程度的重要指标，对麦汁质量有较大影响，一般以库尔巴哈指数表示，在一定程度上也反映了麦芽细胞壁溶解程度。麦芽的可溶性氮既不能太高也不能太低，以 650~750mg/L 为宜。如果数值低于这个范围，麦芽的蛋白质溶解度就太低了，虽然这对发酵和酵母繁殖没有影响，但会反映啤酒的香气类型，如会使乙醇含量升高，但如果可溶性氮的含量太高，其香气类型不会有什么变化，却对啤酒味道有影响，尤其是酒体会增厚。使用未发芽谷物降低溶解蛋白含量，会使啤酒具有"干"的味道。使用蛋白质溶解度低麦芽也可以达到这种效果，也会使啤酒的酒体变窄。糖化对蛋白质溶解有一半影响，因此麦芽的蛋白质显得特别重要。

8. 库尔巴哈值（指数）

库尔巴哈指数是指可溶性氮与总氮的比值，用百分比表示，这个指数用于测定蛋白质降解，在考虑到总蛋白质含量的同时，能很好地评价蛋白质的各种关系。该指数通常规定为 38%~45%。如果总蛋白质偏离通常的 10%~11% 的含量范围，应更多注意的是可溶性氮而不是库尔巴哈值。

9. pH

pH 表示麦芽的酸度，麦芽的 pH 通常为 5.90 左右，当用含硫原料在加热炉直接加热时，这个值会减至 5.75。pH 低使得协定糖化醪的大多数酶的活性提高，因此也得到较高的浸出率和较好的 45℃哈同值，但蛋白质溶解较多，现在普遍采用间接加热方式，pH 会在 5.85~5.90。测 pH 应注意：①pH 计每天使用前应进行校正，校正时的温度与使用时的温度相差不得超过 1℃，由于许多实验室没有空调,冬季、夏季温差较大,pH 测试有较大误差;②应该统一使用 20℃ 恒温进行校正和测量,报出的 pH 也应统一规定为 20℃时的实测值,没有温度限定的 pH 没有意义。

10. 脆度

脆度反映了麦芽的溶解度和酿造性能,国际上一般要求在 80% 以上。实验室测定时应定期检查辊距、筛网,定期进行实验室之间的对比试验,麦芽经过贮存运输,含有量不同以及皮壳厚薄不同,对检测结果有影响,所以商品麦芽的验收,应视品种水分进行同比验收,生产厂家的出炉麦芽脆度分析值可作为质量证明。

11. 黏度

麦芽汁的黏度与溶解度相关,黏度值超过 1.60mPa·s 表示细胞溶解较差。黏度低于 1.48mPa·s 说明部分过分溶解。

12. α-氨基氮

α-氨基氮指氨基酸类低分子氮类,α-氨基氮对麦汁组成、啤酒发酵有重要意义,是酵母发酵时所需的主要氮源。影响麦芽中 α-氨基氮含量的主要因素是大麦质量与特性、浸麦度、发芽温度及时间、干燥前期时间长短。如浸麦度低,发芽前期温度过高,后期又过低;干燥前期温度高,升温过快,焙焦温度高,时间长等,都会减少麦芽中 α-氨基氮含量。

13. 糖化力

麦芽糖化力低是因为原大麦本身糖化力低,蛋白质含量低,发芽时间短,发芽温度低,干燥温度高、升温过快、焙焦温度高、时间长。麦芽糖化力过高是因为干燥温度低,焙焦温度低、时间短、出炉水分高等。这种麦芽缺乏香味,麦汁过滤困难,浑浊不清,啤酒易发生浑浊沉淀。

麦芽是生产啤酒的主要原料。高质量麦芽是生产高质量啤酒的物质保证。如何生产出高质量麦芽是摆在酿酒科技工作者面前的一个课题,值得我们去不懈地努力探讨。

第五节　特种麦芽

酿造啤酒主要使用基础麦芽和特种麦芽,前者主要提供酵母发酵需要的可发酵性糖和蛋白质降解形成的氨基酸等,基础麦芽主要是淡色麦芽、比尔森麦芽等,它们给啤酒赋予了最基础麦芽的香味;而特种麦芽主要提供给啤酒特有的颜色和麦芽香气。绝大部分啤酒都是基础麦芽+特殊麦芽组合出来的,其中基础麦芽一般占比都比较多。

特种麦芽一般可分为着色麦芽和非着色麦芽。常用的着色麦芽是焦香麦芽和黑麦芽等，这类麦芽具有很深的色度和特殊的香味，酶活力很微弱或没有。而非着色麦芽主要用来调节麦汁的性质，以提高啤酒质量。这类麦芽色度不高，酶活力较强，属于这一类的麦芽主要有小麦麦芽、乳酸麦芽等。

一、特种麦芽对啤酒酿造的作用

着色麦芽不但赋予啤酒广泛的色泽，而且赋予啤酒不同的风味特点（图3-6）。着色麦芽因加工方法不同，主要可分为焦香麦芽和黑麦芽。前者直接在麦芽烘床上制作，其风味特点主要来自含氧杂环化合物；后者则需将干燥麦芽在特制的金属转鼓烤炉内高温烘烤，才能达到要求的色度，其风味特点主要来自含氮杂环化合物，如吡嗪类化合物。着色麦芽的酸度一般较普通麦芽高，因而 pH 较低。特种麦芽是在普通麦芽发芽的基础之上，在干燥阶段采取了不同的干燥温度加工而成（图3-7）。

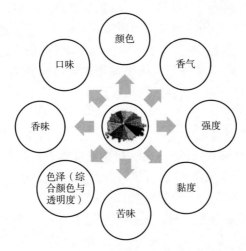

图 3-6　特种麦芽对啤酒酿造的作用

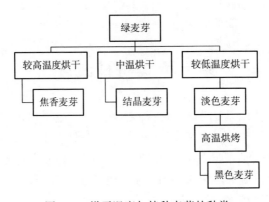

图 3-7　烘干温度与特种麦芽的种类

二、着色麦芽的制作

1. 焦香麦芽

焦香麦芽有浅色和深色之分，多用于制造中等浓色啤酒，能增进啤酒的醇厚性，给予啤酒一种焦糖和麦芽香味，并有利于改善啤酒的酒体、泡持性和非生物稳定性，在上面啤酒及下面啤酒中应用均很普遍。

焦香麦芽的色泽范围甚广（40~140EBC），视所制啤酒类型不同而采用不同色泽的焦香麦芽。

焦香麦芽的使用量为啤酒原料的 3%~15%，视所制啤酒类型和采用何种焦香麦芽而异。

（1）焦香麦芽的制作方法　焦香麦芽的制造原理：在高水分含量（50%左右）和在 60~75℃下将麦芽的内容物进一步糖化，然后根据所制麦芽的不同色泽要求，在 100~150℃高温下焙焦，使糖焦化。焙焦后的麦芽，其胚乳呈浅棕黄色的玻璃质焦香状，类似焦糖，具有较重的甜味和强烈的焦糖味。一般有以下五种制作方法。

①当深色麦芽发芽至充分溶解时，在发芽箱内将绿麦芽喷水，使其水分达 45%以上，上面覆以油布，或置于密闭不通风的容器中，使其不通风，慢慢升温。当温度达 60~65℃时，保持数小时，使之充分糖化，直至胚乳开始浆化。而后送入干燥炉进行干燥，焙焦温度采用 110℃，保持 2~4h。

②将已充分溶解的绿麦芽置于干燥炉内，洒水，使其水分达 45%以上。再用油布遮盖，使其不通风，慢慢升温，在 60~75℃保持 1 小时左右，以加速糖化，直至胚乳开始浆化。后移去油布，在正常通风情况下，升温达焙焦温度。制作浅色焦香麦芽，在 100~120℃下保持 0.5~1h；制作深色焦香麦芽，在 130~150℃下保持 1~2h。

③利用轻度干燥后的麦芽制造焦香麦芽。先将干麦芽在水中浸渍 6~10h，捞出阴干（损失浸出物可高达 3%），而后装入干燥炉或置于烘烤转鼓内，慢慢升温到 60~75℃，经 1~2h，使其充分糖化后，再慢慢升温，在 5~6h 内达到焙焦要求的温度，并保持此温度 1~2h。

④将溶解良好的麦芽，干燥至水分 3%~4%，去根，然后置金属转鼓烘炉内，在 15~20min 内加热至 95℃，然后缓慢加热至 140~150℃，维持此高温至色度达到 35~100EBC 单位。此产品具有饼干香味，无水浸出物可达 65%~75%，只具低微的糖化力，供制作浓色啤酒或特种啤酒之用。

⑤在 20℃温度条件下以浸四断六法浸麦 50 小时，浸麦度控制在 48%左右；18~20℃发芽 5~6d，然后送入烘干箱，前期 50℃下保持 15h，使麦芽蛋白充分地溶解，然后逐步升温至 60℃、70℃，各保持 1h 左右，进行淀粉的糖化分解，最后

升温到 150~180℃进行脱水焙焦，促进美拉德反应的进行，直至水分低于 5%。

总之，焦香麦芽的生产其工艺技术上有以下突出特点：高浸麦度，高温发芽，高温溶解，高温焙焦。但是，焦香麦芽的制作方法也并非是一成不变的，要根据所制焦香麦芽的类型（色泽深浅程度），选择合适的焙焦温度和焙焦时间。

一般来说，焦香麦芽的制麦损失较浅色麦芽多 4%~5%。

（2）焦香麦芽的性质　见表 3-3。

表 3-3　　　　　　　　　　　　　　　　焦香麦芽的性质

项目	浅色焦香麦芽	深色焦香麦芽
外观	麦皮呈淡黄色至浅琥珀色，麦粒膨胀饱满	麦粒呈黄褐色，麦粒膨胀饱满
香味	具有甜味及焦糖味	具有甜味及焦糖味
切断试验	内容物呈淡黄色或琥珀色的半粉状或玻璃质状	内容物呈琥珀色的玻璃质状
色度/EBC 单位	40~70	100~140
无水浸出物含量/%	65~75	65~75
还原糖含量/%（干物质）（以麦芽糖计）	30~50	30~50

（3）焦香麦芽的种类

①浅色焦香麦芽：色度在 30~100EBC 单位，浅黄色，具有淡淡的焦麦香味，甜中微苦。

②深色焦香麦芽：色度在 200~300EBC 单位，深褐色，具有典型的令人愉快的浓郁焦香味。

③巧克力焦香麦芽：色度在 200~300EBC 单位，淡黄色，具有典型的巧克力甜香味。可添加在食品中增加麦香味，例如面包、饼干等。

④咖啡色焦香麦芽：色度在 300~400EBC 单位，深黄褐色，具有浓郁的咖啡香味。

2. 黑麦芽

黑麦芽多用于制造深浓色啤酒和黑啤酒，以增加啤酒色度和焦苦味，使用量为投料量的 5%~15%。

（1）黑麦芽的制作方法

①将干燥而未焙焦的麦芽，水分 6%~7%，除去根芽，置金属转鼓烘麦机内，逐渐增高温度，去除多余水分。而后在 30~60min 内升温到 200~215℃，在此温度保持 30min。当闻到焦香味时，再升温到 220~230℃，保持 10~20min，

停止加热，喷高压水冷却，水分随之汽化，温度降低。麦芽呈深棕色，但不焦化，麦粒膨胀至正常麦芽大小的 2 倍左右。当温度升至 200℃ 以上时，麦粒几近燃烧，此时需要有经验的操作者，定时取样检查和监督，避免焦化。

②利用干麦芽，在水中浸渍 6~10h，取出阴干，将其置入转鼓烘麦机内，缓慢升温至 50~55℃，保持 60min 左右，使蛋白质分解，产生大量氨基酸。而后升温至 65~68℃，保持 60min 左右，使麦粒内容物进一步糖化，并驱除多余水分。再于 30min 内升温至 160~175℃，使氨基酸和糖类起化学变化，先形成还原性的还原酮（Reductones），再进一步经过复杂的非酶褐变（Browning reactions），产生有色物质类黑精和带焦苦味的吡嗪。而后逐渐有白烟蒸发出来，再升温到 200~215℃，保持 30min，当闻到有浓郁的焦香味时，即升温至 220~230℃，保持 10~20min，停止加热，喷水冷却，取出。

（2）黑麦芽的性质　见表 3-4。

表 3-4　　　　　　　　　　　　　黑麦芽的性质

项目	黑麦芽
外观	麦皮呈深褐色，有光泽
香味	有浓郁的焦香味，微苦，不得有焦臭或酸涩味
切断试验	胚乳呈褐色乃至深褐色粉状，部分为半玻璃质状
色度/EBC	1300~1600
无水浸出物含量/%	60~70
酶活力	全部破坏

黑麦芽含有丰富的类黑精及焦糖，着色能力极强，焙焦损失为干麦芽的 15% 左右。

掺用不同的着色麦芽，虽能制出色泽相似的啤酒，但其风味则有所不同，主要是由于采用不同方法制出的着色麦芽，其所含的风味物质也有所不同。

三、非着色麦芽的制作

1. 小麦麦芽

作为辅料，酿造啤酒一般只掺用 5%~10% 溶解良好的小麦麦芽，以提高啤酒的醇厚性和泡沫性能。德国酿造小麦啤酒常用 50% 的小麦麦芽和大麦麦芽混合使用。因小麦含蛋白质较高，制造小麦麦芽，在制麦和糖化时均需要加强蛋白质分解作用。

（1）小麦麦芽生产方法　其制造原理与大麦麦芽相似，应注意下列几点。

①小麦的蛋白质含量应控制在 11% 以下，只有在特殊情况下，才使用蛋白质含量较高的小麦。

②小麦的浸麦度不宜过高，浸麦度以43%左右为宜，浸麦时间根据水温和小麦品种特性具体确定，一般为40~50h。对水敏感性的小麦宜采用大断水浸麦方法。

③小麦发芽易于发热，特别是含蛋白质高的小麦更是如此。因此，应采用薄层低温发芽方法，发芽温度控制在13~16℃为宜。

④小麦是裸麦，发芽后期，叶芽会突破种皮而出，应注意发芽后期翻拌次数不能过多，以防幼芽受损。

⑤小麦发芽期较大麦发芽期短，一般发芽4~5d就可达到要求的溶解度；含蛋白质高的小麦，发芽初期，最好经过麦根缠连阶段，以增进胚乳的溶解。

⑥小麦发芽后期，经过凋萎，能很好地溶解。

⑦小麦麦芽的干燥温度不宜过高，应在大量通风条件下先以35~40℃低温干燥。单层干燥炉的空气室温度控制在45~50℃，双层炉的上层温度控制在35~40℃。同时进行多次翻拌，待绿麦芽排潮后，升温至70~75℃，干燥2h，最后在80℃下焙焦2~3h。

（2）小麦麦芽的性质

①小麦麦芽的溶解度一般较大麦麦芽低，其协定法麦汁的粗细粉差较大麦麦芽者高，蛋白质溶解度（库尔巴哈值）较大麦麦芽低。

②小麦麦芽麦汁含凝固性高分子氮比大麦麦芽高，所制麦汁极易浑浊，所制啤酒的稳定性也较大麦麦芽差。

③小麦麦芽的总多酚含量较大麦麦芽低，尤其花色苷含量更低。少量掺用，虽然高分子氮含量高一些，但仍可制得非生物稳定性较好的啤酒。

④小麦麦芽的麦芽汁，其最终发酵度一般较大麦麦芽略低。

⑤小麦麦芽的色泽，一般在2.5~6.5EBC，较大麦麦芽略深。

⑥小麦麦芽因无壳皮，故其无水浸出率远较大麦麦芽高。

⑦小麦麦芽所制的啤酒，泡沫性能显著改善。

⑧小麦麦芽的出炉水分含量，因干燥温度较低，一般较大麦麦芽者略高。

（3）小麦麦芽的成分分析　见表3-5。

表3-5　　　　　　　　　　　　小麦麦芽的成分分析

项目	小麦麦芽	项目	小麦麦芽
水分/%	5.5左右	永久性可溶性氮含量/%	0.53~0.60
无水浸出物含量/%	83~85	永久性可溶性氮：总氮/%	28~35
色度/EBC	2.5~6.5	千粒质量/g	35~38
粗细粉差/%	1.5~2.5	α-淀粉酶活力/ASBC	50~120
总氮含量/%	1.58~1.92	糖化力/°WK	290~400

小麦麦芽因根芽短，发芽时间短，其制麦损失较大麦麦芽低 1% 左右。

2. 乳酸麦芽

乳酸麦芽所含乳酸并非由麦芽内容物质转变而来，而是将麦芽外部产生的乳酸以吸附状态存在其中。

乳酸麦芽添加在糖化醪中，主要能降低麦醪 pH，增加缓冲作用，对使用残余碱度高的碱性酿造用水，作用更为显著。糖化时添加 3%~5% 的乳酸麦芽，糖化醪的 pH 将降低 0.2，有利于糖化过程中各类酶的作用，可增加可溶性成分的浸出，促进蛋白质分解，改善啤酒的色泽、泡沫和口味，并促进啤酒的成熟和风味的稳定性。

（1）乳酸麦芽制作方法

①大麦发芽后的 3~4d，用发酵的乳酸溶液（相当含乳酸 0.4%~0.6%）喷洒，其用量为每 100kg 原料喷洒 3kg 乳酸溶液，继续发芽至完毕，将绿麦芽浸入酸液中 10~17h，取出干燥。

当绿麦芽浸于乳酸溶液中时，麦粒吸收了整个溶液的 20%~25%。在浸过绿麦芽的酸液中，再补充新的乳酸液至原有体积，以备重复使用。

②将糖化室的部分麦芽汁取出，接种戴氏乳杆菌（*Lactobacillus delbriickii*），进行培养，制成乳酸麦芽汁，然后按上述方法喷洒在绿麦芽上，并进行干燥。

③将干麦芽置于盛 47℃麦芽汁的密闭恒温容器中，使麦芽所附的乳酸短杆菌繁殖，直至麦芽的乳酸浓度达 1% 左右（麦芽和浸渍液都带有酸味），24~30h 后，弃去废液，将麦芽在 60~65℃下干燥至水分 5.5% 左右。所弃废液可重复使用，用以浸渍麦芽。因已有一定的乳杆菌存在，其酸化时间可以缩短至12~16h。

（2）乳酸麦芽的性质　乳酸麦芽因增强了蛋白质分解，故永久性可溶性氮和低分子含氮物质的含量显著增加，氨基态氮占可溶性氮的 50%~60%；色度也较普通麦芽有所提高，无水浸出物较普通麦芽略有降低，其理化分析见表 3-6。

表 3-6　　　　　　　　　　　乳酸麦芽的理化分析

分析项目	结果	分析项目	结果
外观	麦粒呈淡黄色	总氮量/%	1.592
气味	微有乳酸气味	永久性可溶性氮量/%	0.954
水分/%	5.0 左右	永久性可溶性氮：总氮/%	60.0
色度/EBC	3~6	氨基态氮：永久性可溶性氮/%	60.0
无水浸出物/%	75 左右	麦芽中乳酸含量/%	1.5~2.5

第六节　世界经典特种麦芽

世界上的特种麦芽种类繁多，分类更精细。位于德国班贝克（Bamberg）维耶曼（Weyermann）麦芽公司生产超过95个品种的特种麦芽和麦芽制品。比利时的城堡麦芽（Castle Malting）以生产特种麦芽和修道院风格的麦芽著称，下面以比利时城堡麦芽为例对特种麦芽进行介绍。

一、比尔森麦芽（Pilsen Malt）

（1）特性　色度2.5~3.5EBC；二棱，六棱；最浅色的比利时麦芽。由最优质的欧洲大麦制得。干燥炉烘干温度：80~85℃。

（2）特征　颜色最浅，这种麦芽可以轻易地捣碎并在特定温度的浸泡下制成麦芽浆。比尔森麦芽带有一股强烈的麦芽甜味并有充足的糖化力去作为基本麦芽。

（3）用途　适合酿制所有类型的啤酒。

（4）建议添加比例　≤100%。

二、烟熏麦芽（Smoked Malt）

（1）特性　酚含量5~10mg/kg；在干燥炉烘干期间以燃烧苏格兰泥炭苔熏制。

（2）特征　带有一股似烟而辛辣的香味，属德国啤酒的典型风格。由烟熏麦芽所酿制的烟熏啤酒都带有森林大火的炙热味道——当然是令人向往的那种。它有一股浓郁的泡沫和类似全麦啤酒的口感。

（3）用途　苏格兰啤酒、黑啤酒、烟熏啤酒、特殊类型啤酒。

（4）建议添加比例　≤5%。

三、维也纳麦芽（Vienna Malt）

（1）特性　色度5~7EBC；比利时维也纳基础麦芽。干燥炉烘干温度：85~90℃，轻度烘干，时间较短。

（2）特征　与比尔森麦芽相比，拥有一股更强烈的麦芽味道，同时带有淡淡的焦糖及乳脂糖香味。维也纳麦芽的干燥炉烘干温度比比尔森麦芽稍高，所以它所酿制的啤酒都带较深的金黄色，黏度和浓郁度也较高。因较高的干燥炉烘干温度，维也纳麦芽的糖化力会相对较低，但仍足够跟大部分的特种麦芽产生化学作用。

（3）用途　适合酿制所有类型的啤酒、维也纳拉格啤酒。可提升淡啤酒的颜色和香味。

（4）建议添加比例　≤100%。

四、淡色爱尔麦芽（Pale Ale Malt）

（1）特性　色度 7～9EBC；比利时浅色基础麦芽。干燥炉烘干温度：90～95℃。

（2）特征　通常用作基础麦芽或配合比尔森二棱麦芽一起酿制，能令啤酒带一股较浓郁的麦芽味道和更深的啤酒颜色。因自身较深的颜色，它赋予了麦芽汁金黄的颜色。通常配合发酵力较强的酵母一起酿制琥珀啤酒和苦啤酒。跟比尔森麦芽相比，淡啤酒麦芽干燥炉烘干时间较长，因此步骤也较彻底，并提供了一股更明显的气味。淡色麦芽的糖化力足够跟一些不带酶的特种麦芽产生化学作用。

（3）用途　适合酿制淡色啤酒、苦型啤酒和大部分的传统英式啤酒。

（4）建议添加比例　≤100%。

五、慕尼黑麦芽（Munich Malt）

（1）特性　色度 15～25EBC；比利时慕尼黑品种的特种麦芽。干燥炉烘干温度：≤105℃。

（2）特征　浓郁、金黄色的麦芽。它能适度提升啤酒的颜色，朝宜人的金黄橙色改变。它也能给予大部分啤酒一股明确的麦芽香味而不影响它的泡沫稳定性和黏度。少量的慕尼黑麦芽加入比尔森二棱麦芽便可酿制浅色的啤酒，提升啤酒的麦芽香味和更浓郁的颜色，提升个性啤酒的味道。

（3）用途　淡啤酒、琥珀啤酒、棕色啤酒、高浓度啤酒、黑啤酒。

（4）建议添加比例　≤60%。

六、低类黑精麦芽（Light Melano Malt）

（1）特性　色度 40～80EBC；比利时 Melano 麦芽。特别种植流程，干燥炉烘干温度：最高 130℃。

在干燥炉烘干的过程中，温度的提升会慢慢令麦芽脱水，并产生类黑精。

（2）特征　香味浓郁，浓浓的麦芽香味。提高啤酒颜色的深度和丰满度，也提高啤酒自身红色的质量和黏度。

（3）用途　琥珀啤酒、黑啤酒、苏格兰类及红色的啤酒，例如苏格兰啤酒、琥珀啤酒、红色啤酒和爱尔兰啤酒。

（4）建议添加比例　≤20%。

七、修道院麦芽（Abbey Malt）

（1）特性　色度45EBC；比利时棕色麦芽。特别种植流程，干燥炉烘干温度：≤110℃。

（2）特征　修道院麦芽是深度烘焙的浅色麦芽。它有一股像烤面包、坚果及水果的强烈味道。修道院麦芽的苦味会随着时间而变得香醇且可以变得很强烈。修道院麦芽常被应用于酿酒用的碎麦芽（低比例，约0.5%），主要是酿制带有颜色（非透明）的啤酒。

（3）用途　淡啤酒、修道院啤酒、黑啤酒和一些特别类型的啤酒，及一部分的英国啤酒。

（4）建议添加比例　≤10%。

八、饼干麦芽（Biscuit Malt）

（1）特性　色度50EBC；独特的比利时麦芽。短时间干燥炉烘干，然后短时间焙制（温度最高160℃）。

（2）特征　本身带有一股像暖面包和饼干的香味，饼干麦芽能令啤酒产生一道明显的烤面包香味。它同时也给予了一道麦汁浅至中度的棕色。饼干麦芽主要应用于由巧克力麦芽和黑色麦芽酿制的啤酒及贮藏啤酒，它有助提升啤酒的烘焙香味，令其更有特色。不含任何酶，所以一定要和有剩余糖化力的麦芽一同制作麦芽浆。

（3）用途　适合酿制所有特别类型的啤酒，尤其是英式麦芽啤酒、棕色麦芽啤酒和黑啤酒。

（4）建议添加比例　≤15%。

九、浅棕色焦糖麦芽（Cara Blond Malt）

（1）特性　色度20EBC；一种浅色的比利时焦糖麦芽。高温烘焙工艺，干燥炉烘干温度：高达220℃，味道才会产生且香味浓烈。

（2）特征　浅棕色焦糖麦芽带一种柔和的焦糖甜味和并赋予了啤酒金黄的

颜色。浅棕色焦糖麦芽能丰富啤酒的口感和泡沫，增强啤酒的泡持性和风味稳定性。

（3）用途 淡色拉格啤酒、淡啤酒、白啤酒，低酒精浓度或不含酒精成分。

（4）建议添加比例 ≤20%。

十、红宝石焦糖麦芽（Cara Ruby Malt）

（1）特性 色度50EBC；一种深浅适中的比利时焦糖麦芽。高温烘焙工艺，干燥炉烘干温度：高达220℃，味道才会产生且香味浓烈。

（2）特征 红宝石焦糖麦芽带一种丰富的焦糖香味和乳脂糖味道，也赋予了啤酒琥珀至淡红的颜色。红宝石焦糖麦芽能丰富啤酒的口感和泡沫，增强啤酒的泡持性和风味稳定性。

（3）用途 棕色啤酒、佛兰德斯棕色啤酒、烈性黑啤酒、苏格兰啤酒。

（4）建议添加比例 ≤20%。

十一、黄金色焦糖麦芽（Cara Gold Malt）

（1）特性 色度120EBC；一种深色的比利时焦糖麦芽。高温烘焙工艺，干燥炉烘干温度：高达220℃，味道才会产生且香味浓烈。

（2）特征 黄金焦糖麦芽带一种强烈的焦糖香味和独特的乳脂糖味道，也赋予了啤酒丰富的琥珀颜色。黄金色焦糖麦芽能丰富啤酒的口感和泡沫，增强啤酒的泡持性和风味稳定性。

（3）用途 棕色及黑色啤酒。

（4）建议添加比例 ≤20%。

十二、芳香麦芽（Aroma Malt）

（1）特性 色度100EBC；比利时芳香麦芽。高温烘焙工艺。干燥炉烘干温度：高达115℃，香味才会涌现。

（2）特征 芳香麦芽提供了麦芽的香味和味道予琥珀色及黑色的拉格啤酒。与其他传统的有色麦芽相比，芳香麦芽有较高的糖化力并可令啤酒产生一股较幼滑的苦味。

（3）用途 特别类型的香味啤酒。

（4）建议添加比例 ≤20%。

十三、水晶麦芽（Crystal Malt）

（1）特性　由特殊的焦糖化作用制作出来。独特的烘焙工艺，多个步骤的焦糖化作用令其产生了特有的香味和味道。

（2）特征　这种红铜色的麦芽为琥珀色和黑色拉格啤酒提供了一种丰富的麦芽香味和味道。与其他传统的有色麦芽相比，水晶麦芽有相对较高的糖化力且能令啤酒产生一股较幼滑的苦味。

（3）用途　带香味和颜色的啤酒，特别适合比利时啤酒和德国的烈性黑啤酒。

（4）建议添加比例　≤20%。

十四、咖啡麦芽（Café Malt）

（1）特性　色度250~500EBC；比利时咖啡麦芽。干燥炉烘干温度：高达200℃，味道才会产生。

（2）特征　咖啡麦芽给予啤酒一股坚果及淡淡的咖啡味道和香味，给黑啤酒带来了一股咖啡味道。它为所有的黑啤酒带来了幼滑的口感和复杂性，亦加强了啤酒的颜色。

（3）用途　烈性黑啤酒、黑啤酒、苏格兰啤酒、比利时黑啤酒，也有少量用于棕色啤酒以提供鲜烘咖啡的香味。

（4）建议添加比例　≤5%。

十五、特种麦芽（Special Malt）

（1）特性　色度300EBC；十分特别的比利时黑色麦芽。经双重烘焙制作出来。

（2）特征　用以产生一种深红色至深棕色的颜色和强度予啤酒。它能加深啤酒的颜色，并增添葡萄干的味道；提供了丰富的麦芽味道和带一点坚果或梅子味道。如果不喜欢苦味，可以用作取代巧克力麦芽和黑色麦芽。

（3）用途　修道院啤酒、双料啤酒、黑啤酒、棕色啤酒、烈性黑啤酒。

（4）建议添加比例　≤10%。

十六、巧克力麦芽（Chocolate Malt）

（1）特性　色度900BEC；比利时巧克力麦芽。烘焙温度：220℃，但当达到所需颜色后要快速冷却。

（2）特征　巧克力麦芽是一种深度烘焙的麦芽，深棕色。它常被用作调制啤酒的颜色和带有一种坚果、烤焗的味道。巧克力麦芽和黑色麦芽有很多的共同点，但它比黑色麦芽甜且色度比黑色麦芽约低 200EBC，这全因为它的烘干时间都较短和温度较低。

（3）用途　浓烈的黑色啤酒，例如黑啤酒、烈性黑啤酒和棕色啤酒。

（4）建议添加比例　≤7%。

十七、黑色麦芽（Black Malt）

（1）特性　色度 1500EBC；1500EBC 的麦芽是颜色最深的酿酒大麦麦芽。烘焙温度高达 230℃。

（2）特征　它比其他有颜色的麦芽更能产生一股强烈的味道，有效提升啤酒的香味特征，自身带一股轻微的烧焦或烟熏味道。

（3）用途　深颜色的啤酒，黑啤酒和烈性黑啤酒。

（4）建议添加比例　≤3%~6%。

十八、白小麦麦芽（Wheat Blanc Malt）

（1）特性　色度 3.5~5.0EBC；比利时小麦麦芽。干燥炉烘干温度：≤80~85℃。

（2）特征　加强了小麦啤酒的特有味道。白小麦麦芽是酿制小麦啤酒的必要材料。因为它的蛋白质含量，它也被使用于（35%）以大麦酿制的啤酒，因为它可以令啤酒有更丰富的口感和加强泡沫的稳定性。

（3）用途　小麦啤酒、白啤酒、淡啤酒、低醇或无醇啤酒。

（4）建议添加比例　≤30%。

十九、慕尼黑小麦麦芽（Wheat Munich）

（1）特性　色度 15EBC；比利时慕尼黑品种的小麦麦芽。干燥炉烘干温度：≤100~105℃。

（2）特征　颜色差不多，但比普通的小麦麦芽味道更加丰富。它可以酿制出黏度低、气泡多并带典型麦芽酒香的啤酒。

（3）用途　黑色小麦啤酒类型、烈性小麦啤酒、烈性黑啤酒，或加少量到其他黑啤酒去增强黏度和泡沫保持度。

（4）建议添加比例　≤30%。

二十、糖化力麦芽（Diastatic Malt）

（1）特性　色度 2.5～4.0EBC；带酶的麦芽，由欧洲最佳的大麦品种所生产出来。

（2）特征　当使用到低酶或不含酶的麦芽，会加入淀粉糖化麦芽，为麦芽浆提供必要的糖化力。

（3）用途　适合酿制所有类型的啤酒。

（4）建议添加比例　≤30%。

二十一、天然比尔森麦芽（Pilsen Nature Malt）

（1）特性　色度 2.5～3.5EBC；最浅色的比利时麦芽。由最优质的欧洲二棱春季大麦经验证的有机耕种所生产出来。干燥炉烘干温度：80～85℃。

（2）特征　颜色最浅而低蛋白质含量，这种麦芽可以轻易地捣碎和在一个温度的浸泡下制成麦芽浆。天然比尔森麦芽带有一股强烈的麦芽甜味和含有充足的糖化力去作为基本麦芽。

（3）用途　用于清澈或较淡的有机啤酒，尤其适合那些低酒精度的类型，如比尔森啤酒、美国和欧洲的拉格啤酒、比利时啤酒和小麦啤酒。

（4）建议添加比例　≤100%。

二十二、威士忌浅色麦芽（Whisky Light Malt）

（1）特性　酚含量：15～25mg/kg；威士忌麦芽是在干燥炉烘干期间以燃烧最优质的苏格兰泥炭苔熏制而成，专门为酿制威士忌而设。威士忌麦芽常有较长的贮藏寿命。

（2）特征　拥有一股像烟和泥炭的味道，是酿制独特威士忌的完美材料。使用分量多可为威士忌带来丰富的烟熏和泥炭香味。

（3）用途　适合酿制所有类型的威士忌，尤其是带有烟熏味的啤酒。

（4）建议添加比例　≤100%。

特种麦芽可赋予啤酒一系列不同的特点，不同特种麦芽的糖化投料配比一直是各啤酒厂的秘密。

第七节 酿造辅料和风味产品

世界上绝大多数国家生产啤酒均使用辅料（图3-8），谷物辅料主要指未发芽的谷类、糖类及糖浆等。使用辅料的目的主要是出于经济方面的考虑，以降低成本。其他辅料主要是提高啤酒的风味特征，如香菜（芫荽）籽、橙皮、薰衣草和柚子皮等。

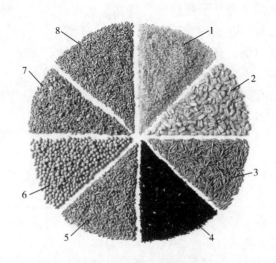

图3-8 部分酿酒辅料

1—大米 2—玉米 3—裸麦 4—燕麦 5—大麦 6—大豆 7—小麦 8—香菜籽

一、大麦

大麦除用于制麦芽外，还可用于生产啤酒的辅料。一般使用量在20%以下，此时可用麦芽中的酶进行分解，高于此量时，则必须使用酶制剂。用大麦作辅料制成的啤酒，泡沫好，非生物稳定性较高，口感也不错，同时可以提高谷物利用率，降低成本，是啤酒工业技术上的一项改革。

用大麦作辅料制成的啤酒最大特点如下。

（1）泡沫较好，但由于其含有半纤维素和高黏度的β-葡聚糖，所制成的麦汁黏度高，易造成麦汁和啤酒过滤困难，应采取相应措施。另外需要注意的是，麦皮中的多酚易影响啤酒色度。

（2）大麦淀粉糊化温度不高，仅为$51.5 \sim 59.5℃$，可以和麦芽一同粉碎下料。但由于大麦粒比麦芽坚硬、韧性大，单独用辊式粉碎机粉碎较困难。

二、小麦

小麦是世界上种植最多的谷物，但是适宜酿造的小麦品种很少，只能选用蛋白质含量低的白小麦品种。因此，啤酒厂很少用它作辅料，即使用作辅料，添加量也较小，仅为5%～10%，主要用以提高啤酒的泡沫性能；如果添加量过大，将导致啤酒过滤困难。正因为如此，比利时风格的小麦啤酒和拉比克啤酒，添加小麦酿造。

（1）小麦的可溶性高分子蛋白质含量高，泡沫性能好。但因其不易进一步分解，也容易造成非生物稳定性问题。

（2）花色苷含量低，有利于啤酒的非生物稳定性，风味也很好，但麦汁色泽较大米辅料略深。

（3）麦汁中含有较多的可溶性氮，发酵较快，啤酒的最终 pH 较低。

（4）小麦和大米、玉米不同，富含 α-淀粉酶和 β-淀粉酶，有利于缩短糖化时间。

三、燕麦

燕麦是精酿啤酒爱好者最常使用的一种辅料，人们喜爱的燕麦世涛，得益于燕麦带来的平滑的口感与质感。燕麦本身的味道很淡，有一点点坚果、谷物、泥土的风味，不易察觉。大部分的配方建议使用量在5%～15%，深色配方中使用量往往更多一些，因为黑麦芽会带来收敛的口感。同时在使用上也考虑酒的残糖、苦度以及二氧化碳饱和度，避免产生过腻感。发芽的燕麦是很难见到的，但是即食麦片却随处可见，可以即食麦片替代燕麦片，这样有利于糖化时增加与水的接触面积，提高糖化收得率。燕麦的理论浸出率并不高，一般在65%～70%（浅色基础麦芽一般在78%～82%）。

四、裸麦/黑麦

裸麦是一种无壳的麦子，类似青稞，因为颜色偏深，也被称为黑麦，蛋白质含量很高，接近小麦。在欧洲，很早以前酿酒师们就已经开始使用它酿酒了，甚至一些威士忌中也会见到它的影子。裸麦含有一些独特的酚类物质，这些物质给裸麦带来一些香料的风味和收敛的苦感。这种特点也会让啤酒的收口变得干一些，更利口。美式 IPA 中开始使用裸麦，从一定程度上提高了 IPA 的易饮性并丰富了口感。裸麦也很适合在赛森中使用，配合赛森酵母的香料风味真的是绝配。目前国内是可以买到进口裸麦芽的，在使用时直接粉得碎一些，和其他麦芽一起糖化即可。建议使用量在5%～20%。

五、糖

生产淡色啤酒时，在糖化过程中将糖直接加入煮沸锅中，麦汁中可发酵性糖的含量升高，含氮物质的数量下降，这样，啤酒具有较低的色度和较高的发酵度。由于啤酒中含有较少的含氮物质，因而有利于啤酒保持其风味和口味稳定性。但是，在德国制造麦芽啤酒和甜啤酒时，为防止酒精含量增高，不能把糖加入麦汁，而应在啤酒过滤之后加入清酒罐中。加糖后，啤酒的原麦汁浓度须符合规定要求。

酿造糖是酿造比利时啤酒不可缺少的原料，特别是那些酒精度高且口感浓郁的比利时啤酒，如双料和三料啤酒。添加酿造糖在提升酒精浓度的同时，不会有过多的麦芽风味和甜味，使啤酒的口感更加柔顺，风味更加浓郁。使用酿造糖也是开发新口味啤酒不可或缺的元素之一。

但应注意，糖类和糖浆作辅料，用量一般在10%～20%，用量过多，会使酵母营养不良，啤酒口味淡，泡沫性能差。糖的种类很多，有蔗糖、转化糖、葡萄糖、麦芽糊精、结晶糖、果糖浆以及焦糖（用糖制成的着色剂）等。

1. 蔗糖

蔗糖是由甘蔗或甜菜制取的，使用形式为结晶糖（99%浸出物）或液体糖浆（约65%浸出物）。结晶糖不应发生变化，以避免饮用啤酒时后味平淡。

2. 葡萄糖

葡萄糖由淀粉经酸分解制成。它具有不同的商品形式：含浸出物约65%的糖浆；含浸出物80%～85%的浓缩葡萄糖；以及结晶葡萄糖等。工业葡萄糖含有一定量的糊精，通过一定的措施可完全转化为可发酵性糖。

3. 转化糖

转化糖由蔗糖经酶或稀酸水解制成。它是果糖、葡萄糖和蔗糖的混合物。商品转化糖有两种形式：糖浆和浓缩转化糖。

4. 焦糖

焦糖可用于上面发酵啤酒（如德国老啤酒 Alt），或用于上面发酵法制成的麦芽啤酒和营养啤酒的增色。

对糖类（淀粉、转化糖、甘蔗糖或甜菜糖）加热，可形成高着色力的黑色水溶性分解产物，通过适当的稀释后即可得到焦糖。

焦糖可以部分加入煮沸麦汁，部分加入冷啤酒，但需注意，使用的焦糖必须符合卫生要求，溶于啤酒后必须清亮透明。因此，制作焦糖时，使用糊精含量低的淀粉糖和糖浆比含量高的更适宜，因为糊精在一定条件下与啤酒混合时，由于乙醇的作用而使糊精变得不溶，容易产生浑浊。

六、糖浆

啤酒生产中常用的糖浆，主要是玉米糖浆和大麦糖浆。

1、玉米糖浆

其制作方法是先将玉米加工成淀粉，然后将淀粉水解制成糖浆。玉米糖浆易与水或麦汁混合，是无色、非结晶和中性口味的。这种糖浆在糖化、过滤工段很少使用，通常是直接加入煮沸锅。其好处在于参与糖化和过滤过程的物料全部是麦芽，因此能够达到最高收得率。煮沸终了，麦汁的浓度可以提高到15%~18%。高浓麦汁可在发酵之前稀释，也可直接进行高浓度发酵，灌装前进行后稀释。使用这种"液体辅料"比使用大米或玉米粉粒方便得多。

2. 大麦糖浆

其制作方法是将大麦以干法或湿法粉碎，调节 pH 后，加入酶制剂（淀粉酶、β-葡聚糖酶和肽酶），将淀粉分解成糖，然后加热至不同的温度进行蛋白质分解，再经过适度糖化（可以加入约5%的麦芽）和分离，即可得到大麦糖浆。一般大麦糖浆由专门的工厂生产，啤酒厂也可以自己制造。

由于大麦糖浆的组成与麦汁十分相似，所以大麦糖浆与麦汁可以直接混合，进行麦汁煮沸。这种麦汁与传统方法制作的麦汁基本无差别，最终发酵度、糖的组成和游离氨基氮的数量均相同，只是加入大麦糖浆的麦汁多酚含量较低。

七、大米片

在美国和日本酿造浅色拉格啤酒时，大米是另外的主要辅助原料，大米本身没有什么味道，与玉米相比，它使啤酒品尝起来口感更纯净。100L 麦汁配料添加 0.55kg。使用时必须要与基础麦芽一起糖化。

八、燕麦壳和大米壳

燕麦壳和米糠本质上不是辅料，在美式糖化过程中很有用处。特别是在酿造小麦啤酒和裸麦啤酒时，使用的大麦麦芽比例少。这些壳可以使糖化醪液疏松，并有助于防止粘结，降低麦汁黏度，在洗糟时，糟层的通透性提高，节省过滤时间。如果酿造全小麦啤酒，每 35kg 小麦添加 1.8~3.8kg 燕麦壳或米糠，使用之前要彻底清洗干净。

九、天然香料添加剂

酿造比利时风格的啤酒时，通常添加天然香辛料，营造独特的风味（表3-7）。

表 3-7 常用啤酒酿造香料

香菜（芫荽）	甘草切片	肉桂粉	冰岛蜜
香菜（芫荽）粉	甘草粉	孜然	石楠花
	甘草浓缩锭	杜松子	土木香
苦柑橘皮切片	甘草浓缩棒	小豆蔻	柠檬马鞭草
苦柑橘皮（1/4切片）	甘草浓缩块	非洲豆蔻	洋甘菊
苦柑橘粉		洛神葵	甜车叶草
	八角、八角片	红糖蜜	姜片、姜粉
甜柳橙皮切片	八角粉	丁香	当归根
甜柳橙皮（切丝）		柠檬皮	
甜柳橙皮粉	大茴香	柚子皮	茉莉花
	大茴香粉	香草荚	薰衣草

十、麦芽浸膏（LME-Liquid Malt Extract）

巴伐利亚比尔森麦芽浸膏呈金黄色，未添加酒花，采用浸出糖化法制作。班贝格烟熏麦芽浸膏呈浅棕色，未添加酒花；维也纳红麦芽浸膏呈棕红色，未添加酒花；巴伐利亚深色麦芽浸膏呈深棕色，未添加酒花。上述三种浸膏均采用煮出糖化法加工而成。该产品浓度高、口感非常甜，麦芽香味具有非常好的平衡性。由德国维耶曼公司出品。麦芽浸膏产品特点特性见表3-8。

表 3-8 麦芽浸膏（LME）产品特点特性

麦芽浸膏名称	加工原料	浸出物含量/%	色度/EBC（13°P）	适合酿造的啤酒类型
巴伐利亚比尔森麦芽浸膏（Bavarian Pilsener）	比尔森麦芽和比尔森焦香麦芽	72~79	15~18	巴伐利亚利系列比尔森啤酒、浅色拉格啤酒、爱尔啤酒，还可适用于增加麦汁原浓度等
班贝格烟熏麦芽浸膏（Bamberger Rauch）	烟熏麦芽（98%）和特种黑色焦香麦芽1号（2%）	72~79	30~40	烟熏啤酒、黑啤等
维也纳红麦芽浸膏（Vienna red）	维也纳麦芽，类黑素麦芽，比尔森麦芽	72~79	40~50	琥珀啤酒、红色爱尔、博克啤酒等

续表

麦芽浸膏名称	加工原料	浸出物含量/%	色度/EBC（13°P）	适合酿造的啤酒类型
巴伐利亚深色麦芽浸膏（Bavarian Hefeweizen）	比尔森麦芽，淡色小麦芽，比尔森焦香麦芽，浅色焦香麦芽	72~79	20~25	典型的巴伐利亚小麦啤酒、爱尔啤酒、深色小麦啤酒等

第四章　酒花

　　酒花是啤酒酿造中最重要的四种主要酿造原料之一，素有"啤酒的灵魂"之称，它的添加量相对麦芽的数量来说微不足道，但是它在一定程度上决定啤酒的口感和风格类型。正是因为酒花的存在（图4-1），才使啤酒的风味独具特色。

图4-1　酒花花苞

酒花在啤酒的酿造中有以下几方面的作用（图4-2）。

（1）赋予啤酒爽口的苦味和令人愉悦的香味。

（2）增加麦汁和啤酒的抑菌能力。

（3）增加啤酒的泡持性。

（4）在麦汁煮沸时添加酒花，能促进蛋白质凝聚，有利于麦汁的澄清，提高啤酒的非生物稳定性。

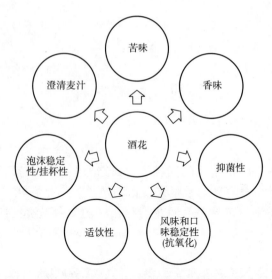

图 4-2　酒花在啤酒酿造中的作用

第一节　酒花植物学特征和组成

一、酒花的植物性状

酒花，学名蛇麻（*Humulus Lupulus L.*），又名忽布（Hop）。在植物学上属于荨麻目大麻科葎草属，系多年生攀援草本植物，每年从根茎中生长出来，一般可连续高产 20 年左右。雌雄异株，啤酒酿造中使用的酒花是未受精的雌花。酒花藤蔓每年的生长高度可达 5~7m，在生长高峰时期每天可达 20~25cm。酒花藤蔓顺时针盘旋于棚架上方（图 4-3）。生产上，酒花的繁殖主要有两种方法，有较为传统的根条繁殖和扦插繁殖。

在收获季节，酒花开始变黄，在北半球通常是八月底开始采摘。酒花花苞是加工过程中唯一需要的部分。如今，酒花是用特殊的采摘机挑选出来的，机器可以将藤蔓剪掉，把酒花花苞和叶片、茎和其他材料分离开来。由于花苞含水分 75%~80%，需要置于窖炉中，在 60~65℃的强空气流中干燥 10h，将酒花烘干至含水量 6%~7%。然后将干燥的酒花冷却 24h，使水分含量增加到 8%~10%，使酒花苞不会变得易脆（碎裂）。一旦晾干，酒花便被压缩成包，进一步加工成酒花颗粒或其他酒花制品。

图4-3 生长于藤蔓上的酒花

二、酒花花苞的结构

酒花有雌雄两种，在啤酒生产中用的是雌花。蛇麻腺体中含有一种小的黄色粉粒，是位于圆锥体苞片内的蜡类物质——含酒花苦味物质、酒花树脂和精油。

了解酒花花苞的结构（图4-4），对于进一步熟知酒花内容物非常重要。

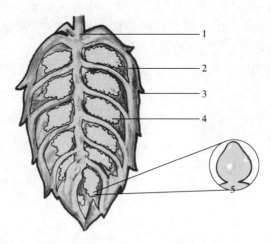

图4-4 酒花花苞结构

1—花轴 2—花苞 3—苞叶 4—蛇麻腺 5—蛇麻腺放大图

三、酒花的组成

酒花中包含很多物质，如树脂、香精油、蛋白质、多酚、脂质、蜡、纤维素及氨基酸。干酒花中的成分如表 4-1 所示。酒花花瓣的苞叶能够提供多种物质，如蛋白质、碳水化合物和多酚。酒花酿造价值主要归因于由蛇麻腺腺体分泌的树脂中的风味和苦味物质的前体。酒花在啤酒酿造中最主要的成分是酒花树脂、酒花油和多酚物质，它们赋予啤酒特有的苦味和香味。酿酒师主要关注酒花中的 α-酸和精油的风味类型，因为它们能提供给啤酒特殊的苦味和香气。

表 4-1　　　　　　　　　　　　干酒花的化学组成

酒花成分	质量分数/%	酒花成分	质量分数/%
α-酸	2~20	纤维素	40~50
β-酸	1~12	水分	6~10
酒花油	0.3~4	单糖	2
多酚类（单宁）	2~5	果胶	2
蛋白质	15	矿物质（灰分）	10

1. 酒花树脂

酒花树脂可分为硬树脂和软树脂，软树脂由 α-酸、β-酸及未定性树脂组成。

（1）α-酸　α-酸是葎草酮及其同族化合物合葎草酮、正葎草酮、加葎草酮、前葎草酮和后葎草酮的总称。α-酸是啤酒中苦味的主要成分，具有强烈的苦味和很强的防腐能力，能增加啤酒的泡沫稳定性。

α-酸的化学结构，α-酸包含 5 种系列的化合物，各化学式见图 4-5。

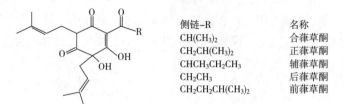

侧链-R	名称
$CH(CH_3)_2$	合葎草酮
$CH_2CH(CH_3)_2$	正葎草酮
$CHCH_3CH_2CH_3$	辅葎草酮
CH_2CH_3	后葎草酮
$CH_2CH_2CH(CH_3)_2$	前葎草酮

图 4-5　α-酸的结构

①α-酸呈菱形结晶，浅黄色，易溶于乙醚、乙烷、甲醇等有机溶剂。

②α-酸的含量因品种、产地、年份、收获时间和处理方法不同而有较大的波动。新鲜酒花内含 5%~10% 的 α-酸，干酒花 α-酸含量一般在 3%~15% 范围

内波动，新培育品种的α-酸含量在不断提高，已可高达15%以上。α-酸的5种同系物中，加葎草酮的含量比例为15%~20%，比较稳定。葎草酮和合葎草酮的比例因品种而有较大差异。一般来说香型酒花的合葎草酮含量比较低，苦型酒花含量则较高，具有典型性，也是鉴别苦型、香型酒花的方法之一。前葎草酮和后葎草酮只有微量存在。

③α-酸在水中溶解度很小，微溶于沸水，其溶解度随pH不同而有很大差别，pH越高，溶解度越高。如麦汁pH为5.2时，溶解度只有85mg/L；当pH为6.0时，其溶解度则高达500mg/L。

④α-酸在麦汁煮沸过程中易转化成异α-酸，异构率为40%~60%。异α-酸为黄色油状，同α-酸一样，具有苦味、防腐能力和提高泡沫稳定性的作用，在麦汁中的溶解度远远高于α-酸，啤酒的苦味主要来自异α-酸。

⑤酒花的α-酸含量不稳定，包装或贮藏条件不良时，极易氧化聚合，由软树脂变成硬树脂，进而失去其特有的口味与防腐能力。当酒花与麦汁共沸时间过长时，α-酸可能转化为无苦味的葎草酸或其他苦味不正常的衍生物。

⑥α-酸能与醋酸铅溶液反应，形成浅黄色的α-酸铅盐沉淀，可用电导滴定法测定。但此方法的专一性不是很强，因酒花中的其他成分，也有易被铅盐沉淀者，如α-酸的氧化物等。

（2）β-酸　β-酸的成分主要包括正蛇麻酮（lupulone）、合蛇麻酮（lupulone）、加蛇麻酮（adluplone）等，占新鲜酒花总成分的5%~11%（图4-6）。β-酸苦味较低，β-酸氧化后苦味优于异α-酸，但β-酸严重氧化后，就会形成硬树脂，苦味力和苦味质量又会下降。β-酸是多种结构类似物的混合物，按其侧链的不同，β-酸有五个同系物：正蛇麻酮、合蛇麻酮、加蛇麻酮、前蛇麻酮和后蛇麻酮，其中前3者构成了酒花中β-酸的主要部分。由于β-酸难溶于啤酒，它的苦味不及α-酸，大约为α-酸的1/9；防腐力也比α-酸低，约为α-酸的1/3。啤酒中的苦味物质，β-酸占15%左右。但在酒花的贮存和啤酒的加工过程中，它会发生氧化而产生一系列的氧化产物，这些氧化产物具有一定的苦味，对啤酒的风味起到了补充和修饰作用。

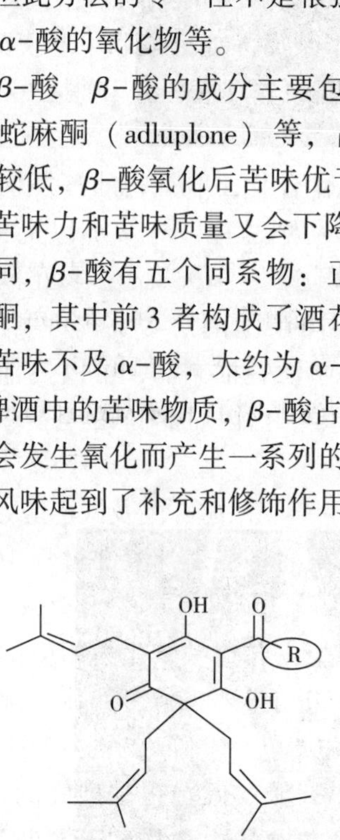

侧链-R	名称
$CH_2CH(CH_3)_2$	正蛇麻酮
$CH(CH_3)_2$	合蛇麻酮
$CH(CH_3)CH_2CH_3$	加蛇麻酮
CH_2CH_3	后蛇麻酮
$CH_2CH_2CH(CH_3)_2$	前蛇麻酮

图4-6　β-酸的结构

（3）软树脂与硬树脂　新鲜成熟的酒花，所含苦味成分主要是 α-酸和 β-酸。在酒花干燥和贮藏过程中，α-酸和 β-酸会不断被氧化，变成软树脂，进而氧化成硬树脂，而硬树脂在啤酒酿造中无任何价值。如下式所示：

$$\left.\begin{array}{c}\alpha\text{-酸}\\\beta\text{-酸}\end{array}\right\}\xrightarrow{\text{氧化}}\left.\begin{array}{c}\alpha\text{-软树脂}\\\beta\text{-软树脂}\end{array}\right\}\xrightarrow{\text{氧化聚合}}\text{硬树脂}$$

如果硬树脂含量超过酒花树脂总量的 20%，就被视为陈酒花，使用价值降低或不能使用。

2. 酒花油

酒花油是酒花蛇麻腺除酒花树脂外的另一种分泌物，主要是在酒花成熟后期，酒花树脂已大部分合成完毕后形成的。酒花油的含量和组成，主要取决于酒花品种。当然与种植条件、气候和土壤、酒花成熟度及酒花的处理方法也有一定的关系。

（1）酒花油的成分　酒花中含有 0.5%~2% 的酒花油。酒花油的成分很复杂，已检出的在 200 种以上，其中 75% 为萜烯碳氢化合物、25% 为含氧化合物。萜烯碳氢化合物的主要成分有单体萜烯（如香叶烯、α-和 β-蒎烯）和倍半萜烯（如葎草烯、β-石竹烯、β-法呢烯）；含氧化合物的成分包括酯类（如 4-癸酸甲酯、异丁酸异丁酯、异丁酸-2-甲基-丁酯）、酸类（如己酸和甲基庚酸等）、醇类（如芳樟醇、香叶醇等）、醛类（如异丁醛、异戊醛等）和酮类（如葎草二烯酮及其他甲基酮类等）。

酒花油中起作用的主要成分是萜烯碳氢化合物，但是它的挥发性很强，即使在常温下也能挥发。在麦汁煮沸、冷却、发酵过程中有 90% 以上被挥发掉，溶解在啤酒中的只有 8%~9%。麦汁煮沸时间越长，损失就越多，正因如此，采用分次添加酒花的方法，目的就在于保留适量的酒花油，以突出啤酒的酒花香。针对上述酒花油易挥发的特点，人们开发出了酒花油制品，可以代替香型颗粒酒花直接加入煮沸锅、回旋沉淀槽甚至发酵液中，能增加啤酒的香味。

（2）酒花油的性质和作用

①酒花油为黄绿色至棕色液体，易挥发，溶于乙醚、酯及浓乙醇。

②酒花油不易溶于水和麦汁，大部分酒花油将在麦汁煮沸过程中和热凝固物、冷凝固物在分离过程中被分离出去。

③酒花油易氧化，其萜烯碳氢化物的某些成分均易氧化为相应的环氧化物及醇类。某些此类转化物质被认为是酒花香味的主要来源，如葎草烯环氧化物 Ⅱ 等。

④酒花油一直被认为是酒花香味的主要来源。但真正香型好的传统酒花，其酒花油的含量反而较低，这说明啤酒的酒花香味主要决定于酒花油的成分，而不在其含量多少。例如酒花油的主要成分香叶烯和异丁酸二甲基丁酯对酒花香味是起负作用的，香型好的酒花含此两种成分都比苦型酒花低。而苦型酒花

则较香型酒花含有较少的 2-癸酮和芳樟醇。

⑤酒花油在贮藏过程中由于树脂化和聚合作用，香味逐渐消失。同时酒花油中的一些由萜烯醇类和脂肪酸形成的酯类在贮藏过程中，经水解作用，释放出脂肪酸（如异戊酸），使酒花产生一种奶酪异臭，这些异臭在麦汁煮沸时是容易被蒸发掉的。

⑥香型酒花的葎草酮与香叶烯之比一般大于苦型酒花，这也是区别苦、香型酒花的一种方法。

3. 多酚物质

酒花含 4%～10% 的多酚物质。其主要成分为花色苷、单宁和儿茶酸（素）等，是一种非结晶混合物，也是影响啤酒风味和引起啤酒浑浊的主要成分，日益受到重视。低分子多酚对啤酒酒体是有益的，能赋予啤酒一定的醇厚性；氧化了的高分子多酚则会导致啤酒风味生硬粗糙，并使色泽加深。多酚物质既具还原性，又具氧化性，一方面它可使啤酒中的一些物质避免氧化，另一方面在氧化状态下又能够催化脂肪酸和高级醇形成醛类，直接或间接地促进啤酒口味老化。

多酚物质在麦汁煮沸时有沉淀蛋白质的作用，能使麦汁澄清，利于啤酒口味丰满，提高苦味质量。但这种沉淀作用会在麦汁冷却、发酵，甚至过滤、装瓶后的啤酒中继续进行，从而导致啤酒浑浊，影响啤酒的稳定性。

因此，酒花多酚对啤酒既有有利方面，也有不利影响，需要在生产过程中合理控制。

第二节　世界酒花生产概况

一、2017 年全球主要生产国酒花统计数据

根据国际酒花种植协会（IHGC）统计，2017 年全球主要酒花生产国、酒花种植面积、酒花产量、α-酸产量详细数据如表 4-2。

表 4-2　2017 年全球主要酒花生产国酒花种植面积、酒花产量、α-酸产量

国家	种植面积 /hm^2	香型花 产量/t	苦型花 产量/t	总产量/t	α-酸产量/t
澳大利亚	631	238	1200	1438	211
奥地利	250	325	114	439	35

续表

国家	种植面积 /hm²	香型花 产量/t	苦型花 产量/t	总产量/t	α-酸产量/t
比利时	189	126	79	205	18
中国	2000	400	5100	5500	400
捷克	4945	6555	95	6650	245
法国	481	676	87	763	27
德国	19543	20250	21050	41300	4200
新西兰	442	620	140	760	72
波兰	1615	800	1700	2500	169
罗马尼亚	270	65	140	205	20
俄罗斯	470	250	250	500	40
塞尔维亚	79	58	76	134	11
斯洛伐克	137	104	0	104	5
斯洛文尼亚	1590	2676	60	2736	150
南非	424	46	658	710	85
西班牙	537	0	550	550	70
乌克兰	369	400	80	480	30
英国	967	1281	500	1781	132
美国	22920	35008	13059	48067	5114
总量	57839	69878	44938	114822	11034

注：$1hm^2 = 10^4 m^2$。

2017 年，全球酒花种植总面积为 57839hm²，全球酒花总产量为 114822t，全球 α-酸产量为 11034t。2017 年，美国酒花种植面积、美国酒花产量、α-酸产量均排名世界第一，其次是德国。这两个国家的酒花产量大约占全世界酒花产量的 77.83%。2017 年，塞尔维亚的酒花种植面积最少，为 79hm²。塞尔维亚酒花产量为 134t，塞尔维亚 α-酸产量为 11t。

2017 年全球香型花种植面积为 38003hm²，香型花产量为 69878t。2017 年全球苦型花种植面积为 17530hm²，苦型花产量为 44938t。

精酿产业因其用量高成为酒花需求的主要推动力。酒花产业，尤其是美国种植者，对风味酒花的需求做了强有力的回应，他们从根本上扩大了香型花品种的种植面积，当然，这是以牺牲高甲酸品种为代价的。

二、2013—2017 年全球酒花种植面积、酒花产量

国际酒花种植者协会（IHGC）统计显示 2003—2017 年全球酒花种植面积、酒花产量、α-酸产量见图 4-7。

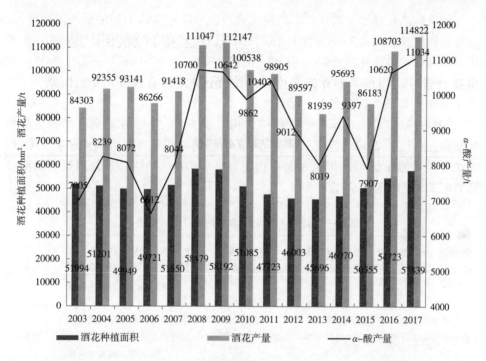

图 4-7　2003—2017 全球酒花种植面积、酒花产量、α-酸产量变化

（据 IHGC2017 年统计数据）

2003—2008 年呈整体上升趋势，到 2008 年和 2009 年各产量达到了高峰，随后开始下降，到 2014 年开始回升，2017 年酒花产量为历史最高点。在 2003—2017 年期间，全球酒花种植面积在 45000~60000hm²，2008 年全球酒花种植面积达到最大，为 58479hm²。随后全球酒花种植面积开始下降，2013 年最少，为 45696hm²。2013 年以后，全球酒花种植面积逐渐上升。2017 年为 57839hm²。

随着全球酒花种植面积的变化，全球酒花产量也发生相应的变化。受气候、虫害和疾病等因素的影响，2003 年、2006 年和 2015 年，全球酒花产量分别为 84303t、86266t、86183t，与种植面积不相对应。

随着全球酒花种植面积的变化，全球酒花 α-酸产量也发生相应的变化，受市场需求与酒花品种等因素的影响，2006 年，全球酒花 α-酸产量偏低，为

6612t。2011 年和 2014 年，全球酒花 α-酸产量偏高，分别为 10403t、9397t，与种植面积不相对应。

随着精酿产业的发展，酒花用量会越来越多。

美国精酿运动的发展，对酒花的质量提出了更高的要求，特别是对香型酒花品种的需求日益剧增，导致酒花业主纷纷调整酒花种植品种以最大限度地满足市场需求。

随着酿酒商对香型酒花要求的持续增长，2017 年美国的种植面积再次增加，但增长速度放缓到 4.77%。由于良好的天气条件，平均产量跃升到每英亩（1 英亩 $=4.04686\times10^3 m^2$）1959 磅（1 磅 $=0.453592kg$），比 2016 年提高了 14%。并得益于每年有新酒花品种推向市场，由此导致 2017 年美国酒花收成比 2016 年增长了 20%，历史上首次突破一亿磅大关。

2012—2017 年，美国的酒花种植面积增加了 79.5%。在此期间，酒花品种的种植比例已从 2012 年的苦型和香型/苦香兼优型酒花各占大约 50%，到 2017 这个比例变为香型/苦香兼优型酒花达到 80%。2013—2017 年期间最受美国酿酒师青睐的酒花品种排名见表 4-3。

表 4-3　　　　　　　　　2013—2017 年美国最受欢迎的酒花品种排名[*]

排名	2013	2014	2015	2016	2017
1	卡斯卡特	卡斯卡特	卡斯卡特	卡斯卡特	卡斯卡特
2	宙斯	宙斯	世纪	世纪	世纪
3	顶峰	世纪	宙斯	西楚	西楚
4	哥伦布/战斧	顶峰	西姆科	西姆科	西姆科
5	世纪	西姆科	西楚	宙斯	宙斯
6	拿格特	西楚	摩西	摩西	摩西
7	奇努克	哥伦布//战斧	奇努克	奇努克	奇努克
8	西楚	奇努克	哥伦布/战斧	顶峰	威廉麦特
9	西姆科	拿格特	顶峰	威廉麦特	顶峰
10	超级格丽娜	威廉麦特	威廉麦特	哥伦布/战斧	哥伦布/战斧

注：*数据源于 2017 年美国酒花种植者协会 HGA 酒花统计报告。

第三节　酒花分类及常用酒花品种

一、酒花种类的划分

酒花的命名和种类划分主要根据国际酒花种植者协会（IHGC）官方规定的方式进行。以酒花品种的典型性、α-酸含量和香气来衡量酿造价值，苦型酒花、香型酒花和苦香兼优型酒花。美国酒花品种见表 4-4，德国酒花品种见表 4-5，其他国家的酒花品种见表 4-6。

表 4-4　　　　　　　　　　　　　　美国主要酒花品种

香型酒花	苦型酒花	苦香兼优型
Cascade（卡斯卡特）	Galena（格丽娜）	Citra（西楚）
Willamette（威廉麦特）	Chinook（奇努克）	Simcoe（西姆科）
Mt. Hood（胡德峰）	Nugget（拿格特）	Centennial（世纪）
Golding（金牌）	Warrior（勇士）	Amarillo（亚麻黄）
Fuggle（法格尔）	Apollo（阿波罗）	Calypso（卡利泊颂）
Sterling（斯特林）	Bravo（喝彩）	Cluster（克劳斯特）
Liberty（自由）	Super Galena（超级格丽娜）	
Santiam（圣西姆）	Summit（顶峰）	
Vanguard（先锋）	CTZ（哥伦布/战斧/宙斯）	
	Millennium（千禧）	

表 4-5　　　　　　　　　　　　　　德国主要酒花品种

香型酒花	苦型酒花	苦香兼优型酒花
哈拉道中晚熟（H. Mittelfrüher）	海库乐斯（Herkules）	珍珠（Perle）
传统（Tradition）	淘乐思（Taurus）	酿造者金（Brewers Gold）
赫斯布鲁克（Hersbrucker）	马格努门（Magnum）	北酿（Northern Brewer）
苏菲亚（Saphir）	默克（Merkur）	蛋白石（Opal）
斯派尔特（Spalter）		
斯派尔特精选（Spalter Select）		

续表

香型酒花	苦型酒花	苦香兼优型酒花
泰特南（Tettnanger）		
祖母绿（Smaragd）		

表 4-6 世界其他国家的酒花品种

香型酒花	苦型酒花	苦香兼优型酒花
萨兹（Saaz） （捷克共和国）	海军上将（Admiral） （英国）	超级施蒂利亚（Super Styrian） （斯洛文尼亚）
卢布林（Lublin） （波兰）	尼尔森苏维（Nelson Sauvin） （新西兰）	目标（Target） （英国）
斯派尔特（Strissel spalt） （法国）	银河（Galaxy） （澳大利亚）	东肯特金牌（E. K. Golding） （英国）
法格尔（Fuggle） （英国）	太平洋金（Pacific Gem） （新西兰）	莫图依卡（Motueka） （新西兰）
施蒂利亚金牌（Styrian Golding） （斯洛文尼亚）	林伍德的骄傲（Pride of Ringwood） （澳大利亚）	挑战者（Challenger） （英国）
斯拉德克（Sladek） （捷克共和国）	绿色子弹（Green Bullet） （新西兰）	
瑞瓦卡（Riwaka） （新西兰）	南部穿越（Southern Cross） （澳大利亚）	

以德国为代表的传统的欧洲酒花，也被称为旧世界酒花，主要包括萨兹系列酒花、英国酒花，以及其他来自欧洲大陆的酒花。它们的典型特点是有花香、辛辣香、药草和泥土等气味。总的来说，香气没有新世界酒花那么浓烈。

传统欧洲大陆酒花中最优质的系列，又被称作贵族酒花，带有清淡的花香、辛香、药草特色；非常精致和微妙，几乎没有刺激性气味。

（1）苦型酒花　α-酸含量 7%~15%，$\alpha:\beta$-酸之比为 1:1 以下。主要代表品种有：北酿、酿造金、青岛大花、拿格特、格丽娜、马可波罗等。

（2）香型酒花　传统的香型酒花 α-酸含量一般不高，α-酸含量大多为 3.6%~6%，个别品种达 8%~12%，$\alpha:\beta$ 之比为 1:1.5 以上。另外，香型酒花的合葎草酮含量一般占 α-酸含量的 25% 以下，甚至更低，苦型酒花占 30% 以上，甚至更高；香型酒花多酚物质和倍半萜烯氧化物的含量高于苦型酒花；葎草烯含量一般也较苦型高。

（3）苦香兼优型酒花　α-酸含量中等，美国种植的该酒花品种较多。著名代表品种有西楚、亚麻黄等。

新世界酒花还包括美国、澳大利亚、新西兰和其他非旧世界地区的酒花。它们不仅拥有经典美国酒花的特点，还有热带水果、核果类水果、白葡萄酒或其他愉悦的香气。

美国酒花是新世界酒花的典型代表（表4-7），备受酿酒师的青睐。美国酒花通常有柑橘味、树脂味、松木或类似的特性。更新潮的酒花甚至有实验性特色（育种）的味道，例如核果类水果、浆果和香瓜的味道。

表4-7　　　　　　　　　　美国酒花的香气类型和相关品种

香气类型	酒花品种
优雅柔和	芭乐西，斯特林，先锋，威廉麦特
花香	阿塔纳姆，亚麻黄，卡斯卡特，世纪，摩西，胡德峰，拿格特，芭乐西，珍珠，斯特林，泰特南，先锋
果香、酯香	亚麻黄，卡斯卡特，西楚，格丽娜，摩西，芭乐西
柑橘香	阿塔纳姆，亚麻黄，卡斯卡特，世纪，格丽娜，胡德峰，西姆科，斯特林，先锋，勇士，威廉麦特
松香	奇努克，西姆科
辛香	奇努克，珍珠，斯特林，顶峰，泰特南，威廉麦特
草本香	法格尔，自由，千禧，拿格特，斯特林，勇士
木香	法格尔，北酿

二、常用酒花品种

1. 经典的美国酒花

（1）亚麻黄（Amarillo）（表4-8）　亚麻黄是由 Virgil Gamache 农场开发的新品种，它由酒花自然授粉（或酒花变异）而成。

亚麻黄一般被描述成超级卡斯卡特，享此殊荣的还有世纪，亚麻黄香气浓郁，它略带甜味以平衡苦味，让酒体更加成熟丰满。

亚麻黄的苦味优质，α-酸含量在 8.0%~11.0%，也是一款非常棒的苦花。

亚麻黄被广泛用于美式淡色爱尔以及 IPA 的酿造。

表 4-8 亚麻黄酒花特征

亚麻黄香气特征：

具有浓郁的花香，热带水果香和柑橘香　　　　　　　亚麻黄酒花酿造啤酒香气雷达图

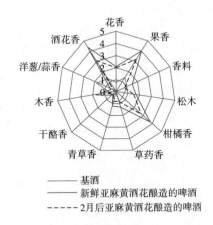

—— 基酒
—— 新鲜亚麻黄酒花酿造的啤酒
----- 2月后亚麻黄酒花酿造的啤酒

常规指标			
α-酸	8.0%~11.0%	β-酸	6.5%~7.3%
合葎草酮	20.0%~22.0%	总含油	1.0~2.3mL/100g
香气组分			
香叶烯	40.0%~50.0%	葎草烯	19.0%~24.0%
丁子香烯	7.0%~10.0%	法呢烯	6.0%~9.0%
其他指标			
香叶醇（质量分数）	0.1%~0.2%	β-蒎烯（质量分数）	0.4%~0.8%
里那醇（质量分数）	0.5%~0.8%		

　　（2）卡斯卡特（Cascade）（表 4-9）　　卡斯卡特是美国农业部研究所育种计划项目推出的酒花。它于 1956 年开始培育并于 1972 年发布。它以英国法格尔为母本，以俄罗斯的谢列布良卡为父本。

　　卡斯卡特适合绝大部分啤酒的酿造，干投效果尤佳。

　　卡斯卡特是第一款标准的美国花，也是美国整个精酿啤酒行业的基石，正是在卡斯卡特的基础上，美国精酿啤酒形成了自己独特的风格并震撼了

世界。

可作为美式淡色爱尔、世涛、大麦酒和拉格的香花使用。

表 4-9　　　　　　　　　　　卡斯卡特酒花特征

卡斯卡特香气特征：	
浓郁的花香、柑橘香和西柚味	卡斯卡特酒花酿造啤酒香气雷达图

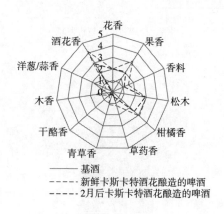

常规指标			
α-酸	6.6%~8.8%	β-酸	6.4%~7.3%
合葎草酮	31.0%~34.0%	总含油	0.6~1.9mL/100g
香气组分			
香叶烯	46.0%~60.0%	葎草烯	14.0%~20.0%
丁子香烯	6.0%~9.0%	法呢烯	6.0%~9.0%
其他指标			
香叶醇（质量分数）	0.2%~0.4%	β-蒎烯（质量分数）	0.5%~0.8%
里那醇（质量分数）	0.3%~0.6%		

（3）世纪（Centennial）（表 4-10）　世纪是一款香型酒花，1974 年培育成功，1990 年投放市场，而此时正值华盛顿州加入联邦已满百年，遂将酒花命名为世纪。

世纪的世系非常复杂，包含 3/4 的酿造者克劳斯特，3/32 的法格尔，1/16 的东肯特克劳斯特，1/32 的巴伐利亚酒花以及 1/16 的未知品种。

世纪亦可作为苦型花使用，虽然它的柑橘香并不像其在卡斯卡特中那样占据主导地位，但它还是凭借浓郁的香气获得了超级卡斯卡特的称号。

世纪苦味香气平衡性非常好，被广泛用于美式爱尔、美式小麦和 IPA 的酿造。

表 4-10 世纪酒花特征

世纪香气特征：

柑橘、柠檬和玫瑰花的香气。	世纪酒花酿造啤酒香气雷达图

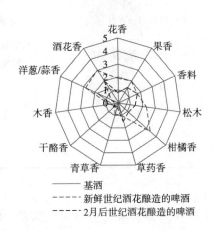

—— 基酒
----- 新鲜世纪酒花酿造的啤酒
----- 2月后世纪酒花酿造的啤酒

常规指标			
α-酸	8.2%~10.9%	β-酸	3.5%~4.4%
合葎草酮	26.0%~27.0%	总含油	1.0~2.0mL/100g
香气组分			
香叶烯	52.0%~60.0%	葎草烯	9.0%~12.0%
丁子香烯	6.0%~7.0%	法呢烯	6.0%~9.0%
其他指标			
香叶醇（质量分数）	1.2%~1.8%	β-蒎烯（质量分数）	0.8%~1.0%
里那醇（质量分数）	0.6%~0.9%		

（4）奇努克（Chinook）（表4-11）　奇努克是由美国农业部于1985年5月在华盛顿州培育成功，以佩塞姆克劳斯特为母本，USDA63012为父本杂交而来。

奇努克最初是作为一种苦花培育的，后来越来越多的酿酒师发现，这种酒花在酿造世涛或进行干投的时候有其他香花起不到的效果，遂作为一种兼优酒花迅速传播开来。

尽管现在兼优酒花层出不穷，但是奇努克酒花历久弥新，越来越受欢迎。它被广泛用于波特、世涛、美式爱尔、淡色爱尔、大麦酒和IPA的酿造。

表4-11　　　　　　　　　　　　　奇努克酒花特征

奇努克香气特征：	
丰富的西柚、辛香和松木香的香气	奇努克酒花酿造啤酒香气雷达图

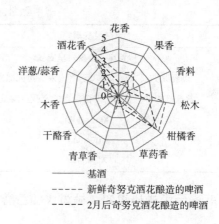

———基酒
-----新鲜奇努克酒花酿造的啤酒
-----2月后奇努克酒花酿造的啤酒

常规指标			
α-酸	12.2%~16.3%	β-酸	3.4%~3.7%
合葎草酮	28.0%~30.0%	总含油	1.0~2.5mL/100g
香气组分			
香叶烯	20.0%~30.0%	葎草烯	18.0%~24.0%
丁子香烯	9.0%~11.0%	法呢烯	<1.0%
其他指标			
香叶醇（质量分数）	0.7%~1.0%	β-蒎烯（质量分数）	0.3%~0.5%
里那醇（质量分数）	0.3%~0.5%		

（5）西楚（Citra）（表4-12）　西楚即HBC394，是由HBC公司培育的一款高α-酸低合葎草酮的兼优酒花，于2007年投放市场。它以德国哈拉道中早熟为母本，以美版泰特南为父本杂交而来。

西楚是一款真正意义上的全能型酒花。尽管HBC公司陆续培育了其他兼优品种，但是西楚依然是酿酒师的宠儿。

西楚以其独特的香气非常适合酿造IPA、美式烈啤、比利时爱尔等，它可以胜任任何啤酒的酿造。

表4-12　　　　　　　　　　　　　　　西楚酒花特征

西楚香气特征：	
丰富的柑橘、青柠、荔枝、醋栗等热带水果香	西楚酒花酿造啤酒香气雷达图

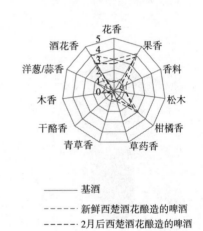

—— 基酒
- - - - - 新鲜西楚酒花酿造的啤酒
- - - - - 2月后西楚酒花酿造的啤酒

常规指标			
α-酸	11.3%~14.0%	β-酸	3.6%~3.9%
合葎草酮	21.0%~24.0%	总含油	1.5~3.0mL/100g
香气组分			
香叶烯	60.0%~70.0%	葎草烯	7.0%~12.0%
丁子香烯	6.0%~8.0%	法呢烯	<1.0%
其他指标			
香叶醇（质量分数）	0.3%~0.5%	β-蒎烯（质量分数）	0.7%~1.0%
里那醇（质量分数）	0.3%~0.5%		

（6）摩西（Mosaic）（表4-13） 摩西是一款2012年新培育的兼优酒花。由西姆科和拿格特派生的父本杂交而来。

摩西α-酸含量非常高，且合葎草酮含量非常低，苦味强烈干净。香气与酒体的结合非常好，香气稳定而持久。

摩西可以酿造所有的啤酒类型，干投效果极佳。

表4-13　　　　　　　　　　　　　摩西酒花特征

摩西香气特征：

以柑橘香等热带水果香为主，同时拥有
明显的草本香、蓝莓香、花香和泥土香

摩西酒花酿造啤酒香气雷达图

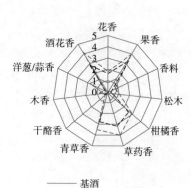

—— 基酒
----- 新鲜摩西酒花酿造的啤酒
----- 2月后摩西酒花酿造的啤酒

常规指标

α-酸	10.0%~12.0%	β-酸	3.0%~3.6%
合葎草酮	21.0%~24.0%	总含油	0.6~1.5mL/100g

香气组分

香叶烯	48%~55%	葎草烯	11.0%~16.0%
丁子香烯	4.0%~6.0%	法呢烯	<1.0%

其他指标

香叶醇（质量分数）	0.7%~0.9%	β-蒎烯（质量分数）	0.6%~0.8%
里那醇（质量分数）	0.4%~0.6%		

（7）芭乐西（Palisade）（表 4-14）　芭乐西是由美国雅基玛公司的农场培育的兼优酒花，具有中等苦味，香气柔和干净类似萨兹。

芭乐西在啤酒行业应用广泛，用来替代部分威廉麦特。

芭乐西适合酿造英式爱尔，在美式拉格中进行干投香气非常好。

表 4-14　　　　　　　　　　　　　芭乐西酒花特征

芭乐西香气特征：

浓郁的花香、水果香和泥土香	芭乐西酒花酿造啤酒香气雷达图

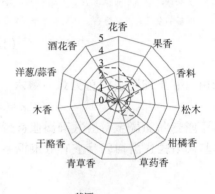

————— 基酒
------ 新鲜芭乐西酒花酿造的啤酒
------ 2月后芭乐西酒花酿造的啤酒

常规指标

α-酸	6.5%~8.5%	β-酸	6.2%~8.3%
合葎草酮	27.0%~29.0%	总含油	1.0~2.6mL/100g

香气组分

香叶烯	46.0%~52.0%	葎草烯	14.0%~16.0%
丁子香烯	11.0~14.00%	法呢烯	<1.0%

其他指标

香叶醇（质量分数）	0.1%~0.2%	β-蒎烯（质量分数）	0.6%~0.8%
里那醇（质量分数）	0.4%~0.6%		

（8）西姆科（Simcoe）（表 4-15）　西姆科是美国雅基玛公司培育的一款苦香兼优酒花，2000 年投放市场。

西姆科是一款多功能酒花，极低的合葎草酮含量赋予它极其优质的苦味。目前已经成为干投类啤酒的酒花首选。

西姆科主要用于美式爱尔、IPA、帝国 IPA 以及常规爱尔的酿造。

表 4-15　　　　　　　　　　　西姆科酒花特征

西姆科香气特征：	
典型的凤梨香和浆果香	西姆科酒花酿造啤酒香气雷达图

—— 基酒
----- 新鲜西姆科酒花酿造的啤酒
----- 2月后西姆科酒花酿造的啤酒

常规指标			
α-酸	11.5%~16.2%	β-酸	3.5%~4.4%
合葎草酮	17.0%~19.0%	总含油	1.0~2.5mL/100g
香气组分			
香叶烯	40.0%~50.0%	葎草烯	16.0%~20.0%
丁子香烯	8.0%~12.0%	法呢烯	<1.0%
其他指标			
香叶醇（质量分数）	0.8%~1.2%	β-蒎烯（质量分数）	0.5%~0.8%
里那醇（质量分数）	0.5%~0.8%		

（9）斯特林（Sterling）（表 4-16）　斯特林是由萨兹和很多种香花培育而成的二倍体香型酒花，父本代号为 21361male，母本代号为 21522female，1990年培育成功。它拥有萨兹、卡斯卡特、编号为 34035M 的德国未知香花以及酿造者克劳斯特的血统。

斯特林被认为是同时兼具萨兹和胡德峰优点的品种。它是世界公认的萨兹酒花的替代品，很多酿酒师喜欢用这种美国版的萨兹代替捷克萨兹。

斯特林很适合酿造比尔森和其他拉格啤酒，在比利时风格的爱尔啤酒中也有上佳表现。

表 4-16　　　　　　　　　　　　斯特林酒花特征

斯特林香气特征：

以草本香和辛香为主，还带有轻微的柑橘香和果香　　　斯特林酒花酿造啤酒香气雷达图

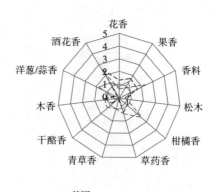

常规指标			
α-酸	6.3%~8.4%	β-酸	4.4%~6.0%
合葎草酮	24.0%~27.0%	总含油	1.8~2.7mL/100g
香气组分			
香叶烯	42.0%~50.0%	葎草烯	16.0%~18.0%
丁子香烯	6.0%~8.0%	法呢烯	16.0%~19.0%
其他指标			
香叶醇（质量分数）	0.2%~0.4%	β-蒎烯（质量分数）	0.5%~0.6%
里那醇（质量分数）	0.5%~0.9%		

（10）先锋（Vanguard）（表 4-17）　　先锋是美国农业部育种项目培育的最后一款哈拉道世系的酒花。这是一款二倍体香型酒花，1987 年由具有哈拉道中早熟血统的 USDA21285 和 USDA64037m 选育，经过长达 15 年的优化，于 1997

年发布种植。

它被认为是最接近哈拉道中早熟的酒花，合葎草酮含量极低，苦味非常干净。

适合酿造拉格、比尔森、博克、科尔施、小麦啤酒、慕尼黑淡色啤酒以及比利时爱尔。

表4-17　　　　　　　　　　　　　先锋酒花特征

先锋香气特征：

| 突出的柑橘香和浆果香 | 先锋酒花酿造啤酒香气雷达图 |

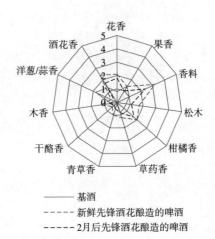

——— 基酒
- - - - - 新鲜先锋酒花酿造的啤酒
- - - - - 2月后先锋酒花酿造的啤酒

常规指标			
α-酸	4.7%~6.3%	β-酸	6.7%~7.5%
合葎草酮	12.0%~13.0%	总含油	0.7~1.2mL/100g
香气组分			
香叶烯	6.0%~10.0%	葎草烯	49.0%~56.0%
丁子香烯	13.0%~17.0%	法呢烯	<1.0%
其他指标			
香叶醇（质量分数）	0.1%~0.2%	β-蒎烯（质量分数）	0.1%~0.2%
里那醇（质量分数）	0.2%~0.4%		

（11）威廉麦特（Willamette）（表4-18）　威廉麦特是英国香花法格尔的三倍体后代，这赋予了它理想的无籽特性。它于1976年投放市场。

威廉麦特以其柔和的香气和苦味而闻名。威廉麦特投放市场后种植面积迅速扩大，很快就占据全美酒花种植面积的头把交椅，号称美国酒花之王。

威廉麦特非常适合酿造英式爱尔、棕色爱尔、美式淡色爱尔和拉格。

表 4-18 　　　　　　　　　　　　　　　威廉麦特酒花特征

威廉麦特香气特征：	
以柔和的辛香和柑橘香为主	威廉麦特酒花酿造啤酒香气雷达图

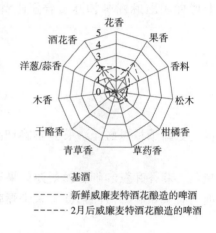

—— 基酒
----- 新鲜威廉麦特酒花酿造的啤酒
----- 2月后威廉麦特酒花酿造的啤酒

常规指标			
α-酸	4.6%~6.0%	β-酸	3.6%~4.2%
合葎草酮	29.0%~32.0%	总含油	0.6~1.6mL/100g
香气组分			
香叶烯	22.0%~32.0%	葎草烯	31.0%~36.0%
丁子香烯	12.0%~14.0%	法呢烯	7.0%~10.0%
其他指标			
香叶醇（质量分数）	0.1%~0.3%	β-蒎烯（质量分数）	0.3%~0.5%
里那醇（质量分数）	0.4%~0.7%		

2. 德国酒花

（1）哈拉道布朗（Hallertau Blanc）（表 4-19）　哈拉道布朗（又称哈拉道长相思）是由美国卡斯卡特和一款德国甜瓜雄性酒花杂交得到的具有类似干白葡萄酒和花果香的新品种。它是德国啤酒行业为迎合精酿啤酒对新口味和新香气的需求而培育的本土新品种，于 2012 年投放市场。非常适合酿造传统啤酒。

表 4-19　　　　　　　　　　　哈拉道布朗酒花特征

哈拉道布朗香气特征：

有非常柔和的白葡萄香，
并带有微妙的柠檬、醋栗和芒果香　　　　哈拉道布朗酿造啤酒香气雷达图

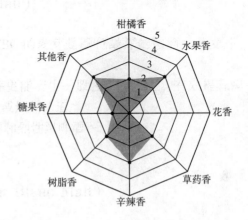

常规指标

α-酸	9%~11%	β-酸	4%~7%
合葎草酮	10%~25%	总含油	1.8mL/100g

香气组分

香叶烯		葎草烯	
丁子香烯		法呢烯	<0.5%

其他指标

多酚（质量分数）	6.7%	黄腐酚（质量分数）	0.49%
里那醇	6mL/100g		

（2）赫斯布鲁克（Hersbruck）（表 4-20）　赫斯布鲁克是德国赫斯布鲁克地区的一个地方品种，特性非常稳定，是传统意义上的贵族酒花。目前在德国赫斯布鲁克、斯派尔特和哈拉道地区广泛种植。

赫斯布鲁克苦味干净，香气和苦味平衡性非常好，目前啤酒行业应用广泛。

赫斯布鲁克适合酿造传统德式啤酒，包括拉格、比尔森、博克、小麦博克、小麦、比利时爱尔、科尔施以及德式淡色啤酒。

表 4-20 赫斯布鲁克酒花特征

赫斯布鲁克香气特征：

以花香和果香为主，同时拥有轻微的蜜蜂花、媒墨角兰、红茶和生姜的辛辣味

赫斯布鲁克酿造啤酒香气雷达图

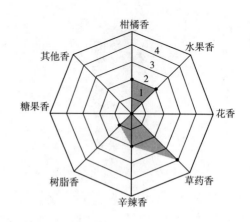

常规指标			
α-酸	2.0%~6.5%	β-酸	4%~6.5%
合葎草酮	19.0%~26.0%	总含油	0.7~1.3mL/100g
香气组分			
香叶烯	16.0%~26..0%	葎草烯	16.0%~26.0%
丁子香烯	7.0%~12.0%	法呢烯	<1.0%
其他指标			
多酚（质量分数）	4.4%	黄腐酚（质量分数）	0.21%
里那醇	5mL/100g		

（3）胡乐香瓜（Hüll Melon）（表 4-21）　胡乐香瓜是由美国卡斯卡特和德国一款雄性植株培育而成。它的面世迎合了精酿啤酒对高质量特殊香气酒花的需求。它于 2012 年投放市场。

胡乐香瓜是一款中等苦味的香型酒花，是德国最为出众的新型酒花。

　　胡乐香瓜出众的水果香气非常适合酿造德式白啤、淡色爱尔和比利时果啤，干投效果也非常出众。

表 4-21　　　　　　　　　　　**胡乐香瓜酒花特征**

胡乐香瓜香气特征：

以蜜瓜、热带水果、橙子和香草香气为主，　　　　　　胡乐香瓜酿造啤酒香气雷达图
同时拥有复杂的果茶香、天竺葵香和茴香的香气

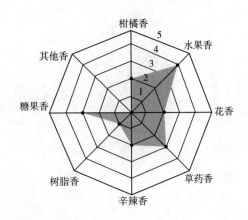

常规指标			
α-酸	6.9%~7.5%	β-酸	7.3%~7.9%
合葎草酮	29%	总含油	0.8~1.6mL/100g
香气组分			
香叶烯	36.2%	葎草烯	
丁子香烯		法呢烯	>10%
其他指标			
多酚（质量分数）	4.5%	黄腐酚（质量分数）	0.62%
里那醇	5mL/100g		

　　（4）马格努门（Magnum）（表4-22）　　马格努门的名字（意为大酒瓶）恰如其分地体现了这种酒花硕大厚重的球果。它是由德国希尔酒花研究中心培育成功。母本是美国品种格丽娜，父本是德国一款编号为75/5/3的酒花。它于1980年投放市场。

马格努门是一款高甲酸酒花，可以赋予啤酒干净柔和的苦味。

通常作为苦花，用于拉格、比尔森、世涛等多种啤酒的酿造。

表4-22　　　　　　　　　　　　马格努门酒花特征

马格努门香气特征：	
略带有柠檬、青椒、薄荷、巧克力和苹果的香气	马格努门酿造啤酒香气雷达图

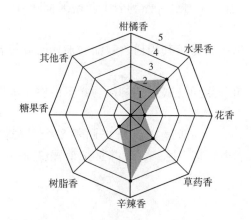

常规指标			
α-酸	10.0%~16.0%	β-酸	6.0%~7.0%
合葎草酮	20%~27%	总含油	2.0~3.0mL/100g
香气组分			
香叶烯	30%~45%	葎草烯	25%~40%
丁子香烯	7%~12%	法呢烯	<1.0%
其他指标			
多酚（质量分数）	2.6%	黄腐酚（质量分数）	0.47%
里那醇	0.4~0.8mL/g α-酸	β-蒎烯	0.4%~0.8%

（5）巴伐利亚橘香（Mandarina Bavaria）（表4-23）　巴伐利亚橘香是德国为了迎合啤酒行业对新风味和新香气而培育的又一款香型酒花。它以美国卡斯卡特为母本，一款德国甜瓜酒花为父本培育而成，2012年投放市场。

巴伐利亚橘香具有非常符合美式淡色爱尔啤酒的要求，被认为是德国新型酒花中受欢迎度高居第二位的品种。

巴伐利亚橘香适合酿造淡色爱尔、IPA 和苦啤，干投效果出色。

表 4-23 　　　　　　　　　　　　巴伐利亚橘香酒花特征

巴伐利亚橘香香气特征：	
柑橘香，菠萝香， 还有轻微的柠檬香，醋栗香和草莓香	巴伐利亚橘香酿造啤酒香气雷达图

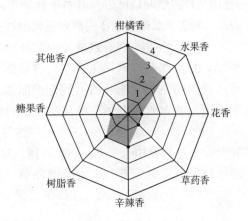

常规指标			
α-酸	7.0%~10.0%	β-酸	4.0%~7.0%
合葎草酮	28.0%~36.0%	总含油	1.5~2.2mL/100g
香气组分			
香叶烯	71.0%	葎草烯	
丁子香烯		法呢烯	<3.0%
其他指标			
多酚（质量分数）	4.1%	黄腐酚（质量分数）	0.6%
里那醇	7mL/100g		

（6）北酿（Northern Brewer）（表 4-24）　　北酿于 1934 年在英国培育成功，母本为坎特伯雷克劳斯特，父本为 OB21，培育成功后即在英国、美国、德国、西班牙、比利时大规模种植。

北酿是一款中等苦味的酒花，苦味干净，类似拿格特。

适合酿造英式苦啤、特种苦啤（ESB）、蒸汽啤酒、拉比克等具有浓郁传统色彩的啤酒。

表4-24 北酿酒花特征

北酿香气特征：

以木香和绿色植物的清香为主	北酿酿造啤酒香气雷达图

 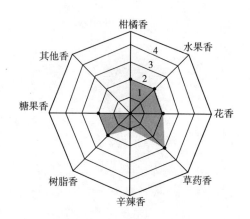

常规指标			
α-酸	7.0%~11.0%	β-酸	3.5%~6.5%
合葎草酮	26.0%~30.0%	总含油	1.1~2.0mL/100g
香气组分			
香叶烯	36.0%~46.0%	葎草烯	27.0%~31.0%
丁子香烯	11.0%~16.0%	法呢烯	<1.0%
其他指标			
香叶醇（质量分数）	0.1%~0.2%	β-蒎烯（质量分数）	0.4%~0.7%
里那醇（质量分数）	0.4%~0.7%	黄腐酚（质量分数）	0.61%
多酚（质量分数）	3.9%		

（7）泰特南（Tettnanger）（表4-25） 泰特南是一个属于萨兹家族的主要在泰特南地区种植的德国品种，主要种植在德国南部的巴登~比特堡~莱茵法尔茨一线。哈拉道布朗地区和美国华盛顿、俄勒冈两州也有种植。

泰特南具有非常干净的苦味，主要用来替代捷克萨兹酒花，是世界公认的贵族酒花品种。

泰特南非常适合酿造欧洲拉格和英国桶装爱尔啤酒。

表 4-25　　　　　　　　　　　泰特南酒花特征

泰特南香气特征：

以草本香和辛香为主	泰特南酿造啤酒香气雷达图

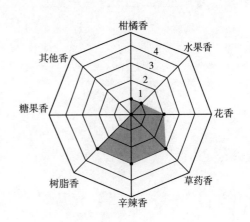

常规指标

α-酸	4.0%~4.5%	β-酸	3.5%~4.5%
合葎草酮	20.0%~26.0%	总含油	0.8mL/100g

香气组分

香叶烯	36.0%~46.0%	葎草烯	18.0%~23.0%
丁子香烯	6.0%~7.0%	法呢烯	16.0%~20.0%

其他指标

多酚（质量分数）	6.2%	黄腐酚（质量分数）	0.29%
里那醇	4mL/100g		

（8）哈拉道传统（Hallertau Tradition）（表4-26）　哈拉道传统是以黄金哈拉道为母本，以中晚熟哈拉道（H. Mittelfrüher）的一个代号为75/15/106M的雄性后代杂交而成。

哈拉道传统具有非常优质的苦味和柔和的香气，抗病抗灾能力强，即使在歉收年份，它也能获得很好的收成。香气类似赫斯布鲁克，但是稳定的高产是它区别于赫斯布鲁克的一大特点。

适合酿造拉格、比尔森、博克、小麦啤酒和德国小麦啤酒。

表 4-26 哈拉道传统酒花特征

哈拉道传统香气特征：

以花香和草本香为主，带有杏仁、醋栗、桃子和泥土的香气	哈拉道传统酿造啤酒香气雷达图

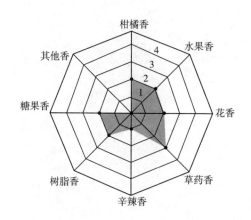

常规指标

α-酸	4.0%~7.0%	β-酸	4.0%~6.0%
合葎草酮	26.0%~29.0%	总含油	1.2mL/100g

香气组分

香叶烯	20.0%~26.0%	葎草烯	46.0%~56.0%
丁子香烯	10.0%~16.0%	法呢烯	<1.0%

其他指标

多酚（质量分数）	4.3%	黄腐酚（质量分数）	0.41%
里那醇	7mL/100g		

3. 其他国家

（1）捷克酒花萨兹（Saaz）（表4-27） 捷克萨兹是世界公认的贵族酒花，它源自捷克同名的种植区。这是旧世界酒花的杰出典范，有着非常悠久的种植历史，它随着举世闻名的比尔森啤酒而闻名世界。

捷克萨兹酒花 α-酸含量比较低，苦味干净。萨兹酒花几乎适用于所有的欧洲啤酒，如比尔森、拉格、比利时爱尔、拉比克，有时候也用于苦啤的酿造。

萨兹酒花有非常多的后裔，在世界各地都有广泛种植，但是其他地区的萨兹与捷克原产相比总是有差距。萨兹酒花产量非常低，无论在啤酒集团还是精酿啤酒工坊都被大量使用，所以每年都会供不应求。

表 4-27	萨兹酒花特征
萨兹香气特征：	

以辛香和木香为主，
有时还带有培根和泥土的味道

萨兹酿造啤酒香气雷达图

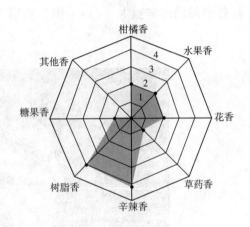

常规指标			
α-酸	2.0%~6.0%	β-酸	3.0%~4.5%
合葎草酮	24.0%~28.0%	总含油	1.0~2.5mL/100g
香气组分			
香叶烯	20.0%~26.0%	葎草烯	40.0%~46.0%
丁子香烯	10.0%~12.0%	法呢烯	<11.0%~16.0%
其他指标			
里那醇（质量分数）	0.5%		

（2）新西兰酒花尼尔森苏维（Nelson Sauvin）（表 4-28）　尼尔森苏维由新西兰 Hort Research 培育成功，并于 2000 年投放市场。

尼尔森苏维是新西兰真正意义上的苦香兼优酒花，α-酸高达 10%~13%。

尼尔森苏维非常适合酿造烈性爱尔，有时也会用于拉格啤酒的酿造。无论单独使用还是与其他酒花搭配，都能获得非常好的香气。在美式爱尔的酿造中，它更多的是搭配卡斯卡特使用。

表 4-28 尼尔森苏维酒花特征

尼尔森苏维香气特征：	
以强烈的果香味如百香果为主，还带有明显的长相思的香气。	尼尔森苏维酿造啤酒香气雷达图

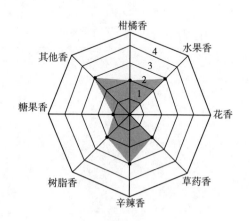

常规指标			
α-酸	10.0%~13.0%	β-酸	6.0%~8.0%
合葎草酮	24.0%	总含油	1.1mL/100g
香气组分			
香叶烯	22.0%	葎草烯	36.4%
丁子香烯	10.7%	法呢烯	<0.4%

第四节　酒花制品

添加酒花的传统方式是使用整酒花和颗粒酒花，但这种方法不太经济，酒花有效成分的利用率仅 30% 左右。为了提高酒花利用率、方便运输和贮存，人们研制出了许多酒花制品。1908 年英国首次使用酒花浸膏生产啤酒；1925 年，德国人库尔巴哈（Kolbach）先生报道了酒花浸膏专利；1960 年前后，各种酒花制品大批问世。

一、酒花制品的优点

（1）因为体积小，贮存、运输方便，费用大为降低。

（2）酒花有效成分利用率大为提高，即苦味物质的收得率高。

（3）酒花制品几乎可以无限期地贮存。因此，可在酒花收成好的年份里贮存酒花，不受酒花市场价格剧烈波动的影响。

（4）采用酒花制品，不需使用酒花分离器，使用漩涡沉淀槽分离即可，简化了糖化工艺。

（5）酒花制品可以准确地控制苦味质含量，因而添加可实现自动计量。

（6）酒花制品可以在各个工艺流程中直接添加，使用灵活方便。

二、酒花制品的利用率

根据酒花制品的不同，其利用率有较大差异（图4-8）。煮沸锅酒花制品：酒花苞和颗粒酒花，利用率30%~35%；CO_2酒花浸膏，利用率30%~50%；异α-酸的酒花浸膏（IKE），利用率50%；异α-酸钾盐的酒花浸膏（PIKE）利用率55%。非煮沸锅酒花制品：直接加入发酵前后或成品啤酒，利用率>60%。

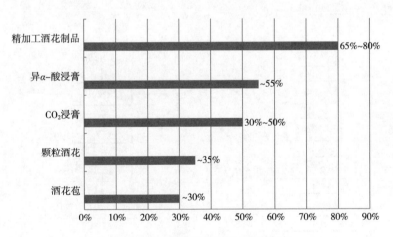

图4-8　酒花和酒花制品的利用率

三、酒花制品的类型

目前，最常见的酒花制品有：颗粒酒花，酒花浸膏，二氢、四氢和六氢异α-酸制品、酒花油等（图4-9）。

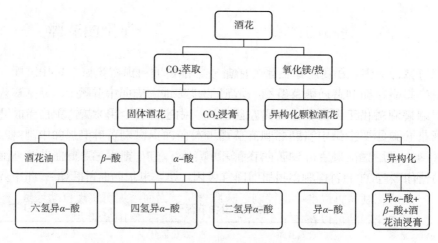

图 4-9 酒花及酒花制品的分类

1. 颗粒酒花

颗粒酒花已成为世界上使用最广泛的酒花制品，其产量占全部酒花产量的 50%以上，最大的生产国和使用国是德国和美国。

颗粒酒花就是把整酒花粉碎成酒花粉，然后压制成直径为 2~8mm、长约 15mm 的短棒状颗粒，再抽真空或者充入氮气、二氧化碳等惰性气体包装而成。颗粒酒花生产流程见图 4-10。

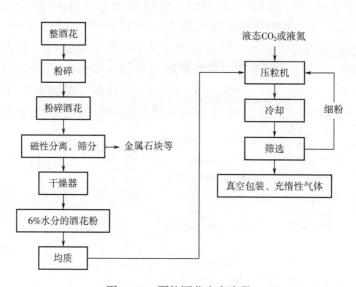

图 4-10 颗粒酒花生产流程

根据加工方法的不同，颗粒酒花又可以分为 90 型、75 型、45 型颗粒酒花及异构化颗粒酒花。

（1）90型颗粒酒花（普通颗粒酒花） 90型颗粒酒花因减少了部分水分及梗叶等杂物，只为酒花原重的90%。一般用铝箔包装，每袋5kg或10kg。此种颗粒酒花所含的α-酸量由所采用的酒花品种所决定。加工过程中，α-酸损失较小。

（2）45型颗粒酒花（浓缩颗粒酒花） 45型颗粒酒花重量只为酒花原重的45%，α-酸和酒花油含量比90型高，α-酸可高达20%。加工过程α-酸损失大，因而成本高，价格贵，而且需要比较复杂的设备。

（3）预异构化颗粒酒花 这种颗粒酒花系将α-酸预先异构化，再制成颗粒。即将上述添加$Mg(OH)_2$的稳定型颗粒酒花，在不超过80℃下，绝氧加热，在2h内可较容易地将α-酸镁盐转化为异α-酸镁盐，其转化率可达90%以上，但对酒花其他成分则影响不大。酒花油损失约10%，β-酸损失5%~10%。预异构化的α-酸镁盐可提高α-酸的利用率高达60%。异构化颗粒酒花生产流程见图4-11。

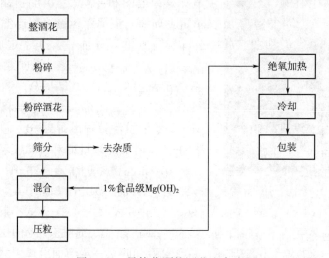

图4-11 异构化颗粒酒花生产流程

2. 酒花浸膏

酒花浸膏是以液态、超临界二氧化碳或以水为介质，以颗粒酒花为原料提炼而成的黏稠膏状液体（图4-12）。常见的酒花浸膏品种有：二氧化碳酒花浸膏、异构化酒花浸膏、（二氢）还原异构化酒花浸膏、四氢还原异构化酒花浸膏、六氢还原异构化酒花浸膏等。

需要注意的是：因为酒花浸膏不含单宁等物质，不宜单独使用，必须与颗粒酒花搭配使用，才能达到理想的蛋白质凝聚和沉淀效果。

3. 酒花油（图4-13）

（1）香型酒花油 香型酒花油是由高α-酸含量的二氧化碳酒花浸膏中分离

原酒花苞　　　　　　酒花浸膏　　　　　二氢、四氢和六氢异α-酸制品

图 4-12　酒花制品深加工产品

图 4-13　酒花油

得到的 β-酸和酒花油成分组成，含酒花所有的香味，不含苦味物质。由于经过深加工，几乎已经除去了所有的 α-酸。该产品主要用来为耐光性啤酒提供新鲜酒花香味，可完全取代麦汁煮沸过程中添加的香花，其标准含量为 10%~15%（质量浓度）。

①产品性质

a. 贮存运输方便：香型酒花油是高度浓缩产品（3.5kg 香型酒花油中酒花油的含量相当于 30kg 高 α-酸含量的颗粒酒花中酒花油的含量），体积小，包装简单、实用，因而贮存、运输非常方便。常用包装形式为：3.5kg 塑胶罐。

b. 产品性能稳定：香型酒花油是一种酒花油含量已经标准化的油质产品，所以能够保证始终如一地为啤酒提供香型酒花应有的芳香。

c. 增加啤酒香味：在麦汁煮沸后期，将酒花油加入煮沸锅内，不仅可为耐光性啤酒提供香味，而且还可以使传统啤酒香味得到改善和提高。如同使用香型颗粒酒花一样，啤酒的香味也会随酒花油的添加量和加入时间的不同而有所差异。一般在麦汁煮沸结束前 15min 加入酒花油较好。

d. 提高光稳定性：香型酒花油能使啤酒具有耐光性，日光照射后不会产生令人讨厌的不良味道（如日光臭），因而可用来生产白瓶啤酒。

e. 防止麦汁溢锅：麦汁煮沸时，有时会形成过多的泡沫（尤其是使用免煮沸酒花制品时），带来不少麻烦。及时在煮沸锅内添加香型酒花油，可以抑制形成过多的泡沫，防止麦汁溢锅，提高煮沸锅的利用率，进而提高经济效益。

②贮存条件：贮存温度在 15~25℃。如有必要，也可以冷冻贮存，产品质量不受影响。

③添加方法及添加量

a. 使用前，先将香型酒花油置于 50~60℃的热水池或温箱内加热，需要 6~12h，产品才能完全液化，然后搅动，使之混合均匀。

b. 在麦汁煮沸结束前 15min，将混合均匀的香型酒花油加入煮沸锅里。

c. 添加量：为了增加啤酒的香味，建议初次添加时，每 10t 啤酒加入 0.5kg 即可。当然，由于啤酒的香味和风味受主观判断的影响，也可以灵活调整其添加量，如可以尝试在 40~60t 的煮沸锅内加入 3.5kg 香型酒花油。

(2) β-酒花油　β-酒花油是由高 α-酸含量的二氧化碳酒花浸膏中分离得到的 β-酸和酒花油成分组成，但还含有少量的 α-酸（通常是 0.3%~1.5%）。所以建议不能用该产品来酿制耐光性啤酒。其标准含量为 8%~12%（质量浓度）。

①产品性质

a. 贮存运输方便：β-酒花油是高度浓缩产品（3.5kg β-酒花油中酒花油的含量相当于 15~20kg 高 α-酸含量的颗粒酒花中酒花油的含量），体积小，包装简单、实用，因而贮存、运输非常方便。常用包装形式为：3.5kg 塑胶罐。

b. 产品性能稳定：β-酒花油是一种酒花油含量已经标准化的油质产品，所以能够保证始终如一地为啤酒提供香型酒花应有的芳香。

c. 增加啤酒香味：在麦汁煮沸后期，将 β-酒花油加入煮沸锅内，可以使传统啤酒香味得到改善和提高。如同使用香型颗粒酒花一样，啤酒的香味也会随酒花油的添加量和加入时间的不同而有所差异。一般在麦汁煮沸结束前 15min 加入酒花油较好。

d. 防止麦汁溢锅：麦汁煮沸时，有时会形成过多的泡沫（尤其是指使用免煮沸酒花制品时），带来不少麻烦。及时在煮沸锅内添加 β-酒花油，可以抑制形成过多的泡沫，防止麦汁溢锅，提高煮沸锅的利用率，进而提高经济效益。

②贮存条件：贮存温度在 15~25℃。如有必要，也可以冷冻贮存，产品质量不受影响。

③添加方法及添加量

a. 使用前，先将香型酒花油置于 50~60℃的热水池或温箱内加热，需要 6~12h，产品才能完全液化，然后搅动，使之混合均匀。

b. 在麦汁煮沸结束前 15min，将混合均匀的香型酒花油加入煮沸锅里。

c. 添加量：为了增加啤酒的香味，建议初次添加时，每 10kL 啤酒加入 0.5kg 即可。当然，由于啤酒的香味和风味受主观判断的影响，也可以灵活调整其添加量，如可以尝试在 40~60kL 的煮沸锅内加入 3.5kg 香型酒花油。

第五节　酒花的贮存

只有在一定的贮存条件下，酒花才能在一定的贮存时间内保持其有效成分不发生变化。许多环境因素如微生物的侵害、空气中氧的作用以及较高的温度和湿度均能加速酒花的变质和氧化，另外光线对酒花的贮存也是有害的，它可使酒花的颜色变白。因此，只有在低温、隔氧、避光和干燥的环境中贮存酒花，才可以较长时间地保持其色泽、香味和 α-酸含量。

归纳起来，酒花的贮存应注意以下几点。

（1）酒花包装应严密，压榨要紧，抽真空排除空气，必要时包装容器内充入氮气或二氧化碳隔绝。

（2）酒花应在 0~2℃下保存；酒花包应放置在木制栅格上。

（3）酒花仓库要干燥，相对湿度在 60% 以下；室内光线要暗，以免酒花脱色；且仓库内不能放置其他异味物品。

（4）贮存的酒花应先进先出，防止积压。

另外，由第三节的论述可知，以酒花制品（颗粒酒花、酒花浸膏、酒花油）的形式进行贮存不失为保持酒花酿造价值的最佳方法，其具体贮存条件和相应保质期见表 4-29。

表 4-29　　　　　　　　常规酒花及酒花制品的贮存条件

	温度/℃	保质期/年
原酒花苞	<5	1
酒花颗粒	<5	3
异 α-酸酒花颗粒	<5	4
纯树脂浸膏（CO_2 和乙醇）	<10	6
异构化煮沸锅浸膏	<10	2
异构化浸膏	5~15	2
还原型异构化浸膏*	5~15	1~3

注：* 与产品类型有关。

第六节　酒花干投技术

酒花干投技术主要应用于IPA啤酒的酿造中。IPA代表着一种以酒花风味为最大特色的啤酒，从而衍生出了无数变种。普通IPA的酒精含量为5%~6%（体积分数）、双料IPA的酒精含量8%（体积分数），直到帝国IPA的酒精含量达到10%（体积分数）。在颜色上，除了常规的金黄色，还有黑色、棕色、白色和红色IPA。在酒体风格，除了古老的英式IPA，还有美式IPA、比利时式IPA。从使用的酿造原料上，除了大麦IPA，还有小麦IPA、黑麦IPA、燕麦IPA和各种强化风味的IPA。

IPA属于典型的上面酵母发酵型爱尔啤酒，发酵温度较高，一般为16~20℃，因此，发酵工程中形成的代谢副产物较多，特别是酯类物质。IPA与普通爱尔相比，其苦味值和香气尤其突出。由于以美国为代表的精酿运动的迅猛发展，IPA的酒体风格有了很多的衍生类型，目前最常见的IPA风格有：美式、英式、比利时风格、帝国或双料、印度淡色拉格、其他黑色/红色/小麦IPA等。

一、传统的酒花干投技术要点

（1）通常将酒花（新鲜的原花苞、颗粒酒花，压缩原花苞）直接添加到后熟或后贮罐中。

（2）有时可以将酒花先放置于啤酒过滤前的清酒罐（空罐）中，等啤酒过滤后注入清酒罐中，将酒花中的香味物质浸出，使之赋予原酒花的香气和风味。

（3）选择通透性良好的酒花袋　添加酒花时可以选用任何可用材料做成的不同形式的酒花添加袋，保证袋子不能有任何异味且具有良好的透气性，有利于酒花与酒液的接触，一些细小的酒花物质易于通过酒花袋溶入酒液，将酒花香气释放到酒液中。

（4）罐体腰部人孔添加　通常将酒花添加袋子放置于人孔附近，方便酒液空出罐后移除酒花。

（5）罐体顶部添加　在罐体上部干投时将酒花添加袋通过上部人孔和专用酒花手孔添加。再使用循环泵将酒液至少循环两次以上，以便将酒花的香味等物质充分溶解，操作时一定注意溶解氧和连接管道系统的杀菌处理。

二、体外循环式酒花干投技术要点

为避免大罐干投酒花时造成溶解氧和微生物污染等问题，多数啤酒厂大多选用体外循环工艺技术进行酒花干投，通常分为热法（Aroma Hopping）和冷法（Dry Hopping）干投技术。

1. 酒花热法干投浸提工艺

酒花热法干投技术主要在糖化室中完成（图4-14）。利用一台酒花浸出罐和泵的组合体（通常将其称为 Hop Gun），将热麦汁通过循环泵快速通过酒花罐，以快速浸提酒花中的香味物质。可以替代酒花在煮沸锅中的最后一次香花添加（方法A），也可以与回旋槽连接直接将香花的风味添加到麦汁中（方法B）。但多数情况下，该技术主要用于将回旋槽中的麦汁快速通过该系统后，再进入板式换热器，进而打入发酵罐（方法C）。

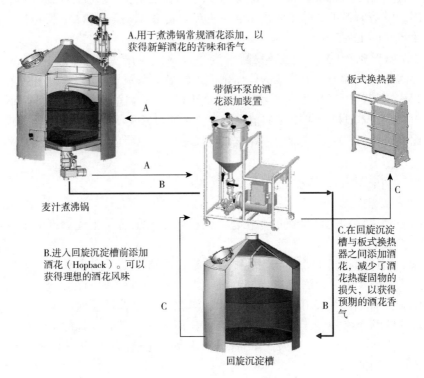

图4-14　热法酒花连续浸提工艺流程（资料源于 Schulz 公司）

2. 酒花冷法干投浸提工艺

酒花冷法（Dry Hopping）干投技术通常采用鱼雷式酒花添加罐（Torpedo）与啤酒贮罐连接，使用循环泵连续萃取（图4-15）。添加罐有两种结构方式：双端筛板式结构是在添加罐上下两端处安装两个带孔或开槽的端板，酒花放置中间，通过泵循环萃取酒花中的物质；中心管式添加罐是在罐体中心安装一个带网孔的空心管，啤酒在罐体双切向进入与罐内的酒花充分融合后经过中心管流出并连续循环。

（1）将整酒花或颗粒酒花加入一个能与酒液易于分离的浸提装置中。

（2）用泵将发酵罐或后贮罐中的酒液通过浸提装置进行循环。

（3）要注意溶解氧和微生物造成的二次污染。

（4）鱼雷式干投罐便于快速浸提酒花香味物质。

图 4-15　酒花干投连续循环浸提工艺流程（资料源于 Schulz 公司）

第五章 酵母

第一节 酵母的类型及组成

一、酵母的特点

酵母菌一般泛指能发酵糖类的各种单细胞真菌，具有以下特点。

(1) 个体一般以单细胞状态存在。

(2) 多数营出芽繁殖。

(3) 能发酵糖类产能。

(4) 细胞壁常含甘露聚糖。

(5) 常生活在含糖量较高、酸度较大的水生环境中。

二、酵母的类型和特征

麦汁中的可发酵性糖经过啤酒酵母的发酵，便酿制成啤酒。由于酵母不仅进行酒精发酵，而且其代谢的副产物还影响啤酒的口味和特点，所以了解酵母的结构和组成、代谢过程、繁殖和生长及其分类非常重要。不同的酵母菌种有一系列不同的特性（表5-1）。

表 5-1 　　　　　　　　　　酵母类型及其特性

酵母类型	下面发酵酵母	上面发酵酵母
代表酵母	卡氏酵母	酿酒酵母
发酵状态	发酵后酵母落定底部的发酵罐	发酵后漂浮在啤酒的表面
温度	5~12℃	15~25℃
时间	约8d	约5d
备注	絮凝酵母：在主发酵后紧凑地沉降（絮凝）粉状酵母：没有絮凝因此不再漂浮	出芽后部分母细胞和子细胞，与下面发酵酵母形成对照

三、啤酒酵母在分类学的位置

在微生物分类系统上，通常分为门、纲、目、科、属、种。以此分类方法，则啤酒酵母属于：真菌门、子囊菌纲、内孢霉目、内孢霉科、酵母属。

四、酵母细胞的结构和组成

1. 酵母细胞的结构

酵母细胞形态为椭圆、圆形，细胞大小一般为（8~10）μm×（5~7）μm。在显微镜下看到的酵母细胞结构主要有细胞壁、细胞膜、细胞质、细胞核、液泡等组成（图5-1）。

（1）细胞壁 细胞壁位于细胞的最外层，具有一定的弹性，决定着酵母细胞的形状和稳定性，约占细胞质量的30%，壁厚100~200nm。细胞壁由大分子的物质组成，主要成分为30%~40%的甘露聚糖（即酵母胶体）和30%~40%的葡聚糖。

（2）细胞膜 细胞膜紧贴细胞壁的内面，厚度约150nm，是一层半透性的膜，构成细胞壁的基础物质。细胞膜调节着细胞内的渗透压，调节着营养物质的吸收和代谢产物的排出，形成酵母细胞的渗透框架。同时，细胞膜可分离出胞外酶，胞外酶由酵母细胞形成，但在酵母细胞外起作用。

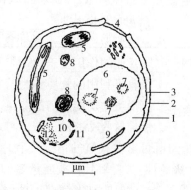

图5-1 酵母细胞结构
1—细胞质 2—细胞壁 3—细胞膜
4—出芽点 5—线粒体 6—液泡
7—聚偏磷酸盐颗粒 8—类脂颗粒
9—内质网 10—细胞核
11—核膜 12—核质

（3）细胞质 酵母细胞中充满着细胞质，细胞质主要由酶形式的蛋白质组成。细胞质中含有丰富的核糖体，核糖体是合成蛋白质的地方。此外，细胞质还含有线粒体，线粒体的主要功能是通过呼吸为酵母细胞提供能量。

（4）细胞核 细胞核直径为0.5~1.5μm，经染色后可以观察到。细胞核被核膜所包围，其主要化学组成是脱氧核糖核酸DNA和蛋白质，是遗传物质的承载体，控制着酵母的新陈代谢。

（5）液泡 在显微镜下，常可看见酵母细胞中充满水性细胞液的液泡，酵母细胞可在液泡中短时间贮存代谢产物，此外液泡中还有细胞的磷酸盐贮仓（聚偏磷酸盐颗粒）。

2. 酵母的组成

酵母细胞的主要组成物质：蛋白质（45%～60%）、碳水化合物（25%～35%）、脂肪（4%～7%）和矿物质（6%～9%）。

酵母中贮存的碳水化合物中，最重要的是糖原，此外还有海藻糖。这些贮存碳水化合物以特殊贮存颗粒形式贮存于细胞质中，并在酵母细胞营养缺乏时被分解，从而给细胞提供能量。除碳水化合物外，细胞质中还贮存了类脂形式的脂肪。

此外，酵母还含有丰富的维生素和酶，尤其是维生素含量很高，特别是维生素 B_1 和维生素 B_6。

3. 酵母的新陈代谢

生命的典型特征是生长和繁殖。维持生命需要持续的物质转化，即新陈代谢。新陈代谢的作用在于：

①吸收可利用的物质作为营养，将其转化为机体本身的物质。

②获得生命功能所需的能量。

为保证这些功能的进行，酵母必需有机物质，特别是糖形式的碳水化合物。酵母既可以在有氧的情况下利用糖（耗氧性），又可以在无氧的情况下分解糖（厌氧性）。耗氧且释放能量多的过程称为呼吸，厌氧且释放能量少的过程称为发酵。通过呼吸和发酵获取能量的反应过程非常复杂且步骤繁多，每个反应步骤都由特殊的酶催化。在酵母细胞中，酶以一定的细胞结构连接。酶的呼吸链主要在线粒体上，而酶的发酵主要在细胞质的基础物质中进行。有机物的呼吸或发酵是以细胞内容物的输送为前提条件的。

（1）碳水化合物的代谢　在碳水化合物中，只有糖分能供给酵母呼吸或发酵。区别各种酵母的重要标准是它对不同糖分的呼吸或发酵能力。原则上所有能被酵母发酵的糖，也可以被酵母呼吸消耗；反之，则不行。酵母对糖进行耗氧分解还是厌氧分解，这主要取决于有无氧气存在，在有氧情况下，酵母通过呼吸获取能量；而在无氧情况下，则进行发酵。这种转变称为巴斯德效应。而酵母是唯一能从呼吸转变到发酵的生物，正是基于这种转变才有了千百年的酒精饮料生产。

对于啤酒酵母来说，主要碳水化合物的来源是低分子糖。酵母可以利用许多单糖、双糖和寡糖。而聚糖如淀粉和纤维素，则不能被酵母利用。了解哪些糖能被酵母发酵，这对啤酒酿造来说十分重要。可发酵的碳水化合物（按照酵母利用的顺序）如下。

单糖：葡萄糖、果糖、甘露糖、半乳糖。

双糖：麦芽糖、蔗糖。

三糖：棉籽糖，麦芽三糖（并非所有的酵母都能利用）。

（2）蛋白质的代谢　酵母需要氮化合物来合成酵母细胞自身的蛋白质。在无机氮中，酵母主要利用氨盐，但麦汁中的氨盐含量很少，酵母的主要氮源为氨基酸和低分子肽。

酵母不能直接将麦汁中的氨基酸合成自身细胞蛋白质，而要经过一系列吸收过程。蛋白质的代谢过程由一系列复杂的生化过程组成。因此这些转化过程与发酵副产物的形成密切相关，比如，高级醇、联二酮、酯和有机酸等。

由氨基酸形成高级醇即所谓的杂醇油就是这种转变的一个实例：氨基酸脱羧形成高级醇，亮氨酸脱羧可形成异戊醇。

（3）矿物质的新陈代谢和生长因素　此外，酵母的新陈代谢还取决于足够的矿物质和生长因素，这些物质的作用不可低估。下列离子对酶促反应影响很大（表5-2，表5-3）。

表5-2　　　　　　　　　　　阳离子对酵母代谢的影响

阳离子	对酵母代谢过程的影响
K^+	与 ATP 一起促进所有的酶促反应，对于能量代谢很重要，对细胞壁的物质输送很重要
Na^+	使酶活化，在细胞膜的物质输送中起重要作用
Ca^{2+}	可以被锰、镁所取代；延缓酵母退化；促进凝固物的形成
Mg^{2+}	对有磷参与的反应十分重要，特别是在发酵中是不可取代的
Cu^{2+}	很少的量就会抑制某些酶
Fe^{3+}	对酶的呼吸代谢很重要，可促进酵母出芽增殖
Mn^{2+}	在代谢中可取代 Fe；可促进细胞繁殖和细胞形成
Zn^{2+}	有利于蛋白质的合成，对发酵来说，它是重要的微量元素。Zn 需求量为 0.2mg/L 麦汁。缺锌可使发酵出现问题

表5-3　　　　　　　　　　　阴离子对酵母代谢的影响

阴离子	对酵母代谢过程的影响
SO_4^{2-}	为酵母合成细胞自身物质所必需
PO_4^{3-}	对高能物质的形成很重要。没有此离子，发酵不能进行。缺乏 PO_4^{3-} 对酵母状况很不利
NO_3^-	NO_3^- 可被细菌还原为 NO_2^-，对细胞有毒性，极不利于发酵

在正常麦汁中，上述盐或离子的含量是足够的。对于酵母来说，重要的生长因素还有维生素，比如维生素 H（生物素）、泛酸。

（4）酵母的能量代谢　酵母可利用糖分进行呼吸或发酵，反应式简单表示如下：

呼吸：　　　　　　　　　$C_6H_{12}O_6 + 6O_2 \longrightarrow 6H_2O + 6CO_2$

发酵：　　　　　　　　　$C_6H_{12}O_6 \longrightarrow 2C_2H_5OH + 2CO_2$

上式以简单的化学反应式表示。实际上，这些反应过程是很复杂的。能量高的物质比如葡萄糖，分解为能量低的化合物，物质中所贮存的能量被释放出来。释放出的能量是不同的，它取决于葡萄糖被呼吸还是被发酵。呼吸反应中形成的产物是二氧化碳和水，而发酵则形成能量丰富的乙醇，所以释放出的能量不多。分解反应时转化的能量 ΔG 仅有一部分用于有机体，它可根据需要再转变成机械功或反应热（ΔH）。剩余的能量则转变成不可逆的热量，被有机体利用。在葡萄糖（相对分子质量为180）的呼吸反应中形成的反应热为：

$$\Delta H = 2824 \text{kJ/mol} = 15570 \text{kJ/kg}$$

这是一个巨大的能量，它被人类和动物充分利用，以维持生命。

发酵开始阶段，酵母最多能呼吸消耗2%的糖分，因为此时麦汁中已不能提供氧气。进入发酵后，仅有极少的反应热释放出来。发酵开始阶段产生的反应热大约为：

$$\Delta H = 105.5 \text{kJ/mol} = 586.6 \text{kJ/kg}$$

这意味着：发酵时释放出的能量仅为呼吸所释放能量的3.7%。为了获得足够的能量，酵母就被迫更多地进行发酵。

一个酵母细胞的发酵能力很大。在最佳条件下，它能把约200亿葡萄糖分子在1s内发酵成乙醇和二氧化碳。发酵时必须排除所形成的反应热。

第二节　酵母的繁殖和生长

啤酒酵母的繁殖和生长可划分为六个不同阶段（图5-2）。

（1）调整期　此阶段也称为起始阶段，是进行新陈代谢的活化过程。此阶段的时间长短波动很大，主要取决于有机体类型、培养代数、培养条件等因素。细胞一旦开始分离就标志着此阶段结束。

（2）加速期　此阶段紧接调整期，细胞分离速度加快。

（3）对数增长期　在此阶段，细胞呈对数增殖，增殖速度最大且保持恒定。此时形成新的一代所需时间最短（即细胞数翻倍的时间）。在最佳增殖条件下世代时间为90~120min。

（4）减速期　由于各种因素，比如底物减少、抑制生长的代谢物增加等，对数增长阶段有一定的时间限制，随后进入增殖速度逐渐减

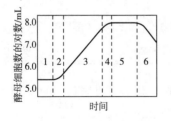

图5-2　酵母增殖过程
1—调整期　2—加速期
3—对数增长期　4—减速期
5—稳定期　6—死亡期

小的减速期。

（5）稳定期 这一阶段微生物的数量保持恒定。形成的新细胞数与死亡的细胞数相等。

（6）死亡期 在此阶段，细胞死亡数多于形成的新细胞数，细胞数减少。

每个生长阶段的时间长短和强度主要受到底物、温度和酵母生理状态的影响。底物必须含有生长必需的营养物。同样，底物的水分含量、pH和氧气浓度对生长也很重要。

水是有生命物体的主要组成部分，在微生物的生命过程中起着重要作用。总之只有当底物水分至少达到15%时，微生物才能生长。

利用不同的最佳pH可区分不同的微生物。酵母主要在酸性条件下生长。

酵母生长时供氧的重要性已在前面讲过。在啤酒厂，在添加酵母后给麦汁通风，可以促进酵母生长，即调整期和形成新一代的时间可以缩短。

温度对微生物的生长影响也很大。每种微生物都有自身的最佳生长温度。在最佳生长温度下，调整期和形成新一代的时间最短。微生物不仅可在最佳温度下生长，也可在一定温度范围内生长。对于酵母属的啤酒酵母来说，生长温度范围一般在 $0 \sim 40 ℃$；最佳生长温度为 $25 \sim 30 ℃$。

微生物细胞的生理状况（代数、营养状况）决定了调整期的长短。在对数增长期，转载于新底物上的酵母细胞代谢活化非常快。对于啤酒厂来说，这意味着要想起发迅速，最好使用取自主发酵期间的酵母，并将其立刻添加至接种麦汁中。

第三节 啤酒酵母的分类

啤酒厂使用的酵母主要是啤酒属酵母，而啤酒属酵母中又有众多的种类。

一、培养酵母和野生酵母

（1）培养酵母也叫纯酵母 是从野生酵母中选育出来的、经过长时间的驯养、反复使用、得到的具有正常生理状态和特性的适合啤酒酿造的酵母。

（2）野生酵母 不能够被生产控制利用的酵母，统称为野生酵母。它们特别容易通过原料进入啤酒厂，能使啤酒中产生不舒适的口味和气味，并导致啤酒浑浊。

二者区别见表5-4。

表5-4 培养酵母和野生酵母的区别

区别内容	培养酵母	野生酵母
细胞形态	圆形或卵圆形	有圆形、椭圆形、柠檬形等多种形态
抗热性能	在水中53℃，10min死亡	能够耐比培养酵母较高的温度
孢子形成	形成孢子慢，孢子较大，略带棱角	形成孢子快，孢子小，像油滴
糖类发酵	对葡萄糖、半乳糖、麦芽糖、果糖等均能发酵，能全部或部分发酵棉籽糖	绝大多数不能全部发酵左述的糖类

二、上面酵母和下面酵母

实际生产中最常使用的酵母有两大类：上面酵母（图5-3）和下面酵母（图5-4）。二者形态上存在着明显差别。

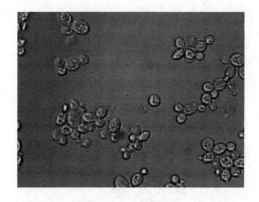

图5-3 上面酵母

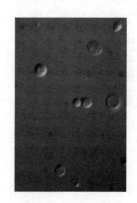

图5-4 下面酵母

上面酵母和下面酵母的区别见表5-5。

表5-5 上面酵母和下面酵母的区别

区别内容	上面酵母	下面酵母
细胞形态	多呈圆形，多数细胞聚在一起形成芽簇	多呈卵圆形，单细胞或几个细胞连结
孢子形成	较容易形成孢子	很难形成孢子
最高生长温度	37~40℃	31~34℃
发酵温度	14~25℃	4~12℃
低于5℃时生长状况	受到抑制，生长较差	部分生长
实际发酵度	60%~65%	55%~60%

续表

区别内容	上面酵母	下面酵母
对棉籽糖发酵	只发酵 1/3 棉籽糖	能全部发酵棉籽糖
呼吸及发酵代谢	呼吸代谢占优势	发酵代谢占优势
发酵风味	酯香味较浓	酯香味较淡
发酵终了	发酵终了，大量细胞悬浮液面；发酵结束降温后，也会凝集沉淀	发酵终了，大部分酵母凝集沉淀
酵母回收	回收量较大	回收量较小

第四节　酵母的扩大培养

在进行啤酒发酵之前，必须准备好足够量的发酵菌种。在啤酒发酵中，接种量一般为麦芽汁量的 10%（使发酵液中的酵母量达 1×10^7 个酵母/mL），因此，要进行大规模的发酵，首先必须进行酵母菌种的扩大培养。

酵母扩大培养的目的一方面是为了获得足量的酵母，另一方面是使酵母由最适生长温度（28℃）逐步适应相对低的发酵温度。

啤酒厂获得接种酵母的方式有直接购买酵母泥/干酵母；购买纯种酵母；自己保存和扩大培养纯种酵母三种途径，其优缺点见图 5-5。

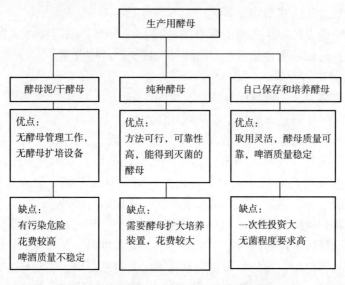

图 5-5　啤酒厂获得酵母的方式及其优缺点

一、纯种酵母的培养

酵母是一种兼性微生物，也就是说，细胞的新陈代谢和繁殖既可以在有氧的状态下，也可以在无氧的状态下进行。

啤酒酵母菌的繁殖过程分为四个阶段：

（1）迟缓期　在此期间，虽有营养物质存在，但酵母基本不繁殖。

（2）指数生长期　此期间酵母繁殖最为迅速，其数目以指数速度递增。

（3）稳定期　代谢产物 CO_2 和酒精的积累使酵母繁殖逐渐变慢，活菌数最高。

（4）衰亡期　营养物质耗尽和有毒代谢产物大量积累，酵母菌死亡率增加，活菌数减少。

酵母培养中，最重要的阶段是对数生长期，此时的营养、氧气供给及其他条件如酵母细胞浓度和温度都必须达到最佳。酵母由于不断地消耗氧气，必须连续通入足够的无菌空气。因为氧气缺乏时，其中一部分酵母会进行发酵，从而产生 CO_2 和酒精，而不是产生新细胞，这样生成的有活力的细胞数就减少了。

二、啤酒纯种酵母的分离培养

啤酒酵母的分离培养就是利用特殊的分离技术，将优良强壮的单细胞酵母从原菌中分离出来，加以扩大培养，供生产使用。分离培养的方法很多，工厂常用的是平板分离法或划线分离法。

获得原菌的方法：从实验室保存的原菌种中分离，原菌种必须先经过几次培养活化，再进行分离；从生产中的酵母泥或发酵液中分离。

1. 平板分离培养法

平板分离培养法又称稀释分离法，见图5-6。

这种方法简单易行，适合于工厂现场使用。

先将盛有麦汁的琼脂试管培养基放在热水中融化，冷却至 42~45℃，再将准备分离培养的酵母原菌用铂金针移植到已融化的培养基内。如分离培养发酵液的酵母，则先使之静置，倾出上部清液，留少量发酵液，混合均匀后接种。如分离培养酵母泥，需加少量无菌水或麦汁，稀释后再接种。

将分离培养的酵母移植于融化的培养基内后，充分振荡，使混合均匀，用铂金针从该试管挑少许移植到第2支试管中，随即将第1支试管中的培养基倾注在已灭菌的培养皿中，均匀分布在培养皿底面，使之凝固。用同样方法再从第2支试管移植到第3支，而后第4支试管内，分别将取样后的培养基倾注在培养皿内，如图 5-6 所示。然后，将培养皿置 25~27℃ 保温箱中培养 2~3d，每天检查菌落生长情况，剔除形态上有改变的菌落，选择菌落形态正常、细胞大小均匀的菌落进行培养。必要时应进行 2~3 次重复分离。

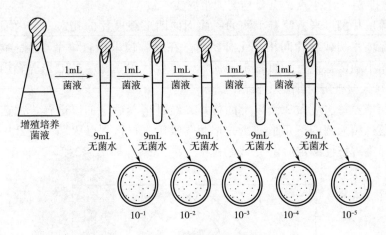

图 5-6　平板分离培养法

2. 划线分离培养法

此法和平板分离法的根据是相似的，各有优点。划线法简单，速度较快；平板法在平板上分离的菌落单一均匀，获得纯种的几率略高。

用接种针挑取适当稀释的菌液，直接在已灭菌的平面皿培养基上划线（图 5-7），在第 3 或第 4 划线区可能得到单一菌落。然后将所需的菌落移植到斜面培养基上，以待进一步检查。这个方法一般用于分离纯化生产上已有的菌种。

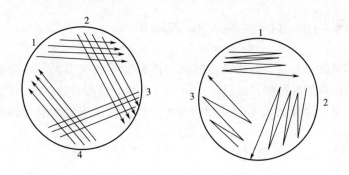

图 5-7　划线分离培养法

1，2，3，4—分别表示第 1，2，3，4 次划线区

3. 林德奈单细胞分离培养法

林德奈单细胞分离培养法又称小滴培养法。此法是由汉生单细胞分离培养

法演变而来的。将准备分离培养的酵母或发酵液，移植到已灭菌的麦汁培养基中，经多次稀释至每1滴麦汁仅含1个细胞为止。

在无菌室中用铂金针取稀释液滴在盖玻片上，或凹形载玻片孔内，可滴3~5排，每排3~5个小点，点要均匀，距离要一致。

将盖玻片翻过来，使有小滴的一面面向凹形载玻片的孔穴，穴内加1滴无菌水，盖玻片和载玻片间用凡士林密封。在显微镜下检查每个小滴，将只有1个细胞的小滴位置记下，如图5-8所示。将检片置于25~27℃培养箱内，培养2~3d，每天检查酵母细胞生长情况。

小滴培养每次应做3个以上的检片，经过培养后，加以选择。挑选发育正常的菌落，用灭菌的三角形滤纸，把菌落吸出，移植到已灭菌的麦汁中，扩大培养，经生理特性鉴定后供生产使用。

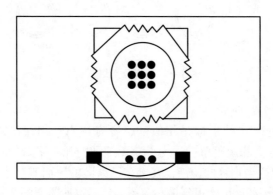

图5-8　林德奈小滴培养法

三、啤酒酵母的实验室扩大培养

啤酒酵母纯正与否，对啤酒发酵和啤酒质量的影响很大。啤酒生产企业使用的酵母由保存的纯种酵母经过扩大培养，达到一定数量后，供生产现场使用。每个啤酒厂都应保存适合本厂使用的纯种酵母，以保证生产的啤酒具有稳定的风格和特性。

1. 培养基（麦汁）的制备

（1）原料的粉碎要求　破而不碎。

麦芽粉碎的目的主要在于，使表皮破裂，增加麦芽本身的表面积，使其内容物质更容易溶解，利于糖化。生产上麦芽湿润后再粉碎，保证其韧性，实验室采用直接粉碎法。

值得注意的是，对于表皮的粉碎要求破而不碎，原因：

①表皮主要组成是各种纤维组织，其中有很多物质会影响啤酒的口味，如

果将其粉碎，在糖化的过程中，会使其更容易溶解，从而影响啤酒的质量。

②在糖化过后的过滤中，可以将其更容易地过滤掉，而且可以让其充当过滤层，达到更好的过滤效果。

（2）糖化 就是利用麦芽所含的各种水解酶，在适宜的条件下，将麦芽中不溶性高分子物质（淀粉、蛋白质、半纤维素及其中间分解产物），逐步分解成低分子可溶性物质，这个分解过程称为糖化。

①投料：料水比：麦芽∶水 = 1∶3.5~4。

②温度控制：控制 65℃糖化，1.5h，可以得到最高的可发酵浸出物收得率。

③pH 控制在 5.6 左右。

（3）过滤

①过滤目的：糖化工序结束后，应在最短的时间内，将糖化醪液中的原料溶出物质和非溶性的麦糟分离，以得到澄清的麦汁和良好的浸出物收得率。

②过滤步骤：以麦糟为滤层，利用过滤方法提取麦汁，称为头道麦汁或者过滤麦汁。然后利用热水洗涤过滤后的麦糟，称为二道麦汁或者洗涤麦汁。

③实验室中以 16 层纱布过滤，纱布需要预先湿润、贴壁，将表皮和麦糟摇匀后快速倒入过滤槽。此过程纱布起支撑作用，表皮和麦糟起主要过滤作用。

④第一次过滤至澄清后，可以将浑浊的麦汁回流一次。

⑤洗糟两次（78℃热水）

a. 目的：增加利用率。

b. 用 78℃热水有利于过滤，而且可以灭活 α-淀粉酶。

c. 一般每次用 300mL、400mL 洗糟，用水量≤总体积的 50%。

d. 过滤完之后再洗糟，第一次流干之后再洗第二次。

（4）煮沸、加蛋清、过滤

①麦汁煮沸的目的（煮沸时间一般 90min，pH 控制在 5.2~5.4 范围适宜）

酶的钝化：破坏酶的活力，主要是停止淀粉酶的作用，稳定可发酵性糖和糊精的比例，确保稳定和发酵的一致性。

麦汁灭菌：通过煮沸，消灭麦汁中的各种菌类，特别是乳酸菌，避免发酵时发生败坏，保证产品的质量。

蛋白质变性和絮凝沉淀：此过程中，析出某些受热变性的物质以及蛋清中蛋白质与多酚类物质结合而生成的沉淀，提高啤酒的非生物稳定性。

蒸发水分：蒸发麦汁中多余的水分，达到要求的浓度。

②加蛋清：按 0.5 个鸡蛋蛋清/L 麦汁的添加比例，向麦汁煮沸锅中加入打成泡沫的蛋清，加蛋清的过程中要慢慢加，并搅拌，使蛋清形成若干小块，以增加蛋清与麦汁的接触面积，升温煮沸 30min。

加蛋清的目的是让麦汁中的多酚类物质与蛋白质反应生成沉淀。

③过滤时用 32 层纱布，并且让蛋清形成滤饼，起到过滤作用，如果不够澄

清，可以回流一次。

（5）调糖度

①测糖：麦汁温度降到大约20℃的时候测糖度，根据20℃温度偏差校正糖度值。测糖容器润洗两次，倒麦汁时沿壁倒入，防止产生过多泡沫。

放糖度计时注意糖度的估计值，避免糖度计猛得落下被碰碎。

②调糖：（糖度计糖度×麦汁量）÷实验所要求的糖度−麦汁量＝加水量（加的水要求是热水）。

（6）麦汁的分装（以做10套为例）

①（18mm×180mm）液体试管每支10mL分装21支（多做一支，防止失误）。

②500mL三角瓶每个100mL分装10个。

③1000mL三角瓶每个300mL分装10个。

④5000mL三角瓶每个2000mL分装10个。

（7）麦汁的灭菌　分装后，包扎好，用高压灭菌锅，121℃，20min进行灭菌。

2. 实验室扩大培养酵母的顺序

啤酒酵母扩大培养的顺序如下。

斜面试管（原菌种）→富氏瓶或试管培养→巴氏瓶或三角瓶培养→卡氏罐培养→汉森罐培养→酵母扩大培养罐→酵母繁殖罐→发酵罐。

以上从斜面试管到卡氏罐培养为实验室扩大培养阶段；汉森罐以后为生产现场扩大培养阶段。

（1）斜面试管　一般是啤酒工厂保藏的纯粹原菌或由科学研究机构和菌种保藏单位供给。

（2）富氏瓶培养　富氏瓶内盛麦汁10mL，灭菌后备用。将种酵母用铂金针或巴氏滴管接种于富氏瓶内，在25~27℃保温箱中培养2~3d，每天定时摇动，使沉淀的酵母重新分布到培养基中。同一种酵母每次培养2~4瓶，扩大时加以选择。

（3）巴氏瓶培养（图5-9）　取500~1000mL的巴氏瓶，加入250~500mL麦汁，加热煮沸，使瓶内蒸汽从侧管喷出，30min后，吸出弯曲管内的凝结水，塞上棉花塞，冷却备用。

在无菌室内，将试管中的酵母液由侧管接种入巴氏瓶内中，在25℃保温箱中培养2d，每天检查培养情况。

为了使啤酒酵母能逐渐适应低温环境，可将培养温度适当调节到20℃左右，但培养时间要略长一些。

巴氏瓶也可用大三角或平底烧瓶代替。

（4）卡氏培养罐　实验室酵母扩大培养一般是利用装5mL麦汁的容器，将酵母菌接种于此容器中。酵母繁殖分几次进行，把处于高泡阶段的培养液倒入

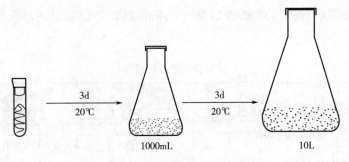

图 5-9　酵母扩大培养

大约 10 倍的容器中。为保证酵母良好快速地生长繁殖，一般扩大培养倍数不超过 10 倍。通常所用容器体积及麦汁接种量见表 5-6。

实验室酵母扩大培养通常截止到不锈钢卡氏罐，这是与生产现场扩大培养的连接环节。卡氏罐的容积从 10L 到 25L 不等。

表 5-6　　　　　　　　　　　**扩大培养容器容积与接种麦汁量**

容器代号	1	2	3
容器体积/mL	10	100	1000
无菌麦汁量/mL	5	50	500
接种量/mL	—	5	55
总量/mL	5	55	555

①卡氏罐的外形结构（图 5-10）

图 5-10　卡氏罐

1—空气过滤器　2—紧箍把　3—绝缘手柄　4—取样阀　5—带橡皮膜的接种头

②卡氏罐培养酵母的操作工艺流程（图5-11）

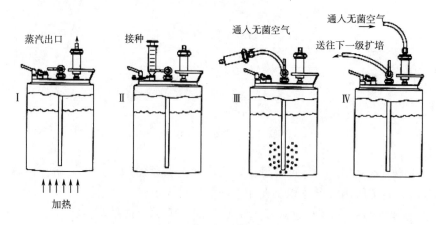

图5-11 卡氏罐酵母培养流程

卡氏罐有3个紧箍使其密封，卡氏罐一般都带有绝缘手柄、无菌空气过滤器和取样阀。在卡氏罐内注入麦汁，其量为总容量的50%~80%，将卡氏罐和麦汁一起加热煮沸灭菌，然后放置于冰箱或冷房间内冷却至接种温度备用。

在加热灭菌时，先拔去侧管的棉塞，使蒸汽从侧管和弯曲管喷出30min，停止加热，然后塞上棉塞，吸去弯曲管内的冷凝水。麦汁中增添1L无菌水，以补充水分的蒸发。

大多数卡氏罐都有带橡皮膜的接种头，在无菌条件下通过接种头使用注射器接种。接入酵母时，接种量为100~200mL。通过取样阀上的无菌空气接种头，使无菌空气通过垂直升液管从底部进入麦汁以促进酵母繁殖。若已达到期望的酵母细胞数，则将经过空气过滤机的压缩空气压入，酵母菌液从垂直液管和取样阀被压出，送入汉森罐。

使用后，卡氏罐必须拆开用清洗剂进行人工清洗，并于使用前检查过滤器是否清洁和完好。

卡氏罐一般接入1~2个巴氏瓶的酵母液，摇动混合均匀后，置于15~20℃下贮存3~5d，即可进行扩大培养，或可供约100L麦汁发酵用。一般情况下，卡氏罐的最大工作压力为0.2MPa。

③卡氏罐的优点：麦汁杀菌可使用杀菌锅，也可使用燃气炉或电热炉代替；适合于麦汁通氧；给酵母转移提供了安全的条件；较易清洗；运输方便。

麦汁量大时，不能在实验室进行酵母扩大培养，因为运输很困难。因此，需要在车间的酵母扩大培养设备中继续进行扩大培养。

3. 实验室扩大培养的技术要求

（1）一切培养用具必须彻底刷洗干净，并干热灭菌。

（2）培养基使用加酒花的麦汁，加热煮沸并加蛋清澄清，利用蒸汽间歇灭菌后，保温贮存 2~3d，证明无污染后待用。

（3）每次扩大稀释倍数约 10 倍以下。

（4）每次移植接种后，要镜检酵母细胞的发育情况。

（5）随着每阶段的扩大培养，培养温度逐步降低，以适应现场发酵情况。

（6）每个扩大培养阶段，均应做平行培养：试管 4~5 只，巴氏瓶 2~3 个，卡氏罐 2 个，选择优者进行扩大培养。

4. 酵母的繁殖与活化

酵母的繁殖与活化见图 5-12，表 5-7。

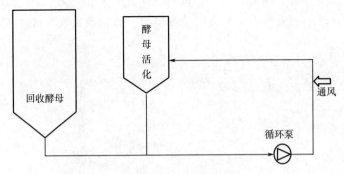

图 5-12　酵母的繁殖与活化

表 5-7　　　　　　　　　　　　　　　**酵母的繁殖与活化**

	传统繁殖	繁殖	活化
温度	大约发酵温度	上面发酵温度	大约发酵温度
代谢	厌氧	好氧	好氧
生物质	是	是	否
同化	差	否	是
时间	1~2 周	24~72h	2~12h
活性	中高	高	高
酵母质量	高	高	高
酵母体积	0.5%~1%	最多 10%	1%~2%
容器繁殖数	众多	1~2	1~2
容器容积	小	大	小

四、啤酒酵母的车间扩大培养

卡氏罐培养后，酵母进入生产现场扩大培养。酵母扩大繁殖的方法可根据工厂具体条件进行。啤酒厂一般都有汉森罐培养设备，可连续使用1株酵母，反复多次扩大培养而不需换种，直至酵母出现衰退和染菌等异常情况。

1. 开放式酵母扩大培养

生产规模较小的啤酒厂一般不配置专用的酵母纯种扩大培养设备，有的往往直接从大啤酒厂购买酵母泥。以这种方式进行生产，虽然启动生产很方便，但由于容器卫生和运输问题，实际上很难保证酵母的卫生和质量。在这种情况下，啤酒厂可自行实施简易的酵母扩大培养。

（1）传统的开放式酵母扩大培养方法（图5-13）　其工作方式与实验室的扩大培养大致相同。从试管到小三角瓶，再从小三角瓶到4×5L的大三角瓶，酵母数量逐步扩大。最后用带盖的、容量约200L的金属容器进行扩大培养，然后进入生产，在较小的发酵池中继续增殖和发酵，其参数见表5-8。

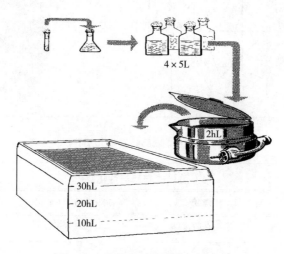

图5-13　传统开放式酵母扩大培养

表5-8　　　　　　　　　　　　　发酵池体积与接种酵母液量

	发酵池体积/L
煮沸终了麦汁量	2250
接种的嫩啤酒（菌种）量	750
总容积	3000

采用这种方式进行扩大培养，人们很方便地就可以将酵母培养液扩大化至5t。

从试管到三角瓶的酵母培养要使用无菌麦汁，之后的培养过程则全部使用生产麦汁。

（2）小罐式酵母扩大培养方法　这种扩大培养方法是：酵母在一个容量为

40L 且容易清洗的金属罐中增殖培养。根据生产规模，也可以使用多个罐。但其中一个必须作为原种罐，用于下一次扩大培养。此种方法简单、方便，是一种很实用的酵母扩大培养方法。

2. 密闭式酵母扩大培养方法

近年来的现代化酵母扩大培养设备都是在汉森罐的基础上加以改进的，它由不同规格的密闭式不锈钢容器组成的，扩大培养在密闭系统中进行，直至达到发酵罐所需的酵母添加量。

由于企业实际情况不同，酵母扩大培养的要求也不尽相同，其设备及扩大培养方法也出现了不少形式，本书主要介绍典型的汉森罐培养法和一罐法。

（1）汉森罐培养法 汉森罐培养系统由 1 个麦汁杀菌罐和 1~2 个酵母培养罐组成，容积为 200~300L，各罐都具有夹套，可以进行杀菌、冷却和保温，罐上装有手摇搅拌器或以通风搅拌。

啤酒厂广泛应用的汉森罐酵母扩大培养工艺方法如下：

斜面——→10mL 试管——→50mL 三角瓶培养——→500mL 三角瓶培养——→
25℃　　　23℃　　　　21℃　　　　　　19℃

3000mL 三角瓶培养——→15L 卡氏罐培养——→250L 汉森罐培养——→
　　　17℃　　　　　　15℃　　　　　　　13℃

1000L 增殖罐培养——→4000L 扩大罐培养
　　　11℃　　　　　　9℃

实验室按 5~10 倍扩大培养，现场按 3~4 倍转接，培养到对数生长期结束前 2~3h 为止，出芽率为 75%~85%。

操作流程：

①在无菌条件下，用无菌空气将卡氏罐中的酵母压入灭菌后汉森罐，通风5~10min。

②同时将麦汁加入麦汁杀菌罐中，进行灭菌，冷却后打入已加入酵母的汉森罐。

③保持温度 10~13℃，培养 36~48h，此期间每隔数小时通风 10min。

④待培养液进入对数生长期后，将其中 85% 的酵母移植到下一级扩大培养罐，最后逐级扩大培养到一定数量，供现场发酵使用。

⑤汉森罐中剩余 15% 酵母培养液，加入灭菌冷却后的麦汁，待起发后，冷却备下次扩大培养使用。

汉森罐内保存的种酵母，应每月换一次麦汁，并检查保存的酵母是否正常，是否污染和变异。正常情况下此种酵母可连续使用半年左右。

（2）一罐法 顾名思义，这种方法只使用一个扩大培养罐。扩大培养罐带有加热和冷却夹套（图 5-14）。它的主要特点是，在扩大培养过程中，要不断补充麦汁，一般不对麦汁进行二次灭菌；扩大培养结束后的酵母液并非全部打出进入发酵生产，而是保留一部分酵母液在扩大培养罐中，这部分培养液作为下一批次扩大培养的接种酵母使用。一罐法酵母扩大培养的关键是要在酵母的对数生长期进行分割。

一罐法酵母扩大培养的第一步是将大约 1/3 的麦汁送入经过严格清洗和灭菌的扩大培养罐中。然后，借助无菌空气经取样阀将卡氏罐中的纯种酵母（6~7L）压入扩大培养罐。接着开泵循环、通风，并根据需要进行冷却。扩大培养至高泡期即酵母的对数生长期时，再补充约 1/3 的麦汁，继续培养。当再次达到高泡期时，补充最后约 1/3 的麦汁。通过连续 48h 的培养后，扩大培养结束，将大部分的扩大培养酵母液泵入发酵罐。剩余酵母则保留在扩大培养罐内，作为下一次扩大培养的接种酵母。经过一段时间的使用后，要将设备放空，进行彻底的清洗和灭菌。

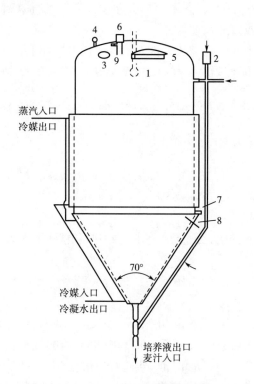

图 5-14　一罐法新型酵母培养罐
1—喷淋洗球　2—二级空气过滤器　3—视镜　4—压力计　5—人孔
6—压力/真空呼吸阀　7—取样口　8—温度传感器　9—可关闭的排气阀

一罐法的优点是设备简单，投资低，酵母能够在最短时间内得到快速生长；借助控制系统可以保持恒定的条件，从而生产出品质恒定的扩大培养酵母。但这种方法存在微生物染菌的风险，因为无法对麦汁进行杀菌，并且在扩大培养罐中始终保留部分酵母作为接种酵母，酵母可能由于突变失去某些特性。

五、纯种酵母扩大培养存在的问题

酵母扩大培养实际上是一个综合概念，在不同方面存在着各种观点。

1. 酵母扩大培养装置的设计要求

为了达到酵母扩大培养的目的，即在最短时间内获得细胞数高、质量均一的酵母，在设计酵母扩大培养装置时，必须使其与啤酒厂具体工作条件相适应。

酵母扩大培养装置的基本要求如下：

（1）达到足够量的通风和氧气饱和。

（2）在扩大培养罐中进行均匀的混合和分布，保证酵母细胞、麦汁和气泡之间的剧烈接触。

（3）在扩大培养阶段以及在扩大培养结束冷却到接种温度时适当进行温度控制。

（4）在良好的微生物条件下扩大培养。

（5）合适的测量和调节技术，保证可再现的流程。

2. 酵母扩大培养中的酵母管理

酵母扩大培养的根本任务："在无菌条件下和最短时间内生产尽可能多的酵母"。

良好的酵母管理可以确保发酵和储酒阶段完美的进程，从而保证顺畅的啤酒生产。应该在完美的微生物条件下和最短时间内生产出品质均匀的酵母，所生产出的酵母应该具有很高的发酵能力、较低的死酵母数（<1%），细胞数为0.1亿~0.15亿个/mL。

良好的发酵管理对发酵进程、后熟、啤酒的可滤性、抗染菌能力以及啤酒质量具有特别积极的影响。

3. 是否有必要对麦汁再次杀菌

有些啤酒厂的扩大培养罐虽然带有麦汁加热装置，但在实际生产中不对麦汁进行再次杀菌。建议在去酵母间的管道上安装热交换器对麦汁进行巴氏杀菌。当然，是否进行杀菌，还取决于各个啤酒厂的工作条件。

4. 确定数量的最合适方法

基本上存在三种可能性：压差测量、称重和流量测量。

采用压差测量时，必须把底部的压力感测器放在合适的位置上，否则将导致在显示装置上出现压力波动。选择测量仪器时，必须保证在较低数量下也能做出反应。

计量秤可以准确地确定重量。但必须采用弹性连接，管道连接处不能受力，这对机械连接和结构提出了更高的要求，投资费用也比较高。如果确定采用流量测量，必须注意，不能使混合物中存在气泡和泡沫，必须考虑合适的流量计。

5. 对酵母进行通风

通入无菌空气，一方面为了补充所需要的氧气，另一方面为了排除产生的二氧化碳气体。在实际生产中，可以采用不同的通风方式。

实际工作中经常采用的通风方式有：

（1）每5min通风1min。

（2）在前24h内每15min通风1min，在后24h每5min通风1min。

（3）通风量最高为120L/min，使麦汁中的氧含量达到10~15mg/L。

6. 最佳扩大培养温度

建议在扩大培养开始时保持在15℃，然后缓慢降温到10℃（实际生产中，常把扩大培养温度保持在20℃，扩大培养结束时冷却至接种温度）。

7. 对酵母起泡采取的措施

为了减少泡沫的形成，有些资料中谈到了在扩大培养罐中安装分配帽。这是一种简单实用的设计，可以避免在扩大培养罐中出现泡沫。

8. 酵母扩大培养质量

传统扩大培养的目标是达到（0.8~1.0）×10^8个/mL细胞数，酵母数不能超过1.5×10^8个/mL。必须注意，接种酵母中的死细胞数不能>1%，接种浓度为（0.8~1.0）×10^6个/mL麦汁。同化结束时应达到以下指标：pH3.8~4.2，乙醇含量为1.0%~2.0%（质量分数），二氧化碳含量0.5~1.5g/kg。死细胞数低于1%（甲基蓝）。

9. 同化酵母的取用时间

根据各项报告表明，可以在24h后取用总体积的80%~85%。如能保持酵母扩大培养的流程条件，可以保持24h的循环周期。

在实际生产中，完全可以使用各种变化方式，这取决于各个企业的具体生产条件。需要特别确定的参数包括扩大培养温度、通风时间以及通风间隔、麦汁添加量和生长的时间阶段。这样，用两罐法时也可以将酵母生长保持在一罐法的对数生长阶段。

六、酵母扩大培养的几项原则

1. 菌种条件

酵母扩大培养的关键在于使用优良的单细胞出发菌。此出发菌应先经生理特性和生产性能鉴定，然后投入应用，并保证在扩大培养过程中无污染、无变异。每一步扩大后的残留液都应进行无污染和无变异的检查。

2. 培养温度

培养前期，为了提高酵母增殖速率，缩短培养时间，实验室扩大培养阶段，采用酵母最适繁殖温度25℃。而后每扩大一次，温度均相应有所降低，使酵母逐步适应低温发酵的要求。但每次降温幅度不能太大，以防酵母活性受到抑制。随着培养温度的降低，培养时间视稀释倍数而相应延长。

3. 培养时间

为了缩短酵母生长停滞期和缩短培养时间，每阶段扩大培养的酵母，最好在酵母对数生长期进行移植。此时的酵母出芽率最高，死亡率最低，移植后，酵母迅速增殖。

4. 通风供氧

酵母增殖是依靠糖的生物氧化，即呼吸作用而获取能量的。因此，培养初期，培养液中葡萄糖含量高，受克勒勃屈利效应（Crabtree Effect）的影响，连续通风，酵母的增殖效果未必如理想中那么好，以间歇通风为宜。从三角瓶到卡氏罐培养阶段，一般是依靠定时摇动容器（或使用振荡器），使酵母液与空气接触，容器上部空间的空气也使酵母与氧有接触的机会。移植到生产现场扩大培养后，即需注意通风供氧。每次追加麦汁后均需适量通风，使发酵麦汁具有 $8 \sim 10mg/L$ 的含氧量。传统的做法，上面酵母多采用连续通风，而下面酵母则不采用连续通风，这可能与两者的发酵温度不同（20℃与9℃）和发酵时间不同（3d 与 10d）有关。

5. 营养物质

培养酵母，应使用营养丰富的优质培养基。实验室培养阶段应选择 α-氨基氮含量高的优级麦芽，不加辅料，自制培养基。生产现场的扩大培养则采用生产麦汁，麦汁的 α-氨基氮应保持在 200mg/L 以上。

6. 扩大培养倍数

实验室阶段，由于培养温度高，增殖时间短，无菌操作条件较好，扩大倍数可以较高，例如 10～20 倍，甚至更高一些。汉森罐以后的扩大培养，由于温度逐步降低，酵母倍增时间延长，为了很快地使酵母起发，保持酵母的生长优势，增强其抗污染能力，扩大 5 倍左右为宜。根据这一原则，中间扩大培养罐的数量和容积也就容易确定了。

7. 麦汁无菌

生产现场扩大培养一般都采用生产现场的冷麦汁。此冷麦汁经过管道容易染菌，特别是在远距离输送情况下更易染菌。因此，应采取措施，防止染菌。

第五节　高活性干酵母的应用

啤酒高活性干酵母主要有 500g 和 1kg 两种包装规格，4～8℃下贮存为宜。水分和氧气对啤酒干酵母质量影响很大，包装打开后，酵母活性会快速受损，所以打开包装后请立即使用。啤酒干酵母采用真空包装，因包装材料容易破损，如包装漏气，请不要使用。在理想状态下密封保存，啤酒干酵母在保质期内可以放心使用。没有用完的 500g 包装的酵母，重新真空密封后可以长时间保存，在理想状态下保质期内可正常使用。用塑料自封袋代替真空包装密封剩余干酵母时，排完空气后，在冷冻室可保存一周左右，在冷藏室可保存 3d 左右。

一、高活性干酵母的使用

啤酒干酵母可用于如下应用中。

1. 酵母扩大培养

（1）可作为啤酒酵母种子，扩大培养后添加到主发酵罐中，可减少扩大培养时间和酵母染菌几率。

（2）减少酵母扩大培养阶段，为防止杂菌污染所增加的人力物力。

2. 直接添加到主发酵罐中

（1）免除啤酒酵母扩大培养过程。

（2）啤酒干酵母可以随时取用，不受酵母回收和扩大培养周期限制，使得啤酒酿造更灵活。

3. 可用于瓶内发酵

（1）保持相同环境下，各个批次啤酒的一致性。

（2）能更精确地添加啤酒酵母。

（3）可选择性使用比主发酵罐酵母更适宜瓶内发酵的瓶内发酵酵母。

4. 啤酒干酵母活化

啤酒干酵母活化是保证发酵快速完成的重要步骤。经过精心研究和设计的培养干燥工艺，可以保证干酵母保持较高活性，从而让酿酒师在酵母活化时得到高活力酵母浆。在特殊情况下，使用没有活化的酵母会产生下面的不良影响。

（1）酵母停滞期过长。

（2）双乙酰胺还原时间过长。

（3）发酵时间延长。

（4）酵母发酵中断。

（5）麦芽三糖利用不良。

5. 在啤酒酵母活化时需遵循三条重要的注意事项（具体操作细节请参阅每种酵母的操作指导）。

①啤酒酵母活化介质的温度：不同啤酒酵母的最适活化温度各不相同，需针对不同酵母株采用不同的活化温度。具体请参阅每种酵母的介绍。

②啤酒酵母活化介质：正确的活化介质是酵母活化的关键，没有稀释的麦汁产生的渗透压会对酵母造成一定损伤。水可以作为大多数酵母的活化介质；

但对于下面酵母来说，水中须含有低浓度的糖分，稀释的麦汁是最好的下面酵母活化介质。

③啤酒酵母活化时间：啤酒酵母活化时间不能长于60min，为保证酵母处于最旺盛的发酵状态，活化后须立即接种到麦汁中。不得储存活化后的酵母，否则将降低酵母的活力。

酵母活化须在干净、无菌的容器中完成；活化介质须提前灭菌，并冷却到适宜的温度。

二、高活性干酵母的活化

高活性干酵母的活化示意图见图5-15。

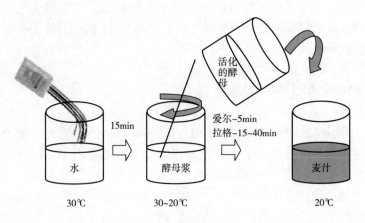

爱尔-5min
拉格-15~40min

水　30℃　　酵母浆　30~20℃　　麦汁　20℃

图5-15　高活性干酵母活化示意图

1. 第一步

上面啤酒酵母——爱尔（Ale）：提前将干净的水（不能用蒸馏水）灭菌，调整水温至30~35℃，取出10倍酵母重量的水至干净无菌容器中，将所需酵母全部撒在水面上。不得搅拌，静置15min（期间会有泡沫产生，有时没有，这些都不会影响酵母质量）。

下面啤酒酵母——拉格（Lager）：提前用干净的无菌水（不能用蒸馏水）稀释冷麦汁至2~6°P，调整水温至25~30℃，取出10倍酵母重量的水至干净无菌容器中，将所需酵母全部撒在水面上。不得搅拌，静置15min（期间会有泡沫产生，有时没有，这些都不会影响酵母质量）。

2. 第二步

上面啤酒酵母（Ale）：15min后，轻轻搅拌，使所有酵母都浸没在水中，再静置5min。

下面啤酒酵母（Lager）：15min后，轻轻搅拌，使所有酵母都浸没在麦汁中，再静置 15~45min。

3. 第三步

静置后，每5min 向酵母浆中加入少量的冷麦汁，轻轻搅拌，直至调整至酵母浆温度和冷麦汁的温度差在 10℃或 18℃以内。可每次取酵母浆 1/10 体积的冷麦汁加入酵母浆中，混匀后立即记录温度，直至酵母浆温度降至理想的接种温度。

例如，需要活化的啤酒干酵母重量为：500g。

需要的无菌水或冷麦汁量为：5L。

每次添加的麦汁量为：不多于 500mL。

4. 第四步

调温后须立即接种。在不损害酵母的情况下，麦汁可以不需要充氧。

干酵母可以重复使用。酵母回收后处于浆液状态，需要通空气，让酵母进行有氧呼吸，保证酵母增殖。干酵母可重复使用 5~10 次，具体要根据实际的酿造和卫生情况而定。

三、高活性干酵母的特性

啤酒干酵母产品含量达到 93%以上；运用最严格的工艺来避免细菌和杂酵母污染，拉曼啤酒干酵母中细菌和杂酵母数小于百万分之一；每克干酵母中含有活酵母数大于 50 亿个，每批的具体酵母数会随着批次有所不同。

干酵母的产品特性见表5-9。

表 5-9 干酵母的产品特性（拉曼）

酵母菌株	最高发酵度	风味	瓶内二次发酵耐受酒精度（体积分数）	凝聚性	啤酒类型
诺丁汉酵母	高	柔和	最高6%	强	上面 下面
温莎英国酵母	中等	水果风味	最高9%	中等	上面
伦敦 ESB 英式酵母	中等	浓郁的水果味	最高9%	中等	上面
慕尼黑小麦酵母	高	香蕉风味，丁香味	最高7%	中等	上面
慕尼黑传统小麦酵母	高	浓郁香蕉风味 丁香味	最高7%	中等	上面
美国西海岸 BRY-97	高	淡酯香味，柔和型	最高12%	强	上面
比利时季节酵母	高	水果风味，胡椒味 辛香味	最高14%	强	上面

续表

酵母菌株	最高发酵度	风味	瓶内二次发酵 耐受酒精度 （体积分数）	凝聚性	啤酒类型
比利时修士酵母	高	果香味，香蕉风味， 丁香味，甜味，辛辣味	最高 14%	强	上面
钻石下面酵母	高	柔和	最高 7%	强	下面
CBC-1 瓶内酵母	中等	柔和	最高 12%	强	下面

表 5-10 列出了一些风味特色的啤酒风格以及弗曼迪斯推荐的酵母菌株。

表 5-10　　　　　　啤酒风格及其对应的酵母菌株（弗曼迪斯）

啤酒类型	感官特征	建议使用酵母
小麦啤酒	白色至琥珀色、朦胧、麦芽香、酚味、柑橘味	WB-06
白啤酒（blanche）	白色、朦胧、麦芽香、清爽、辛香、柑橘味	WB-06、T-58、K-97
比尔森啤酒	拉格啤酒、金黄色、明亮、清爽、味道佳、清澈、中等苦味、易消化、平和、麦芽香或淡香味	W-34/70、S-189、S-23
清淡啤酒	金黄色、清淡爽口、低酒精度、酒花香、可饮用性高	K-97
科尔施啤酒	金黄色、适口性好、低酒精度、微苦、淡果香	US-05、S-04
IPA（印度淡色爱尔）	金黄色至琥珀色、清爽、酒花香（苦味或芳香）	S-04、BE-256、US-05
三料	金黄色至金色/琥珀色，高浓度啤酒、麦芽香、果香、口感浓郁	BE-256、US-05、S-33、K-97
季节啤酒	金黄色至琥珀色、清新爽口、低酒精度、微酸或发酵味、酒花香、微饱和	K-97、WB-06
苦味啤酒	金黄色至琥珀色、中等型口感、高苦味平衡了甜蜜的余味、酒花香	S-33、S-04、US-05
爱尔啤酒 （浅色/琥珀色/棕色）	金黄色至棕色、中浓度啤酒、果味（酯）、些许麦芽香、果仁味和焦糖味	S-04、US-05、BE-256
双料啤酒	琥珀色-棕色/黑色、高浓度啤酒，麦芽香、果香、焦糖味、甘草味、酒体圆润	S-33，S-04
苏格兰啤酒	棕色至琥珀色，酒体饱满、麦芽香、淡酒花香	S-33，S-04
大麦酒	琥珀色-棕色、木香、微饱和、过熟、麦芽香、发酵果香	S-33、T-58、BE-256、K-97

续表

啤酒类型	感官特征	建议使用酵母
波特	中深棕色、呈棕红、烘焙麦芽味和香味、先甘后苦、中等型口感、果香味	S-04、BE-256、US-05
世涛	黑色、奶油口味、醇厚丝滑、巧克力香、咖啡味、烘烤味	S-33、S-04
皇家世涛	黑色、高浓度啤酒、口感浓烈、巧克力香、咖啡味、烘烤味	T-58、US-05

四、高活性干酵母的接种率

准确的接种率能够保证麦汁的迅速发酵，避免低接种率造成的发酵迟缓，并增加污染的风险。

使用高活性干酵母的优势在于根据干酵母的添加数量，准确知道麦汁中的酵母细胞数。在发酵温度为 12~15℃ 时，爱尔酵母用量为：500~800g/kL 麦汁，其数量为 4~6×10^6 个酵母细胞/mL 麦汁。拉格酵母用量为：800~1200g/kL 麦汁，其数量为（8~12）×10^6 个酵母细胞/mL 麦汁。如果发酵温度高可适当减少较酵母用量，接种温度低于9℃时，需要增加酵母添加比例。

第六章　麦汁制备

　　麦汁制备是啤酒生产过程中最重要的环节。为保证啤酒发酵的顺利进行，通过糖化工序将麦芽中的非水溶性组分转化为水溶性物质，即将其变成能被酵母所代谢的可发酵性糖，是发酵的重要前提和基础。

　　麦汁制备主要包括下列过程：原料粉碎、糖化、麦汁过滤、煮沸、麦汁后处理、麦汁通风、麦汁冷却等阶段。从粉碎到糖化，再到煮沸和回旋沉淀（图6-1）。

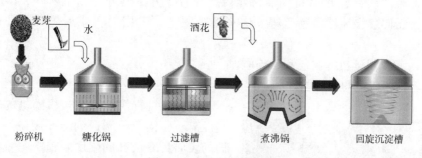

图 6-1　麦汁制备流程图

第一节　麦芽粉碎

　　麦芽经过粉碎后才能很好地溶解，并且粉碎质量对于糖化过程中物质的生化变化、麦汁组成、麦汁过滤和原料的利用率，都有重要的作用。

　　从麦汁质量方面考虑，麦皮的破损程度应尽可能地小。因为麦皮除含有主要组成物质纤维素外，还有一系列其他可溶性物质能够进入麦汁，如麦芽多酚、苦味物质、硅酸盐和蛋白质等，这些物质经强烈洗脱后，对啤酒的色度和口味均会产生不良的影响。由于纤维素不溶于水且几乎不受酶的作用而发生变化，所以对麦汁影响不大。

　　麦皮有韧性，对粉碎机的辊子产生机械抗性，磨碎比较困难，麦芽水分偏高时尤为显著。麦皮不宜粉得太细,因为麦皮可构成自然过滤层。如麦芽粉碎得太细,就会降低麦汁的过滤性能,甚至造成严重的过滤困难。另外,麦芽粉碎得太细,物料体积变小,麦芽粉紧密堆积在一起,势必增加麦汁流出和洗糟的困难。因此,粉碎的基本原则是:"宁粗勿细"。

一、粉碎设备

啤酒厂多采用辊式粉碎机粉碎麦芽,其优点是结构简单,维修容易,调节方便,产品过度粉碎的情况少。辊式粉碎机一般采用光面或带齿纹的铸铁辊筒,以相同或不相同的速度相向转动,麦芽在挤压力和摩擦力的作用下,被辊子压碎,胚乳从麦皮中辗出。拉丝辊子通过开槽来破开麦芽粒。辊子的差速转动有利于通过强烈的碾压作用使胚乳破碎。

粉碎过程可以是一次也可以是多次。通常料粉中的某些组分往往还需经过再次粉碎,麦芽的粉碎度才能达到理想的要求。辊式粉碎机按照辊子的数目分为:对辊、四辊、五辊和六辊粉碎机;按粉碎方法可分为:干粉碎、增湿粉碎、湿粉碎、浸渍增湿粉碎等。中小型啤酒厂多采用对辊式粉碎机,进行干法粉碎。

1. 辊式粉碎机的组成和粉碎原理

辊式粉碎机的核心构件——辊筒。

图6-2 拉丝对辊图

①粉碎机辊筒的材质:粉碎机的辊筒是经离心灌铸工艺制成的冷、硬铸铁,辊筒的表面具有极高的硬度。辊筒的直径多约为250mm,直径不能太小,否则麦粒容纳角(辊筒表面形成的容纳麦粒的角度)太小,粉碎能力下降。

②粉碎机辊筒的表面处理:辊筒的表面形式分两种,一种是平面辊,另一种是拉丝辊。对于使用过滤槽的多辊粉碎机来说,第一对及第二对辊筒大多为平面辊,其他的则为拉丝辊(图6-2)。

辊筒拉丝开槽与辊轴不平行,它们有一定的边缘倾斜角(斜拉槽),由此来加强滚动直至产生剪切效应。两个辊筒的斜拉度总是相同的,在4%~14%(图6-3)。

③粉碎对辊的转速:粉碎对辊的转速是不同的,主动轮的转速高,被动轮的转速低。拉丝辊的转速比约为2.5:1;平面辊的转速比约为1.25:1。

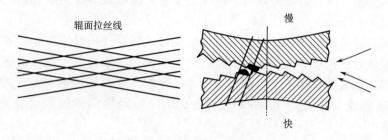

图 6-3 拉丝辊的剪切效应

辊筒的转速为：

预磨辊：400～420r/min；麦皮辊：400r/min；粗粒辊：380～440r/min。辊筒长度通常为 0.8～1m；特别小的粉碎机为 0.4m；特大型粉碎机可达 1.5m。

④辊筒间隙：辊筒间隙在 0～2.5mm 无级调节，四辊粉碎机的间隙一般为：预磨辊间距 1.3～1.5mm，粗粒辊间距 0.3～0.6mm。

辊筒的平行度调节：辊筒的平行是均匀粉碎的前提条件。在粉碎机调节时，通过插入塞尺或一卡片来检查辊筒平行度，塞尺或卡片必须竖直插入粉碎机中。

⑤辊筒的驱动：一个辊筒固定安装并通过传送带运转，另一个辊筒固定在弹簧上并一起运转。若有硬性物体出现时，就不会严重损伤辊筒。现代粉碎机中有些装配有单独驱动的辊筒。

现代粉碎机的能力可高达 14t/h，可在 1h 内粉碎完一锅料。优良粉碎机的功率需求分别为：用于过滤槽的粉碎机 2.3～2.5kW；用于压滤机的粉碎机 3.3～3.8kW。

2. 对辊粉碎机

对辊粉碎机是一种最简单的粉碎机（图 6-4），它装有一对大小相同的辊

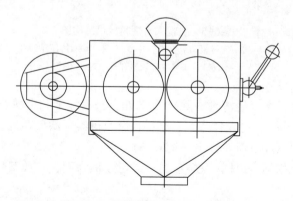

图 6-4 对辊粉碎机的结构示意图

子，一个固定，另一个可以调节。两个辊子相对反向旋转，速度相同，辊子的最大直径为250mm。

对辊粉碎机的粉碎度较粗，只有溶解良好的麦芽使用对辊粉碎后才能获得满意的麦汁过滤速度和收得率。为此，对辊粉碎须满足以下条件：麦芽进料均匀，并均匀地散落在辊子上，进料量要小，每厘米辊长的进料量为5~20kg/h；溶解不良的麦芽也要达到最低的质量标准。粉碎机的转速较低，为160~180r/min。

若对粉碎物要求较高，或粉碎溶解较差的麦芽时也具有较强的工作能力，显然就要重复对辊粉碎过程，由此便形成了两对辊子上下相对的四辊粉碎机或多辊粉碎机。

结构组成与工作原理。

①结构组成如图6-5所示：

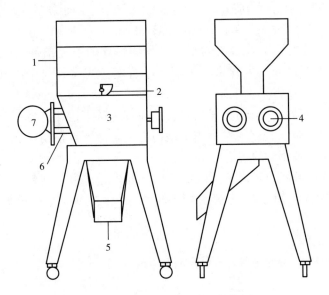

图6-5　对辊式麦芽粉碎机结构图

1—进料斗　2—流量板调节机构　3—粉碎室　4—对辊间隙调整手轮

5—出料口　6—电机调整螺杆　7—电动机

②工作原理：麦芽经清理去除杂质（如石头、沙子和金属物等）后（含水量不得超过12.5%），进入料斗，靠原料自重及机器轻微振动进入两辊之间进行挤压对辊，粉碎物经下料斗排出（图6-6）。

③主要性能指标：以国产6F系列对辊粉碎机为例，三种型号的性能指标见表6-1。

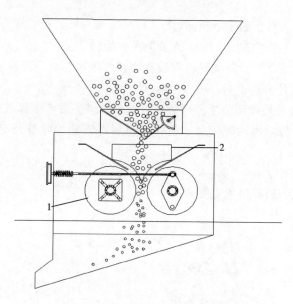

图 6-6　粉碎机调整机构示意图

1—对辊　2—壁板

表 6-1　　　　　　　　　　　　　　**粉碎机主要性能指标**

性能指标	型号 6F-08	6F-15	6F-20
生产率（以优质麦芽为例，对辊间隙 0.8mm）/（kg/h）	5080	200300	300500
破碎率	可调	可调	可调
粉碎物磁性金属含量/（g/kg）	<0.003	<0.003	<0.003
磨下物温度/℃	<50℃	<50℃	<50℃
机器外形尺寸（长×宽×高）/cm	56×50×115	59×48×154	98×58×154
机器重量/kg	70	130	260
配用动力/kW	0.75		
快辊转速/（r/min）	700	700	700

使用电机为 4 级，1400r/min，合理选配动力，不得随意提高快滚轮转速

④粉碎机操作及注意事项

a. 脱开闸柄，将流量调节板调节到适合的挡位位置，保证物料能自动落入粉碎室。

b. 启动电动机。

c. 将粉碎原料倒入料斗。

d. 慢慢调节流量调节板旋钮，检查原料的破碎是否达到要求，当发现原料破碎程度达到要求时，固定手轮即可。

　　e. 工作完毕后需空转 1~2min 待机器内的物料全部排除后，方能停机。

　　f. 每天工作结束后，应清除机内残存物料，将机器机身及周边打扫干净。

　　g. 切记要先开机后进料。

　　h. 粉碎物料必须保证清洁，严防铁钉、金属块、硬石块等混入料中。

　　i. 严禁空转时对辊相互接触，粉碎结束后即转动手轮分开对辊，以避免对辊接触加快磨损。

　　3. 四辊粉碎机

　　四辊粉碎机的粉碎过程见图 6-7。

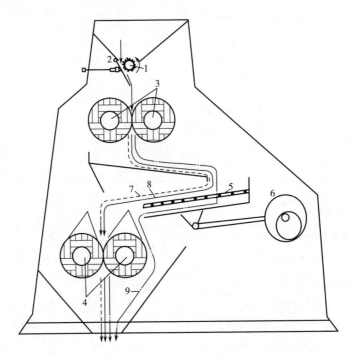

图 6-7　四辊粉碎机工作原理图

1—分配辊　2—进料调节　3—预磨辊　4—麦皮辊　5—振动筛
6—偏心驱动装置　7—带有粗粒的麦皮　8—预磨粉碎物　9—细粉

　　其粉碎物中 30% 带有粗粒的麦皮，50% 粗粒，20% 细粒。

　　上面的一对辊子是麦芽预磨辊，作用是使麦芽颗粒破碎。破碎的麦皮中仍留有部分胚乳，借助轻微的机械振动即可使之脱出。通过预磨辊后，粉碎物中不应存在未被破碎的整粒。良好的预磨须满足以下条件：进料均匀，控制较小的进料量，一般每厘米辊长的进料量为 20kg/h；控制转速 160~180r/min。

　　下面一对辊子的间隙要比预磨辊小，使经过预磨的粉碎物进一步粉碎。从第一对辊到第二对辊的粉碎物体积增加约 50%，第二对辊的转速应相应加快，

为 $240\sim260r/min$。

麦芽溶解性能良好并能正确调节预磨辊，麦皮便能得到良好的粉碎。如果预磨辊粉碎得太粗，无疑就会加重下步工序辊的负荷；如果破碎辊粉碎得太细，总粉碎物中的粉末比例就会太高。

四辊粉碎的工艺优点是，并非全部的粉碎物都要经过两次粉碎，而仅对其中的一部分进行后粉碎。所以，经预磨后的粉碎物借助安装在粉碎机内的振动筛要进行分离。但须防止进料太猛，倾斜度太大或太小，以及振动力不足。为保持筛面畅通而将其分格，并装有橡胶球，以清除筛面上的细粉。

4. 直通式浸渍增湿粉碎机

现代化啤酒厂的糖化车间已广泛地采用了直通式增湿粉碎技术，并以短时浸渍增湿方式进行，普遍采用对辊粉碎机进行粉碎。因为只需麦皮表层吸水，增湿时间约在1min之内。必须让麦芽在1min之内通过增湿箱。使用旋转卸料器或者增湿箱可以实现上述工艺要求。

浸渍增湿粉碎流程见图6-8。该工艺操作步骤如下：将已称量的干麦芽进入麦芽暂存仓4中，并连续流过增湿段5，用热水增湿约60s。水温可自动调节，大多为 $60\sim70℃$。由于水温越高，麦芽吸水越迅速，所以必须控制并调节此过程，该系统是用喂料辊6进行调节的。

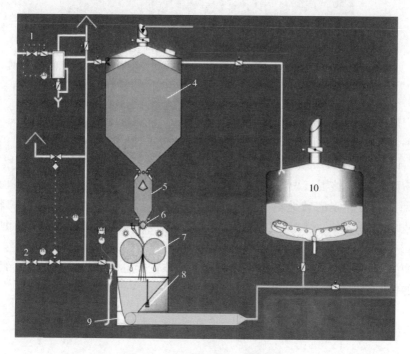

图 6-8　直通式浸渍增湿粉碎系统

1—酿造水　2—气体供给　3—原料供给　4—原料暂存箱　5—浸渍增湿箱
6—喂料辊　7—粉碎辊　8—液位控制系统　9—醪液泵　10—糖化锅

粉碎辊 7 为不锈钢经特殊拉丝的辊筒，潮湿麦皮保持完好，麦粒内容物粉碎良好。通过对辊上方的喷水口，将适宜温度的糖化下料水与粉碎物进行充分混合，醪液的最适投料 pH 值可通过酸度传感器自动控制乳酸的添加量，借助麦浆泵 9 可把醪液从底部泵入糖化锅 10 中。

浸渍增湿粉碎添加和调节系统见图 6-9。

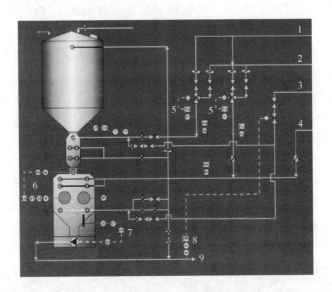

图 6-9　浸渍增湿粉碎添加及调节系统
1—酿造热水进口　2—酿造冷水进口　3—乳酸添加　4—CIP/水进口　5—酿造水温控制
6—粉碎辊转速调节　7—醪液液位控制　8—醪液酸度控制　9—进入糖化锅

为避免吸氧，整个粉碎空间可使用氮气等惰性气体对醪液进行保护。

进料辊在此作用很大，它必须将所期望的麦芽量均匀分布在整个辊筒长度上，所以它带有一个可无级调速的驱动装置，转速可在 25~138r/min 变化。

粉碎辊为拉丝辊，两辊为"槽对槽"。辊间距在 0.25~0.4mm 波动，可任意调整。粉碎辊的转速取决于麦芽的溶解性。溶解差的麦芽，麦粒较硬，所以进料速度就快一些，就需把粉碎辊筒的转速调小一些，以使浸泡时间延长。

增湿段和粉碎机的材料为不锈钢，CIP 清洗时能达到最佳清洗效果。此类粉碎机的粉碎能力多为 4~20t/h。

二、粉碎方法

麦芽粉碎大致可分为干法、湿法、回潮增湿和浸渍增湿粉碎法 4 种。目前，多数精酿啤酒厂采用干法粉碎，少数使用浸渍增湿的粉碎方法。

1. 麦芽干法粉碎

干法粉碎是传统的粉碎方法，设备装置简单，易于操作，是中小型啤酒厂最广泛采用的麦芽粉碎方式。

精选麦芽通过输送设备，送入麦芽筛选除石机（或筛选机），进行粉碎。粉碎时根据粉碎能力和粉碎度调节闸门和轧辊间距，碎后麦芽粉贮存于粉碎麦芽仓中。

工艺流程及技术要点见图 6-10。

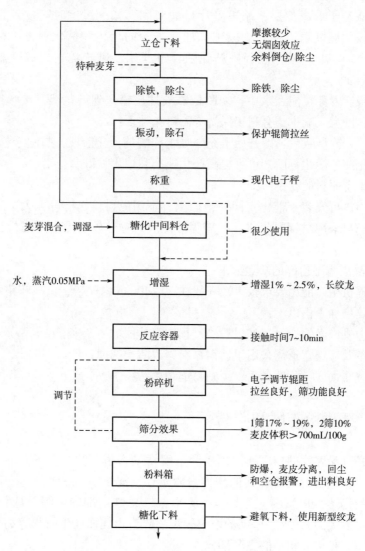

图 6-10 干法粉碎的工艺流程及技术要点

2. 浸渍增湿粉碎法

麦芽浸渍增湿粉碎–液力输送工艺，是在麦芽仓中贮存一次糖化的全部或部分干麦芽量，粉碎前麦芽进入增湿筒，增湿筒进口处装有水增湿器，温水浸渍60s，使麦皮吸水至20%左右，然后进入对辊粉碎机（或四辊粉碎机）粉碎，粉碎后的麦芽粉用温水喷雾调浆，达到糖化醪要求的料水比，最后用离心混流泵将调好的麦醪送入糖化锅。

（1）浸渍增湿粉碎的优点如下。

①由于麦芽连续浸渍，谷皮含水均匀，但胚麦皮韧性增强，粉碎时麦皮破而不碎，有利于形成滤层，缩短麦汁过滤时间，减少过滤时麦皮不良物质的浸出。干燥的胚乳可以粉碎得较细，加速了酶的活化和糖化速率，糖化收得率可提高1%以上。糖化过程中糖化快，过滤快，风味纯正，适合制造淡色啤酒；

②调浆后麦芽浸泡在水中，麦醪依靠液柱压输送到糖化锅，接触空气时间短，氧化程度大大减少，有利于保持啤酒口味纯正；

③麦芽粉碎调浆后，即开始了充分吸水和酶的活化阶段，与法干粉碎相比，可增加糖化酶的活化程度，也可提高糖化速度和糖化收得率；

④杜绝了原料的粉尘污染；

⑤粉碎机可安装于糖化室同一平面上，不用原料输送，可大大节省基建投资。粉碎机只采用对辊粉碎机，不需筛分。液力输送较气力输送或机械输送造价低。

（2）浸渍增湿粉碎的缺点如下。

①粉碎机生产能力要求较大，一般在30~40min内完毕，负荷较集中，耗电比干法粉碎增加1倍以上；

②电力供应必须充足，如果粉碎过程中突然停电，调浆醪液易酸败变质；

③设备及输送管道需采用不锈钢材料，以防止锈蚀；

④清洗需彻底，不留死角，否则易遭杂菌污染。

三、麦芽粉碎度和收得率

麦芽胚乳粉碎物的粒度、浸出率和溶解性是不相同的。在溶解不足或不均匀的麦芽中，细胞溶解酶和其他酶类未能充分发挥作用，各组分几乎还未发生变化，麦粒仍然又韧又硬，尤其是麦尖部位（麦粒内部的溶解是从胚芽开始，逐渐发展至麦尖的）。这种坚硬的麦粒很难粉碎，由此而产生的粉碎物比溶解良好的麦芽粗，是构成粗粒的主要部分。

麦粒的下部组织绝大多数已在发芽中受到酶的良好作用，细胞壁已经溶解，胚乳变得疏松、易碎。这种麦芽的抗碎力较低，容易粉成细粒或粉末。

麦芽粉碎物的各组分不仅在外观上有差别，其物质结构也不尽相同。主要表现在糖化时浸出率和溶解度的不同。

由溶解良好的麦芽粉碎得到的细粒和粉状物已经部分呈水溶性或在糖化时极易受酶的作用而分解。它们含酶丰富，易被酶渗透，溶解彻底。

相反，由坚硬和溶解不良的麦芽粉碎得到的粗粒，内部的转化作用已经停止，含酶不多，溶解困难，需要加强酶的作用才能溶解，但溶解仍然缓慢和不完全，麦糟中麦汁的残存量大，麦汁的损失较大。

麦芽粉碎物中各组分的组成见表6-2。

表6-2	麦芽粉碎物各组分的组成						
	粉碎物	麦皮	粗粒	细粒Ⅰ	细粒Ⅱ	粗粉	细粉
组分/%	100	27.6	15.3	22.9	13.2	6.6	14.4
浸出物含量/%（无水）	80.2	64.4	79.5	87.9	84.2	83.3	96.8
糖化时间/min	9	8	9	8	9	10	12
最终发酵度/%	80.9	77.3	78.0	82.0	82.5	80.9	83.2
碘值（ΔE）	0.12	0.05	0.14	0.17	0.10	0.12	0.02
蛋白质含量/%（无水）	11.1	12.4	11.9	10.6	11.4	13.4	7.6
可溶性氮/（mg/100g 干物质）	711	584	681	705	847	854	526
蛋白质溶解度/%	39.9	29.5	35.7	41.7	46.3	39.7	43.1
游离氨基氮/（mg/100g 干物质）	166	155	136	154	173	191	118
黏度/（mPa·s 8.6%）	1.515	1.534	1.463	1.481	1.443	1.467	1.407
糖化力/°WK（无水）	302	225	323	361	347	327	250
α-淀粉酶（ASBC，无水）	40	32	44	51	48	47	36
活性多酚/（mg PVP/100g 干物质）	22	12	32	20	21	24	12
色度/EBC	3.3	4.7	2.8	2.5	2.8	2.8	1.3

麦芽粉碎度直接影响到麦汁的组成。通过细粉碎，胚乳中的物质溶解和酶的释出加快，释出的酶在最佳温度范围内具有更强的作用，它可以改善蛋白质和半纤维素的分解状况，增加可发酵性糖的含量，使糖化提前到达碘反应终点，从而缩短糖化时间。为了使麦芽的内含物质更易受到酶的作用，粉碎是仅次于醪液煮沸的又一关键点。

现代湿粉碎方法对释出难溶的颗粒有良好的作用。只有当被水浸透的麦皮在很大程度上被粉碎时，才得以将封闭在麦皮中的粗粒挤压出来。因此人们更加重视浸渍操作。从这一意义上讲，现代增湿粉碎机是更为理想的粉碎设备。

第二节　糖化

糖化是麦汁制备中最重要的过程之一。在糖化过程中，水与麦芽粉碎物料充分混合，在麦芽各种酶系的作用下，麦芽中的可溶性物质彻底浸出，之后酵母将麦汁发酵为啤酒。

糖化工艺是影响麦汁组成的重要因素，而麦汁组成又是影响啤酒发酵、啤酒的过滤性能和口味稳定性的重要因素之一。所以在糖化过程中，要严格控制各因素的变化，如糖化温度、糖化时间、糖化醪的浓度和 pH，以保证产品质量、产量的稳定性。此外，在糖化过程中，还要严格控制辅料的添加比例，以保证酵母对营养物质的需求。

一、糖化概述

1. 糖化的概念

利用麦芽所含的各种水解酶（或外加酶制剂），在适宜的条件（温度、pH、时间）下，将麦芽和麦芽辅料中的不溶性高分子物质逐步分解为可溶性低分子物质的过程称为糖化。

从麦芽和麦芽辅料中溶解出来的物质称为浸出物。麦芽浸出物主要由各种可发酵性糖（麦芽糖、麦芽三糖、葡萄糖）、不可发酵性的糊精、蛋白质、麦胶物质和矿物质组成（图 6-11）。麦汁中的糖类比麦芽中原有糖类（蔗糖、果糖）的含量有所增加，在 11~12°P 的麦汁中，可发酵性糖占总浸出物的 61%~65%，决定了麦汁的最终发酵度。

麦汁中浸出物与投料量比值的百分数称为浸出率。在糖化过程中有 75%~80% 的原料内容物能够浸出，未溶解的残余物将和麦糟一起排出。

2. 糖化的目的和要求

糖化的目的是利用各种酶的作用，使不溶性物质溶解出来，从而得到尽可能多的浸出物，并且使麦汁组成适宜。

糖化的总体目标和要求见表 6-3。

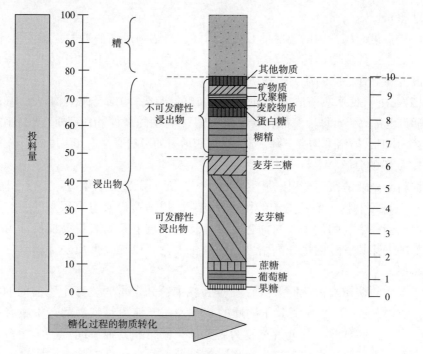

图 6-11　麦芽浸出物的组成

表 6-3		糖化的总体目标和要求	
糖化的总体目标	糖化的工艺目标	数值目标	主要影响因素
最佳的麦汁组分	具备良好的过滤性	减少最终发酵度与外观发酵度的差值，其小于2%	麦芽质量
较高的浸出率	主发酵和后发酵迅速	色度浅	良好的粉碎
提高原料的利用率	有利于酵母的沉降	啤酒的还原能力强	通过对温度、时间、pH和浓度的调整，优化酶的最佳作用条件
减少能源消耗	良好的啤酒稳定性	口味稳定性好	
	良好的过滤性能	减少发酵副产物的量	
		减少DMS、脂肪酸和羰基化合物的量	

二、糖化过程中主要物质的变化

糖化过程中，重要的物质分解反应有：淀粉的分解，蛋白质的分解，β-葡聚糖的分解。这些物质的分解主要依靠酶的作用，而酶发挥作用的决定性因素是温度和 pH。

（1）温度 酶活力随温度的升高而增强，当达到最高活力后，温度再升高，酶开始变性，其活性迅速下降。在低温下，酶活力几乎可以无限度地保持，但随着温度的上升，酶的活力迅速下降。

（2）pH pH 影响酶活力。因为随着 pH 的变化，酶的空间结构将发生改变，酶的活力也将改变。每种酶都有其最佳 pH，不同酶的最佳 pH 不同。当高于或低于最佳 pH 时，酶活力均会下降。但 pH 对酶活力的影响通常不如温度的影响大。

1. 淀粉的分解

淀粉的分解是糖化过程中最重要的反应，其主要影响因素有：温度、时间、pH、醪液浓度和稳定剂钙离子的作用。此外，提高粉碎质量也很重要，它可有效地启动麦芽中的酶活力。与深色麦芽相比，浅色麦芽具有更高的酶活力。溶解良好的麦芽其发酵度也较高。煮出法糖化工艺可以提高低质麦芽和着色麦芽的收得率。

麦芽中的淀粉以颗粒的形式存在于胚乳中，其含量为麦芽干物质的 50%~60%，辅料大米淀粉含量为其干物质的 90% 左右。淀粉是啤酒酿造中最有用的成分，必须彻底分解。其分解产物为麦芽糖、糊精和其他中间产物。淀粉是否彻底分解，不仅直接影响啤酒生产成本的高低，而且还影响啤酒的质量（不可分解的残余淀粉会导致啤酒浑浊）。

淀粉的分解可分为三个连续进行的不可逆过程，即糊化、液化和糖化。

（1）糊化 麦芽和辅料中的淀粉，一般由细胞壁包围，以颗粒状存在。这种颗粒不溶于水，也不受淀粉酶的作用。但淀粉颗粒经加热，会迅速吸水膨胀，当升至一定温度后，细胞壁破裂，淀粉分子溶出，形成黏性糊状物，此过程称为"糊化"［图 6-12（1）］。简而言之，糊化就是淀粉颗粒在热溶液中膨胀破裂的过程。

淀粉糊化后，醪液中的淀粉酶可以较好地将其分解，而未糊化淀粉的分解则需要很多天。

不同谷物的糊化温度不同，这是由于不同谷物的淀粉颗粒大小不同、化学组成不同而造成的。例如：一般麦芽淀粉、大麦淀粉，在有酶存在时，可在 60℃ 糊化；大米淀粉的糊化湿度为 80~85℃；小麦淀粉的糊化温度为 57~70℃；玉米淀粉的糊化温度为 68~78℃；高粱淀粉的糊化温度为 68~78℃。如果糊化过程中添加 α-淀粉酶，糊化温度将大大降低。

（2）液化 α-淀粉酶将由葡萄糖残基组成的淀粉长链（直链淀粉和支链淀粉）迅速分解为短链，形成低分子糊精，从而使已糊化醪液的黏度迅速下降，形成稀的醪液，这个过程称为"液化"，液化过程是一个生化反应过程。液化的含义就是通过 α-淀粉酶的作用，使已糊化的淀粉液黏度下降。当然，液化过程中 β-淀粉酶也会起作用，从非还原末端来分解长链，只是其作用缓慢，分解时

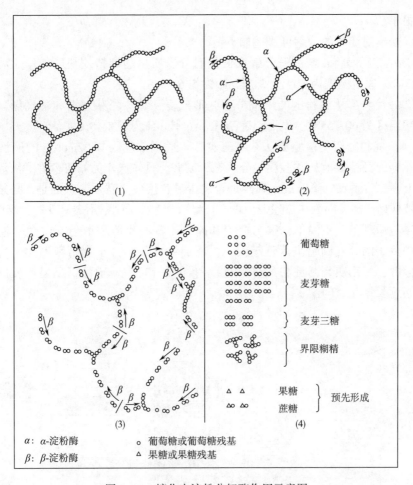

图 6-12　糖化中淀粉分解酶作用示意图

间长 ［图 6-12（2）］。

（3）**糖化**　糖化是指淀粉酶将淀粉转化为麦芽糖、麦芽三糖、葡萄糖等糖类和糊精的过程，是一个生化反应过程。我们已经知道，α-淀粉酶可将直链淀粉或支链淀粉的长链分解成由 7~12 个葡萄糖单位组成的短链糊精，然后 β-淀粉酶再从短链的末端每次切下两个葡萄糖，形成麦芽糖等。β-淀粉酶的作用时间要长于 α-淀粉酶的作用时间 ［图 6-12（3）］。

不同长度的淀粉链会糖化生成麦芽糖和其他糖类，如麦芽三糖、葡萄糖。由于 α-淀粉酶和 β-淀粉酶都不能分解 1,6-糖苷键，因此，淀粉的分解会在 1,6-糖苷键前的 2~3 个葡萄糖残基处停止。所以在正常的麦汁中，总会存在界限糊精 ［图 6-11（4）］。

虽然在麦芽中存在既可分解 1,4-糖苷键，又可分解 1,6-糖苷键的界限糊精酶，但由于其最佳温度为 55~60℃，失活温度为 65℃，所以在糖化过程中该酶作用很小。

淀粉酶对淀粉的分解可概述如下：

①α-淀粉酶将长链淀粉分解成低相对分子质量的糊精，其最佳作用温度为 72~75℃，失活温度为 80℃，最佳 pH 为 5.6~5.8；

②β-淀粉酶从淀粉链的末端分解，形成麦芽糖、麦芽三糖和葡萄糖，其最佳作用温度为 60~65℃，失活温度 70℃，最佳 pH 为 5.4~5.5。

（4）淀粉分解的检验方法——碘检　一般用浓度为 0.02mol/L 的碘液（碘和碘化钾的酒精溶液）检验淀粉分解是否彻底。具体操作为：将少许醪液滴在白瓷板上，然后滴入一滴碘液，观察是否发生显色反应。需要注意的是，必须将碘检醪液样品冷却，因为在热醪中，碘液与淀粉及大分子糊精不会呈现显色反应。

碘检原理是，室温下，碘与淀粉和高分子糊精反应呈蓝色至红色，遇高分子和中分子的分支糊精呈紫色至红色，而遇糖类和小分子糊精则不发生显色反应。因此，可用碘判断淀粉的分解程度（图 6-13）。若碘检仍呈显色反应，则可适当延长糖化时间。

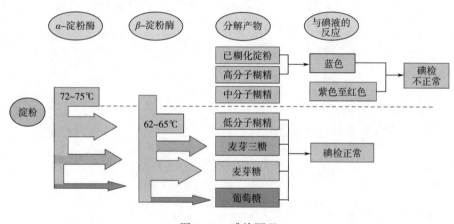

图 6-13　碘检原理

（5）麦汁中浸出物的组成　糖化过程中，主要产生下列淀粉分解产物。

①葡萄糖：最先被酵母分解（起发酵性糖）；

②麦芽糖及其他双糖：能被酵母又好又快地发酵（主发酵性糖）；

③麦芽三糖：能被所有高发酵度酵母发酵。只有当麦芽糖发酵完毕后，即在后酵贮存阶段才能分解麦芽三糖（后发酵性糖）；

④糊精：不可发酵，是构成啤酒残糖的主要成分。

在糖化过程中，各种酶的作用决定麦汁中可发酵性糖的比例，可发酵性糖的比例决定最终发酵度，而最终发酵度又决定啤酒的酒精含量和特征。酿造外观发酵度为 80% 的浅色全麦芽啤酒，其麦汁可发酵性浸出物的一般组成见表 6-4。

表 6-4　　　　　　　　　　　　　麦汁中可发酵性浸出物组成

可发酵性糖	在浸出物中的/%	在 100mL 12°P 麦汁中的/%	在可发酵浸出物中的/%
六碳糖	7~9	0.9~1.2	11.9
蔗糖	3~4	0.4~0.5	5.1
麦芽糖	43~45	5.6~5.9	65.4
麦芽三糖	11~13	1.4~1.7	17.6
合计	62~68	平均8.8	100.0

（6）影响淀粉分解的因素　糖化工艺决定麦汁中可发酵性浸出物的组成，而麦汁中的各种糖分和糊精影响发酵过程和啤酒的质量。因此，酿造者在糖化时必须注意影响淀粉分解的各种因素。

①麦芽品种及质量：浅色麦芽的酶含量通常高于深色麦芽，制得的麦汁含糖多，糊精少；深色麦芽酶含量较少，糖化较慢，制得的麦汁含糖少，糊精较多，发酵度较低。溶解良好的麦芽，不仅酶含量高，而且胚乳细胞壁的分解也较完全，内容物易受酶的作用，因此用这种麦芽，淀粉分解既快又完全，制成的麦汁泡沫多，清亮透明；溶解差的麦芽，情况则相反。

②粉碎度：若粗粒多，则原料不易吸水，同时相对表面积小，不利于酶的作用，分解作用不完全，影响原料收得率；若细粉太多，则会影响麦汁过滤。

③糖化温度：温度对糖化的影响非常大，所以糖化要在各种淀粉酶的最佳温度下休止，即：

a. α-淀粉酶的最佳作用温度在 72~75℃，在此阶段长时间糖化，可形成较多的糊精，制成最终发酵度低、糊精含量丰富的啤酒；

b. β-淀粉酶的最佳作用温度在 60~65℃，在此阶段长时间糖化，可形成大量的麦芽糖，制成最终发酵度较高的啤酒。

④糖化时间：糖化时间的影响总是和糖化温度联系在一起。

糖化过程中，酶的作用并不是均匀的，可将酶的活力划分为 2 个时间阶段：

a. 10~20min 后，达到酶的最大活力。在温度 62~68℃，酶的活力最大。

b. 40~60min 后，酶的活力下降较快，然后下降变慢。

总之，随着糖化时间的延长，一方面浸出物溶液的浓度会不断提高，但提高速度将越来越慢；另一方面，麦芽糖含量也不断提高（尤其是在 62~65℃糖化时），即啤酒的最终发酵度也在不断提高（图 6-14）。

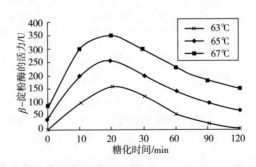

图 6-14　糖化温度和休止时间对 β-淀粉酶活力的影响

⑤醪液的 pH：pH 是酶发生作用的决定性因素之一。我们已知，α-淀粉酶的最佳 pH 在 5.6~5.8；β-淀粉酶的最佳 pH 在 5.4~5.6。当醪液的 pH 在 5.5~5.6 时，可以看作是两种淀粉酶的最佳 pH 范围。在此 pH 范围内，可提高浸出物浓度，形成较多的可发酵性糖，进而提高最终发酵度。

⑥醪液浓度：浓度低，可以溶出更多的浸出物；浓度高，可以较好地保持酶的活力，提高可发酵性糖的含量和最终发酵度。但与其他因素相比，醪液浓度对淀粉分解的影响较小。实际生产中，淡色啤酒的料水比控制在 1：4 左右即可。

2. 蛋白质的分解

与碳水化合物一样，糖化过程中的蛋白质分解也很重要。蛋白质在蛋白酶的作用下依次分解为高分子氮、中分子氮和低分子氮，最终分解为氨基酸。蛋白质的分解产物组成见图 6-15。

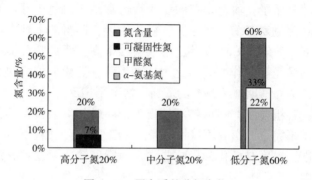

图 6-15　蛋白质的分解产物

蛋白质的分解产物不仅是酵母的营养物质，而且还影响啤酒的风味、泡沫和非生物稳定性（见表 6-5）。

表 6-5　　　　　　　　　　蛋白质分解对啤酒质量的影响

蛋白质的分解产物	作用
高分子氮	形成泡沫，物理及化学稳定性，啤酒的醇厚性
中分子氮	"CO_2 的载体"，口味（杀口力），缓冲物质
低分子氮，氨基酸	"酵母的营养"，发生美拉德反应，色度变化

（1）分解蛋白质的主要酶类及其作用　麦芽中分解蛋白质的酶类远比分解淀粉的酶类复杂。主要有：内肽酶、二肽酶、氨肽酶和羧肽酶等。

（2）影响蛋白质分解的因素　糖化过程中，影响蛋白质分解的因素有：麦芽质量（溶解度和含酶量）、温度、时间、pH 和醪液浓度。

①麦芽的质量至关重要。溶解良好的麦芽，在制麦阶段，大分子蛋白质已分解 60%~70%，而在糖化阶段只分解 30%~40%。因此，麦芽的蛋白质溶解度影响麦汁的含氮量。

②糖化醪液偏酸性，糖化中影响蛋白质分解的酶类主要是内肽酶和羧肽酶。糖化时产生的游离氨基氮，80%是由羧肽酶产生的。但如果内肽酶活力不高，单纯依靠羧肽酶，麦汁中的游离氨基氮含量也难以大幅度提高。

③蛋白质分解受温度影响很大。其最适分解温度在45~55℃。在45℃休止时，会形成大量的低分子多肽，供酵母繁殖和发酵；在55℃休止时，会形成高分子蛋白分解物，可溶性高、中分子氮含量增多，有利于啤酒的泡沫和酒体。但是，新的研究表明，在50℃长时间休止会导致啤酒泡沫较差，因为此温度下会使麦胶物质（形成啤酒泡沫的物质）分解。

④低温（35℃）下料，有利于保持内肽酶和羧肽酶的活力，促进蛋白质的分解，即使逐渐升温至50℃或65℃，仍能保持较高的热稳定性。如果在50℃或65℃下料，这两种酶的活力明显下降。溶解不良的麦芽，这两种酶的活力较低，热稳定性也较差，更应采取低温下料。另外，低温下料能产生较多的游离氨基氮，对发酵中酵母代谢的物质转化具有重要意义。

⑤浓醪糖化时，由于酸性物质溶解的增加、pH的降低以及酶浓度的提高，使酶与底物充分接触，从而有利于蛋白质的分解；同时，浓醪有助于蛋白质分解酶得到胶体保护，保持酶活力。

3. β-葡聚糖的分解

β-葡聚糖在啤酒酿造中具有重要意义。一方面，适量β-葡聚糖的存在，是构成啤酒酒体和泡沫性能的主要成分；另一方面，β-葡聚糖含量过高，会导致麦汁和啤酒过滤困难。

β-葡聚糖酶分解β-葡聚糖的最佳作用温度为45~50℃，在52~55℃时失活，所以糖化过程中β-葡聚糖难以再被分解。因此，在糖化过程中未分解的β-葡聚糖会给麦汁和啤酒过滤带来困难。

实际上，大部分β-葡聚糖在制麦阶段已经分解。因为麦芽脆度仪值和协定麦汁黏度与麦汁的β-葡聚糖含量成正比，所以这两项分析值都可以说明麦汁和啤酒的可滤性。如果麦芽脆度值超过80%或协定麦汁黏度在1.51~1.63mPa·s，则说明β-葡聚糖分解良好。

4. 磷酸盐的分解

在糖化过程中，磷酸脂酶可溶解麦芽中一部分未溶解的有机磷酸盐，从而增加醪液的缓冲能力。磷酸脂酶的最适作用条件为pH 5.0，温度50~53℃。当温度为65~70℃时，酶的活性受到抑制。因此，较低的麦汁pH，有利于糖化的顺利进行。

麦芽中的酸性磷酸脂酶可水解麦芽中的有机磷酸盐，游离出的磷酸继续反应生成第一磷酸盐。这使糖化醪的酸度升高，pH降低，缓冲能力增强。

磷酸盐的分解与蛋白质水解同时进行。磷酸盐溶解的最佳投料温度为50~53℃。麦芽溶解得越好，其协定法麦汁的缓冲能力越强。

当pH从5.85降至5.40时，糖化醪酸度升高。添加酸麦芽可使更多的缓冲物质溶入麦汁。

糖化醪中磷酸盐含量的升高可提高混合麦汁的酸度,其缓冲作用可减弱麦汁煮沸或发酵时 pH 的下降幅度。

5. 多酚物质的分解

随着糖化时间的延长和温度的升高,从麦皮和胚乳中游离出来的多酚物质将会影响啤酒的质量。一方面,多酚极易氧化,会使麦汁色度增加,使啤酒苦味粗糙并产生后苦;另一方面,部分多酚物质在糖化和麦汁煮沸中与蛋白质结合凝固析出,有利于提高啤酒的非生物稳定性。

6. 脂类的分解

大麦中的脂类在发芽过程中已被部分分解,形成相应的油脂和脂肪酸,以用于细胞呼吸和新细胞的合成。若制麦条件强烈,成品麦芽可含有较多的总脂肪酸和游离脂肪酸。脂酶在发芽时迅速增加,干燥过程结束后仍部分保留在麦芽中。

脂酶在糖化温度 50℃ 左右时最稳定,在 65℃ 时 30min 内失活。不同的浸出糖化过程表明,分段升温影响酶活力,如在 65℃ 休止,酶活力仍保留原有活力的 25% 左右,而在 70℃ 休止,酶将失去活力。

投料温度为 62℃ 时,进入麦汁中的脂肪酸含量最少;投料温度为 68℃ 时,进入麦汁中的脂肪酸含量最多。进入麦汁中的脂肪酸含量与麦芽中的脂肪酸含量有关。煮出法比浸出法会产生更多的游离脂肪酸。

7. 锌的游离

麦芽中的微量元素锌在糖化过程中溶入麦汁。锌对酵母具有重要的生理作用,对酵母蛋白质的合成、细胞增殖和啤酒发酵有重要的影响。锌可以稳定酵母细胞内的蛋白质及其膜系统,对酶有活化和保护其活力的作用,能加速核黄素合成酶的形成并可促进糖类的吸收。

锌是乙醇脱氢酶的活性金属离子。麦汁中缺锌会使酵母繁殖不好,主要表现为主发酵缓慢,双乙酰及其前驱物 α-乙酰乳酸还原不完全。每 100g 麦芽干物质中含 3~3.5mg 锌,在麦芽颗粒的外层(皮壳、糊粉层)组织中,锌的浓度最高。糖化时大约只有 20% 的锌进入麦汁。采用 45℃ 的投料温度和较低的 pH(5.0~5.4),可获得较高的锌浓度。

提高麦汁中锌含量的措施有:选择富锌原料;提高麦芽溶解度;控制糖化醪液保持较低 pH;采用较低的投料温度;缩短糖化时间;采用浓醪糖化;添加锌盐;选择适宜的容器材料。

三、糖化方法

糖化方法主要分为两大类型:浸出糖化法(Infusion)和煮出糖化法(Decoction)。在选择糖化方法时还必须考虑到如下因素的影响:

（1）麦芽品质；

（2）啤酒的类型；

（3）糖化车间的设备组成；

（4）辅料选用。

1. 浸出糖化法

浸出糖化法的特点是：糖化醪液自始至终不经煮沸，单纯依靠酶的作用浸出各种物质，麦汁在煮沸前仍保留一定的酶活力。

根据糖化过程是否添加辅料，可以分为单醪浸出法和双醪浸出法。其中单醪浸出法又可分为恒温浸出糖化法和升温浸出糖化法两种。

（1）单醪恒温浸出糖化法　投料温度（即糖化温度）在65℃左右，糖化1~2h后升温至过滤温度78℃，进行过滤。这里没有蛋白质分解阶段，因此，只适用于蛋白质分解比较完全的麦芽。

（2）单醪升温浸出糖化法　35~37℃时投料，浸泡原料，直接升温到50℃进行蛋白质分解，再缓慢升温到65℃、72℃进行分段糖化，然后再升温至78℃，进行过滤。浸出糖化法需要使用溶解良好的麦芽，特别适用于酿制全麦芽啤酒、上面发酵啤酒。英国啤酒中70%为上面发酵啤酒，均采用浸出糖化法。

（3）双醪浸出糖化法　糖化醪与糊化醪兑醪后，醪液不再煮沸，而是直接在糖化锅升温，达到糖化各阶段所要求的温度。由于只有部分醪液进行煮沸，胚乳细胞壁的高分子麦胶物质及其他杂质溶出较少，所制麦汁色泽浅，黏度低，口味柔和，发酵度高，特别适合酿造浅色淡爽型啤酒和干啤酒；而且操作简单，糖化时间短，在3h内即可完成。

目前我国用辅料酿造淡色啤酒的厂家大多采用此法。酿制的啤酒，色泽淡黄，泡沫丰富，洁白细腻，挂杯持久，具有特殊风味，得到了国内外的好评。

工艺示例图解见图6-16。

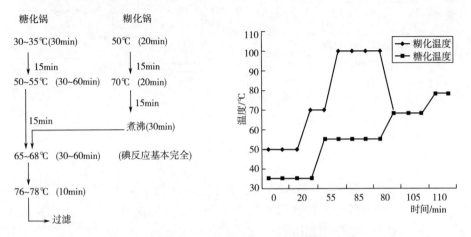

图6-16　双醪浸出糖化法工艺图解

2. 煮出糖化法

煮出糖化法的特点是将糖化醪液的一部分,分批地加热到沸点,然后与其余未煮沸的醪液混合,使全部醪液温度分阶段地升温到不同酶作用所要求的温度,最后达到糖化终了温度。

根据糖化过程是否添加辅料,煮出糖化法可以分为单醪煮出法和双醪煮出法。

(1) 单醪煮出法

该方法不添加辅料,只有糖化醪。即将糖化醪中的一部分泵入糊化锅,逐步升温至煮沸状态,维持一段时间,然后把煮沸的醪液重新泵入其余未煮沸的醪液中,使混合醪的温度达到下一步较高的休止温度。根据分醪的次数,可以分为单醪三次、单醪二次和单醪一次煮出糖化法。

在所有的煮出糖化法中,单醪三次煮出糖化法历史最为悠久,其他煮出糖化法几乎都是从单醪三次煮出糖化法演变而来。

此法的特点是部分醪液要经过三次煮沸;整个糖化过程,温度上升幅度小,有利于发挥各种酶的作用;但是由于煮沸次数多,工作时间长,热能和电能消耗多,因而生产成本高;而且设备利用率较低。

工艺示例图解见图6-17。

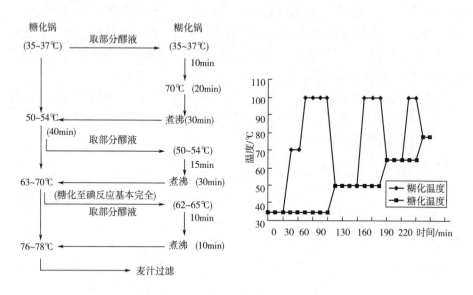

图6-17 单醪三次煮出糖化法工艺图解

(2) 双醪煮出糖化法 双醪煮出糖化法是由于使用大米等辅料而出现糖化锅和糊化锅同时投料的一种煮出糖化方法。根据煮沸次数,可分为双醪三次、双醪二次、双醪一次煮出糖化法。

（3）煮出糖化法的特点和注意事项

①可以强化淀粉的糊化和液化，提高糖化的收得率；

②可以补救一些麦芽溶解不良的缺点。此法多用于酿造下面发酵啤酒，酿出的啤酒风味醇厚，柔和可口。既可用来生产淡色啤酒，也可用来生产浓色啤酒；

③能源消耗较大，比浸出法工艺大约高20%。多次煮沸需要大量的能源和时间，因此在工厂中应尽可能减少煮沸次数（1~2次）和煮沸时间（生产淡色啤酒以10~15min为宜，深色啤酒为20~30min较好），以降低费用和缩短糖化时间；

④若要保护酶活力，合醪时必须开启搅拌，将煮沸醪液并于剩余醪液中，绝不能反向并醪；

⑤需要用未煮沸醪液中的酶来分解淀粉，因此总醪液不能煮沸，以避免煮沸过程杀死醪液中所有的酶。

3. 浸出糖化法和煮出糖化法工艺比较（表6-6）

表6-6　　　　　　　　　　浸出糖化法和煮出糖化法工艺比较

项目　　工艺	煮出糖化法	浸出糖化法
设备	设备复杂，必须有2个以上的糖化设备，即至少要有1个糖化锅、1个煮沸锅（糊化锅）	设备比较简单，有一个糖化锅即可进行操作
操作	操作复杂，工作时间长，生产成本较高	操作简单，工作时间短，生产成本较低
投资	设备多，占地面积大，投资较高	设备少，占地面积小，投资较小
原料的要求	可以使用质量较次的麦芽，能使用辅料	不能使用质量较次的麦芽，可以使用辅料
原料利用率	98%以上	95%以上
麦汁特点	制得麦汁成分合理，糖与非糖容易控制，蛋白质和中分子糊精多	麦汁糖分多，蛋白质和中分子糊精较少
啤酒特点	常用于生产下面发酵啤酒，既可酿制淡色啤酒，也可酿制浓色啤酒，啤酒醇厚、杀口	适于酿制上面发酵啤酒和下面发酵啤酒，啤酒柔和、淡爽

4. 特殊糖化工艺

特殊糖化工艺是根据特色啤酒的产品目标来制定的，主要有高温糖化工艺、低热量啤酒糖化工艺、追加热水糖化工艺、预糖化工艺、外加酶糖化工艺等。

（1）高温糖化工艺（低发酵度糖化法、跳跃式糖化法）　35℃浓醪糖化后，加入100℃的热水，使醪液温度达到72℃（α-淀粉酶的最适温度）。采用此种方法，跳过了β-淀粉酶的作用温度（65℃）。虽然α-淀粉酶进行糖化，但其产物大部分为糊精，可发酵性糖较少，所以啤酒的最终发酵度较低（约40%）。75℃

糖化，α-淀粉酶的活力可提高 5% ~ 10%。此方法主要用于生产低醇或无醇啤酒，但是此工艺需使用溶解良好的麦芽（见图 6-18）。

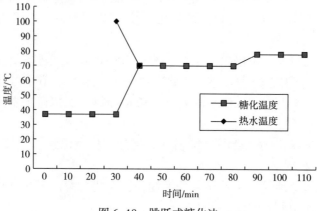

图 6-18　跳跃式糖化法

（2）低热量啤酒糖化工艺（高发酵度干啤酒）　生产低热量啤酒，可在糖化时添加淀粉酶或在发酵过程中使用真菌淀粉酶，提高最终发酵度，可以最大限度地减少啤酒中的残糖，抑制蛋白酶的分解，以使啤酒的最终发酵度提高到90%，使啤酒具有良好的泡沫。

生产低热量啤酒的工艺特点如下。

①迅速抑制内肽酶的活力；

②降温后利用界限糊精酶获得新的游离组分。

结果如下。

①啤酒的发酵度较高；

②啤酒的泡沫得到改善。

通过对投料温度和休止时间的调整可知：采用高温投料、低温休止可提高啤酒的发酵度（表 6-7）。

表 6-7　　　　　投料温度和休止时间的变化对啤酒发酵度的影响

	变化 1	变化 2	变化 3
投料温度/℃	62	62	62
休止时间 61~62℃/min	60	60	30
休止时间 50~51℃/min	35	60	30
休止时间 62~63℃/min	20	30	30
休止时间 71~72℃/min	20	20	20
糖化终止温度/℃	76	76	76
总糖化时间/min	185	205	145
发酵度/%	89.2	89.8~93.4	90~91.7

（3）追加热水升温糖化法（见图 6-19）　啤酒厂往往有许多剩余热水，使用追加热水升温糖化法可以节约能源。具体方法是：62℃下料，调整 pH 为 5.2，料水比为 1：2.5，休止 10~20min；然后在醪液中加入 82~85℃热水，使醪液温度升到 70℃，休止 10~20min；碘检正常后升温至 75℃，休止 15~20min，有利于啤酒泡沫和口味的形成；最后升温至 78℃，此时达到正常料水比（1：4）~（1：5），进过滤槽。

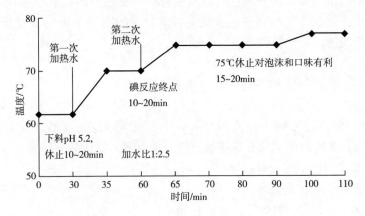

图 6-19　追加热水升温糖化法

第三节　糖化工艺技术条件及质量控制

糖化是生化反应过程，在此过程中，应尽可能创造一切有利的工艺技术条件来发挥麦芽中各种酶的最大作用，使制成的麦汁在质和量上都能达到期望的要求。除前述良好的粉碎和恰当的糖化方法外，优质的原辅材料、适宜的醪液浓度和 pH、精确的糖化温度以及严格的抗氧化措施也很重要。

一、原辅材料

原辅材料（特别是麦芽）的差别决定了糖化投料温度的不同。

从理论上讲，糖化可在任何温度下投料。但是，由于麦芽质量的差异和酶活对温度的依赖性，投料温度就非常重要了。只有在适宜的温度下，酶类才能充分发挥其作用。

如果麦芽溶解不足，糖化投料温度应选择在 35℃，有利于各种酶的浸出。尽管 35℃ 与 β-葡聚糖、蛋白质以及淀粉的分解关系不大，但由于 β-葡聚糖酶、

蛋白质分解酶以及 α-淀粉酶和 β-淀粉酶在35℃时即开始溶出，一旦到达最佳作用温度，这些酶马上就会发挥作用，容易获得较高的可发酵性糖，进而提高最终发酵度。而且35℃下料，$MgSO_4$-N 的含量较高，啤酒泡沫较好。

如果麦芽溶解良好，糖化投料温度可以选择为50℃，此时酶的生成量会大大提高，麦芽粉胚乳软化溶解，游离的胞外酶会强烈发挥作用，不仅促进蛋白质分解，也会促进磷酸盐的分解，将 β-淀粉酶作用的最适温度提前，同时，淀粉颗粒外围的蛋白质得以分解，从而间接有利于淀粉分解。但不宜在50℃长时间进行休止，如果休止时间过长，就会导致过多的高分子蛋白质被分解，啤酒口味将过于淡薄，且泡持性差。

二、投料温度对啤酒质量的影响

新的研究表明，如果采用高温（如62℃）投料工艺，不仅糖化时间短，利于节能，而且对啤酒的泡沫和口味稳定性非常有利，原因如下。

（1）减少蛋白质的分解；

（2）高分子氮含量较多；

（3）由于啤酒黏度较高，啤酒有较好的泡持性；

（4）麦汁中 α-氨基氮含量相对较低；

（5）仅有较少的氨基酸参与美拉德反应。

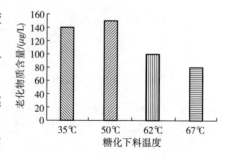

图6-20 显示了在不同下料温度啤酒中老化物质的变化情况，温度越高（如62℃、67℃），老化物质成分越低，口味也越稳定。

图6-20 不同下料温度啤酒老化物质的变化

三、投料温度与啤酒泡沫

通常情况下，投料温度较高时能改善啤酒的泡沫。这一现象可能是由一定数量的高分子氮引起的。某一特定分子质量的蛋白质，如分子质量为41000U的起泡蛋白质、胶原蛋白质和黏性物质，对泡沫起决定性作用，促进了泡沫的形成；大多数情况下，造成单宁沉淀的蛋白质在60℃时会大量增加。

根据经验得出的结论见表6-8。

表 6-8   投料温度与泡沫的关系

投料温度/℃	40	50	60
泡持性	较好	差	好

总之，下料温度影响着麦汁和啤酒的组成、泡沫、过滤性能以及口味稳定性等，详见表 6-9。

表 6-9   下料温度与产品目标的关系

	下料温度/℃			pH	低氧量	超细粉碎	关系
	37	50	62	5.5~5.7			
氨基氮	++	+	−	+	++	?	酵母营养
高分子氮	+	−	++	+	−	+	泡沫
最终发酵度	+	+	(+)	+	++	+	酒精含量
碘反应	++	+	(+)	+	++	+	过滤性能，口感丰满
β-葡聚糖分解	++	+	−	+	++	+	过滤性能
活性多酚	(+)	(+)	(+)	++	++	+	口味，保护功能

注:? 表示关系尚不清楚。

四、醪液浓度和 pH

1. 醪液浓度

醪液浓度取决于所用原料和糖化用水的比例，即料水比。料水比决定着第一麦汁的浓度，通常情况下，100kg 糖化投料加 300L 糖化用水，可得到浓度为 20°P 的第一麦汁。

直接用于糊化锅和糖化锅的水，使原料组分得以溶解，并进行生化反应所需的水量，称为糖化用水。如不使用谷类辅料，糖化用水则就是糖化锅的用水量；如使用谷类辅料，糖化用水就是糖化锅和糊化锅用水量之和。

糖化锅的料水比比较高，一般控制在 1:3.5 左右，浓醪有利于蛋白质分解；糊化锅的料水比则比较低，一般控制在 1:5.0 左右，稀醪有利于淀粉的糊化和液化。当然，可以根据辅料添加比例和兑醪后所要求达到的温度而适当调整两者用水的比例。

醪液浓度对酶的反应、浸出物收得率和麦汁成分的影响是很大的。

（1）醪液越浓，酶的耐温稳定性越高，但其反应速率则较低。β-淀粉酶在浓醪情况下，能产生较多的可发酵性糖；蛋白分解酶在浓醪情况下比较稳定，可产生较多的可溶性氮和氨基氮；

（2）醪液浓度在 8~16°P 时，基本不影响各种酶的作用，浓度超过 16°P，酶的作用逐渐缓慢。因此，淡色啤酒的第一麦汁浓度应控制在 16°P 以下，浓色啤酒的第一麦汁浓度可适当提高至 18~20°P；

（3）醪液浓度过浓或过稀，对浸出物收得率都有影响。醪液过浓，麦糟中残糖高，影响浸出物收得率；醪液过稀，洗糟用水少，洗不净，也影响浸出物收得率；

（4）制造淡色啤酒和浓色啤酒所采取的醪液浓度是不同的。淡色啤酒可采取较稀的醪液浓度，料水比一般为 1 :（4~5），洗糟水相对较少，第一麦汁与最终麦汁的浓度差小；浓色啤酒则采取较浓的醪液浓度，以使麦芽的香味物质较多地进入醪液中，料水比一般为 1 :（3~3.5），洗糟水相对较多，第一麦汁与最终麦汁的浓度差大。一般可根据表 6-10 所列情况加以控制。

表 6-10　　　　　　　　　　　麦汁浓度的控制

啤酒类型	第一麦汁浓度/°P	最终麦汁浓度/°P	浓度差/°P
淡色啤酒	14~16	12	2~4
浓色啤酒	18~20	12	6~8

2. 醪液 pH

麦芽中各种主要酶的最适 pH 一般都较糖化醪的 pH 低，所以常调节糖化醪的 pH 至 5.4~5.6。

（1）糖化醪 pH 的调节

①处理酿造用水：石膏、$CaCl_2$ 法、加酸法等。

②添加 1%~5% 的乳酸麦芽。

③取部分醪液进行生物酸化，菌株采用戴氏乳杆菌，然后加入糖化醪中。

（2）降低糖化醪 pH 的作用　醪液 pH 对蛋白质水解酶的活性影响较大，较低的 pH 可明显地促进蛋白质的分解和增加游离氨基酸的数量。

①缩短/优化糖化方法。淀粉酶分解淀粉，速度更快、更彻底，麦汁收得率比较高。

②强化含氮化合物和胶体物质的分解。有利于蛋白酶的作用，麦汁所含永久性可溶性氮较多，麦汁澄清好，啤酒的非生物稳定性也比较好。

③减少对色度的影响。多酚物质浸出少，麦汁色泽浅，啤酒口味柔和。

④β-葡聚糖分解比较好，有利于麦汁过滤。

⑤改善发酵，酵母生长旺盛。主发酵和后发酵迅速，起泡性和泡持性好。

⑥醪液中锌离子含量有所提高（锌对酵母的蛋白质合成、增殖和发酵具有重要作用）。

⑦降低脂肪酸氧化酶的活力，提高啤酒的口味稳定性。在较低的 pH 下，脂肪酸氧化酶活力低，醪液不容易氧化，啤酒中老化成分含量较低，啤酒的口味好。脂肪酸氧化酶活力和 pH 的关系见图 6-21；不同醪液 pH 条件下，新鲜啤酒

和老化啤酒的老化成分含量对照见图 6-22。

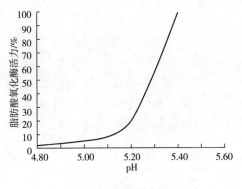

图 6-21　脂肪酸氧化酶
活力与 pH 之间的关系

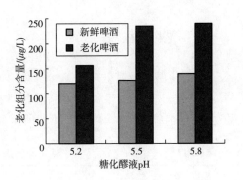

图 6-22　糖化醪液
pH 对老化组分的影响

五、麦芽粉碎物与糖化用水的混合（麦水混合）

糖化下料时应使麦芽粉和水充分混合，绝不能结块，以使酶促反应完全。麦水混合的方式有以下两种。

1. 传统方式是先放水于糖化锅内，调好水温，开动搅拌器，将贮藏中的麦芽粉通过输料筒缓慢送入糖化锅中，边混合，边搅拌，防止结块。不过，这种方法会产生麦芽粉末损失，而且随着麦芽粉的送入，会使醪液吸氧，氧含量提高，对啤酒质量不利。

2. 利用麦水混合器（图 6-23）。麦水混合器一般安装在输料筒内，投料温

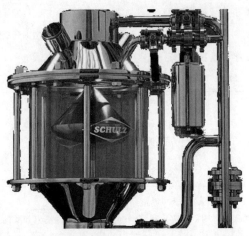

图 6-23　麦水混合器（资料源自 Schulz 公司）

度下的糖化用水以水雾形式喷出，麦芽粉由上而下穿过此水雾区时，均匀混合后再进入糖化锅，不会造成麦粉飞扬和结块现象。

六、糖化温度

1. 糖化温度及其效应

为了防止麦芽中各种酶因高温条件而破坏，糖化时的温度变化一般是由低温逐步升至高温的。糖化不同阶段所采取的主要温度及其效应见表6-11。

表6-11 糖化时的温度及其效应

温度/℃	效应
35~37	酶的浸出；有机磷酸盐的分解
40~45	有机磷酸盐的分解；β-葡聚糖的分解
	蛋白质分解；R-酶对支链淀粉的解支作用
45~52	蛋白质分解，低分子含氮物质大量形成；β-葡聚糖的分解；R-酶和界限糊精酶对支链淀粉的解支作用；有机磷酸盐的分解
50	有利于羧肽酶的作用，低分子含氮物质的生成
55	有利于内肽酶的作用，大量可溶性氮生成；内β-葡聚糖酶、氨肽酶等逐渐失活
53~62	有利于β-淀粉酶的作用，生成大量麦芽糖
63~65	最高量的麦芽糖生成
65~70	有利于α-淀粉酶的作用，β-淀粉酶的作用相对减弱，糊精生成量相对增多，麦芽糖生成量相对减少；界限糊精酶失活
70	麦芽α-淀粉酶最适温度，大量短链糊精生成；β-淀粉酶、内肽酶、磷酸盐酶等失活
70~75	麦芽α-淀粉酶的反应速度加快，形成大量糊精，可发酵性糖的生成量减少
76~78	麦芽α-淀粉酶和某些耐高温的酶仍起作用，浸出率开始降低
80~85	麦芽α-淀粉酶失活
85~100	酶的破坏

2. 糖化温度的控制

糖化温度可分多个阶段进行控制，见表6-12。

表6-12 糖化温度的阶段控制

温度/℃	控制阶段与作用
35~40	浸渍阶段：此时的温度称浸渍温度，有利于酶的浸出和酸的形成，并有利于葡聚糖的分解

续表

温度/℃	控制阶段与作用
45~55	蛋白质分解阶段：此时的温度称为蛋白质分解温度，其控制方法如下： ①温度偏向下限，氨基酸生成量相对地多一些；温度偏向上限，可溶性氮生成量较多一些； ②对溶解良好的麦芽来说，温度可以偏高一些，蛋白质分解时间可以短一些； ③对溶解特好的麦芽，也可放弃这一阶段。对溶解不良的麦芽，温度应控制偏低，并延长蛋白质分解时间。 在上述温度下，内β-1，3葡聚糖仍具活力，β-葡聚糖的分解作用继续进行
62~70	糖化阶段：此时的温度通称糖化温度，其控制方法如下： ①在62~65℃下，生成的可发酵性糖比较多，非糖的比例相对较低，适于制造高发酵度啤酒，同时在此温度下，内肽酶和羧肽酶仍具有部分活力 ②若控制在65~70℃，则麦芽的浸出率相对增多，可发酵性糖相对减少，非糖比例增加，适于制造低发酵度啤酒 ③控制65℃糖化，可以得到最高的可发酵浸出物收得率 ④通过调整糖化阶段的温度，可以控制麦汁中糖与非糖之比 ⑤糖化温度偏高，有利于α-淀粉酶的作用，糖化时间（指碘反应完全的时间）缩短，生成的非糖比例偏高
75~78	糊精化阶段：在此温度下，α-淀粉酶仍起作用，残留的淀粉可进一步分解，而其他酶则受到抑制或失活

七、糖化醪的氧化

糖化醪在糖化过程中所吸收的氧的变化范围很大，与投料技术、湿法粉碎物引入糖化锅及搅拌强烈程度有关。搅拌作用又与搅拌器形状和转速、容器装料多少、容器排空时空气的进入以及采用分醪、兑醪或打醪方式有关。

在标准状态下，对糖化醪进行通风会减慢过滤速度。这是因为，凝胶蛋白或醇溶蛋白的分子增大，以及由此而产生的麦糟团块增加，造成麦糟洗涤不好，收率降低。

在糖化过程中，氧的存在最容易造成麦汁的氧化，而使麦汁和啤酒色泽加深、口味粗糙、风味稳定性变差。氧化不仅使蛋白质改变，而且较多的分子连结在一起（蛋白质、碳水化合物和脂类结合）会造成淀粉分解困难。氧化使多酚含量降低，特别是敏感的花色苷和活性多酚降低得最多。根据酶系（过氧化氢酶、多酚氧化酶）有效作用的时间不同，氧化反应的程度也不同，65℃时比45℃时氧化反应强烈。经氧化的麦汁和啤酒颜色较深，并有老化味。此外，氧化还影响啤酒的稳定性和泡沫性质。因此，必须采取有效的措施减少或避免醪液吸氧，提高啤酒的外观质量和口味稳定性。

1. 容易造成麦汁的氧化的途径

（1）从容器上部进醪；

（2）搅拌速度过高；

（3）用泵倒醪。

2. 糖化过程的抗氧化措施

（1）安装麦水混合器；

（2）底部进醪；

（3）使用变频搅拌装置。现代的糖化设备不再使用强烈搅拌，而是根据糖化锅、糊化锅的内容积，通过变频电动机调节搅拌器的转速来进行搅拌。另外，采用煮出糖化法，分醪时，搅拌器要先停止运行 5~10min，以使未溶解的麦芽组分沉降到锅底，合醪后搅拌器应以中速再搅拌 3min；

（4）倒醪时避免出现气蚀现象。倒醪常会将空气带入醪液中，造成醪液的氧化；

（5）采用氮气或惰性气体，避氧糖化。

八、糖化过程的质量控制

1. 糖化车间应注意的问题（图 6-24）

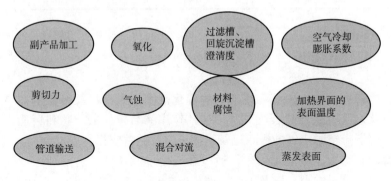

图 6-24　糖化车间应注意的问题

2. 现代糖化的要求

正确的目标：啤酒质量至少达到国家标准。

（1）较好的经济效益；

（2）能源投资和节约措施；

（3）必要的安全自控系统；

（4）工作环境良好而舒适；

（5）较少的设备维护和保养费用；

（6）运行可靠；

（7）较低的环保负荷——水及其污染的可能性；

（8）设备维护良好，较少的剪切力；

（9）稳定的质量；

（10）较低的氧气含量，较少的黏糊物质——加热表面的温度较低；

（11）较高的灵活性；

（12）较低的热负荷值；

（13）档案保存完整。

3. 对糖化室的要求

（1）应按照国家相应标准进行设计和验收；

（2）管路设计合理，能对醪液和麦汁进行良好的输送；

（3）泵无气蚀现象——泵应位于设备的最低液面 0.5m 以下；

（4）使用带有变频调节的搅拌器；

（5）所有的泵速控制均采用变频调节的驱动电机；

（6）采用底部进料；

（7）在进料和排空时氧的吸入量要低；

（8）管道和部件符合卫生要求；

（9）阀门或接管板必须满足 HACCP 的要求；

（10）糖化温度恒定在±0.2℃；

（11）麦汁煮沸采用底部加热，其温度恒定在±2℃；

（12）耕糟机的操作不仅要考虑压差，还应考虑麦汁流量；

（13）糖化时间即从投料到麦汁进入发酵罐的时间，其最大间隔不能超过 6 小时；

（14）重要前提：操作者应热爱其工作。

4. 如何确保稳定均一的质量

稳定的质量至关重要，追求过高的质量则往往会大大提高成本。糖化室保持质量均一的控制措施如图 6-25。

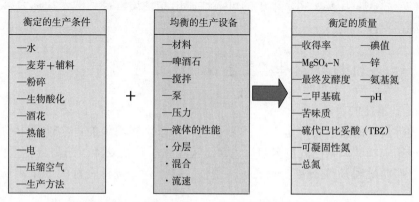

传统的方式：控制最终产品 ➡ 新的方式：控制投入和生产过程

图 6-25 糖化质量均一的控制措施

5. 优质麦芽具有的优点

啤酒质量的 40% 以上由麦芽所决定，优质麦芽具有如表 6-13 所示的优点。

表 6-13　　　　　　　　　　　　优质麦芽的优点

操作	成品啤酒
糖化工艺简短	色度浅
能耗低	泡沫良好
过滤时间较短	较少的发酵副产物
较高的收得率	良好的气味
促进发酵	纯净，入口醇厚
良好的过滤性能	苦味适中
较好的稳定性	保质期较长
	口味稳定性良好

第四节　麦汁过滤

糖化过程结束后，麦芽和辅料中高分子物质的分解已经完成，应迅速将糖化醪液中已溶解的可溶性物质和不溶性物质分离，以得到澄清麦汁。同时，人们还期望获得较高的浸出率。

麦汁过滤过程大致可以分为如下两个阶段，具体工艺流程如图 6-26。

（1）麦汁过滤：以麦糟为滤层，过滤糖化醪得到的麦汁称为第一麦汁；

（2）洗糟：用热水将麦糟中的可溶性浸出物洗出，得到的麦汁称为第二麦汁或洗糟麦汁。

一、麦汁过滤的基本要求及技术指标

1. 基本要求

麦汁过滤的基本要求是迅速、彻底地分离糖化醪液中的可溶性浸出物，尽量减少影响啤酒风味的麦皮多酚、色素、苦味物质以及麦芽中的高分子蛋白质、脂肪、脂肪酸和 β-葡聚糖等物质进入麦汁，从而保证麦汁良好的口味和较高的澄清度。

2. 技术指标

应保证过滤的麦汁达到生产所需要的质量要求，尽可能多地获得澄清麦汁，提高生产效率和收得率，减少对环境的污染。具体技术指标见表6-14。

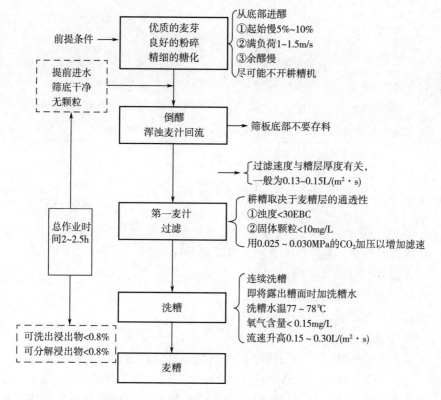

图6-26 麦汁过滤工艺流程

表6-14 过滤操作的技术指标

	目标	理想值	相关因素
质量	麦汁澄清度	<30EBC，短期<10EBC（小麦麦汁浊度略高）	脂肪酸；口味稳定性；苦味物质
	固形物	<30mg/L；最佳值为0	脂肪酸；口味稳定性；碘值；苦味物质；回旋沉淀槽凝固物的数量
	碘值	≤0.2ΔE，煮沸后≤0.3ΔE	过滤性；生物活性
	氧含量	<0.05mg/L	色度；单宁；苦味质量；口味；口味稳定性
生产率	收得率高	实验室值≤1%；过滤槽的收得率不大于实验室值的0.5%	麦芽成本
	速度快（过滤槽）	每天8~14锅	个体；贷款；投资

续表

目标	理想值	相关因素
无洗糟残水		其他辅助设施；人员投入；质量；废水；成本
出糟	残糟剩余量<400g/m²	小型过滤槽出糟困难；废水
麦糟压榨汁	在封闭系统进行	废水；气味
麦糟的排放	饲料	成本；垃圾堆放场
筛板底部的冲洗	下次糖化时再使用	废水；成本

（环保要求）

二、麦汁过滤方法及其影响因素

1. 麦汁过滤方法

在啤酒生产中，麦汁过滤方法大致可分为四类。

（1）过滤槽静压过滤法；

（2）过滤槽正压过滤法；

（3）过滤槽抽吸式负压过滤法；

（4）压滤机过滤法。

我国大多数啤酒厂均采用过滤槽静压法进行麦汁过滤。它以过滤筛板和麦糟构成过滤介质，利用糖化醪液柱高度产生的静压力作为推动力进行麦汁过滤。

过滤槽法过滤麦汁是通过筛分效应、滤层效应和深层过滤效应三方面的作用而进行的。麦汁的过滤速度受滤层阻力、滤层渗透性、滤层厚度、麦汁黏度和滤层面积等诸多因素的影响。当过滤面积一定时，麦汁的过滤速度可用下式表示：

$$麦汁过滤速度 = \frac{K \times 压差 \times 滤层渗透性}{滤层厚度 \times 麦汁黏度}（式中 K 为常数）$$

2. 影响过滤的因素

过滤操作时应考虑各种因素对麦汁过滤造成的影响，应尽可能地降低不利因素对过滤产生的负面作用。影响过滤的因素可以从工艺和设备两方面考虑（见表6-15）。

表6-15　　　　　　　　影响过滤的因素

工艺因素	设备因素
麦芽质量和粉碎质量	糖化锅的装备水平
添加的辅料种类和数量	糖化搅拌和醪液泵
使用的酶制剂种类和数量	过滤槽的结构

续表

工艺因素	设备因素
高浓酿造工艺	过滤槽的耕刀
糖化方法和糖化强度	过滤槽的总负荷量
糖化醪液的氧化和机械作用——剪切力	过滤筛板的单位负荷
麦汁过滤工艺	过滤槽的单位流量

具体来说，下列各因素增强时，会加快或减缓过滤速度（见表6-16）。

表 6-16 影响过滤速度的因素

加快因素	减缓因素
过滤面积	浓度
压力差	麦糟的膨胀性
温度	麦糟层的厚度
麦糟粒度	麦汁的黏度
麦糟层的孔隙率	麦糟层的压缩系数

三、麦汁过滤设备

大多数啤酒厂通常采用传统筛板式过滤槽，少数厂家使用压滤机过滤麦汁。兹曼公司（ZIEMANN HOLVRIEKA）最新研发了一种新型尼斯（NESSIE）麦汁过滤系统。

1. 过滤槽

过滤槽是大多数啤酒厂经常采用的麦汁过滤设备。近年来，过滤槽的设备技术和工艺操作有了很大的进展，现代化过滤槽使用自动化控制，操作简单，技术含量高。

现代过滤槽一般采用不锈钢制作，并带有保温层，其基本结构见图6-27。为减少吸氧，醪液从底部进入过滤槽。在过滤槽的底部安装有2~6个可调节的进醪阀，泵醪过程应在10min内完成。为防止吸入氧气，进口流速不要高于1m/s。

在筛板底部，均匀安装着多个清洗喷头，分布密度为2个喷头/m²。过滤结束后，可使用高压水对筛板底部进行冲洗。这种设计不仅大大降低了劳动强度，而且能够达到良好的清洗效果。冲洗水可用作投料水。

2. 压滤机

啤酒厂的麦汁过滤大多是通过传统过滤槽完成的。近年来，麦醪压滤机有

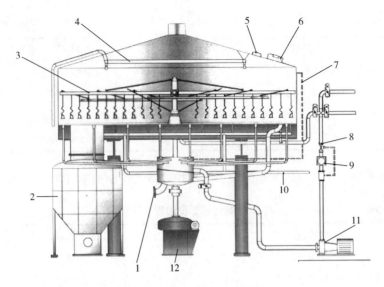

图 6-27　传统过滤槽的基本结构

1—醪液进口　2—麦糟暂存箱　3—耕糟机　4—清洗环管　5—照明　6—人孔　7—排气管
8—调节阀　9—视镜　10—假底清洗管　11—过滤泵　12—耕糟机的升降和驱动装置

日趋流行的趋势，并有许多新型产品相继问世，它们克服了以往麦醪压滤机的诸多弊端，能够满足当今啤酒生产在麦汁收得率、生产效率、自动化程度以及生产成本等各方面的要求，因而，许多现代化的大型啤酒厂采用麦汁压滤机替代传统过滤槽进行麦汁过滤。

根据麦醪压滤机结构的不同，一般可以分为三种类型：板框式压滤机、袋式高压压滤机和膜压式压滤机。

板框压滤机适合粉碎过细的麦芽，洗糟更充分，无需麦皮形成的过滤层，过滤饼紧密，实际浸出率可达98%，适用于生产原麦汁浓度较高的麦汁，第一麦汁浓度超过24°P，洗糟麦汁浓度可达16°P，麦汁澄清度≤5ml/L，具有较高的生产效率。例如：8h糖化2~3个批次，12h糖化4~5个批次，16h糖化5~6个批次，24h糖化8~10个批次。

获得的干麦糟中固形物含量超过30%，仅仅手感潮湿，无粘结，易清洗。原料配方设计的灵活性更大，不再受物料配比的限制，特别适合高浓酿造。

以下介绍两种新型过滤机。

（1）TCM薄层高效麦醪压滤机　兹曼公司最新推出了TCM（Thin-Layer Chamber Mash Filter）薄层高效麦醪压滤机（图6-28），该机能轻松实现每天生产16批次。与传统过滤槽相比，其投资成本可减少30%，占地空间小。除了以上的基本特征外，TCM还具有下列特点：

a. 高效设计：TCM薄层压滤机具有大的过滤面积，较之前可进行更多酿造步骤。

b. 低维修成本：节省滤布，可靠性提高，维修成本降到最低。

c. 改善麦汁品质：提供优质麦汁，降低浊度值，达到最高收得率。

图 6-28　TCM 薄层高效麦汁压滤机

①TCM 薄层压滤机的过滤原理：TCM 薄层压滤机将麦汁过滤工艺进一步优化，该机能够在 3.5min 内将糖化醪液通过下部通道注入到板框之间的滤布内仓，空气通过顶部通道被排出内仓，头道麦汁通过底部拐角的麦汁通道排出。这些麦汁被直接泵入麦汁收集槽，无需进行浑浊麦汁的回流工序。头道麦汁通过顶部收集管进入麦汁收集槽。详细的过滤步骤如图 6-29 所示。

②TCM 薄层压滤机的设计特点

a. TCM 压滤机采用薄层压滤设计，各个腔室的槽层厚度取决于压滤的醪液成分。特别对于高浓酿造的高投料量，处理效果是非常理想。

b. TCM 压滤机采用高性能的机械系统；在"开始进料""排糟"和"洗糟结束"过程中间歇时间极短，提高了过滤批次。

c. TCM 配备全自动滤布清洗系统。该压滤机采用兹曼专利技术，配备了全自动的滤布清洗系统，使得每一块滤布都能在最短的时间内清理干净。

d. 板框压滤可实现对空间的最佳利用。由于板框压滤机设计紧凑，占地空间小，当厂房空间条件受到限制时，采用板框压滤机是最佳选择。

e. 自动化程度高。可实现麦汁过滤全过程的自动化控制。

在选择使用压滤机进行麦汁过滤时，啤酒企业可以根据自己的酿酒理念加以选择。每个企业都在最大限度的挖掘自己的创新力，这取决于哪种技术更适合啤酒厂环境。特别是小型精酿啤酒厂，需要优先考虑自身个性化需求，并量身定制出独具特色的解决方案，以满足市场差异化发展的趋势。

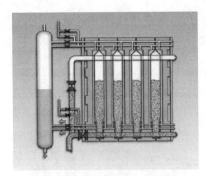
(1)糖化醪液从底部打入

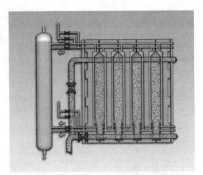
(2)最终麦汁打出，通过顶部通道提取头道麦汁

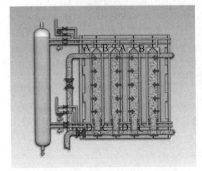
(3)在AD>BC的流动方向上进行洗槽

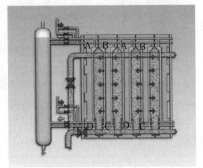
(4)在BC>AD的流量方向上进行反向洗槽

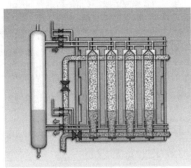
(5)清空压滤机内的残余麦汁

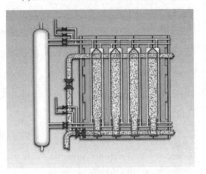
(6)吹洗麦醪通道

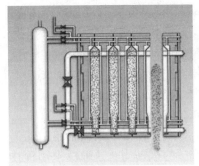
(7)排出麦糟

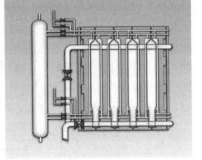
(8)关闭压滤机

图6-29　TCM薄层压滤机麦汁过滤操作流程图

（2）尼斯（NESSIE）麦汁过滤系统　兹曼公司 2016 年首次在德国纽伦堡酿造设备展览会（BrauBeviale 2016）上展示了最新研发的一种新型麦汁过滤系统。该装置由四个旋转滤网式转鼓过滤器组成，它们串联排列在一个共同的框架上。每个标准模块由一个直径为 1m 的转鼓组成。每个转鼓都有一个过滤区，由烧结不锈钢和 70μm 宽的筛网组成(图 6-30)。

图 6-30　尼斯新型麦汁过滤系统（从左至右为转鼓 1-2-3-4）

糖化醪液连续流过过滤模块，转鼓沿醪液流动的方向旋转。醪液受到重力的作用，由上向下逐级流动。麦糟在模块中的停留时间会受到转鼓转速的影响；这一过程中各转鼓相互关联，可以对每个模块单独调整。在理想状态下，将转鼓转速设置为 4r/min，糖化醪需要大约 3min 通过四个模块，过滤时间很短。实际分离过程在转鼓下部进行固/液分离，麦汁在模块中不会积聚（图 6-31）。

图 6-31　麦汁和麦糟在转鼓最低部位分离示意图

分离的麦汁在封闭系统中连续输出。麦糟留在转鼓的筛面之间，在旋转和重力作用下将麦糟输送到下一个模块。即使有细粒谷物，麦汁中也不会有麦壳。转鼓的旋转运动和悬浮液在筛面上的迟缓相对运动，具有自清洁效果，可防止麦糟粘附到过滤器表面，不会形成阻碍麦汁流动的过滤层。由于这种自清洁作用，该系统的过滤性能不会受到过滤层产生的高阻力影响，特别适合于高浓酿造、高投料量和高辅料比的啤酒酿造。由于醪液或麦糟的旋转运动既不会产生压力，也不会产生高速，因此，烧结不锈钢制成的过滤单元的使用寿命很长。

为充分溶解麦糟中的糖和浸出物，放弃了最后两个模块之间的洗糟水的回流。将洗糟得到的提取液以与麦糟的流动相反的流动方向，泵回前面模块之间的连接口中。在这一过程中，麦糟与洗糟水混合，通过集成的挡板产生湍流并有效地与麦糟融合。麦糟中含有的糖和浸出物被溶解，并在下一个模块进一步进行固-液分离。四个分离过程相互关联，最大限度地将醪液中的麦汁和麦糟分离，并利用洗糟水将浸出物充分提取（图6-32）。

图6-32 尼斯麦汁过滤系统操作流程图

尼斯麦汁过滤系统的优点：

a. 糖化室收得率高；

b. 酵母生命物质锌离子含量高；

c. 更好的过滤性；

d. 更有利于发酵；

e. 更好的泡持性；

f. 改善感官质量。

四、麦汁过滤工艺

过滤槽麦汁过滤工艺主要有顶热水、进醪、静置、浑浊麦汁回流、第一麦汁过滤、洗糟和排糟七个过程。下面分别详述。

1. 顶热水

糖化醪泵入前，必须检查过滤槽。首先要将过滤筛板铺好、压紧，并清洗干净，同时把过滤槽的风挡关上，以保证醪液温度保持不变。然后检查耕刀是否处于正常位置，检查与过滤槽相连接的管路阀门启、闭状态。检查完毕后，从底部顶入78℃的热水，直至刚好没过滤板，以排出滤板和槽底之间的空气，防止麦汁的氧化，同时又可预热筛板和过滤槽，承托醪液，保证麦汁过滤的正常进行。

2. 进醪

糖化醪液一边搅拌，一边快速泵入过滤槽内，并利用耕糟机使麦醪均匀分布。否则，会导致浸出物溶出不均匀，使浸出率下降。泵醪时间应控制在8～12min。泵醪期间，糖化锅的搅拌器要不断搅动，以保证醪液均匀。糖化醪的排出速度一般为2～4m/s，泵醪前期速度要慢，等醪液在过滤槽中有一定的高度后再全速泵入。

由于各部分的比重不同，糖化醪会出现分层现象，导致麦糟层的渗出性不均匀。为了避免出现这种现象，最好使用能够进行变频调节的醪液泵，即尽量采用速度低、流量大的泵。由于倒醪过程中容易吸氧，所以要特别强调从过滤槽的底部进醪，吸入的氧量明显低于从上部进醪，具体数据见图6-33。

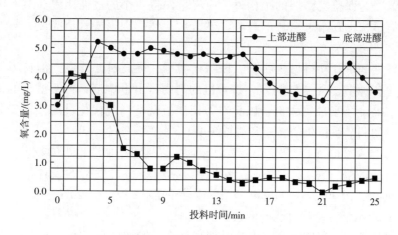

图6-33　过滤槽上部进醪和底部进醪的氧含量变化对比

3. 静置

醪液泵入过滤槽后，重的麦壳和轻的麦壳残片迅速沉降，形成 30~40cm 厚的麦糟层（若采用湿法粉碎，糟层将达到 60~70cm）。静置结束后，形成三层过滤层：底层（由粗粒和重粒组成）、主层（由麦糟组成，是最厚的一层，也是麦汁过滤的天然介质）和上层（由醪液中析出的蛋白质和细麦皮碎屑等轻质颗粒组成，此层较薄），糟层上部聚集着第一麦汁。由此可见，静置过程是必不可少的。整个静置时间为 10~20min。

4. 麦汁回流

清亮透明的麦汁中含有 C_6~C_{16} 脂肪酸约 4mg/L，而浑浊麦汁中的脂肪酸含量将超过清亮麦汁的 10 倍以上。如果浑浊麦汁进入煮沸锅，会造成碘值升高、蛋白质絮凝不好和麦汁组成不合理的问题，将给啤酒的泡沫、风味带来不良的影响，而且容易造成异常发酵现象。因此，过滤开始时，要进行浑浊麦汁回流操作，以提高麦汁的澄清度，防止以上问题的发生。

操作程序是：先将麦汁导出管的阀门顺序打开，排出管内的空气，然后立即关闭，再按顺序打开各麦汁流出阀。刚开始时，流出的麦汁浑浊不清，此时须小心地泵回过滤槽，回流麦汁必须从过滤槽的麦汁液面下泵入，这样不会破坏已形成的滤层，也可以最大限度地减少吸氧量。回流时间一般为 10min 左右，直至麦汁清亮为止。

5. 第一麦汁过滤

第一麦汁的过滤时间一般为 75~105min。若采用先进的新型过滤系统，加之良好的耕糟操作，可使过滤时间降至 60min 之内。

当回流麦汁清亮时，回流结束，打开进入煮沸锅或麦汁暂存罐的阀门，使麦汁进入。为保持麦糟层的疏松性，应尽量保持较小的过滤压差。过滤阀打开时，不宜过快，开始时控制在 1/4~1/3 开度，然后根据麦汁清亮度，再逐步开大阀门。

过滤期间可开动耕糟机耕糟，以疏松滤层，提高过滤速度。但耕刀转速要慢，以每分钟 1/5~1/3 转为宜。耕糟机的高度可上下调节，但距滤板的最低距离为 3~5cm，不要放得太低，以免耕刀把滤板刮坏。现代化过滤槽常安装压差计，来自动调节耕糟机的转速和耕糟深度。

过滤 25~30min 时，测定第一麦汁浓度，以确定添加洗糟水的数量。为了保证过滤终了的麦汁浓度，第一麦汁浓度必须高于将要发酵的麦汁浓度，高出 40%~80%。如生产 12°P 的啤酒，第一麦汁浓度必须为 16~20°P。

（1）影响第一麦汁过滤的因素

①麦汁黏度：温度越高，麦汁黏度越低，过滤速度也越快。20°P 的麦汁比 15°P 的麦汁过滤时间要长约 20%。当温度一定时，麦汁黏度、过滤速度和麦汁浓度的关系见表 6-17。

表 6-17　　　　麦汁黏度、过滤时间与浸出物的关系（温度为 75℃）

浸出物/°P	流出时间/s	黏度/(mPa·s)
0	85	1
10	108	1.27
15	122	1.44
20	147	1.73
25	187	2.20

②麦糟阻力：是指麦汁流通阻力的总和。过滤开始时阻力最小，随着过滤过程的进行，阻力变得越来越大。

③过滤操作：过滤操作不是一成不变的，必须随着麦糟阻力的变化而加以调整。而且影响麦汁过滤的因素很多，如麦芽质量、糖化方法、粉碎物组成、起始过滤技术、过滤筛板负荷和滤板结构等，要根据这些因素灵活调整过滤操作。

④麦芽质量：质量好的麦芽，过滤层中上层颗粒和下层颗粒相对较少。研究表明，相同压力下，在第一麦汁过滤阶段，下层颗粒和麦糟层起主导作用；在洗糟阶段，上层颗粒起主导作用。由此可见，要想加快第一麦汁的过滤速度，就要减少下层颗粒的生成。

选用质量良好的麦芽，所得麦汁黏度低，麦糟相对疏松，过滤速度快，过滤时间短。通常情况下，麦汁黏度低，则过滤时间就短。但也有例外，如强烈搅拌、糖化醪被打碎、吸入多量的氧气、添加辅料（如玉米）时，虽然麦汁黏度较低，但过滤时间仍较长。

⑤粉碎方法：从表 6-18 可知，湿法粉碎的过滤速度显著高于干法粉碎和增湿粉碎的过滤速度。但由于麦汁相对较浑浊，所以有些厂家不采用湿法粉碎。

表 6-18　　　　　　　　粉碎类型和第一麦汁流量

粉碎类型	第一麦汁流量/(g/min)
干法粉碎	66.5
增湿粉碎	78.1
湿法粉碎	110.0

干法粉碎的麦糟层厚度约 35cm，增湿粉碎约 40cm，而湿法粉碎则约 55cm。由此可见，粉碎物料中麦壳保留完好，且麦壳体积较大时，所形成的麦糟层则相对较厚，其单位筛板面积的投料量也可从 200kg/m² 提高到 225kg/m² 甚至 300kg/m²。如果不想延长过滤时间，又要加大投料量，则必须要提高过滤速度。需要注意的是，过高的过滤速度将会带来较高的流体摩擦力。不同筛板负荷、

过滤时间和过滤速度间的相互关系见表 6-19。

表 6-19 筛板负荷、过滤时间和过滤速度间的关系

比投料量/(kg/m^2)	150	225	300
麦糟层厚度/cm	27	40.5	54
过滤时间/min	过滤速度/[L/(m^2·s)]		
180	0.11	0.16	0.21
150	0.13	0.19	0.25
120	0.16	0.24	0.32

（2）第一麦汁的检验　第一麦汁的质量十分重要，它是检验麦芽质量和糖化操作结果的标志。其中麦汁的色泽、清亮度、气味、口味及碘反应都很容易检查。

每次过滤都要检查第一麦汁的色度，并换算成相同浓度时的色度，由此可以预测混合麦汁、热麦汁和冷麦汁的色度。

要注意不同过滤阶段麦汁的清亮度。一般过滤 10min 后，清亮度应该达到满意的程度。麦糟层紧密时，滤出麦汁的清亮度提高，但过滤明显困难。湿法粉碎的麦汁清亮度大多较低。耕糟对麦汁清亮度的影响与耕糟机本身的性能和使用有关。

第一麦汁收得率根据下式计算：

$$第一麦汁收得率 = \frac{第一麦汁量(hL) \times 0.98 \times 第一麦汁浓度(°P)}{投料量(100kg)}$$

计算第一麦汁量采用的系数与热麦汁不同，因为第一麦汁的温度只有 70℃，收缩较小，故修正系数为 0.98。

（3）麦汁浓度的测定方法　麦汁浓度的测定是通过糖度计进行的（图 6-34）。糖度计是一个浮球计，是根据液体密度计的原理而制作的。相对密度越小的液体，密度计下沉就越深。糖度计的细杆上刻有质量百分比刻度尺。由于糖度计是用蔗糖溶液进行校准的，因此，糖度计也叫蔗糖糖度计。

测定在 20℃左右进行。取少量麦汁放在一个金属筒中（此筒大多可万向悬挂），金属筒有一个金属冷却套，可以将麦汁冷却到 20℃左右。在冷却时，既要保证麦汁不能被稀释，也要避免因麦汁中的水分蒸发而导致的浓度上升。从麦汁与糖度计接触的凸面刻度处进行读数。

糖度计是在 20℃校准的。当温度偏离 20℃时，就要使用糖度计的校正值。校正值取决于所测麦汁的温度，如果所测麦汁的温度高于 20℃，则说明此温度下的麦汁密度低于 20℃时的密度，要将校正值加上糖度计显示值；低于 20℃时，则需将糖度计显示值减去校正值。

6. 洗糟

第一麦汁过滤接近终了时，在麦糟中仍有滞留浸出物，为了提高经济效益，应将其彻底洗出，这个过程称为洗糟。洗糟所用的水称为洗糟用水，洗出的浸出物称为第二麦汁。洗糟结束时流出的含有浸出物的水称为洗糟残液。

（1）洗糟方法　洗糟是一个扩散过程。固形物洗脱的速率与物质交换的面积和浸出物的浓度差有关。洗糟水与麦糟层的接触时间，也会影响扩散过程。接触时间越长，接触表面吸收的浸出物就越多，但浓度差降低，物质交换量减少。

一般情况下洗糟分两次或三次进行。第一次洗糟水量较少（约20%），先从麦糟中排出第一麦汁；第二次洗糟水约50%，使浸出物含量顺利下降；第三次洗糟用水约30%，进一步将麦糟中的浸出物洗出。

（2）洗糟用水　洗糟水温越高，麦糟洗涤越快、越彻底。但水温必须控制在糖化温度范

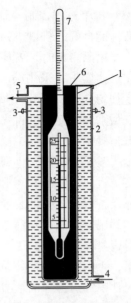

图6-34　糖度计测量麦汁浓度
1—量筒　2—冷却套　3—挂钩
4—冷却水进口　5—冷却水出口
6—麦汁　7—糖度计

围内，一般为76~78℃，最高不要超过80℃。温度过低，残糖不容易洗干净，也容易染菌；温度过高，会使α-淀粉酶很快失活，糊化后的淀粉就不能进一步分解了，这对提高原料利用率不利，还会使洗糟洗脱出来的淀粉颗粒进一步吸水膨胀，提高黏度，影响麦汁过滤，同时还会增强麦汁的氧化作用，加深麦汁的色度。

洗糟水量取决于第一麦汁的数量和浓度以及煮沸锅满锅麦汁浓度，其对麦汁收得率有较大的影响。制造淡色啤酒，糖化醪浓度较稀，洗糟用水量则少；制造浓色啤酒，糖化醪液较浓，应相应增大洗糟水量。对于浓度为12°P的啤酒生产而言，第一麦汁浓度与洗糟水的比例见表6-20。

表6-20　　　　　　　　　　　　第一麦汁浓度与洗糟水量的关系

第一麦汁浓度/°P	第一麦汁量与洗糟水量之比
14	1∶0.7
16	1∶1.0
18	1∶1.2
20	1∶1.5

（3）洗糟过程控制　整个洗糟过程通常持续 90～120min，现代化的过滤槽安装有性能良好的耕糟机，可加速过滤。

当麦糟刚露出时，就应停止第一麦汁的过滤，按工艺要求加入洗糟水。在现代化过滤槽中，采用喷嘴将洗糟水喷至麦糟上（喷嘴安装在中心环形管上，可将水均匀分布）。每次用时不超过 10min。

洗糟水淹没麦糟，将麦糟中的浸出物洗出。洗糟前或洗糟中，要开动耕糟机。耕糟机是否开动，主要取决于麦糟的过滤性能。首先耕动麦糟的表层，然后逐渐缓慢下降耕刀，直到耕刀距筛板 5～10cm。耕糟工作的好坏，在一定程度上决定了过滤时间的长短和麦汁的清亮度。为了随时检查麦汁过滤工作，过滤槽附属设备有连续测量装置和显示装置——压差计和浊度计。

达到规定的混合麦汁浓度时，即可以停止洗糟。混合麦汁浓度一般控制在低于最终麦汁浓度 1.0～1.5°P（如 11°P 啤酒一般控制在 9.4～9.6°P），不能过度洗糟，否则，麦壳中的单宁、麦壳苦味物质和硅酸盐等有害物质会溶出，进入到麦汁中，损害啤酒质量。另外，也会增加麦汁煮沸时的蒸发量，这也是不经济的。因此，在生产优质啤酒时，洗糟应适可而止。

洗糟残液的浓度通常控制在 1～1.5°P。若制造高档啤酒，应适当提高残糖浓度在 1.5%以上，以保证啤酒的高质量。有时，这部分洗糟水可作为下次投料的糖化用水，或用于第一次洗糟。虽然利用洗糟残液可以提高浸出率，但对啤酒质量不利。

以上物质的浓度会随着浸出物浓度的降低而增高。当洗糟麦汁浓度为 2～2.5°P 时，可以停止洗糟，特别是生产优质啤酒时，但很不经济。

（4）洗糟时应该注意的问题

①加水：当麦汁降到麦糟表面以上 1～2cm 时，即可进行洗糟。否则，空气会进入麦糟，在多酚氧化酶的作用下，发生多酚氧化和聚合反应，影响啤酒的口味。因为在温度低于 85℃时，多酚氧化酶仍具有活力。

②水温：开始淋洗时，洗糟水温约 75℃。当麦糟上面的麦汁约 5cm 厚时，升高至 78℃。若水温太低，会使洗糟麦汁浑浊。只有连续淋洗或水量较大时，才能将水温提高到最高温度 80℃。

③pH：随着洗糟的进行，pH 会逐步升高。若 pH 超过 6.0，不但不利于过滤，而且还会影响第一麦汁的组成，进而影响煮沸期间蛋白质的凝聚析出。因此，需按工艺要求加入乳酸，以调节 pH。

7. 排糟

当洗糟麦汁浓度达到工艺规定值时，停止洗糟。打开排污阀，将麦糟中残液空干。然后拉开风挡，打开麦糟排出口，开动耕糟机并落下排糟刮板，进行排糟。排糟完毕，清洗耕糟机及筛板，备用。

第五节　麦汁煮沸

麦汁过滤结束后，就要进行麦汁煮沸，并在煮沸过程中添加酒花。煮沸期间将发生一系列复杂的物理和化学变化，麦汁的质量也会受到多种因素的影响。

一、麦汁煮沸过程中的物质变化

根据工艺要求，糖化过滤后的麦汁需要进行 1~2h 的煮沸，并在煮沸过程中添加一定数量的酒花。通过煮沸可以将酒花中的苦味和香味物质溶解到麦汁中，以赋予啤酒爽口的苦味和愉快的香味。煮沸后的麦汁称为定型麦汁。

麦汁煮沸过程中的作用和物质变化如下。

(1) 酒花苦味物质的溶解和转化；

(2) 可凝固性蛋白质——多酚复合物的形成和分离；

(3) 蒸发多余水分，使麦汁达到规定的浓度；

(4) 对麦汁进行灭菌；

(5) 彻底破坏酶活性，固定麦汁成分；

(6) 麦汁色度上升；

(7) 麦汁酸度增加；

(8) 形成还原性物质；

(9) 麦汁中二甲基硫（DMS）含量的变化。

1. 酒花苦味物质的溶解和转化

酒花的重要组分主要有酒花树脂（苦味物质）、酒花油和多酚物质。

(1) 酒花树脂（苦味物质）　麦汁煮沸过程中，添加酒花的目的是促使酒花苦味物质溶解和异构化，以赋予啤酒爽口的苦味；酒花多酚物质的溶出可以促进麦汁中蛋白质的凝聚，并赋予啤酒愉快的香味。酒花苦味物质在啤酒生产过程中的变化见表 6-21。

表 6-21　　　　　　　酒花苦味物质在啤酒生产过程中的变化

	苦味物质数量/%	相对苦味值/%
酒花糟	20	7
凝固物	50	18
酒液泡盖和酵母	10	25
成品啤酒中剩余	20	50

酒花中只有极少部分的物质可以快速溶出，这些物质大部分为水溶性酚类，少部分为蛋白质颗粒、碳水化合物和无机盐等，它们对啤酒的口味有一定的影响。新鲜酒花中除苦味酸外，其他物质均能迅速溶解。

由于 α-酸不溶于冷麦汁中，因此，必须在麦汁煮沸时添加酒花，使 α-酸发生异构化后转化为异 α-酸。异 α-酸易溶解于麦汁中，从而提高了酒花的利用率。

麦汁煮沸中，只有 1/3 的 α-酸转化为异 α-酸。麦汁煮沸结束后，还有部分苦味物质被析出。所以，添加酒花时应考虑这部分损失。

（2）酒花多酚的作用　麦汁煮沸时，酒花中的多酚不断溶出，其溶出的速度与酒花制品的类型有关。整酒花中的多酚溶出速度低于酒花粉或酒花浸膏。

酒花多酚在麦汁中的溶解速度与单体酚、单体聚酚和多聚酚有关。单体酚主要有没食子酸、原儿茶酸和咖啡酸，通常情况下，这些单体酚类以游离或自身结合形式存在于酒花中，并且易于水解。黄酮醇（栎精和番泻黄酚）、儿茶酸和表儿茶酸以及作为花色苷的前花色素都属于可聚合性单宁物质，这类物质可以形成二聚、三聚或多聚化合物。单体化合物不具有"鞣力"，然而单体的黄酮醇在很低的温度下，就可以和蛋白质以氢键方式稳定地结合。此反应平衡时，游离的黄酮醇和黄酮醇-蛋白复合物在麦汁中的含量有一确定的比例。二聚或三聚黄酮类化合物具有使蛋白质凝聚的能力。按照常规分析的习惯，相对分子质量为 600~3000 或黄酮聚合度 2~10 的此类物质称为"单宁"。

多酚物质中的缩合单宁与煮沸麦汁中的蛋白质结合形成絮状热凝固物沉淀；非单宁化合物则较多地残留于麦汁中，会与冷凝固物一起造成啤酒的非生物浑浊；而多酚类物质中的单酚在麦汁中 HCO_3^- 的作用下聚合，氧化成红褐色物质，使麦汁色泽加深。

（3）酒花油　前面已经讲到，酒花油中起作用的主要成分是萜烯碳氢化合物。但在新鲜酒花中，氧化的萜烯类物质所占比例极少，经过陈贮后其量可增加 10%~50%（视酒花陈贮条件，如包装质量、氧摄入量、贮存温度而异）。萜烯类的氧化产物溶于麦汁和啤酒，因为它们的呈味阈值非常低（5μg/L），尽管它们在麦汁中含量甚微，但仍能赋予啤酒强烈的香气。

在麦汁煮沸时，绝大多数酒花油随水蒸气蒸发而被挥发掉，煮沸时间愈长，挥发愈多，所以香型酒花不要太早加入。残留在麦汁中的酒花油主要是葎草烯、石竹烯和香叶醇，它们将使啤酒具有愉快的香味。

2. 可凝固性蛋白质——多酚复合物的形成和分离

蛋白质的变性和絮凝是麦汁煮沸过程中的一项重要变化。

煮沸开始，麦汁变得失光、浑浊，逐渐有细小絮状物析出。随着煮沸时间的延长和麦汁的剧烈沸腾，细小物质互相凝集而形成大的碎片被分离出来，此时麦汁变得清亮透明，这些被分离出的絮凝物质中大部分是可凝固性蛋白质，将其分离会使麦汁组分变得更趋合理，以避免发生啤酒的早期浑浊。

酒花和麦芽中的多酚物质在麦汁中会完全溶解，并与麦汁中的蛋白质相结合。在此聚合反应中，相对于酒花中的多酚物质而言，麦芽中的多酚物质在反应中的作用要大一些。因此，第一次酒花应在初沸后 10min 加入，以使麦芽中的多酚与麦汁中的蛋白质反应完全，提高酒花的利用率。

酒花多酚物质为水溶性，能很快溶解到溶液中，促进凝固物的形成。由于多酚中的部分物质以氧化态存在，其蛋白质相对分子质量的大小也不相同，因此会产生不同性质的复合物。

（1）热凝固复合物　由蛋白质和多酚物质形成的复合物以及由蛋白质和多酚氧化物组成的复合物，在加热时不溶解，并且在麦汁煮沸时以凝固物的形式析出。应最大可能地分离掉这些凝固物。

下列因素可促进凝固物的形成。

①长时间煮沸。煮沸 2h 能形成大量凝固物。煮沸压力越高，则煮沸温度越高，蛋白质析出所需的时间就越短。

②麦汁剧烈的煮沸运动。剧烈煮沸可以加剧蛋白质和多酚之间的反应。

③降低 pH。凝固物形成的最佳 pH 为 5.2。因此，应尽可能降低满锅麦汁的 pH。

麦汁煮沸结束时，可通过视镜或玻璃杯对煮沸麦汁进行检查。凝固物应尽可能呈大块絮状物悬浮于清亮麦汁中。通常，形成的絮状物越大，说明蛋白质的析出效果越好。

（2）冷凝固复合物　麦汁中的蛋白分解物与多酚物质形成的复合物，在麦汁煮沸时以溶解形式存在，在麦汁冷却时以冷凝固物的形式析出分离。

注意：尽管经过长时间煮沸，但在麦汁中仍然含有少量的高分子可凝固性氮（<20mg/L 麦汁）。它可在啤酒中析出，并能导致啤酒的冷浑浊。

3. 蒸发多余水分，使麦汁达到规定的浓度

麦汁煮沸时，水分蒸发，麦汁的浓度也随之提高。

传统的麦汁煮沸是在常压 100℃ 条件下进行的。麦汁煮沸质量是以麦汁在煮沸锅中的沸腾程度以及煮沸强度作为评价标准的。如果每小时的蒸发量达到热麦汁量的 8%~10%，则可促进蛋白质变性和凝聚。因此，凝固物的形成程度主要取决于煮沸强度。另外，通过水分的蒸发可减小麦芽、麦汁及酒花中不良呈味物质的含量。

煮沸越强烈，则煮沸锅内的麦汁运动越剧烈，同时水分蒸发也就越快。实际生产中通常用煮沸强度来表示煮沸的强烈程度。

值得注意的是，水分蒸发需要消耗大量的能源，要避免过度煮沸和水分的过度蒸发，并尽可能将煮沸水汽中的热能进行回收。另外，水分蒸发越多，洗糟水的量就会越大。虽然糖化室收得率有所提高，但这是以昂贵的能源消耗为

代价的。煮沸结束时的麦汁浓度比满锅麦汁可提高 $1\sim2°P$。麦汁煮沸结束时，要精确地测量麦汁浓度。

4. 对麦汁进行灭菌处理

由于麦汁中含有各种有害菌，如果对麦汁不进行灭菌，将会导致麦汁酸败。因此通过麦汁煮沸，可以杀灭其中的各种微生物。

5. 酶的彻底破坏

通过麦汁煮沸可将麦汁中仍然有活性的酶系彻底破坏，从而固定麦汁的成分。

6. 麦汁色度的上升

煮沸过程中形成的类黑精、多酚物质因其氧化作用，可导致麦汁色度升高。定型麦汁的色度高于成品啤酒的色度。因为发酵时酵母会吸附大量的色素，使啤酒的色泽变浅。麦汁在煮沸过程的变化见表6-22。

表 6-22　　　　　　　　　　　麦汁色度的变化

项目	色度/EBC（近似值）
满锅麦汁	8.8
定型麦汁	13.0
啤酒	12.3

7. 麦汁酸度的增加

煮沸过程麦汁 pH 下降 $0.2\sim0.4$，pH 的降低有利于球蛋白的析出和沉淀，并可减少酒花色素的溶解。煮沸时形成的酸性类黑精和酒花带入的酸性物质会使麦汁酸度上升。满锅麦汁的 pH 为 $5.8\sim5.9$，而定型麦汁的 pH 为 $5.5\sim5.6$。当麦汁 pH 较低时，酒花苦味更细腻、更纯正，而且可以提高啤酒卫生的安全性。pH 为 5.2 时，对蛋白质-多酚复合物的析出有利。但较低的 pH 会导致酒花利用率的下降，煮沸时酒花的添加量就要加大。

8. 美拉德产物的形成

麦汁中的大量呈香物质是由麦芽带入的，这些香味物质决定了麦汁的气味和口味。它们（特别是深色麦芽）主要包括麦芽凋萎和高温焙焦过程中，由糖和氨基酸反应所生成的美拉德产物及其中间产物，麦汁煮沸时这些中间产物使麦汁色度和香味物质成分发生变化。

美拉德产物是糖（戊糖和己糖）与氨基酸、二肽或三肽反应生成的呈色物质，这一反应最早是由美拉德氏确认的。除了这些高分子物质外，伴随美拉德反应还会产生一系列挥发性物质，它们主要是杂环化合物，对啤酒的香味有重要的影响。

9. 还原物质的形成

通过美拉德反应，麦汁中还原物质，如类黑素物质、烯醇和二烯醇等物质的量增加。麦汁中的还原物质一般可分两大类，一类为还原性多酚，这类化合物属于慢速作用还原物；另一类为美拉德反应产物，属于快速作用还原物。这些还原性化合物对氧有强烈的抵消作用，提高了麦汁的抗氧化能力。

10. 麦汁煮沸期间硫化物的变化

（1）硫化物的变化　含硫氨基酸可进行降解反应，如由蛋氨酸可生成二硫醛，后者不稳定，进一步分解形成丙烯醛、二甲基硫、二乙基硫和甲基硫醇，这些化合物的气味和口味阈值相当低。

胱氨酸经过巯基乙醛或硫醛分解成硫化氢和乙醛，并通过热转变而产生甲基硫和乙醛。

（2）美拉德反应　含硫氨基酸，如胱氨酸或半胱氨酸与葡萄糖反应生成大量的硫化氢，而蛋氨酸和甲基胱氨酸主要分解成甲基硫醇，后者又与美拉德反应的中间产物相互转化而成为很难挥发的巯基化合物。

（3）二甲基硫（DMS）含量的变化和影响　麦汁和啤酒都不同程度地含有二甲基硫。DMS是一种易挥发的含硫化合物，它可给啤酒带来不愉快的口味和气味。因此，要尽可能去除啤酒中的DMS。DMS的口味阈值为 $50 \sim 60 \mu g/L$。二甲基硫是通过麦芽中非活性二甲基硫前体物 S-甲基蛋氨酸产生的，其数量与大麦品种、制麦方法及焙焦温度有关。

麦汁煮沸时可以将二甲基硫的前体物分解成游离的二甲基硫，这部分二甲基硫和其他来源的二甲基硫均可随水分的蒸发一同蒸出。所以麦汁的煮沸强度及煮沸均匀程度决定了麦汁中二甲基硫的含量。

二、麦汁煮沸操作技术

麦汁煮沸操作技术主要涉及煮沸时间、煮沸强度、酒花添加、添加剂的种类、麦汁的浓度和pH、定型麦汁的组成以及定型麦汁的泵出等多个问题。

1. 煮沸时间

麦汁进入煮沸锅后，便开始升温进行煮沸。通常情况下，麦汁温度达到100℃后开始计算煮沸时间。当然，应根据啤酒的品种、工艺以及质量要求，来具体确定麦汁的煮沸时间。合理地延长煮沸时间，对蛋白质凝固、提高酒花利用率和还原物质的形成是有利的，但对泡沫性能不利；过分地延长煮沸时间，不仅会消耗大量的能源，麦汁质量也会下降。煮沸时间一般为 70 ~ 90min。

2. 煮沸强度

煮沸过程可分为三个阶段，即预热、初沸与煮沸。

（1）预热　在过滤麦汁没过加热器表面后进行，这个时候的蒸汽量开得较小。预热过程的目的主要是考虑在过滤期间，麦汁会自然冷却，使温度降下来，若等滤完后再加热，耗费时间长，所以预热过程可以起到保温和缓慢升温的作用，或用热水通过薄板换热预热。

（2）初沸　即麦汁开始沸腾，初沸的时间不应超过30min，此阶段的蒸汽量还没开足，蒸汽量不是很大，洗糟过程仍在进行，此阶段的作用是为蒸发做准备，一旦洗糟完毕，可以立即进行蒸发。

（3）煮沸　此阶段蒸汽量开到最大，使麦汁保持激烈的沸腾状态。煮沸质量的好坏，对麦汁的清亮度和可凝固性氮含量有着明显的影响，通常以煮沸强度来评价。

①煮沸强度的计算：煮沸强度是指每小时的蒸发量占混合麦汁量的百分数。计算公式为：

$$煮沸强度 = \frac{混合麦汁量 - 最终麦汁量}{混合麦汁量 \times 煮沸时间(h)} \times 100\%$$

煮沸强度一般在8%~12%。实际生产中有一种经验估算方法，即5~6min蒸发2hL水为好，7~8min蒸发1hL水为中等稍差。

②煮沸强度的影响：煮沸强度高，有利于蛋白质凝固，能较多地去除一些风味不好的成分，缩短麦汁煮沸时间，提高酒花利用率，以保证最终麦汁清亮、透明，蛋白质絮状凝固物粗大、沉淀快。但煮沸强度过高，翻腾过于剧烈，会加强氧化作用，使麦汁色泽变深，还原性降低，导致酒花油挥发损失加大，酒花香味不足，还会破坏已形成的絮状热凝固物。

煮沸强度不足，则蛋白质凝固析出不完全，酒花利用率低，水分蒸发慢，占用煮沸锅时间长，二甲基硫（DMS）前驱体分解不完全，或DMS不能有效挥发去除，存于麦汁中，给啤酒带来不愉快的洋葱味。

3. 酒花添加

麦汁煮沸时要添加酒花。添加酒花后煮沸，使 α-酸异构为异 α-酸，可以赋予啤酒爽口的苦味和愉快的香味。

（1）酒花添加量的计算　啤酒苦味质的高低取决于啤酒类型和品种。苦味质的多少用苦味值单位EBC表示。

苦味值（EBC）= 苦味物质 mg/L 啤酒

如果要生产32EBC的比尔森啤酒，就要使每升比尔森啤酒中含有32mg苦味物质。

酒花是添加在麦汁中的，煮沸终了时的麦汁量要大于由此产生的啤酒量。我们称这一损失量为酒损。定型麦汁量必须换算成成品啤酒量。计算公式如下：

成品啤酒量 = 打出麦汁量×（1-啤酒损失率%）

苦味物质的利用率取决于各个啤酒厂的工艺条件，一般在25%~35%。

酒花添加量的计算方法如下：

假设锥形发酵罐工艺的酒花的利用率为 25%；生产啤酒的苦味值为 20EBC 单位；酒花分两次添加，第一次添加 α-酸含量为 15% 的哈拉道珍珠 45 型苦花，添加的苦味物质占总量的 70%，第二次添加 α-酸含量为 6% 的哈拉道赫斯布鲁克 45 型香花，添加的苦味物质占总量的 30%；1IBU = 1mg/L 异 α-酸。

则：总 α-酸的添加量为：

$$\alpha-酸 = \frac{20mg/L\ 异\ \alpha-酸 \times 100\%}{25\%} = 80mg/L$$

$$第一次酒花添加量 = 70\% \times 80 \div 15\% = 373mg/L = 373g/m^3$$

$$第二次酒花添加量 = 30\% \times 80 \div 6\% = 400mg/L = 400g/m^3$$

$$总酒花添加量为：373 + 400 = 773g/m^3$$

如采用三次添加酒花方法，计算方法相同。

（2）酒花添加的次数和时间　一般采用三次添加酒花的方法。初沸 10min 后添加第一次，20~30min 后添加第二次，煮沸结束前 10min 添加第三次。

（3）添加酒花　按计算好的酒花添加量、次数和时间添加酒花。添加前要认真检查酒花的质量，以保证酒花添加的效果。

应首先使用苦型酒花，这样可使 α-酸最大限度地溶解到麦汁中，还能够蒸发掉一些不利于口味的挥发性物质。

香型酒花应最后添加，加压煮沸工艺中甚至要在卸压后才能加入，这样就可使酒花油最大限度地保留到啤酒中。某些啤酒厂将香型酒花直接加入回旋沉淀槽中。当然，在这种情况下就不能考虑苦味物质的利用率。

啤酒厂使用的酒花种类很多，其使用方法也不尽相同。

①整片状全酒花的添加：尽管这种酒花的使用呈下降趋势，然而世界上仍有许多啤酒厂至今还在使用全酒花。使用全酒花时，在煮沸锅后就必须安置酒花分离器，以分离出酒花糟。当然这会带来较大的麦汁损失。有的啤酒厂则将全酒花粉碎后使用，粉碎酒花的酒花糟可在回旋沉淀槽中得到良好的分离。

②颗粒酒花的添加：颗粒酒花制品的使用很简单，酒花贮存所需的空间也很小。颗粒酒花的型号分为 90 型和 45 型两种。使用时用手打开铝箔包装袋，把袋中的颗粒酒花直接加入煮沸锅中。

③酒花浸膏的添加：酒花浸膏是用金属听装容器包装的。它的黏度很高，加热到 45~50℃时，黏度会大幅下降而成为液体状，然后在工艺规定的时间加入煮沸锅中。小型啤酒厂常常在听装酒花金属盒上钻一个洞，不预热而直接加入到煮沸麦汁中，也可以把盒子放入一只网状框中，再把框放入煮沸锅中与麦汁一同煮沸。

4. 麦汁的浓度和 pH

（1）麦汁浓度　煮沸前、煮沸中、煮沸结束前 10min、煮沸后，需测定麦汁的体积和麦汁的浓度。尤其要注意麦汁体积与麦汁浓度的关系，以准确掌握定型麦汁的浓度。

（2）pH　pH与蛋白质凝聚、麦汁色泽和风味密切有关。

pH在5.2~5.6，蛋白质一般可达到良好的凝聚效果。麦汁的pH愈低，单宁和花色苷等多酚物质愈易与蛋白质作用而絮凝沉淀出来，从而降低麦汁色度，改善啤酒口味，并提高啤酒非生物稳定性。一般是在糖化开始或麦汁煮沸时，采取加酸的办法降低麦汁的pH，但较低的pH会降低酒花苦味质的利用率。

5. 定型麦汁的组成

添加酒花煮沸后，麦汁的主要组成物质为水、麦芽分解产物及溶解的酒花固形物等。定型麦汁的pH为5.0~5.7，黏度（以12°P计）1.70~2.00mPa·s，表面张力（40~50）×1 0^5N/cm（表6-23）。

表6-23　　　　　　　　　　　定型麦汁的组成

成分			含量
碳水化合物	可发酵糖	己糖	7%~9%
		蔗糖	2%~3%
		麦芽糖	42%~47%
		麦芽三糖	11%~13%
	糊精	低分子糊精	6%~12%
		高分子糊精	19%~24%
	β-葡聚糖		0.2%~0.4%
	戊聚糖		3%~4%
氮类化合物	总氮/（mg/L）		950~1150
	高分子氮		22%（可凝性氮2%）
	中分子氮		18%
	低分子氮		60%（甲醛氮34%、游离氨基氮22%）
多酚	总多酚/（mg/L）		180~300
	花色苷/（mg/L）		70~140
	单宁/（mg/L）		60~100
苦味物质	EBC单位		35~65
	α-酸/（mg/L）		3~20
	异α-酸/（mg/L）		25~55
	希鲁酮/（mg/L）		3~5

续表

成分		含量
矿物质	磷酸盐（P_2O_5）（mg/L）	600~850
	硅酸盐（SiO_2）（mg/L）	30~40
	氯盐（CL^-）（mg/L）	100~200
	硫酸盐（SO_4^{2-}）（mg/L）	40~200
	硝酸盐（NO_3^-）（mg/L）	10~80
	钙（mg/L）	23~60
	镁（mg/L）	80~100
	钾（mg/L）	500~550
	锌（mg/L）	0.10~0.25
	钠（mg/L）	10~13
维生素	硫胺素（B_1），泛酸，核黄素（B_2），吡哆醇（B_6），烟酸，肌醇，泛酸	

煮沸结束后，麦汁立即用泵打入回旋沉淀槽。为了尽快让下一批次的麦汁进入煮沸锅进行煮沸，所以热麦汁打出的时间应尽可能短。但要注意，麦汁输送过程中不应出现气蚀现象和机械剪切力，以免损害麦汁质量。

三、影响糖化收得率的因素

糖化收得率是指煮沸终了麦汁中的浸出物量与糖化投料量百分比，它是判断糖化工作的重要指标之一。其值一般在74%~79%，此值应尽可能高，而且最多比实验室值低1%。糖化收得率的影响因素主要有：

1. 原料

麦芽不同，浸出率也不同，因此我们要选用浸出率高的麦芽。溶解差的麦芽的糖化收得率比溶解好的麦芽要低。由于糖化投料量总是风干值，因此麦芽的水分对糖化车间收得率影响很大。麦芽水分越高，糖化收得率就越低。使用碳酸盐硬度高的水，糖化收得率低；使用硫酸盐多的水和特软水，由于可降低pH，因此对酶的作用有利，对糖化收得率同样有利。

2. 糖化设备

现代化的糖化车间应在能生产高质量麦汁的同时，也能生产高糖化收得率的麦汁，为此需要一系列附属设备，特别是要尽最大可能洗出麦糟中含有的浸出物。老式传统糖化设备的糖化收得率较低。

糖化设备的质量可由糖化收得率与实验室浸出率之差来评判。较好的糖化设备，此差值应很小。

3. 糖化工艺

糖化工艺过程的时间越长，糖化强度越强，糖化收得率就越高。通过分出浓醪强烈煮沸，可以得到更多的浸出物。

通过预糖化和对醪液加压煮沸，也可以提高糖化收得率。另外，糖化用水和洗糟用水的比例很重要，因为在高浓糖化时就很难洗出麦糟中的浸出物，使糖化收得率下降。

4. 过滤

糖化醪泵醪过快，醪液在过滤槽中分布会不均匀，由此而使糖化收得率降低；洗糟不均匀，过滤阀流出不均匀，也会导致糖化收得率降低。少量多次的洗糟相对于连续洗糟，糖化收得率要高一些。过滤情况好坏可通过麦糟的可洗出浸出物含量反映出来。

5. 操作方式

整个糖化操作建立在酶的作用基础上。因此只有准确控制温度和时间，才能使酶的作用得到最佳发挥，所以要求酿造工必须准确而可靠地工作，否则将造成很大损失。为避免以上问题，先进的糖化车间均用预先存储程序进行自动化操作，酿造工仅观察控制，只在必要时采取措施。这样可避免人为因素的影响，达到最佳的工艺操作。

总之，影响糖化收得率的因素很多。当浸出物损失增高时，需综合考虑与其相关的影响因素。对生产现场糖化收得率和实验室收得率差值进行适当的控制及对最终麦糟进行分析测定，可及时发现并解决工作中存在的问题。

第六节　麦汁后处理

麦汁煮沸结束后，应尽快将麦汁中的热凝固物和冷凝固物进行有效的分离，以获得澄清的麦汁。然后将麦汁冷却至工艺要求的发酵温度（下面发酵应冷却至 6~9℃，上面发酵为 12~18℃）。冷却的同时，要进行麦汁通风，为酵母繁殖提供足够的氧。

麦汁后处理的主要任务是：热凝固物和酒花糟的分离、麦汁冷却、麦汁通风（酵母供氧）、酵母添加、冷凝固物的分离、酵母繁殖、二次通风等。

一、热凝固物的分离

1. 热凝固物

热凝固物是麦汁煮沸过程中高分子氮凝聚而成的不溶性缩合物，主要由直径为 30~80μm 的蛋白质和多酚复合物组成。在麦汁煮沸过程中，随着蛋白质变性和多酚物质的不断氧化、聚合，热凝固物会逐渐析出，同时还吸附了部分酒花树脂及其他有机物。

（1）麦汁中热凝固物的含量　受各种因素的影响，麦汁中热凝固物的含量变化很大。麦汁煮沸时，与凝聚物一同析出的结合物越多，麦汁和啤酒的稳定性就越强。麦汁中热凝固物的含量为 200~400g/hL 麦汁，其干物质含量则为 40~80g/hL 麦汁。

（2）影响热凝固物数量的因素　热凝固物析出的数量主要与麦汁中含氮物质的量以及麦芽的溶解度有关。一般而言，麦汁含氮量越高、麦芽溶解越充分，则热凝固物析出量也越多；由高温焙焦麦芽制备的麦汁，其热凝固物的形成量相对较低。

糖化方法也有一定的影响，投料温度低，分醪量大（煮沸部分多），则热凝固物的形成量较少，即煮出糖化法形成的热凝固物数量明显低于浸出法。

另外，麦汁浊度、加酒花后的煮沸时间、麦汁 pH 以及酒花多酚含量等因素，对麦汁热凝固物的析出量也有一定程度的影响。

（3）热凝固物对发酵的影响　应将热凝固物从麦汁中彻底分离除去。因为发酵液中悬浮的热凝固物一旦被酵母细胞吸附，将会影响酵母细胞的正常发酵与沉降。此外，麦汁中的热凝固物还可引起啤酒色度增高、口味粗糙、后苦冗长、泡沫稳定性和口味稳定性变差。

2. 热凝固物的分离设备

回旋沉淀槽（图 6-35）是最常用的热凝固物分离设备，与其他分离设备相

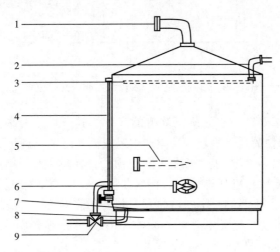

图 6-35　回旋沉淀槽

1—排气筒　2—洗涤水进口　3—喷水环管及喷嘴　4—液位指示管　5—麦汁切线进口
6—人孔　7—钢筋混凝土底座的水防护圈　8—底座　9—麦汁及废水排出阀

比，它的分离效果最佳。回旋沉淀槽是立式柱形槽，麦汁沿切线方向泵入，形成旋转流动，并使热凝固物以锥丘状沉降于槽底中央，清亮麦汁从侧面麦汁出口排出。

（1）回旋沉淀槽的结构和技术要求

①回旋沉淀槽是一个平底的密闭柱形容器，出口处的斜率为2%。新式回旋沉淀槽一般都有保温层，以防止麦汁冷却。为了更好地收集热凝固物，回旋沉淀槽底部中央装有锥形热凝固物收集杯。麦汁沿切线方式进入槽内，进口大多有两个，一个进口在槽底，为避免吸氧；另一个进口在距槽底1/3高度处。

②槽的内壁应光滑洁净，边缘要平整无棱角，槽内不要安装任何物件，如冷却管、铁扶梯、向内凸出的人孔门等，因为这些东西会引起局部紊流或涡流，影响分离效果。槽的上部设有洗涤用的喷水环管。

③回旋沉淀槽的麦汁液位高度与槽的直径之比（高径比）一般为1：（2～3），现代化的回旋沉淀槽多选择1：3。

④麦汁出口始终在回旋沉淀槽底部的侧面，出口一般有两个，分别在麦汁高度的1/2处和底部1/10处（图6-36）。排放顺序为自上而下，打开阀门时要注意麦汁的流量，防止流动过快冲击沉淀物，造成麦汁浑浊。

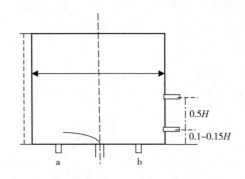

图6-36　回旋沉淀槽中麦汁泵出侧面开口位置

⑤残余麦汁导出口开在回旋沉淀槽的底部。其开口半径R，是根据高径比（H/D）和热凝固物的量来确定的，生产中需根据实际情况确定。

⑥待麦汁排出后，要用清水排除沉淀物。若在槽底中央制成一个小锥体，应能存积全部沉淀物，以利排放；若槽底是平的，应有2%的斜度，以利清洗。因此，回旋沉淀槽底部的结构形式可以是多种多样的，常见的几种形式见图6-37。另外，新型回旋沉淀槽的底部中央还设有高压旋转喷头，能迅速将结块的酒花糟打碎并排出槽外。

对酒花糟中的麦汁，可用压滤机或离心机回收，但比较麻烦。可考虑直接放入过滤槽中，最好是在最后一次洗槽时打入过滤槽中，打入过早，沉积物中细小的微粒会堵塞滤孔，导致麦汁过滤困难。

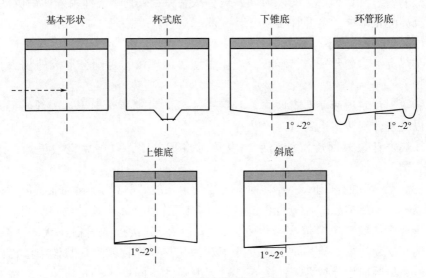

图 6-37　回旋沉淀槽底的形式

⑦槽的风筒出口处应安装平板风挡。进料时打开，向外排气，进料完毕及时关闭，防止麦汁氧化。麦汁流出时再打开，避免产生负压。

（2）麦汁回旋方向的选择　麦汁沿槽壁切线方向进入槽内，形成旋转运动。待进料结束后，旋转的麦汁任其自然减速，产生回旋效应。麦汁内部各点受力大小随所处位置不同而异，靠离心力与重力来平衡。上层麦汁与空气接触，所产生的摩擦阻力较小，旋转时形成凹液面；中层麦汁颗粒凭借离心力作用，向四周移动；槽壁及槽底部麦汁，由于旋转时摩擦阻力大，旋转速度局部减慢。槽壁处的颗粒固形物受到的重力相对较大而下沉，槽底部液体在整体平衡的作用下，补充上层液体因离心作用形成的低压区域而产生向心力，不断涌向中心，同时还形成了一股中心向上的抽力。这样，麦汁中固形物在重力和向心力的合力作用下，不断向槽中心靠近，随着回旋速度的自然减慢，静止下来后，沉积于槽底中央，形成丘状物，达到固液分离的目的。由此可见，旋转是回旋沉淀槽进行固液分离的不可缺少的过程。

麦汁旋转方向的确关系着固液分离效果与节约能源的问题。麦汁的旋转应该利用地球自西向东自转产生的"科里奥利"惯性力。因此，在北半球正确的旋转方向应该是逆时针方向，否则就会如逆水行舟一样减慢速度而浪费能源。当然在南半球则相反，而应采取顺时针方向旋转。

3. 热凝固物分离的技术要点

利用回旋沉淀槽分离热凝固物的目标是：麦汁浊度<10EBC，麦汁固体颗粒<25mg/L；热凝固物分离完全，能形成良好的凝固物丘状体。要实现此目标，就要注意以下技术要点。

（1）麦汁受热时间　受热时间要短。从煮沸结束到热麦汁泵入回旋沉淀槽，直至沉淀静止结束，全部时间应小于60min。

（2）热麦汁输送

①热麦汁输送要平稳、轻缓，避免出现气蚀现象，否则会形成剪切力打碎凝固物。

②热麦汁输送速度不能太快，不应超过5m/s。通常情况下，较低的泵入速度足以使麦汁旋转，达到回旋效果。

③热麦汁泵入回旋沉淀槽后，应及时将泵关闭，以避免空气进入，形成气泡。

（3）热麦汁的泵出　麦汁在回旋沉淀槽中一般要静置20～40min，但不得少于20min。一般情况下，回旋沉淀槽侧面设有两个甚至多个麦汁出口。当静置结束，应首先从最高出口依次排出麦汁；当液面降到接近凝固物丘状体顶端时，要精确调整麦汁泵，使其泵出速度低于麦汁从热凝固物锥型丘状体中渗出的速度，避免热凝固物分裂塌陷（图6-38），随麦汁一同进入板式换热器，堵塞板式换热器，甚至影响酵母的正常发酵。另外，使用颗粒酒花有利于形成坚实的热凝固物丘状体，同时还可以降低酒损。

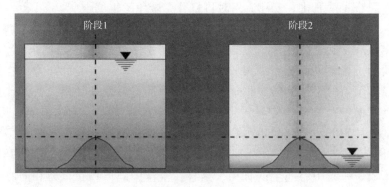

图6-38　回旋沉淀槽麦汁中热凝固物丘状体的分离示意
阶段1—麦汁静止时间　阶段2—麦汁打出时间

（4）热麦汁的二级流动　在回旋沉淀槽中，随着回旋的减弱，除主体流动外，还会出现由于热凝固物沉降能力差引起的二级流动。二级流动能将已经沉下来的热凝固物重新卷起，其间产生的推动力和剪切力会将热凝固物打碎，严重阻碍了回旋效应以及热凝固物的分离。尤其不利的是位于槽底的环形涡流，它还会带动偶尔出现的其他涡流，并阻碍沉淀物迅速沉降。

较好的克服方法是将麦汁进口速度控制在3.5～5.0m/s，如果热凝固物较粗大时，可在槽底上部30～60cm处安装一个圆环，可明显改善热凝固物的分离效果。

二、冷凝固物的分离

冷凝固物是在麦汁冷却过程中所形成的浑浊沉淀物，它是以蛋白质和多酚物质为主的复合物，其性质与啤酒产生的冷浑浊物基本相同，加热可以溶解。尽管麦汁温度在70~75℃时，冷凝固物已开始析出，但大部分是在麦汁冷却时产生的。

（1）冷凝固物的性质和含量　冷凝固物的颗粒直径为0.5~1μm，其组成与所使用的麦芽性质有关。由于这些颗粒十分细小，沉降十分困难，且极易附着在其他颗粒（如酵母细胞或气泡）表面。若冷凝固物附着在酵母细胞表面上，就会影响酵母与麦汁的充分接触，导致发酵速度减缓。因此，应尽可能地将冷凝固物从麦汁中分离出去。

随着麦汁冷却的进行，冷凝固物析出量逐步增加，从30℃开始剧增，在0℃时达到最大值15~30g/hL。

（2）影响冷凝固物析出量的因素　影响冷凝固物析出的因素主要有以下几点。

①蛋白质含量低或蛋白溶解度低的麦芽，冷凝固物析出少；

②采用谷类辅料的麦汁，冷凝固物析出少；

③粉碎物料中的粗粉组分大于细粉组分，冷凝固物析出少；

④采用稀醪糖化的麦汁，冷凝固物析出少；

⑤低浓度麦汁比高浓度麦汁析出的冷凝固物少；

⑥较高的起始糖化温度生产的麦汁，冷凝固物的析出量少；

⑦酒花添加量少、麦汁煮沸时间短的麦汁，冷凝固物析出少；

⑧麦汁液位低，冷凝固物析出多；

⑨麦汁温度愈低，冷凝固物的析出量愈多；下面发酵麦汁（6~7℃）较上面发酵麦汁（15~20℃）析出的冷凝固物多。

普遍认为，冷凝固物可以赋予啤酒醇厚的口味。如果冷凝物分离太彻底，将会导致啤酒口味淡薄。因此，冷凝固物的最佳残余量应为40~60mg/L麦汁。如果使用优质麦芽，麦汁本身冷凝固物的含量就比较低，而在以后的工序中又采用其他非生物稳定性措施（如添加硅胶、皂土等），就不一定要在冷麦汁中彻底地去除全部冷凝固物。

第七节　麦汁的冷却与充氧

麦汁经过煮沸打入回旋沉淀槽，分离酒花糟及热凝固物后，应迅速进行以下处理。

（1）迅速冷却，使麦汁温度达到酵母接种的要求；

（2）麦汁冷却后进行通风操作，酵母只有在吸收了充足的氧气后，才能合成其繁殖所必需的固醇和不饱和脂肪酸等物质；

（3）析出和分离麦汁中的热、冷凝固物，以保证发酵的正常进行和期望的啤酒质量。

麦汁冷却是一个物理变化过程，从理论上讲并不复杂。但由于热、冷凝固物的析出和分离、合理的麦汁充氧以及严格的卫生要求，实际生产中的冷却工艺是相当复杂的。

由于酵母只能在低温下发酵，所以热麦汁必须冷却到工艺要求的发酵温度，才能进行接种。利用板式换热器可以使麦汁迅速冷却到酵母的接种温度，长时间的缓慢冷却会增加啤酒中有害微生物繁殖的机会。因此，快速冷却非常重要。麦汁冷却开始后，在60℃以前的这一时间内，热凝固物仍然会继续析出。

一、麦汁冷却

啤酒厂最常用的麦汁冷却器是板式换热器，它的换热效率很高，在实际生产中已经得到普遍应用。麦汁冷却对冷却设备的基本要求如下。

（1）麦汁和冷却水流经部位要便于清洗；

（2）密封要好，严防冷却水和麦汁的渗漏；

（3）要有足够的冷却面积，冷却时间要短，冷凝固物析出的量多。

1. 板式换热器的结构

板式换热器是新型的密闭冷却设备，其结构见图6-39。采用不锈钢板制作，由许多片两面带沟纹的沟纹板所组成，两块一组，作为基本单元，麦汁和冷却水交替流过这些沟纹板。沟纹板中间用胶皮圈作填料紧密贴牢，防止渗漏。沟纹板悬挂在支承轴上，并相互压紧，麦汁通过连接板流入和排出。

2. 板式换热器的工作原理

通过板式换热器，麦汁温度可以从95~98℃降至6~8℃。介质是冷却的自来水或其他冷媒。具体的工作方式是：麦汁和冷却剂两种介质通过泵送以湍流形式运动，循着沟纹板两面的沟纹逆向流动，进行热交换。各冷却板对既可以并联，也可以串联或组合使用。因此，通过板式换热器的流量和热交换方式是变化的。各板角上均有通道孔，构成麦汁和冷却剂的分配通道，麦汁和冷却剂可由此导入各板对，经过热交换后，再使之导出。流向相同的若干板片组成的单元称为板段。通过一个反向板，可以改变从一个板段流入下一个板段的方向（图6-40）。

3. 板式换热器的优点

板式换热器换热效率高，占地面积小，便于卫生管理，是其他类型的冷却器难以比拟的。

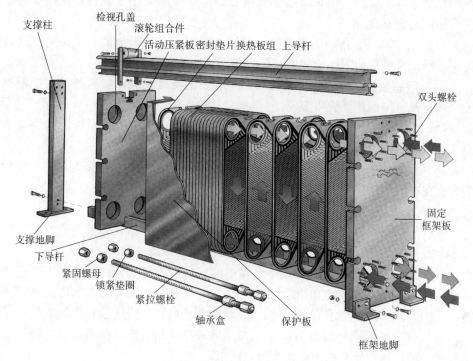

图 6-38　板式换热器的结构

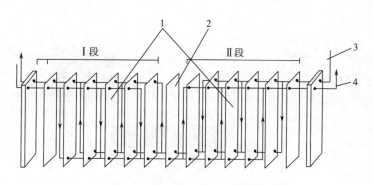

图 6-40　板式换热器的工作原理

Ⅰ段　介质按同一流向与冷媒进行热交换

Ⅱ段　介质流向与Ⅰ段相反,并与冷媒进行热交换

1—换热片　2—倒向板　3—介质　4—冷媒

板式换热器的主要优点如下。

（1）传热系数高　由于板式换热器的板型结构能形成湍流,可提供很高的传热速率,并且压力损失小。

（2）灵活性高　对于原来的管壳式换热器,在需要增加处理量时,原换热面积几乎不可能增加。但板式换热器可根据生产量的大小增减板数，这样就节省了昂贵的设备投资。

（3）结构紧凑，占地面积少　由于结构紧凑，传热效率高，在相同的热负荷下，板式换热器所需的换热面积仅为管壳式换热器的 1/3 左右。

（4）产品夹带量低　在板式换热器中存留的液体量较小，因此，它比常规的换热器开、停操作要快得多。

（5）免粘胶密封垫　将密封垫放在密封垫沟槽内，密封垫由压制的缺口固定，有抗高压能力，并能迅速方便地更换。

（6）附加的安全设计　特殊的板片密封垫结构可以防止任何情况下介质间的混合，在进、出口端面上两种流体被双道密封垫分开，提高了热交换的安全性。

4. 麦汁冷却方式

麦汁冷却有一段式或两段式冷却方式。以前两段冷却方式最为普遍。但从节能和控制方面考虑，如今，一段冷却方式越来越多地被采用。

（1）两段冷却　两段式板式换热器由前、后两段组成，两段之间安装有中间板（图 6-41）。前段冷却用冷水，后段冷却则使用冷媒（如乙二醇或酒精溶液）。前段冷却水温要求在 20℃ 以下，前段冷却后，麦汁温度要求降至 40~50℃；后段冷却的冷媒温度为 -4~-3℃，后段冷却后，麦汁的温度要求降至发酵温度。前段热交换后的水可作为投料用水。

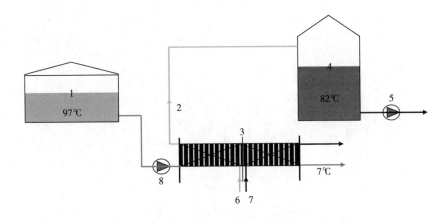

图 6-41　两段冷却工艺流程图

1—回旋沉淀槽　2—热交换水 82℃　3—板式换热器　4—热水贮罐
5—用泵送至糖化室　6—酿造用水 17℃　7—冰水温度≤3℃　8—泵

板式换热器具有 0.25~0.35MPa 的阻力，麦汁和冷却剂均需用泵送入，将回旋沉淀槽流出的 90~95℃ 的麦汁，直接冷却至发酵温度。冷却时间最好控制在 1h 之内，以配合回旋沉淀槽的生产能力。因此，板式换热器的生产能力要求大一些。

　　板式换热器用过之后，必须用热水和热碱水充分循环，进行洗涤和灭菌，防止结垢，影响热交换效果。

　　（2）一段冷却　一段冷却见图6-42，即先采用氨直冷方式将酿造用水冷却至3~4℃（此水俗称冰水），然后与热麦汁在板式换热器内进行一次性热交换，在麦汁冷却至发酵温度的同时，冰水则被加热至75~80℃左右，此水可直接作为洗糟水使用。

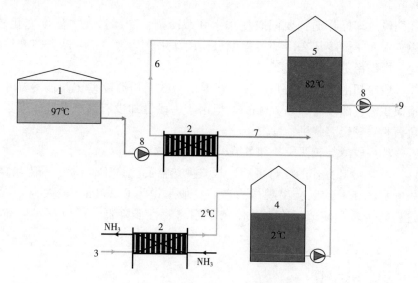

图6-42　一段麦汁冷却工艺流程图

1—回旋沉淀槽　2—板式换热器　3—酿造用水17℃　4—冰水罐　5—热水贮罐
6—酿造用水82℃　7—7℃冷麦汁送至发酵间　8—泵　9—至糖化

　　与两段式换热器相比，一段板式换热器只有一段，无中间板，结构简单。

　　一段冷却技术要如下。

　　①麦汁进口温度为95℃左右；

　　②冷却时间最好控制在1h以内，过长的冷却时间将影响回旋沉淀槽的利用率和麦汁质量；

　　③麦汁和冰水的泵送压力为0.1~0.15 MPa；

　　④麦汁和冰水耗量比例为1：（1.2~1.4）；

　　⑤清洗和杀菌用水温度为85~90℃；碱水洗涤温度为75~80℃；

　　⑥用泵循环清洗杀菌的时间为20~30 min；

　　⑦冷却介质——冰水的温度3~4℃。

　　冰水制备：酿造用水经泵送至氨蒸发器，在此冷却至3~4℃，贮于冰水罐中备用。氨蒸发器采用管板结构的多程热交换器。管内为水流道，制冷剂在管间蒸发。制备冰水时应防止结冰，管内水的流速应大于0.8m/s，氨蒸发压力应控制在 0.2~0.3MPa。

（3）一段冷却与两段冷却的比较　两段冷却的第二段是冷媒与高于当地水温的热麦汁进行热交换；而一段冷却则是冷冻当地酿造用水。

一段冷却的优点主要如下。

①一段冷却利用酿造水作为载冷剂，无需使用酒精或乙二醇。

②一段冷却与两段冷却相比，热水的温度要高得多，糖化室的热能利用率大大提高。

③两段冷却操作时，要同时使用水和载冷剂，冷却过程中温度变化较大，不易稳定；而一段冷却在冷却过程中只使用冰水作为载冷剂，冷、热介质的参数不变，操作稳定，易于控制。

④一段冷却由于冷、热介质热交换时的对数平均温度差比两段冷却小，故热交换面积需较两段冷却加大 45%。但由于一段冷却没有高峰负荷，所以冷冻机的负荷相对较轻，装机容量较小。

⑤一般一段冷却较两段冷却可节电 30%~40%。

（4）一段冷却操作的注意事项　板式换热器的允许工作压力一般为 1MPa。在薄板的水区和麦汁区会出现压力差，一般来说为 0.2MPa，最大为 0.4MPa。由于过高的压差会使薄板变形，使密封圈密封性能降低，所以不可随意提高压差。

二、麦汁充氧

麦汁冷却到发酵温度后，需要接入大量的酵母，而酵母繁殖需要氧气，以利于酵母增殖并同时进入发酵阶段。为此，我们必须给酵母提供足够的氧气（以空气形式）。若延缓充氧，则不利于酵母的增殖和发酵速度的正常进行。

在啤酒酿造过程中，麦汁通风是唯一一次给酵母提供氧气的机会。酵母可在几小时之内消耗掉提供的氧气，对麦汁质量无损害。

为使空气溶解至冷麦汁中，必须通入很细小的空气泡，并以涡流形式与冷麦汁进行混合。否则，空气泡过大，空气会从麦汁中逸出，达不到麦汁充分充氧的目的。通风量对啤酒质量有很大的影响。若通入过多的氧气（大于 12mg/L），酵母会大量繁殖，形成的乙醇就少，酒体会淡薄；若通入的氧气过少，氧的溶解量过低（小于 6mg/L），将影响酵母的繁殖和发酵性能。

要使麦汁中的溶解氧达到 8~9mg/L，必须使用大量的空气。理论上每百升麦汁约需 3L 空气，实际生产需要 10 倍的量。因为，一部分气泡不溶于麦汁；另外，通入的空气分布也不完全均匀。麦汁通风量与氧气饱和度的关系见图 6-43。

压缩空气必须保证无菌。因此，充氧前需安装一个无菌空气过滤器。未经灭菌的空气会导致微生物污染。

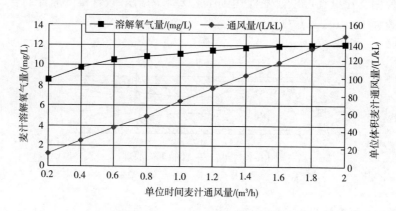

图 6-43　麦汁通风量与溶解氧量的关系

1. 麦汁充氧（通风）工艺流程（图 6-44）

通风装置一般都安装在板式换热器冷麦汁的出口。压缩空气减压后，经空气流量计和除菌空气过滤器后进入麦汁充氧器，使麦汁与空气充分混合，然后进入发酵罐。酵母最好在麦汁管路中添加，以便于与麦汁更好地混合均匀。

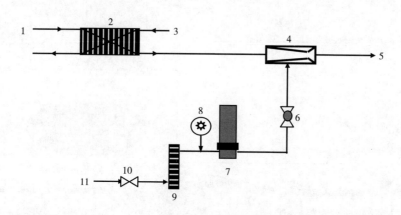

图 6-44　麦汁冷却充氧工艺

1—热麦汁　2—板式换热器　3—冰水　4—麦汁充氧器　5—送至发酵　6—止回阀
7—空气过滤器　8—压力表　9—空气流量计　10—减压阀　11—无菌空气

2. 麦汁充氧的方法

麦汁充氧的方法很多，文丘里管式充氧器应用较广、效果较好。钛金属棒充氧效果也很好。

（1）文丘里管　使用文丘里管进行麦汁通风是啤酒厂常用的方法。文丘里管工作原理见图 6-45，有一管径紧缩段，用来提高流速，空气通过喷嘴吸入。麦汁在管径增宽段形成涡流，使麦汁与被分散、细密的空气泡充分接触并混合均匀。使用文丘里管可以使麦汁达到工艺要求的溶解氧含量。麦汁与空气的混合比一般为 1 :（0.3~0.7）。

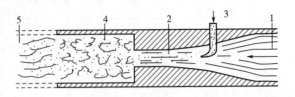

图 6-45　文丘里管的工作原理

1—分层流体　2—管径紧缩段，借此提高流速　3—无菌空气喷嘴　4—涡流流体　5—视镜

（2）新型充氧设备

图 6-46 是德国 Huppmann 公司的充氧设备，原理同文丘里管，工作时会形成负压，借助涡流作用，使麦汁与氧气充分混合。

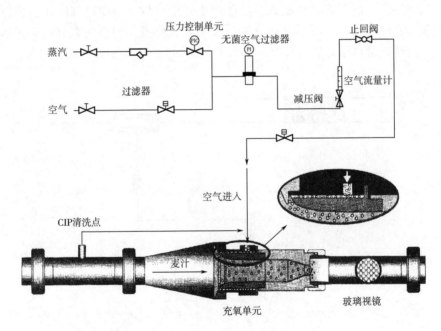

图 6-46　Huppmann 公司的麦汁充氧系统

其工作原理是，空气通过一个气环室喷嘴，以涡流形式进入麦汁，氧气能够被麦汁充分吸收。此喷嘴能使空气形成极密的小气泡，可使冷凝固物和酒花糟有效分离，在浮选罐中液体表面形成一层密实的泡盖层。麦汁中的浑浊物减少，为酵母提供了一个良好的发酵环境。通过其玻璃视镜可观察到麦汁的充氧状况。

在麦汁充氧过程中，重要的一点是要保持充氧管道中无菌。此种充氧器与 CIP 系统相连，可用蒸汽对管道杀菌，从而保证无菌生产。

第八节 糖化过程中的工艺计算

一、投料量的计算

1. 原料浸出率的计算

麦芽和辅料的理论浸出率由化验室提供，可以根据各自的浸出率计算出原料的混合浸出率。

混合浸出率(%)= 麦芽浸出率(%)×麦芽使用量(%)+辅料浸出率×辅料使用量(%)

2. 混合原料量的计算

根据麦汁产量、麦汁浓度、原料利用率和混合原料浸出率，便可计算混合原料量。

$$混合原料量(kg) = \frac{麦汁产量(L)×麦汁浓度(\%)×相对密度×0.96}{原料利用率(\%)×原料混合浸出率(\%)}$$

0.96——100℃麦汁冷却到20℃时容积的缩小系数

3. 投料量的计算

计算出混合原料量后，按搭配比例即可计算出麦芽和辅料的使用量。

实例一 糖化一批次生产12°P麦汁（12°P麦汁的相对密度为1.0484）150hL，麦芽和大米的比例分别为70%、30%。麦芽的理论浸出率为70%（风干物），大米为82%（风干物），原料利用率要求不低于98%，计算总投料量为多少？麦芽与大米各为多少？

解：

（1）　　　　　混合浸出率=麦芽浸出率×麦芽使用量+大米浸出率×大米使用量

$$=70\%×70\%+82\%×30\%$$

$$=73.6\%$$

（2）　　　　$$总投料量(kg) = \frac{麦汁产量(L)×麦汁浓度(\%)×相对密度×0.96}{原料利用率(\%)×原料混合浸出率(\%)}$$

$$= \frac{15000×12\%×1.0484×0.96}{73.6\%×98\%}$$

$$= 2511.6 \ (kg)$$

（3）计算麦芽、大米的使用量

麦芽用量=2511.6（kg）×70% = 1758.1（kg）

大米用量=2511.6（kg）×30% = 753.5（kg）

需要注意的是：因为密度取决于温度和压力，而压力对液体来说常常可以忽略，所以表示麦汁密度时必须注明温度。另外，在实例一中，已经给出麦汁密度，如果未给出，也可以根据麦汁浓度，按下列近似公式计算。

已知：麦汁浓度（°P）　　　　　麦汁相对密度

　　　0（水）　　　　　　　　　1.000

　　　1　　　　　　　　　　　　1.004

　　　2　　　　　　　　　　　　1.008

所以，可以得到一个近似麦汁相对密度。即：麦汁相对密度 = 糖度值×0.004+1

以上述糖度值12°P 为例，则麦汁相对密度 = 12×0.004+1=1.048

可见这两个麦汁相对密度之间的差值很小，仅有 0.0004。

二、糖化用水量的计算

糖化用水量多以原料和水之比（料水比）表示，如每 100kg 原料用水的升数。如果只用麦芽，不使用谷类辅料，设麦芽的浸出率为 $W\%$（即 100kg 原料含有的可溶性物质的质量，kg），第一麦汁浓度为 W_p（°P），一次投料量为 100kg，糖化用水量为 V（L），则由质量守恒定律得：

$$W_p = \frac{100W}{W+V} \quad \text{故有：} V = \frac{W（100-W_p）}{W_p}$$

实例二　已知麦芽的浸出率为 72%，第一麦汁浓度要求达到 16°P，则糖化用水量为：

$$V = \frac{W（100-W_p）}{W_p} = \frac{72（100-16）}{16} = 378（L/100kg 原料）$$

如果使用谷类辅料，应根据麦芽和辅料的分配比例以及各自的浸出率，计算其混合浸出率，再用上式计算其糖化用水总量。

三、煮出糖化法中需煮沸糖化醪的计算

煮出糖化法要求移取部分糖化醪进行煮沸，然后兑入剩余醪液中，使其达到下一步升温所要求的温度。根据经验，移取的部分糖化醪的数量约占总醪量的 1/3~1/4。

根据糖化醪液数量来计算。

$$V = \frac{V_1（t_2-t_1）}{t_3-t_1}$$

其中：V——需移取的醪液量（hL）；

　　　V_1——兑醪后糖化醪总容量（hL）；

　　　t_1——留于糖化锅的醪液温度（℃）；

　　　t_2——混合糖化醪期望达到的温度（℃）；

t_3——煮沸醪液的温度（℃）。

考虑到管道的热损失和室温的影响，t_3 取 90℃较好。或可以采用下式：

$$V = \frac{（期望上升的温度-剩余醪液的温度）（℃）×醪液总量（L）}{90℃-剩余醪液的温度}$$

实例三　50℃ 2000L 醪液应升温到 64℃，那么需打出多少煮出醪液量？

$$V = \frac{（64-50）×2000}{90-50} = 700（L）$$

四、原料利用率的计算

原料利用率的计算方法是原料实际糖化收得率与原料的理论收得率比值的百分数。即：

$$原料利用率（\%） = \frac{实际收得率（\%）}{理论收得率（\%）} × 100\%$$

1. 糖化收得率的计算

糖化收得率是指煮沸终了麦汁中的浸出物量与糖化投料量百分比，它是判断糖化工作的重要指标之一。

由于浸出物量可用下列公式计算：

浸出物量（kg）= 煮沸结束麦汁浓度（%）×麦汁相对密度×打出麦汁量（L）×0.96

所以，糖化收得率可以根据糖化生产现场使用的原料数量、麦汁浓度（20℃）、实际麦汁的产量计算出收得率，即用下式计算：

$$糖化收得率 = \frac{最终麦汁产量（L）×麦汁相对密度（20℃）×麦汁浓度（\%,20℃）×0.96}{原料的总质量} × 100\%$$

在实际计算中，由于校正系数 0.96 始终不变，麦汁相对密度和麦汁浓度相对固定。

即：糖化收得率系数 = 麦汁浓度（%）×麦汁相对密度×0.96

所以上式也可简写为：

$$糖化收得率 = \frac{糖化收得率系数×打出热麦汁量（L）}{糖化投料量（kg）}$$

（1）糖化投料量

糖化投料量是计算收得率的基础值，自动计量秤已准确记录，可在糖化控制计算机中或已记录的糖化报告单上进行查阅。

（2）打出热麦汁体积与冷麦汁体积的换算系数 0.96

在传统的糖化车间，在麦汁煮沸终了，利用测量标尺可较准确地测量打出麦汁的体积。测量时，液面必须平静，测量标尺须用煮沸锅内容物进行校准，并放在合适的位置。

在现代化糖化车间，热麦汁量常利用压力传感器或其他的测量系统测量，而冷麦汁量主要通过管道中安置的感应流量计来测定。

实例四　糖化车间要生产一批次比尔森啤酒的麦汁，所投入的比尔森型麦芽量为4600kg，煮沸结束时打出了331hL浓度为10.7%的热麦汁，其麦汁相对密度为1.0411，请问糖化收得率为多少？

解：

$$糖化收得率=\frac{33100×1.0411×10.7\%×0.96}{4600}×100\%=76.95\%$$

2. 理论收得率的计算

理论收得率是把原料通过标准协定法制取麦汁后，测出的无水浸出率，这个数值和麦芽品种、溶解程度、麦芽粉碎程度有关。

（1）一般浅色麦芽理论收得率为79~82%（无水浸出率）；

（2）一般深色麦芽理论收得率为75~78%（无水浸出率）。

实例五　某次投料量为3800kg，麦汁产量为241hL，麦汁浓度11.62%，麦汁相对密度1.0468，理论收得率为80%，计算原料利用率为多少？

解：（1）求生产实际糖化收得率

$$糖化收得率=\frac{24100×11.62\%×1.0468×0.96}{3800}×100\%=74\%$$

（2）计算原料利用率

$$原料利用率=\frac{实际收得率}{理论收得率}×100\%=\frac{74}{80}×100\%=92.5\%$$

五、糖化过程的综合计算

实例六　已知：麦芽水分5%，麦芽比例100%，麦芽无水浸出率80%，麦芽有水浸出率76%。第一麦汁浓度为17%，糖化室收得率为76%，煮沸后麦汁量以1000L计，最终麦汁浓度以12°P计，其相对密度为1.0484。

解：

（1）
$$糖化总投料=\frac{最终麦汁量×麦汁相对密度×原麦汁浓度×0.96}{糖化室收得率}$$
$$=\frac{1000×1.0484×12\%×0.96}{76\%}$$
$$=159（kg）$$

即麦芽用量=159kg

（2）
$$100kg麦芽用水量=\frac{麦芽浸出率（有水）×（100-第一麦汁浓度）}{第一麦汁浓度}$$
$$=\frac{76×（100-17）}{17}=371（L）$$

故糖化投料用水量为：159×371/100=590（L）

（3）总醪量＝投料用水量+0.7×投料量＝590+0.7×159＝717.3（L）（0.7 为经验数据）

（4）设满锅麦汁量为 M，则有：$M-M×12\%=1000$（12%为蒸发量）

解之：满锅麦汁量 $M=$ 1136（L）

因为煮沸前后，麦汁浸出物的质量是相等的，故有质量守恒定律得：

$$满锅麦汁浓度×满锅麦汁相对密度=\frac{12\%×1.0484×1000L}{1136L}=11.08\%$$

（5）一般情况下，每 100kg 麦芽产 120kg 湿麦糟，湿麦糟的含水量为 80%，那么：

159kg 麦芽可以产生 191kg 湿麦糟，191kg 湿麦糟中含水 153L。

故糖化用水总量＝1136+153＝1289（L）；则洗糟水量＝1289-590＝699（L）

如果洗糟水分三次添加，则每次添加水量为 699÷3 ＝ 233（L）

即投料用水：洗糟用水＝590：699 ＝ 1：1.18。

第七章　啤酒发酵技术

啤酒发酵是一个复杂的生化和物质转化过程，酵母的主要代谢产物是乙醇和二氧化碳，但同时也形成一系列发酵副产物，如醇类、醛类、酸类、酯类、酮类和硫化物等物质。这些发酵产物决定了啤酒的风味、泡沫、色泽和稳定性等各项理化性能，同时也赋予了啤酒典型的特色。

啤酒发酵工艺流程如图7-1所示，啤酒发酵时，因所用酵母不同，可以分为上面发酵和下面发酵两种类型。前者采用上面酵母和较高的发酵温度；后者采用下面酵母和较低的发酵温度。这两类啤酒风味不同，特色各异。

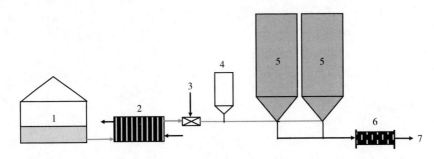

图7-1　啤酒发酵工艺流程图

1—回旋沉淀槽　2—麦汁冷却　3—充氧　4—酵母添加　5—发酵　6—啤酒过滤　7—灌装

下面发酵工艺是全世界普遍采用的啤酒生产方法。世界上大约95%的啤酒都是采用下面发酵方法生产的，下面发酵的啤酒品种有比尔森啤酒、出口啤酒、淡色啤酒等，如我国著名的青岛啤酒就是典型的下面发酵啤酒；而小麦啤酒、老啤酒、科尔施啤酒等则是上面发酵啤酒，在英国，上面发酵仍是生产啤酒的主要方法。近年来，我国的小麦啤酒日益受到消费者的普遍欢迎和喜爱，小麦啤酒产量呈明显增长趋势，上面发酵技术也开始受到人们的重视。

根据传统生产方法，啤酒发酵过程分主发酵（又名前发酵）和后发酵两个阶段。酵母繁殖和大部分可发酵性糖类的代谢以及发酵产物的形成，均在主发酵阶段完成。后发酵是前发酵的延续，必须在密闭的发酵容器中进行，残糖进一步进行分解，形成二氧化碳，并充分溶于啤酒中，达到饱和；啤酒在低温下陈贮，进一步得到成熟和澄清。

由于科学技术的不断发展，啤酒发酵过程的生化机理已为人们所掌握。为了缩短发酵周期，提高发酵设备利用率，人们在传统发酵技术的基础上，又创造了许多新型发酵方法，如高温发酵、搅拌发酵、加压发酵、连续发酵、固定化酵母发酵等，并开发了多种新型发酵容器。采用这些新技术，可以使主发酵和后发酵在同一容器中进行，既保证了啤酒的质量，又简化了管理和操作，为推动我国啤酒工业的发展发挥了重要作用。

第一节　发酵过程中的主要物质变化

一、糖类的变化

麦汁中所含糖类，随使用的原料和糖化方法不同而异。一般来说，麦汁中的总糖约占浸出物的90%，而可发酵糖占总糖的80%左右，其中葡萄糖和果糖约占总糖的10%，蔗糖约占5%，麦芽糖占45%～50%，麦芽三糖占10%～15%。80%以上的可发酵糖在主发酵过程中为酵母所同化，或发酵为酒精和CO_2及其他代谢产物，只残留少量麦芽糖和麦芽三糖留待后发酵中分解。至于麦汁中含4个葡萄糖基以上的寡糖，除去个别酵母菌，如糖化酵母（*S. diastaticus*）具有胞外淀粉葡萄糖苷酶，能分解四糖以上的寡糖外，对啤酒酵母来说，其寡糖含量基本不变。

发酵过程中，在相同发酵条件下，发酵度随糖比非糖的数值而变化，即可发酵性糖含量愈高，发酵度也愈高。发酵速度则随发酵温度、发酵压力和酵母接种量而变化，发酵温度愈高，压力愈低，酵母接种量愈大，则发酵愈旺盛，发酵速度愈快。

主发酵结束时，嫩啤酒中还应存有1/8～1/6的可发酵浸出物，相当于嫩啤酒的外观发酵度低于最终外观发酵度10%～12%，如表7-1所示。

表7-1　　　　　　　　不同发酵阶段的外观糖度和外观发酵度

不同发酵阶段	外观糖度/%	外观发酵度/%
原麦汁浓度	12.0	0
主发酵完毕	3.8	68
最终发酵度	2.4	80

二、含氮物质的变化

麦汁中含可同化氮和不可同化氮，两者的比例与啤酒质量有关。前者影响发酵进程和酵母代谢产物，从而影响啤酒的风味；后者则关系到啤酒的理化性能，如啤酒的澄清、非生物稳定性和泡沫性能等。

在发酵过程中，麦汁中的部分氨基酸和低分子肽易被酵母同化，同时由酵母合成新的肽类和蛋白质。这些生物合成产物，其成分与原麦汁中所含的不同，对啤酒的风味和各项理化性能均产生影响。酵母通常消耗 100~140mg/L 氨基酸和低分子肽。

在主酵或后酵期间，啤酒酵母除同化氨基酸外，也会分离出一部分含氮物质，如氨基酸和低分子肽，如其量约为其同化氮的 1/3，衰老的酵母更有此倾向。啤酒中含氮物质的 75% 来自麦汁，25% 来自酵母分泌物。

酵母分泌含氮物质有两种情况，其原因及作用如下。

1. 主酵结束后

营养物质此时大部分被耗尽，酵母仍是活体细胞，但生命活动减弱。此时酵母分离出一定范围内有利于口味圆润和醇厚的物质。属于这类物质的有：氨基酸、肽、维生素、磷酸盐、糖蛋白和酶。有酵母存在时啤酒口味会发生变化，有利于啤酒成熟。因此过早分离酵母会导致口味淡薄、干爽，即使后期还贮存很长时间，结果也一样。

2. 贮酒期酵母自溶

酵母细胞借助自身的酶对自身物质进行不可逆的分解，会使啤酒口味明显变差，有酵母、杂醇油的异味，导致 pH 上升，生物稳定性和胶体稳定性变差。

酵母发生自溶，蛋白质分解物的 70%，以氨基酸形式进入啤酒，因此，可通过氨基酸含量的异常升高确定酵母是否已经发生自溶。

从麦汁含氮总量看，发酵后约减少 1/3。其中，相对分子质量愈高的含氮物质，其减少的比例愈小，见表 7-2。

表 7-2　　　　　　　　　麦汁与啤酒含氮物质的对比　　　　　　单位：（mg/L）

项目	麦汁		啤酒	
	总氮	氨基酸	总氮	氨基酸
1	760	188	450	23
2	820	230	500	48

三、苦味物质的变化

发酵中，苦味物质的损失约为 1/3，影响因素如下。

1. 麦汁通风量　溶解氧愈高，酵母繁殖愈旺盛，则酵母细胞表面吸附的苦味物质愈多，即苦味物质损失愈大。适当降低含氧量，可以减少苦味物质的损失。

2. pH　酒液 pH 和发酵温度愈低，则未异构化的 α-酸析出愈多。pH 对异 α-酸的影响相对较小。

3. 发酵时间　与低温缓慢发酵相比，高温快速发酵的苦味物质损失相对较大。

4. 酵母品种　粉状酵母在酒液中分散比较均匀，有较大的接触面，因此比高絮凝性酵母吸附的苦味物质多。

5. 酵母接种量　苦味物质的损失与酵母接种量无关，而与酵母增殖量有关。增殖量愈大，损失率愈高。

6. 发酵泡盖　在正常情况下，麦汁中 10%～11% 的苦味物质随泡盖析出。泡盖中苦味物质的含量与 α-酸的有关，而异构化程度又与麦汁的 pH 相关。

7. 发酵温度和压力　敞口高温发酵导致酵母强烈繁殖，因此，会形成较多的泡盖，析出较多的苦味物质；在密闭（0.04～0.2MPa 压力）低温发酵罐中发酵，苦味物质的损失量减少。

8. 发酵容器　如采用锥形发酵罐生产啤酒，下面发酵的苦味物质损失可以降低 10%；而上面发酵则可以降低 20%。

四、二氧化碳的产生

发酵中产生大量的二氧化碳，一部分溶解于酒内，一部分逸散于空气中。二氧化碳在酒液中的溶解度与温度和罐压有关。低温、密闭、加压发酵的啤酒，其二氧化碳含量较高；而高温、敞口发酵的啤酒，其二氧化碳含量则较低。在传统的敞口低温发酵结束的酒液中，二氧化碳含量一般为 0.25%～0.30%。

五、色度的形成

发酵过程中，麦汁的色度有所降低。降低的原因，一是由于 pH 的变化，原溶解于麦汁中的色素物质又被凝析出来，与蛋白质、酒花树脂等物质存在于泡盖中；二是由于酵母对单宁物质的还原作用。

麦汁色度降低的幅度与麦汁色度有关。色度高者，降低幅度大；色度低者，降低幅度小。

六、pH 下降

主醛期间 pH 大幅度下降，由接种麦汁中的 5.2~5.5 降至啤酒中的 4.2~4.3。pH 下降主要发生在起发阶段和对数生长阶段。

1. 造成 pH 下降的原因

（1）通过脱氨形成有机酸；

（2）一级磷酸盐被酵母消耗；

（3）—NH_2^- 被酵母吸收；

（4）钾离子被酵母吸收，并将氢离子释放到啤酒中。

在后醛阶段，pH 下降很慢，几乎保持恒定。若 pH 上升，则表明酵母开始自溶。

2. 保持低 pH 的优势

pH 对啤酒质量影响很大。啤酒的 pH 应尽量保持在 4.2~4.4。pH 降到 4.4 以下会有以下好处。

（1）使胶体不稳定的蛋白质-多酚复合物分离析出；

（2）使后熟速度加快；

（3）使啤酒口味更细腻；

（4）改善啤酒的生物稳定性。

七、rH 值（氧化还原势）的变化

在冷却过程中，要对麦汁进行通风，目的是为酵母的繁殖提供氧气。对溶解氧含量的要求随酵母菌种的不同而异。含氧量 4mg/L 时，称为半饱和状态；40mg/L 时为氧饱和状态。酵母需氧量恰好因酵母种属不同而变化于 4~40mg/L。

莫尔实验证明，麦汁中溶解氧在发酵 5min 后迅速下降，35min 后呈直线下降，60min 后几乎完全消失。莫尔认为，发酵前期氧被吸收是用于磷酸化作用产生 ATP，以提供酵母细胞繁殖所需之能量。

啤酒中众多的氧化性和还原性物质互相作用达到平衡时，反映在电极电位上则有一定的 rH 值。rH 值的大小，影响微生物的生理活动，能改变微生物的代谢产物。例如酵母菌发酵糖，其中间产物乙醛，经乙醇脱氢酶作用将乙醛还原生成乙醇。乙醇脱氢酶要求 rH 值低时才能催化此反应进行，也即要求溶液氧化性低。所以酒精发酵是在厌氧条件下进行的。

发酵刚开始时，由于麦汁中有足够的氧存在，rH 值较高。随着酵母菌的繁殖和发酵作用的进行，由于酵母菌的吸收和其他物质被氧化，发酵液中的氧迅速减少；同时，由于还原物质的产生，而使 rH 值逐渐下降。通常初期的 rH 值在 20 以上，很快下降至 10~11。这不但对酵母菌的发酵有利，而且降低了成品啤酒发生氧化浑浊的可能性。

八、草酸钙的形成

草酸是糖代谢的中间产物。在发酵过程中，草酸与酒液中的钙离子结合，生成草酸钙而析出，以晶体状附着于酵母表面和发酵容器上，形成了所谓的"啤酒石"。草酸钙是构成"啤酒石"的主要成分。

第二节　发酵过程的控制

主发酵期间，技术控制的要素是温度、糖度和时间，三者互相制约，又相辅相成。发酵温度低，糖度下降就慢，发酵需要的时间就长；反之，发酵温度高，糖度下降快，发酵时间就短。

控制三要素，还要兼顾啤酒品种、酵母菌种和麦汁成分诸因素。其目的是要在最短的时间内达到要求的发酵度，并获得理想的代谢产物。

发酵过程中温度、浸出物含量及 pH 变化见图 7-2。

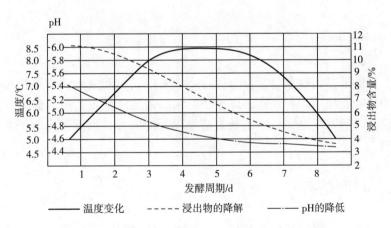

图 7-2　发酵过程中的温度、浸出物含量及 pH 变化

啤酒的发酵根据酵母的类型主要分为：上面发酵和下面发酵两种。上面发酵温度较高，一般控制在 16~22℃ 之间，因此，主发酵时间较短，通常为 2~3 天完成，双乙酰的还原时间 3~5 天即可完成。大多数精酿啤酒多采用上面发酵

方法酿造啤酒，由于发酵温度较高，代谢副产物中酯类物质含量较高，啤酒中的酯香味浓郁。下面发酵温度较低，酵母代谢副产物少，酿造的啤酒口味纯净，世界上95%的啤酒为下面发酵型啤酒。

下面主要介绍传统的下面发酵过程中，如何对发酵温度、浓度和时间进行控制的。

一、温度的控制

下面发酵的接种温度一般控制在 $5 \sim 8℃$。低温发酵的最高温度控制在 $7.5 \sim 9.0℃$；高温发酵的最高温度控制在 $10 \sim 13℃$。发酵终了温度一般控制在 $4 \sim 5℃$，要求降低温度，使酵母凝集沉淀，酒液中只保留一定浓度的酵母细胞量 $[（5 \sim 10）\times 10^6个/mL]$，便于后发酵和双乙酰还原。所谓高低温是相对而言的，没有明确的界限，下面发酵温度普遍比上面发酵温度低。对啤酒发酵来说，低于13℃，酵母的代谢过程并没有显著差异，都可酿制出优质啤酒。温度偏低，有利于降低酯类、高级醇、硫化氢和二甲基硫等物质的形成，α-乙酰羟基丁酸的形成量也降低，从而减少了双乙酰的含量，使啤酒口味更好一些，另外泡沫也更好一些，更适于淡色啤酒的发酵；而温度偏高，发酵时间短，设备利用率就高，在经济上是比较合理，但过高的发酵温度对啤酒的口味质量往往有一定的影响。

继续降低温度至 $-1 \sim 0℃$，便于低温贮藏，以利酒的澄清和二氧化碳饱和，否则将延长贮酒期。

二、浓度的控制

在一定的酵母菌种和麦汁成分条件下，浓度的控制是由调节发酵温度和发酵时间控制的。如果发酵旺盛，降糖快，则需适当降低发酵最高温度和缩短最高温的保持时间；反之，则需延长最高温保持时间或采取缓慢降温的办法，以促进降糖。

三、时间的控制

在麦汁组成、酵母活性和发酵度要求确定的情况下，发酵时间则主要取决于温度。发酵温度愈高，则发酵时间愈短；反之亦然。

下面发酵的主发酵时间一般为 $7 \sim 10d$。低温缓慢发酵的酒，风味柔和醇厚，泡沫细腻持久，质量比较好，但设备利用率低。

第三节　影响发酵的因素

影响发酵和啤酒质量的因素主要有以下几方面。

一、酵母菌种的选择

要根据需求正确地选择酵母，理想的菌株至少应具备以下特点。

（1）满意的收获量，可供继续接种使用；

（2）正常的发酵速度和极限发酵度，在一定的发酵时间内，可以达到一定的发酵度；

（3）代谢副产物合理，具有理想的啤酒风味和泡沫性能；

（4）适宜的凝集性能，酒液澄清良好；

（5）啤酒的损失率低；

（6）较高的抗变异稳定性；

（7）产生 α-乙酰乳酸的峰值低，双乙酰还原快。

二、接种酵母的状态

酵母接种时的状态与前期使用情况有关。酵母使用连续几代后，因缺乏与氧的接触而产生不良的累积效应，使发酵度逐步下降。而且连续使用的代数越多，下降幅度越大。例如，酵母连续 3 代在只含 0.5mg/L 溶解氧的条件下发酵，其外观发酵度分别为 67%、65.5%、44%；高级醇类、酯类、连二酮等物质的含量也会出现不正常。

酵母缺氧，同时麦汁中又缺乏不饱和脂肪酸（5mg/mL 以下），将明显地导致酵母活性逐步下降，增殖率降低，酵母细胞缺乏所含的各种酶和诱导酶，有待重新合成，因而延长了酵母的生长停滞期，从而使酵母生长迟缓，发酵不良。

三、酵母接种量

酵母接种量对发酵速度有极大影响，4 倍于正常的酵母用量，发酵时间几乎可以缩短 1/2，如表 7-3 所示。

表 7-3   酵母接种量与发酵时间

接种量/%	发酵时间/d	接种量/%	发酵时间/d
0.5	9	2.0	4~5
1.0	7		

但过高的酵母用量，使酵母新细胞的繁殖减少，最终的酵母收获量将与接种量不成原比例；而且接种量越高，收获量的比例越小，既容易使酵母衰退，在生产上也没有实用价值。

四、酵母在麦汁中的分布情况

酵母在麦汁中的分布情况与下列条件有关。

（1）菌种 啤酒酵母的沉浮性质大体可分为 6 种情况。

①酵母很快凝聚沉降，但沉降的酵母仍继续发酵作用；

②酵母在主发酵接近完毕和达到一定的发酵度后沉降；

③酵母在发酵终了时，只有少量沉降，大部悬浮于酒液中；

④酵母很早浮于液面，发酵早期停止；

⑤酵母部分浮于液面，大部悬浮于酒液中，发酵至要求的发酵度后，悬浮的酵母沉降下来；

⑥酵母部分浮于液面，大部悬浮于酒液中，不再沉降。

总的讲，发酵开始阶段，酵母悬浮；发酵终了时，大部分沉降（下面酵母）或升至液面（上面发酵）都是正常现象；早期沉降或升至液面的，往往发酵度不足；长期悬浮而不沉降的，则发酵度过高。发酵度过高或过低均影响啤酒质量。酵母长期悬浮而不沉降将给滤酒造成困难。

（2）发酵容器的大小与形状 很难归纳容器形状对发酵的影响，总的来讲，主要是容器内液柱高度问题。液柱过高，会影响酵母的沉降，酒中形成二氧化碳的浓度梯度。发酵容器的形状还会影响酒液在容器中的对流，而锥形罐则能较好地解决这一问题。

五、麦汁组成

麦汁组成分对发酵速度、发酵度、酵母回收量和酒的质量都有影响，起主要作用的如下。

（1）碳水化合物 麦汁组成分系由原料和糖化方法所决定。低温糖化，产生较多的可发酵性糖，酒的发酵度高，高级醇的含量也高。

（2）可同化氮（氨基酸、嘌呤、嘧啶等） 氨基酸的含量和图谱决定酵母的生长速率、发酵速度和酵母回收量，同时也影响酵母代谢所产生的风味物质，如双乙酰和高级醇等。

六、通风供氧

前面已经讲过，酵母要繁殖，需要合成新的细胞膜。细胞膜的关键成分是固醇和不饱和脂肪酸。发酵后的酵母，其固醇和不饱和脂肪酸含量已经降至极低，麦汁中不含固醇，如果麦汁中不饱和脂肪酸（主要是油酸和亚油酸）含量也不足，酵母需要在分子氧的参与下，才能重新合成这些物质，恢复其繁殖能力和活性。因此，氧在发酵过程中是一个至关重要的因素。接种麦汁中理想的溶氧量含量为 8mg/L 左右。溶氧过低（<6mg/L），酵母繁殖不良；溶氧过高（>10mg/L），酵母将大量繁殖而降低酒精含量，对啤酒发酵来说，是不经济的。而且供氧过度，也会促使酵母退化和变形，代谢不正常，产生较多双乙酰和酯类。

七、发酵温度

高温发酵虽能加速发酵速度，但酒内酯和高级醇的含量均较低温发酵高，酒的 pH 偏低，口感淡薄，苦味低；泡沫性能和酒的保存期均不及低温者好，而且高温发酵容易染菌。

八、加压发酵

加压发酵的主要目的是可以降低高级醇的形成，使啤酒在较高的温度下发酵，既能达到提高发酵速度的目的，又可控制酒内高级醇含量不致过高，在基本保证啤酒质量的前提下缩短酒龄。但是在加压的情况下，酵母受高浓度二氧化碳的抑制，容易衰退。酵母繁殖和发酵速率也会受到影响，所产的啤酒在口感上也与正常发酵的啤酒有所不同。

第四节　啤酒发酵度

麦汁中的糖类被酵母分解利用，发酵生成乙醇和 CO_2 及其他一些发酵副产物。由于糖、氨基酸、无机盐等的溶液相对密度大于水，随着发酵的进行，糖分逐渐被相对密度较低的 CO_2 和乙醇所取代，所以麦汁比重逐渐下降，亦即浸出物浓度逐渐下降。

一、发酵度

发酵度是指啤酒中浸出物下降的百分率。由于生产的啤酒类型不同，其麦汁组成和所用酵母也不同，所以发酵度也不尽相同。发酵度准确反映和表达了酵母对糖的发酵情况和程度。它表达了已被发酵的麦汁中浸出物的比例，一般用 V 表示。发酵度的计算公式如下：

$$发酵度\ V = \frac{接种麦汁的浸出物 - 啤酒的浸出物}{接种麦汁的浸出物含量} \times 100\%$$

二、外观发酵度（V_s）

在主发酵期间，借助糖度计测定浸出物浓度。利用糖度计测量和换算出的发酵度称为外观发酵度，它与啤酒的真正发酵度有一定的偏差。由于偏差值与发酵度成正比，而且外观浸出物浓度容易测定，所以啤酒厂的发酵车间多用外观发酵度控制生产。

浅色啤酒的外观发酵度一般为 75%~85%。

深色啤酒与强啤酒的外观发酵度一般为 74%~78%。

三、真正发酵度（V_ω）

先把被测发酵液（或酒）中的酒精全部蒸出，而后用水补足至原来的体积，再测定其浓度，这个浓度称为真正浓度，以真正浓度算出的发酵度称为真正发酵度。真正发酵度是指在发酵过程中已消耗掉的浸出物的百分数。由于被测发酵液中同时存在着酒精和 CO_2，因而降低了它的相对密度，致使测得的外观糖度低于浸出物的实际含量。因此，真正发酵度始终低于外观发酵度。外观发酵度一般比真正发酵度高约 20%。利用下面的计算公式，可以比较方便地换算出真正发酵度。

$$V_\omega \approx 0.819 V_s$$

系数 0.819 是由巴林于 1870 年推算出的一个经验值。

现场生产检查，一般多测定外观浓度和外观发酵度；而在化验室中，还需要测定发酵液和成品酒的真正浓度（实际浓度）和真正发酵度，作为发酵管理的一项重要依据。平时习惯上所称的发酵度，若未注明是真正发酵度，一般是指外观发酵度。

前发酵嫩啤酒在经过后发酵贮藏以后，一般中等浓度（11~12°P）的淡色啤酒，前发酵液与后发酵液的外观浓度通常相差 10%~15%。

啤酒可以根据发酵的高低，分为三个类型：真正发酵在 50% 左右的淡色啤酒，称为低发酵度啤酒；60% 左右的，称为中等发酵度啤酒；65% 以上的称为高发酵度啤酒。对于淡色啤酒而言，以中等发酵度为好；低发酵度意味着酒中残余较多的可发酵性糖，因而给啤酒的生物稳定性留下隐患，保质期往往较短。对于浓色啤酒，一般认为中等发酵度和低发酵度为宜，由此生产的啤酒酒质较醇厚。

四、最终发酵度（EV）

为使发酵度有一个衡量标准，必须首先知道浸出物中究竟有多大比例的可发酵浸出物，即：要测定最终发酵度（具体方法可参见相关资料）。

从麦汁接种到灌装之前，浸出物含量的下降并不是均匀的，其中主酵阶段浸出物的下降幅度远远高于后酵。

啤酒灌装前往往要测定成品酒的发酵度，即要测定啤酒中的浸出物浓度。若最终发酵度与成品发酵度存在差值，且差值很大，那么灌装后的啤酒中就含有微生物（酵母或细菌）可以利用的营养物质，从而增大了啤酒生物稳定性的危险。从此角度而言，人们期望成品酒的发酵度应尽可能接近最终发酵度。

第五节　现代啤酒发酵和后熟工艺

在传统工艺的基础上，啤酒发酵广泛采用锥形发酵罐的发酵技术，发酵罐为锥底圆柱形，简称锥形罐，罐体具备冷却装置，可很容易地控制发酵温度；罐底为锥形，回收酵母和清洗便利；罐体具有 CIP 清洗系统，保证了生产中的卫生安全；大罐还具有其他一些完善的控制手段，能使发酵顺利进行，可以做到产品质量均匀一致。

锥形发酵罐的结构示意见图7-3。

采用这种发酵设备，节约了投资和生产费用；尤其是大罐一般采用计算机控制后，降低了劳动强度，显著地提高了劳动生产

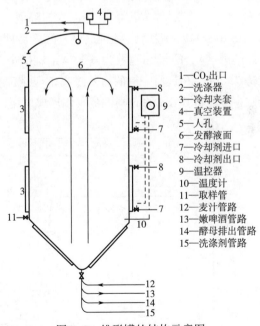

1—CO_2出口
2—洗涤器
3—冷却夹套
4—真空装置
5—人孔
6—发酵液面
7—冷却剂进口
8—冷却剂出口
9—温控器
10—温度计
11—取样管
12—麦汁管路
13—嫩啤酒管路
14—酵母排出管路
15—洗涤剂管路

图7-3　锥形罐的结构示意图

率。且采用一罐发酵工艺,简化了生产工序,前、后酵不再严格划分,缩短了生产时间;降低了生产成本和啤酒损失;节约了劳动力和清洗费用。

发酵是啤酒生产中极其重要的工艺过程,它是一个有酵母参与的复杂的生化反应过程,它对成品啤酒的质量影响最大。而啤酒现代发酵工艺是指在最大限度地保证啤酒质量的前提下,利用现代化手段从原料质量、酵母菌种选择、卫生条件、采用工艺和设备水平方面入手,所采取的缩短发酵时间、降低劳动力、提高劳动效率、节能降耗等的各种措施。

现代啤酒发酵工艺大大缩短了传统的主发酵和低温后贮时间。缩短生产周期的同时,又不会明显地影响啤酒的质量。发酵工艺的改进主要基于两个原因。

(1) 对啤酒发酵和后熟的新的认识,双乙酰生成量较低,并能快速还原;

(2) 缩短啤酒生产周期,降低了生产成本,并使大罐啤酒质量均一。

由此,人们将传统发酵的两个工艺环节——主发酵和后发酵划分为三个工艺环节——发酵、后熟和冷贮。同传统卧式贮酒罐相比,锥形发酵罐工艺发展迅速,至今,已出现了各种各样加速啤酒后熟的新工艺。

一、低温发酵—低温后熟工艺

传统的低温发酵(图7-4),麦汁的接种温度不能超过 $6 \sim 7 \, ℃$ 。如果是单锅满罐的话,酵母的接种量要达到 $(1.5 \sim 1.8) \times 10^7$ 个/mL 细胞。发酵的最高温度为 $9 \, ℃$ 。达到最终发酵度后并不冷却降温,而是始终保持在 $9 \, ℃$,直到双乙酰降至 $0.1 \, mg/L$ 以下为止。达到最终发酵度后即排放酵母。若添加高泡酒(发酵旺盛期的酒液),酵母细胞数为 $(3 \sim 4) \times 10^6$ 个/mL,然后在 $3 \sim 4d$ 内降温至 $-1 \, ℃$,保持 $7 \sim 10d$ 。在最后一周的后熟过程中应排三次酵母;冷贮期间每 $4 \sim 5d$ 排一次。冷贮中应进行 $6 \sim 8h$ 的 CO_2 洗涤,以形成对流,避免上、下层酒液温差过大。

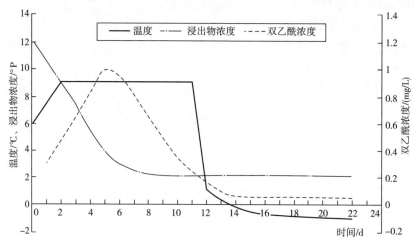

图7-4　低温发酵—低温后熟工艺

若不添加高泡酒，发酵进入冷贮阶段后，温度要降至 $0 \sim 1°C$。然后强烈通入 CO_2 进行洗涤，$5 \sim 7d$ 结束冷贮。

二、低温发酵—高温后熟工艺

高温发酵总会带来许多发酵副产物。低温主醇、高温后醇的优点在于形成的发酵副产物不很多，这些发酵副产物可在高温后熟中得到很好的分解（图7-5）。

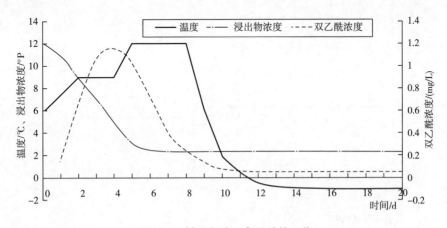

图 7-5　低温主醇—高温后熟工艺

在低温发酵—高温后熟工艺中，主发酵在 $8 \sim 9°C$ 下进行，发酵度到达 50% 左右后关闭冷却装置，使温度升至 $12 \sim 13°C$ 进行双乙酰的后熟阶段，结束以后倒至另一锥形贮罐中并进行为期一周的低温贮藏；或者在同一罐内降温至 $-1°C$ 进行贮酒（一罐法工艺）。在 0.01MPa 的压力下，CO_2 含量可达 $5.4 \sim 5.6g/L$，而无需进行"后碳酸化处理"。此工艺也适用于传统主醇工艺。此工艺总周期为 20d 左右。

三、高温发酵—高温后熟工艺

为了加速发酵和后熟，人们往往采用高温发酵——高温后熟工艺（图7-6）。高温是相对接种温度而言的，此工艺的最低温度为 $8°C$，最高温度 $14°C$。接种温度 $8°C$，然后使温度上升到 $12 \sim 14°C$，促使其形成多量的双乙酰。而在高温下，酵母会迅速还原双乙酰，从而缩短发酵周期。

双乙酰还原达到要求后，将温度降至贮酒温度 $-1°C$，并在此温度下低温贮藏一周。此总工艺时间为 $17 \sim 20d$。采用这种工艺，可以获得质量较为满意的啤酒。

此工艺的优点是如下。

（1）可较快地达到最终发酵度；

（2）双乙酰分解快，而且可靠；

（3）啤酒质量较好；

（4）此工艺也适用于压力发酵。

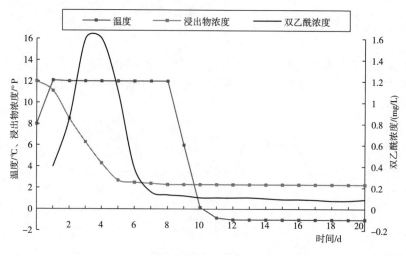

图 7-6　高温发酵—高温后熟工艺

四、带压发酵

带压发酵是当今缩短生产周期最常用的方法之一。发酵温度的升高不可避免地会导致某些发酵副产物含量的上升，从而影响产品质量。但高温造成的不利影响可通过施加压力的方法加以克服。带压发酵（图7-7）不仅限制了高级醇含量的形成，而且也抑制了某些酯，特别是乙酸异戊酯和乙酸苯乙酯的合成。但其他酯的含量仍会随温度的升高而增加。基于质量的考虑，采用过高的主发酵温度也是不妥的，因为酯含量的上升必然会影响啤酒的感官质量。

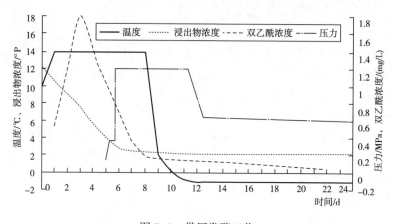

图 7-7　带压发酵工艺

如果温度超过 20℃，形成的发酵副产物就会增多，这时就必须采用较高的压力去抑制发酵副产物的形成，否则，啤酒的质量就会受到较大的影响。采用此工艺的前提是，发酵罐能承受较高的压力。

压力发酵温度一般为 10~14℃，最高为 14~20℃。保持此温度至连二酮的前体物质全部被还原。为了限制发酵副产物的过量形成，采用的温度要与施加的压力相适应，这种压力可以分段或根据经验在某一阶段直接建立起来。实际生产中，通常是当外观发酵度达到 50%~55% 时使压力上升至规定的压力。此压力一直保持至后熟阶段结束，然后冷却至 -1℃，并调整压力至工艺要求的贮酒压力。冷贮至少需要一周。此工艺的总周期需要 17~20d。采用压力发酵，CO_2 含量相对较高，视罐内酒液液柱高度的不同，其含量可达到 0.50%~0.55%。

采用带压发酵虽然可使主发酵和后发酵加快，但对啤酒的质量却具有不利的影响，带压发酵对 pH 具有不利的作用，啤酒的 pH 明显地高于传统方法生产的啤酒。原因是，后熟和贮酒过程中，由于酵母内容物质的分泌而使 pH 升高。与带压发酵相反，组合的高温发酵——低温贮酒或整体后熟方法却能够实现正常的发酵和理想的后熟。

低温主酵、高温后熟是缩短啤酒生产周期最有效的方法之一，且对成品啤酒的质量和感官品质影响不大。在啤酒生产中，所有缩短发酵和后熟的工艺方法，都应实现这样一个目的，即啤酒质量应与传统方法生产的不相上下。

第六节　酵母的添加、回收

一、酵母的添加

1. 啤酒厂扩大培养酵母与回收酵母的使用关系

在啤酒厂，两种酵母往往具体情况交叉使用，其大致关系可见图 7-8。

2. 酵母添加方法

（1）干加法　在酵母接种器内，放入适量的冷却麦汁，再将洗涤保存的酵母泥，倾去上部清水，量出所需要的酵母量（0.6%~0.8%），加入接种器内，使麦汁与酵母混合均匀。然后用无菌压缩空气将酵母送入发酵罐与待发酵的麦汁混合。

（2）湿加法　在酵母接种器内，加入部分 10~15℃的麦汁，再加入需要量的酵母，保持此温度 10~12h，使酵母充分恢复其活性。出芽繁殖后，再利用无菌压缩空气，将酵母压入发酵罐中与冷麦汁充分混合。

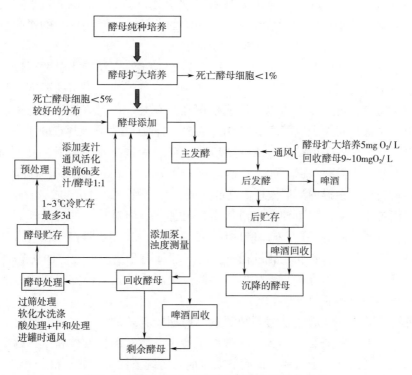

图 7-8　啤酒厂扩大培养酵母与回收酵母的关系

（3）分割法　此法多在培养、扩大第 1 代种酵母以及生产现场酵母供应不足时使用。方法如下。

全量酵母一次加入繁殖罐内，加麦汁到满量，繁殖 20～24h 后，分为两罐，各追加麦汁到满量。分割法所追加的麦汁温度，应等于或稍高于原发酵液的温度，以防抑制酵母活性。为了防止杂菌污染，分割时间均应在酵母繁殖达到一定密度 $[(5～10)×10^6$ 个细胞/mL] 后进行。一般说，湿加法较干加法有利于缩短发酵初期的酵母适应期，使酵母较快地进入对数生长期。

（4）连续添加法　通风和酵母添加可在一个设备中进行（图 7-9）。为了使酵母均匀分布在发罐中，酵母应在整个麦汁流入过程中均匀添加。酵母添加量通过一个变频泵控制。

生产中主要控制以下参数：

①期望达到的酵母细胞数；

②空气量/cm^3 麦汁。

（5）追加法　追加法是指把麦汁加入已开始发酵的发酵罐中。由于新鲜麦汁的进入，酵母又会立即活化，发酵直接进行。利用追加法，可以节约起发时间。

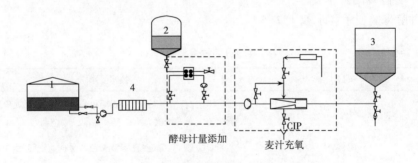

图 7-9 带麦汁通风的酵母连续添加设备
1—回旋沉淀槽 2—酵母添加罐 3—浮选罐 4—薄板换热器

需要注意的是，追加麦汁的温度应与发酵中的嫩啤酒温度大致相同，否则酵母受冷刺激会导致发酵缓慢或完全终止。此种方法的优点是，缩短了酵母的适应期，加快了发酵的速度。具体操作方法是，从正处于高泡期的发酵罐中抽走部分嫩啤酒，泵入其他发酵罐中继续进行常规发酵；同时，把相同温度（8.5℃）的冷却麦汁打入处于高泡期的发酵罐中，发酵罐的麦汁量保持恒定。未发酵的麦汁在处于高泡期的发酵罐中与已发酵的嫩啤酒进行混合，酵母增殖并持续保持在增殖阶段。这种方法常用于传统发酵工艺。

这种方法的关键是要对冷麦汁进行强烈通风，保证酵母增殖。通风量不足，会延长发酵时间。

3. 酵母添加量

酵母接种量一般为（1.5~1.8）×10⁷ 个/mL 麦汁，即 0.6~0.8L 浓酵母泥/hL麦汁。酵母添加量因酵母活性、麦汁浓度和发酵温度的不同而有所差异。总之，酵母量添加应以能迅速起发为宜，过多过少均不宜。添加过少，起发慢，酵母增殖的时间变长，容易引起染菌和发酵时间延长；添加过量，则影响啤酒口味（酵母味、口味），并引起酵母退化和自溶。在正常的酵母活性情况下，麦汁浓度越高，发酵温度越低，则接种量相对越高。根据传统生产方法和麦汁浓度的不同，酵母添加量可参考表 7-4。为保证麦汁顺利起发，接种酵母浓度不应低于（0.8~1.0）×10⁷ 个/mL 麦汁。

表 7-4　　　　　　　　　　不同麦汁浓度的酵母添加量

麦汁浓度/°P	酵母泥添加量/%	麦汁浓度/°P	酵母泥添加量/%
7~9	0.4~0.5	13~15	0.6~0.8
10~12	0.5~0.7		

4. 种酵母的技术要求

种酵母的技术要求如表 7-5 所示。

表 7-5　　　　　　　　　　　　种酵母的技术要求

项目	技术要求
外观	色泽洁白，气味正常，絮凝性良好，无黏着现象，无杂质，无变异细胞大小整齐，健壮，无杂菌感染
镜检	97%以上（0.1%美蓝溶液染色，呈深蓝色细胞<3%）
酵母细胞活性冷水低温（1~2℃）保存时间	不超过 3d
使用代数	不超过 7 代

二、酵母回收

1. 酵母回收时间和质量要求

（1）酵母回收的时间

①主发酵中期，10℃或 12℃时；

②双乙酰还原完毕时；

③降温至 5℃时；

④降温至 0~1℃时。7d 后的酵母不宜再回收，因酵母在酒液中存放的时间太长，活性会有所下降。

锥形罐发酵后期，沉积锥底的酵母泥通常受到 0.19~0.24MPa 的压力。为了保护酵母，应在压力条件下排放酵母泥。若在常压下排放酵母，往往会因压力突然下降，使酵母细胞受到损伤甚至破裂，增加酵母死亡率；另外，由于骤然降压，酵母泥中二氧化碳大量逸出，会产生大量泡沫，常使洁白的酵母泥呈现褐色。

（2）回收酵母的质量　当残糖降到 3.6~3.8°P 时或第二次降温前排放的酵母泥活力最强。回收的酵母应洁净、无杂质，镜检无杂菌，细胞整齐，形态正常，美蓝染色低于 5%。

回收酵母的检验指标如下。

①酵母自溶：pH 5.5~5.7 正常，5.9~6.0 酵母将自溶；

②微生物：短乳杆菌、足球菌、酵母菌群；

③死细胞数：<7%；

④发酵过程：浸出物、pH、啤酒气味、泡持性、啤酒味道等。

2. 酵母回收方法与操作

（1）回收方法

①人工回收：沉降于发酵罐底的酵母，可粗分为三层（图 7-10）。

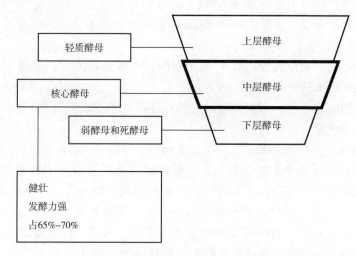

图 7-10　酵母沉降及回收处理示意图

上层为多轻质酵母细胞，主要由落下的泡盖和最后沉降下来的酵母细胞组成，混有蛋白质和酒花树脂的析出物及其他杂质，分离后，可作饲料或进行其他综合利用；

中层为核心酵母，由健壮、发酵力强的酵母细胞组成，其量占 65%~70%，应单独取出，留作下批种酵母用，颜色较浅；

下层为弱细胞和死细胞，由最初沉降下来的颗粒组成，如酒花树脂、凝固物颗粒等，混有大量沉渣杂质，可作饲料或弃置不用。

酵母回收通常先排出底层酵母和沉积物，废弃；然后再排出中层优质酵母泥用于生产。酵母放入备压 0.1~0.15MPa 的酵母贮存罐中，回收完后，再将酵母贮罐的压力缓慢减至常压，再从罐底通入无菌空气进行通氧搅拌，酵母在 2~3℃ 下保存；上层酵母也不回收利用。

②利用酵母离心机回收：酵母和发酵液的相对密度不同，可采用离心机分离酒液和酵母。离心机有多种形式，分离酵母的离心机多采用自开式盘式离心机。

为了保持下酒时酒液中的酵母浓度，采用此法，部分酒液不经离心，直接与其他离心的酒液混合，使酵母浓度保持在 (5~10) ×10^6 个细胞/mL。离心后的酵母则进入贮存罐内处理。采用此法，操作方便，但离心机及所属设施不易灭菌，而且离心过程中，酒液容易吸取氧（0.2mg/L），酒温升高 0.4~0.8℃，酵母温度升至 10℃ 以上，酵母死亡率显著增加，这是离心机回收酵母的最大缺点。

（2）酵母回收操作　酵母回收的操作程序如下。

①将酵母贮存罐清洗干净，接入稀释酵母用的冷却麦汁（酵母泥量的 10%~20%）；

②对酵母回收管道进行清洗杀菌；

③通过视镜观察，管道中前 2~5min 的酵母排入下水道，后打开进入阀使酵母进入酵母罐；

④酵母罐用无菌空气备压 0.1~0.15MPa，在酵母进入时，通过压力调节阀使压力与发酵罐保持一致的恒压状态；

⑤酵母回收完毕后，用水将管道中的酵母推入酵母罐；

⑥用水清洗酵母回收管道。

3. 酵母回收量与留用量

（1）酵母回收量与添加量的关系　酵母回收总量与原麦汁浓度、麦汁通氧量和酵母的增殖能力有关，它与酵母接种量并不成比例关系。原麦汁浓度越高，可同化氮含量越高，则越有利于酵母增殖；而含氧量越高，酵母的增殖能力越强，其回收量也越大。而酵母接种量越高，在麦汁营养条件一定的情况下，增殖的新生酵母细胞越少，则酵母回收比率相对减少，见表 7-6。

表 7-6 　　　　　　　　　　　酵母添加量与回收量

酵母添加量/（泥状酵母 L/100L 麦汁）	酵母回收量/（泥状酵母 L/100L 麦汁）	回收比率
0.5	约 2.0	1∶4
1.0	约 2.5	1∶2.5
2.0	约 3.0	1∶1.5

（2）酵母回收量与留用量　在正常情况下，麦汁经过发酵后，酵母的实际收获量和可留用酵母量，见表 7-7。

表 7-7 　　　　　　　　　　　酵母收得量和留用量

项目	每 100L 发酵液酵母回收量/L	说明
一般回收量（泥状）	1.75~2.5	包括上、下层不纯酵母 30%~35%
中层酵母回收量	1.3~1.8	占回收量 65%~70%
经筛选后留用酵母	1.2~1.5	作种酵母用

4. 酵母回收的技术要点

（1）酵母对 CO_2 的积累很敏感，所以应及时回收酵母；

（2）通常新鲜酵母可使用 6 代，然后废弃；

（3）酵母应尽可能迅速地重新添加使用；

（4）洗涤和过筛会降低酵母活性，也带来了微生物感染的危险。应尽可能放弃酵母洗涤和过筛；

（5）若酵母仅保存 2~3h 可不用冷却。在停产期间，酵母也应在一定浓度的啤酒或麦汁中低温（0℃）保存。

第八章　啤酒过滤技术

啤酒经过主发酵、后发酵和贮存后依然含有酵母、大分子蛋白质、多酚、酒花树脂等浑浊的物质悬浮于酒体中，未过滤啤酒呈现非透明和浑浊状。啤酒国家标准规定主流啤酒（优、一级）浊度应小于 1.0EBC，即要求啤酒澄清、透明，无明显悬浮物。其目的是为了提高啤酒的口味稳定性，防止在装瓶后产生沉淀，影响啤酒的外观和销售，提高啤酒的保质期。因此，需要对啤酒进行澄清处理，已达到标准的要求。同时对主流啤酒的过滤和分离技术的要求也越来越高。例如，纯生啤酒澄清工艺：发酵罐→速冷换热器→离心机→缓冲罐→硅藻土过滤机→PVPP 过滤机→颗粒捕捉器→清酒罐→冷除菌膜过滤机→无菌灌装。

然而，有些特种啤酒，如含酵母的"小麦啤酒"、含乳酸菌的"酸啤酒"、IPA 和大多数精酿啤酒未经过滤，直接在冷链环境下销售。

精酿啤酒通常不经过滤、不加水稀释及不经灭菌处理等工序，直接灌装于不锈钢桶中市售。因其含有一定量的活性酵母，故呈现一定浑浊，其酒体饱满、泡沫极其丰富、香气浓郁、口味新鲜纯正，最大限度地保留了啤酒中的风味和营养物质，但缺点是保质期较短。

为适当延长瓶装或罐装精酿啤酒的保质期，防止出现爆瓶、涨罐或变质等现象，可对啤酒进行澄清，以去除悬浮物、蛋白质、多酚、酵母或啤酒有害菌等。

精酿啤酒澄清常用的两种方式：离心、过滤。其设备为：离心机、硅藻土过滤系统、无土过滤系统、冷除菌膜过滤系统等。

第一节　啤酒过滤概述

经过发酵或后处理的成熟啤酒，其残余酵母和蛋白质凝固物等沉积于贮酒罐底部，少量仍悬浮于酒液中，这些物质在以后的贮存期间会从啤酒中析出，导致啤酒浑浊。所以，一般需要通过过滤工序将其除去（图8-1）。

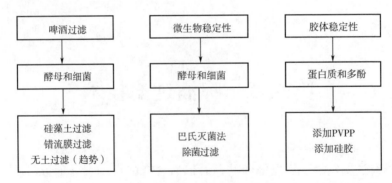

图 8-1　啤酒过滤与稳定处理

一、啤酒过滤的目标

（1）去除浑浊物质，如蛋白质、蛋白质-单宁复合物、多酚、β-葡聚糖及一些糊状物质；

（2）去除微生物，如：培养酵母、野生酵母、细菌等；

（3）隔绝氧气；

（4）消除铁离子、钙离子和铝离子的影响；

（5）降低机械效应对啤酒的影响（容易导致胶状物的生成）；

（6）满足产品纯净度的要求，如无残余的清洗剂和灭菌剂等；

（7）确保产品的原麦汁浓度合格；

（8）保持啤酒的泡沫性能和苦味值；

（9）高啤酒的感官质量，增强清亮度。

二、影响啤酒过滤的主要因素

（1）浑浊物　已析出的蛋白质—多酚、酵母、细菌等；

（2）胶体　会使啤酒非生物稳定性下降，可滤性下降；

（3）啤酒的黏度　啤酒中 β-葡聚糖含量高或碘值高时，黏度增大，可滤性降低。

三、改善啤酒可滤性措施

（1）使用溶解良好的、酶活力高的麦芽；

（2）调整麦汁制备工艺；

（3）使用絮凝性较好的、发酵度较高的啤酒酵母菌种；

（4）合理的发酵工艺和操作；

（5）滤酒前使用离心机，降低过滤机负荷。

为适当延长瓶装或罐装啤酒的保质期，防止出现爆瓶、鼓罐或变质等现象，可对啤酒进行澄清处理，以去除悬浮物、蛋白质、多酚、酵母或啤酒有害菌等。

啤酒澄清常用的两种方式：过滤、离心分离。其设备为：纸板过滤机、硅藻土过滤机、无土过滤系统、冷除菌膜过滤系统、离心机等。

四、啤酒过滤理论

啤酒过滤是一种物理分离过程，是啤酒生产过程中非常重要的生产工序，它关系着啤酒的外观和口感以及生物稳定性、非生物稳定性等。通过过滤后，啤酒外观清亮透明，富有光泽，使其更富有吸引力；同时，可赋予啤酒良好的生物稳定性与非生物稳定性，使其至少在保质期内不出现外观的变化，从而保证了啤酒外观质量的完美。

五、啤酒过滤原理

啤酒过滤是利用过滤介质，将啤酒内悬浮的微小颗粒从酒液内分离除去，使啤酒清澈透明、不含悬浮物的一个物理过程。

啤酒过滤时，浑浊的啤酒借助过滤介质截留固体物而变清。过滤的动力是过滤机进口和出口的压差。啤酒穿过过滤介质的压力是在不断变化的，并且随着过滤介质孔隙度的变化而变化。进口处的压力总高于出口处的压力。压差越大，表明过滤机的阻力越大。此阻力阻止过滤进程，特别是在过滤结束时，压差上升相当快。

啤酒过滤时，过滤速度与压差和过滤面积成正比，与流体黏度和过滤介质厚度成反比。

六、啤酒过滤机理

1. 筛分效应

啤酒中的颗粒大于滤材孔径而直接被滤材拦截［图8-2（1）］或被捕获在滤材之间形成的孔中［图8-2（2）］。大颗粒不能穿过过滤介质的孔隙被截留于不断增厚的滤层表面。随着过滤的进行，过滤精度也越来越高，但流量却越来越小。若颗粒坚实不变形，可作为粗滤层；若为软黏性物质，会阻挡过滤使过滤效率降低。滤网过滤和薄膜过滤均属此类。

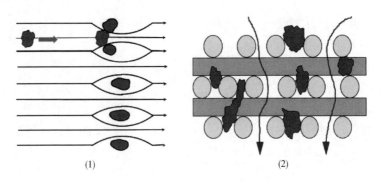

图 8-2　过滤筛分效应

2. 深度效应

多孔性的材料由于其巨大的表面积和幽深曲折的通径而将液体中的颗粒截留下来（图 8-3）。当流体经过滤介质时，流体沿弯曲通道行进，增加了该过滤机理的有效性，同时惯性使颗粒撞击到滤材表面，使颗粒停留在撞击表面。硅藻土过滤、纸板过滤和滤棉过滤都存在这种现象。深层效应过滤适用于各种硬、软纤维杂质的过滤。由于机械效应使具有一定粒度的颗粒物质被截留下来，因此，孔隙会不断被堵塞，导致过滤机的过滤性能不断下降。

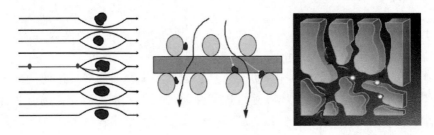

图 8-3　过滤深度效应

3. 吸附效应

细小颗粒因静电效应而被吸附截留（图 8-4）。这种吸附效应是由于过滤材

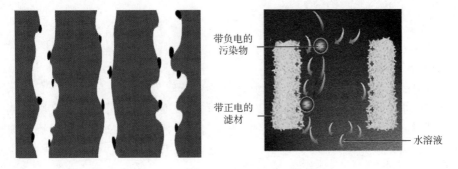

带负电的
污染物

带正电的
滤材

水溶液

图 8-4　过滤吸附效应

料和啤酒中的颗粒具有不同的电荷而引起的。在酒液中，除颗粒悬浮体外，具有较高表面活性的物质如蛋白质、酒花物质、色素物质、高级醇和酯类等都易被过滤介质不同程度地吸附。因此，过滤后啤酒的色泽和口味要比过滤前稍淡一些。

由于表面相互作用、不同电荷及范德华力，滤材可拦截尺寸小于滤孔的颗粒。在大多数情况下，筛分效应和吸附效应是同时出现的。

第二节　过滤材料和介质

一、过滤材料的种类

1. 金属过滤筛或纺织物

有不同种类的金属筛、裂缝筛或平行安装于烛式硅藻土过滤机上的异型金属丝和金属或纺织编织物。纺织编织物是近几年才出现的一种材料，但由于它不好灭菌，所以在啤酒过滤中采用较少，它主要用于麦汁压滤机；金属编织物的清洗和灭菌效果要好一些，所以应用较广泛。

2. 过滤板

过滤板可用纤维、棉花、硅藻土、珍珠岩、玻璃纤维和其他材料制成。过滤板的种类很多，可满足不同过滤精度的需求，直至无菌过滤。

3. 膜材料

膜过滤的应用越来越多。制造膜的材料很多，如聚氨酯、聚丙烯、聚酰胺、聚乙烯、聚碳酸酯、醋酸纤维及其他材料。膜很薄（$0.02 \sim 1 \mu m$），因此多被固定在多孔眼的支撑介质上使用，以免被击穿。膜的制作主要有浸渍、喷洒或涂层等方法。可用不同的材料生产任意孔径的膜（图8-5）。

二、过滤助剂

过滤助剂一般为粉状物，它们被涂附于过滤机的支撑材料之上。支撑材料有其特殊的形状和结构。有的是用编织物制成的，有的是用不同材料制成的板。没有过滤支撑材料，就无法使用过滤介质进行过滤。啤酒厂所用过滤介质主要有硅藻土和珍珠岩两种。

1. 硅藻土

硅藻土是近代啤酒工业用得最广泛的一种助滤剂，这是一种由藻类硅质细

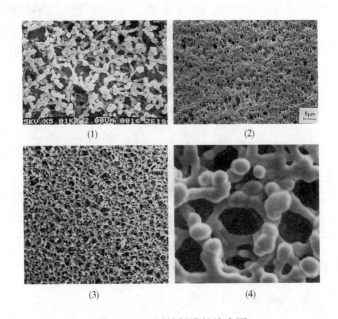

图 8-5　不同材料膜的放大图

（1）纤维素-酯膜　（2）聚乙烯二氟化物膜　（3）聚磺酰膜　（4）聚磺酰膜

（1、2、3 放大 1000 倍，4 放大 10000 倍）

胞组成的沉积岩矿，经矿石粉碎、高温煅烧和风选、分级后，制成的一种多孔、质轻的助滤剂，其主要成分为二氧化硅、三氧化二铝。用于啤酒过滤的硅藻土分很多种，主要以粒度来区分，即细土、中细土、中粗土、粗土等，各个硅藻土生产厂分别对这些土有自己的规格、型号，啤酒工厂在购买硅藻土时，可根据自己的需要进行选择。

好的硅藻土在显微镜下观察，应为圆盘状、棒状、枝状、块状等形状复杂、多孔隙和独立的颗粒（图 8-6），这样才能形成高渗透率、稳定的滤饼，其颗粒大小在 $8\sim50\mu m$，小于 $5\mu m$ 的颗粒所占比例不应超过 5%；硅藻土还应有良好的烧结度，即具有一定的刚性，这样滤饼才能耐压；硅藻土化学性质要稳定，对被滤液体没有任何影响。

啤酒过滤速度主要取决于硅藻土颗粒的大小。颗粒越细，则酒液被过滤得越清亮，但过滤速度也越慢。粗土与细土的性质正好相反，它的过滤速度较快，但酒液不很清亮，所以粗土主要用于过滤中的预涂。

2. 珍珠岩

珍珠岩是一种由火山爆发出的火山灰作用形成的非晶形矿物岩，为熔融的钾、钠、铝硅酸盐，具有很强的化学惰性。珍珠岩矿经粉碎、煅烧及分选后制成的珍珠岩具有同硅藻土十分相似的性质，但又与硅藻土有许多不同之外，这些颗粒形态比较规则，为三叶形（图 8-7）。

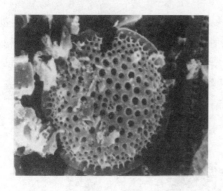 

图 8-6　硅藻土（放大 1000 倍）　　　图 8-7　珍珠岩（放大 1000 倍）

珍珠岩是质量很轻、颗粒松散的粉末，体积、质量比硅藻土小，质量要比硅藻土小 20%~40%，渗透性优于硅藻土，所以，它是一种很好的过滤介质。

珍珠岩既可以单独使用，也可以与硅藻土混合使用，其粒度分布为 7~100μm，有 4~6 种规格，如最细土、细土、中粗土等。相对来说，每个规格的珍珠岩的粒度分布要比硅藻土均匀一些，由于其渗透性很强，加上体积质量比较小，所以，在过滤啤酒时的消耗量要低于硅藻土。珍珠岩的相对密度低于硅藻土，在单独使用珍珠岩进行调和时，易浮在液面上，所以，调和桶的搅拌器要稍加改动，使其上下搅动效果比较好。若珍珠岩与硅藻土混合使用，则影响不大。

在 pH 较低时，珍珠岩在过滤过程中易析出钾和铁。因此，珍珠岩更适用于麦汁过滤，因为麦汁的 pH 为 5.2~5.5。

第三节　啤酒过滤的方式及其操作

啤酒过滤的主要方式有：硅藻土过滤、纸板过滤、双流过滤、错流过滤、无土过滤和除菌过滤等。

对于啤酒过滤来说，现在使用较普遍的过滤设备主要有硅藻土过滤机、纸板过滤机和膜过滤机。硅藻土过滤机主要以板框式、烛式、水平圆盘式三种最为常见，作为啤酒的粗滤，纸板过滤机作为啤酒的精滤，膜过滤主要用于生产纯生啤酒。

一、板框式硅藻土过滤机

板框式硅藻土过滤机主要由许多过滤单元——滤框、滤板组成，并放置在两根具有相同高度的不锈钢支撑横梁上，两端是由一个固定顶板、一个活动顶板组成，在固定顶板和活动顶板之间，许多滤板、滤框交替排列（图8-8）。滤框有一定宽度，以容纳形成的硅藻土滤层和浑浊物。支撑纸板用于支撑涂在其上的硅藻土层。滤板是用于支撑纸板，并导流出已滤酒。未过滤啤酒经滤框进入硅藻土滤层被过滤，已滤酒进入支撑性纸板和滤板，并从滤板中导流出去。每一对滤框、滤板是过滤机的一个过滤单元。

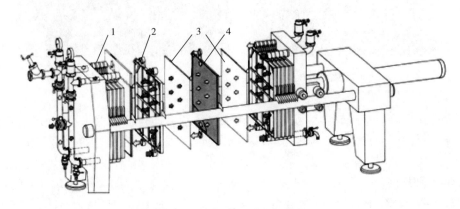

图8-8　板框式硅藻土过滤机
1—过滤单元　2—滤框　3—过滤纸板　4—支撑板

支撑纸板是由添加了合成树脂的棉花纤维和少量硅藻土组成，表面开孔4~6μm，开孔自由流通面积约50%。一般可使用15~25个过滤轮次。纸板为正方形，大小不等，有0.4m、0.6m、0.8m、1.0m、1.2m等规格。

支撑纸板的粗糙面涂硅藻土，已滤酒从光滑面流出并进入滤板中。在安装时，粗糙面对着滤框，光滑面对着滤板。

1. 板框式硅藻土过滤机的操作步骤

进去氧水进行过滤系统的循环排空气——第一次预涂（预涂压力约2×10^5Pa）——打循环至过滤机出口清亮为止——第二次预涂（预涂压力约2×10^5Pa）——打循环至过滤机出口清亮为止——进酒顶预涂水、然后收酒头——循环过滤啤酒至达到规定的滤酒质量——连续过滤、硅藻土连续添加——过滤终止——用脱氧水顶残酒——收酒尾——液压打开过滤机排土——原位人工用水清洗支撑纸板、滤框——滤板（支撑纸板）、滤框归位，并液压压紧滤板、滤框——进水清洗过滤机至出口流出的水清亮为止——过滤系统彻底灭菌30min（出口温度>85℃）。

2. 板框式硅藻土过滤机的优点和缺点

优点：①过滤机价格低，一次性固定投资成本低；②技术成熟；③过滤机的高度较低，对安装空间高度的要求较低。

缺点：①会出现酒头、酒尾；②排空气不彻底（啤酒溶氧量高）；③劳动强度大（操作不能实现自动化）；④形成硅藻土层不均匀；⑤过滤效率低；⑥支撑纸板使用一段时间后必须更换，使用耗材较多；⑦排出的废硅藻土含水分大。

需注意的是在对板框过滤机进行清洗、杀菌时不能反向进行，会破坏纸板结构。

尽管每次过滤后，进行了排土和清洗，但随着支撑纸板使用次数的增加，会使酵母、细硅藻土堆积在纸板内，使纸板由过去浅色变成黑棕色；一般使用15~25 次才需更换，否则会导致预涂后压差上升快，预涂也不均匀。

二、烛式硅藻土过滤机结构和原理

烛式过滤机的基本过滤部件是由过滤壳体和进口分配器、用于安装滤烛的管板和用于过滤机清洗的内置组件组成（图 8-9）。

烛式过滤机壳体包括过滤机盖（碟型封头）、中间直筒部分用于容纳滤烛并与锥体部分连接。过滤机盖和过滤机壳体由一个管板分开，滤烛在此处用卡口式固定。

未滤液的管线连接在过滤机壳体的底部，滤过液的管线连接在过滤机壳体的顶部。CIP 及压缩空气管线也连接到过滤机上。过滤机底部安装了一个特殊的进口分配器，使整个过滤面积上能产生最佳的悬浮液分配。

预涂过滤的目标是用一台预涂过滤机和过滤助剂以最安全的操作方式过滤未滤啤酒，达到高的过滤质量、低的啤酒浊度和低的微生物含量。理想状态是系统的过滤压力达到最大时，

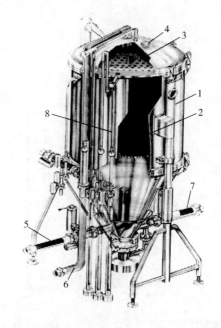

图 8-9　烛式硅藻土过滤机主体（剖视图）
1—过滤机罐体　2—悬立的烛芯　3—固定烛芯板
4—过滤机机盖　5—未滤液进口　6—滤液出口
7—废硅藻土浑浊物排出口　8—排气管道

其载土量也已达到了最大。这可以为大批量过滤实现低的耗土量及低的能源和清洗剂消耗。

在啤酒工艺中，烛式过滤机是预涂过滤系统中的一种。系统的任务是为了过滤完成发酵、贮存后的啤酒，一方面是为了得到清亮的成品啤酒，另一方面是达到可接受的货架期。

过滤助剂悬浮液添加罐被固定连接到过滤机上，啤酒供料泵、预涂泵和添加泵被集成到过滤系统中。

1. 烛芯

过滤机烛芯是过滤材料，在烛芯上预涂过滤介质——硅藻土。为进行过滤，将螺旋线沿径向围着烛芯缠绕，丝间距为 $50 \sim 80\mu m$。细长过滤烛芯长达 2m 以上。由于在大型过滤机里安装了近 700 根烛芯，所以形成的过滤面积非常大，过滤效率非常高，而且烛芯上没有活动部件。

滤芯底部内配置了一个流量匹配塞［图 8-10（1）］，以便此处的流动速度增加，避免颗粒沉积。滤烛的顶部焊接了一个卡口连接［图 8-10（2）］。卡口连接能快速、安全和简单地安装和拆卸滤烛。

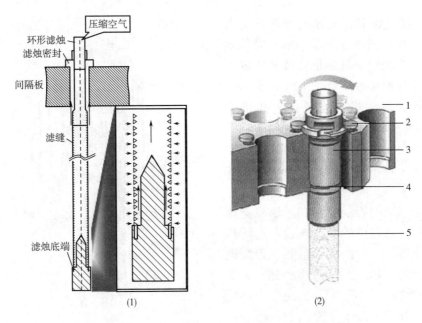

图 8-10 滤烛底部（1）及顶部（2）结构

1—中间孔板（分离浊酒室与清酒室） 2—卡钉 3—烛头 4—O 型密封圈 5—过滤元件

滤烛底部里面配置了一个流量匹配塞，以便此处的流动速度增加，避免硅藻土颗粒沉积在滤烛底部，使滤液以均匀的流量通过每根滤烛。由于没有脏物聚集点，滤烛稳定性更高、过滤质量更有保障，流量均衡好，预涂效果好（滤层较薄、均匀），过滤更安全。

为保证反冲洗的进行，在滤烛卡口处配置了一个喷口，在卡口的里面和喷口外面之间形成一个间隙，这个间隙保证了滤烛反冲洗时所需的某一速度水膜的形成。溢流管穿过多孔板伸到已滤液腔室，避免过多的液体通过喷口，溢流管的上边缘低于喷口的上边缘，以便剩余的水可以流出过滤腔室。

2. 烛式硅藻土过滤机的工作过程

烛式硅藻土过滤机主体为上柱下锥形的立式压力罐。该式过滤机机盖下有烛芯底板，在此板上固定悬装烛芯，并配置有管道、连接件和检测仪表等一系列附属设备。需要注意的是应确保这些附属设备过滤时和过滤后的吸氧最少。烛式硅藻土过滤机的工作过程见图8-11的（1）～（9）。

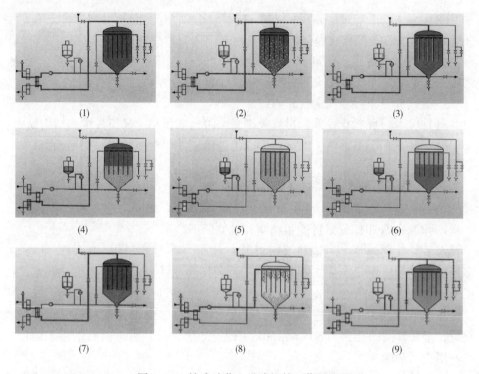

图 8-11　烛式硅藻土过滤机的工作过程

（1）充满过滤机　由于水会与啤酒接触，所以要使用脱氧水。水处于循环状态。

（2）预涂　第一次预涂用过滤介质（硅藻土）与水混合，在烛芯上进行10min左右预涂，直至形成支撑层。第一次预涂开始时流出液是浑浊的。紧接着以同样的方式进行第二次预涂。

（3）循环　每次预涂后，整个过滤设备都要进行10～15min的循环。

（4）开始过滤　首先水被啤酒顶出。待滤啤酒缓慢地从下向上顶出过滤机中的水，并穿过烛芯而被过滤。然后，通过计量添加泵向啤酒中定量添加硅藻土液。注意，虽然水与啤酒的接触界面很小，但仍不可避免地会有一部分酒、水混合液，这就是所谓的酒头。

（5）啤酒过滤　由于不断添加硅藻土，所以烛芯上的硅藻土层越来越厚，过滤精度越来越高。然而进口处的压力也变得越来越高。当达到允许的最大压力0.5～0.6MPa（表压）时，就必须停止过滤。

（6）过滤结束　过滤结束后，啤酒被由下部进入的脱氧水顶出。此时就会产生啤酒与水的混合液，这就是所谓的酒尾。

（7）排土　废硅藻土呈浓泥状或稀液状，用压缩空气将硅藻土从烛芯上压出。

（8）清洗　以与过滤相反的方向进行清洗。此时，空气以间歇方式和水混合通入，在烛芯上形成旋涡，产生空气冲击，将烛芯冲洗得干干净净。

（9）杀菌　最后，用高温水对过滤机、所有连接件和管道进行杀菌处理。之后，过滤机方可重新投入下一次的啤酒过滤。

3. 烛式硅藻土过滤机的优缺点

（1）优点　自动化操作；过滤效率高；占地面积小；易损件少；结构简单。

（2）缺点　会产生酒头酒尾；形成的硅藻土涂层难以均匀；初期投资高。

三、水平圆盘式硅藻土过滤机

1. 水平圆盘式硅藻土过滤机结构和过滤原理

水平圆盘式硅藻土过滤机又称叶片过滤机。在过滤机中，有一根空心轴，多片圆盘（过滤单元）固定在空心轴上，利用圆盘进行过滤。从水平圆盘式硅藻土过滤机的剖视图（图8-12）中，可清楚地看到其中的过滤圆盘。

在水平圆盘式硅藻土过滤机中，过滤支撑材料是由铬镍钢材料编织的过滤圆盘，金属筛网的孔径为 $50 \sim 80 \mu m$。这种过滤机，仅在水平圆盘的上表面固定有一层金属筛网。

显而易见，硅藻土可很好地涂附于水平圆盘上。它的工作原理和烛式硅藻土过滤机一样（用脱氧水排气、两次预涂、过滤时连续添加硅藻土）。但要使硅藻土涂层完全均匀地分布于所有的过滤圆盘上仍是很困难的。

过滤机是一个封闭的系统。过滤元件分别用于预涂和添加硅藻土。在过滤过程中，啤酒从过滤机顶部进入，分配到整个过滤机罐体，通过覆盖了硅藻土的过滤元件，经过滤机主轴汇集后离开过滤机。过滤结束后，残液过滤元件可简单地用 CO_2 压空。过滤元件旋转以便清理干净滤饼。滤饼通过在过滤机罐体上的排泄口转移到废土贮罐中。过滤机用一条在过滤机罐壁内部的垂直的喷射栅清洗。

2. 水平圆盘过滤机的操作步骤

从底部进去氧水进行过滤系统的循环排空气（打开上部排气阀排气，旋转叶片，排气毕关闭排气阀）——第一次预涂（预涂压力约0.4MPa）——打循环至过滤机出口清亮为止——第二次预涂（预涂压力约0.3MPa）——打循环至过滤机出口清亮为止——从顶部进 CO_2 顶出预涂水（走残酒出口管道）并用 CO_2 背压约0.2MPa——从底部进酒至罐满（注意边进酒边顶部排气）——循环过滤

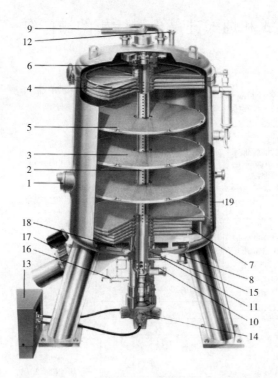

图 8-12　水平圆盘式硅藻土过滤机（内部结构）

1—带视镜的罐体　2—清液流出空心轴　3—过滤单元　4—间隔环　5—小支脚架　6—压紧装置
7—剩余残液的过滤圆盘式　8—下部入口　9—带分配器的上部进口　10—清液主出口　11—残清液出口
12—排气口　13—液压装置　14—液压系统电动机　15—轴密封　16—轴环清洗刷/排放口
17—废硅藻土排出套管　18—废硅藻土排出装置　19—喷洗装置

啤酒至达到规定的滤酒质量——连续过滤、硅藻土连续添加（出口为清酒流出管道）——过滤终止——用 CO_2 顶出残酒（出口为残酒流出管道）——旋转叶片排土，并用压缩空气顶出废土——自动清洗过滤机至出口流出的水清亮为止——过滤系统彻底灭菌 30min（出口温度>85 ℃）。

3. 水平叶片式硅藻土过滤机的优缺点

优点：无酒头酒尾；自动化控制和操作；密封性好，可隔绝氧气；硅藻土层稳定；过滤效率高。

缺点：易损活动部件多，维护要求高；初次投资成本高；对空间高度有一定要求。

四、板框式和烛式硅藻土过滤机的操作要点（图8-13）

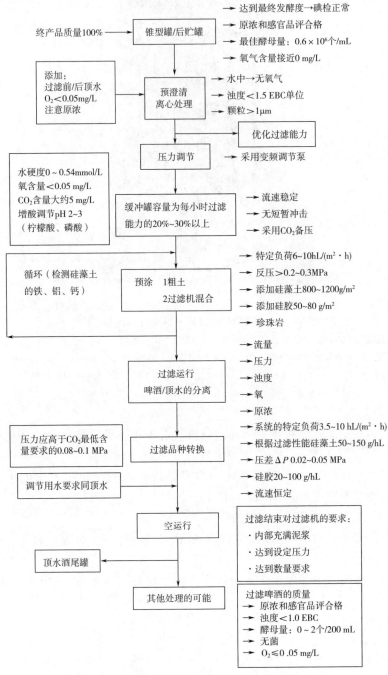

图 8-13　板框式和烛式硅藻土过滤机的操作要点

五、硅藻土过滤操作中容易出现的问题

正常过滤过程中的过滤时间、压差、流加速度和过滤层的形成如图 8-14 所示。压差的正常升高应接近直线，约为 0.02MPa/h。

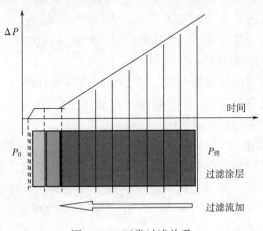

图 8-14　正常过滤关系

（1）过滤时的故障经常出现在预涂后排空的过程，过滤层有时遭到破坏。

（2）流加量过低，酵母无法与硅藻土混合形成附加的支撑层。这部分酵母形成隔离层，经过一段时间后，导致压力增长过快。

（3）过滤时产生的酵母冲击来源于大的酵母团块，在过滤层形成轻微或严重的堵塞。酵母堵塞的严重程度可以在压差变化的曲线上表现出来。

（4）硅藻土添加量过高将导致过滤曲线过于平缓，过滤腔被硅藻土提前充满，造成过滤困难。

六、小型硅藻土过滤操作基本流程

1. 预涂

过滤之前，过滤机先进行杀菌或 CIP 清洗。之后如果马上进行过滤，此时过滤机填充脱氧水。循环过程由啤酒供料泵启动，过滤助剂用脱氧水调成约 10%（质量分数）的悬浮液加入过滤机中。用这种烛式过滤，一般用不同的硅藻土进行两次预涂。第一次预涂的硅藻土通过预涂泵添加到啤酒供料泵的吸入端，添加时间约为 10min，接着进行大约 10min 循环。接着如上进行第二次预涂（添加时间约为 10min），第二次预涂是为了形成稳定滤层，大约循环 10min。在整个预涂过程中，保持一个指定的大约为 10hL/（$m^2 \cdot h$）的通量。硅藻土的混

合液和添加条件必须根据啤酒的生产工艺进行必要的调整。

2. 啤酒过滤

预涂以后，通过切换水循环程序到连续模式来启动过滤程序，然后过滤机从水切换到啤酒。同时硅藻土添加泵开始添加。用啤酒置换水的时间取决于啤酒的流量（酒头）。过滤系统可以在 $3 \sim 8hL/(m^2 \cdot h)$ 通量下进行过滤，这取决于啤酒的可滤性。如果达到最大的进口压力或者达到最大的载土量，那么过滤就终止了。终止过滤是由啤酒切换到水来启动的（酒尾），像酒头一样，收酒尾的时间取决于水的流量。之后供料泵和计量泵停止运行。

3. 过滤机清洗，罐体排空——排硅藻土

一旦过滤结束，罐体就要排空。罐体的压力释放至常压。当滤过液端的排空管道打开后，封头被排空。然后硅藻土排泄阀门打开。封头的排空阀门关闭。用压缩空气把废硅藻土悬浮液排出。

4. 清洗罐壁和滤烛

过滤机配置了罐壁、管板、封头和滤烛的反冲洗装置。开始，封头内壁从滤过液端冲洗。接着，用过滤机未滤液罐壁上方安装的循环管道冲洗罐壁，流速大约80L/min的水冲洗，每次持续约30s。接着，过滤机的管板按照以上的程序进行清洗。然后用不低于 $1.2 \sim 1.8L/(m^2 \cdot min)$ 的水对滤烛进行冲洗。滤烛的内表面将形成均衡的水膜。从连接的气管中用压力约为 0.4MPa 的压缩空气在滤过液端形成多次的压力冲击，冲击可以在整根滤烛中产生均衡的冲洗效果。在反冲洗的时候，两次压力冲击的时间必须足够长，以便再次形成水膜。

5. CIP（在线清洗）

一般在过滤啤酒之前运行一次 CIP 清洗，之后每周一次。过滤机必须首先用碱液清洗（一般温度不低于80℃，碱液浓度不低于1%，时间不少于30min），然后用酸清洗（一般为常温，浓度不低于1%，时间不少于30min）。在这些步骤之间，碱液可用压缩空气或水排出或置换出来。用酸清洗后，必须用水冲洗。CIP 是必需的，以免残留的颗粒在过滤机中累积。

6. 过滤机杀菌

过滤机杀菌时，充满80℃的热水，一般保持80℃循环40min。在这段时间内，过滤机所有的进出口都打开，以便有少量的热水流过（或者在自动控制的系统中间隔打开一段时间，以便热水流经阀门，对其进行杀菌）。热水最终用无菌空气从过滤机中排出来。同时，添加罐和相关的管道也用热水杀菌 30min 以上。

七、双流过滤

2001 年，德国斯坦尼克（Steinecker）公司把双流系统成功地运用到啤酒的过滤中。这一烛式双流过滤系统（图 8-15）（Twin Flow System，简称 TFS）能对啤酒过滤的整个工序进行控制。双流过滤技术是在传统的烛式硅藻土过滤机的基础之上，进一步完善而产生的一种新型硅藻土过滤机。双流过滤系统的技术特点是，原烛式硅藻土过滤机顶部圆盘被带标记的管栅所取代，滤芯通过管道而被集中，滤出液直接排出，实现了过滤器中流速均匀，保证了预涂层的均匀性和均一性，过滤量提高了10%。

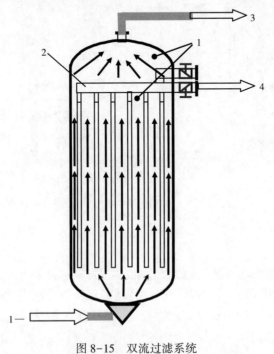

图 8-15　双流过滤系统
1—待滤酒　2—管栅　3—旁路　4—清酒

可调节过滤液流量的 TFS 系统替代了以前所使用的过滤栅板。因为以前的板会在非过滤区和零流量区造成难以控制的流量。而 TFS 系统可以分别地对这两股局部的过滤和非过滤流量进行准确的调节。这样，可明确地确定出过滤器的区域，并使经过调节的流量流入过滤区。滤片是通过管道系统被集中，滤液被直接排出。这样，整个过滤器中的流量均匀。而且，经过调节的新的"非过滤流量"可以使预涂层保持长久的均匀性和均一性，这可提高10%的过滤效率。TFS 系统可调节的结构方式保证了过滤器的通风和最佳清洗。使用 TFS 时过滤栅板底部无气泡出现。新的过滤烛芯内部结构与传统过滤烛芯有较大的改进，可以明显地改善反冲洗时的流速。这样，在过滤开始和结束阶段，混合物易被控制，而且硅藻土泄土时水耗会大大地降低。

双流过滤系统与传统的烛式过滤器相比，具有以下主要优点：超常的生物安全性；由于采用的硅藻土密集而均匀，混合物得以大量减少，喷淋的水耗也大为降低；同时由于过滤压差较小，因而过滤速度有明显提高。

1. 双流过滤的操作流程及操作步骤

双流过滤的操作步骤（图 8-16）如下。

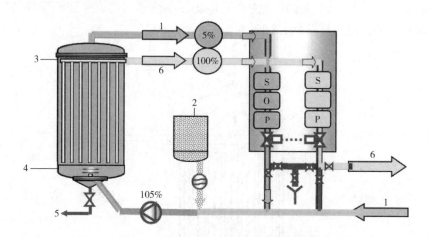

图 8-16　双流过滤系统工作流程

1—待滤液　2—硅藻土添加罐　3—管栅　4—分配器　5—废土　6—清酒

S—停止　O—运行　P—暂停

（1）开始用无菌水充满过滤系统，然后用脱氧水替代无菌水；

（2）调整两个回路，进行预涂，用待滤酒置换预涂水，进行过滤；

（3）清洗卸土，利用独立管栅进行反冲洗，通过清洗球洗刷，并冲洗管路；

（4）过滤结束对整个系统进行灭菌。

2. 双流过滤的优点

（1）工艺方面　大小硅藻土颗粒能沿整个过滤芯的外部均匀分布；能增加 10% 的啤酒过滤量；卫生死角减少，增加了操作的安全性；过滤管栅的安装避免了硅藻土沉积在容器底部。

（2）灵活性　通过较高的流速进行清洗，节省了水的消耗；管栅的安装，使容器内部的液体流速均匀，过滤介质沉降稳定，能适应不同类型啤酒的过滤。

（3）经济性　无酒损；便于操作，减少了间接污染；缩短了回流时间；通过增强渗透性节省了硅藻土的使用量。

八、无硅藻土添加过滤机

德国术兹（Schulz）公司研发了一款新型无硅藻土添加的小型过滤机。该机特别适合小型精酿啤酒厂和啤酒坊（图 8-17），具有以下特点。

（1）无需预涂硅藻土进行过滤；

（2）过滤能力为 15 hL/h；

（3）内置二氧化碳喷嘴，可减少氧气摄入量；

（4）减少了啤酒损失；

（5）灵活性高，可针对不同类型的酿酒啤酒进行过滤；

（6）结构紧凑；

（7）助剂添加罐也可作为过滤器的 CIP 及灭菌罐使用；

（8）无需使用下游颗粒捕集器。

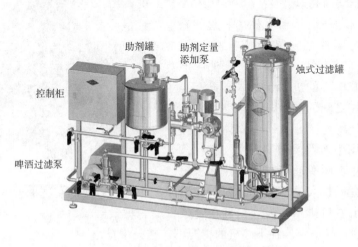

图 8-17　新型无硅藻土添加过滤机的组成

这种全新的过滤系统，使用纤维素或珍珠岩代替硅藻土作为过滤介质。啤酒的损失和氧气的摄入量被减少到一个较低的数值。可连续添加助滤剂，确保了滤烛的渗透性和过滤机入口波动。

第四节　啤酒离心澄清技术

精酿啤酒通常不经过滤、不加水及不经灭菌等工序，直接灌装于扎啤桶中市售。因其含有一定量的活性酵母，故呈现浑浊状态，其酒体泡沫极其丰富，香气浓郁，口味新鲜纯正，但保质期较短。为保持精酿啤酒的口感，使用离心机对啤酒进行澄清处理是最好的方式。

离心机中分离筒由上下两片组成，并紧紧压在一起。在快速旋转的分离筒中，重力被离心力取代，离心力可以达到重力的几千倍，使分离和沉降快速发生，几秒钟就能分离重力沉降几小时才能达到的效果，大大提高了分离效果和效率。通过分离筒压的作用力，在分离筒重新关紧之前，固体渣以极快的速度喷出分离筒外。离心机具有沉降途径短、沉降面积大等特点。

一、碟片式离心机

啤酒分离澄清常用碟片式离心机（图8-18），碟片式离心机是立式离心机的一种。转鼓装在立轴上，通过传动装置由电机驱动而高速旋转。

转鼓内有一组互相套叠在一起的碟片，碟片与碟片之间留有很小的间隙。利用泵压（3×10^5Pa左右）将浑浊啤酒由位于转鼓中心的进料管送入转鼓。当其流过碟片之间的间隙时，微小的颗粒在碟片间分离（图8-19），固体颗粒在离心机作用下沉降到碟片上形成沉渣。沉渣沿碟片表面滑动而脱离碟片并积聚在转鼓内直径最大的部位，分离后的澄清啤酒从出液口排出转鼓。积聚在转鼓

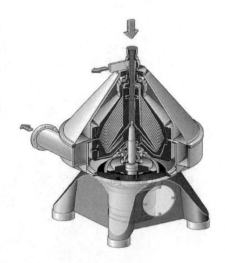

图8-18　碟片式离心机

内的固体通过排渣结构在不停机的情况下从转鼓中排出。

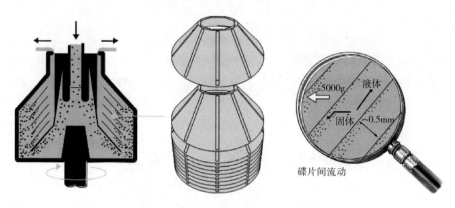

碟片间流动

图8-19　微小的颗粒在碟片间分离

二、离心机操作模式

碟片式离心机生产能力大，适用于大量生产，固体物质含量少的液体可以

很好地被处理，而且可自动化运行。其示意流程图如图 8-20。

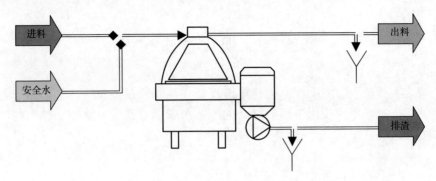

图 8-20　离心机示意流程图

离心机操作模式如图 8-21 所示。

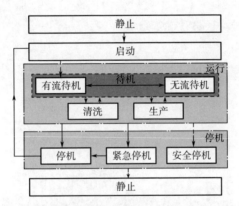

图 8-21　离心机操作模式图

（1）启动　启动前需检查工艺水、安全水、冷却水、CO_2 等。此时冷却水、密封水供给离心机，离心机加速，全速时离心机自动进入有流待机模式。

（2）有流待机模式　离心机转鼓有水冲洗。

（3）无流待机模式　没有产品或安全水供给离心机，转鼓部分排空，仍含有一些最近一次处理的物料（仅能短时间停留于无流待机模式）。

（4）待机模式可进入清洗或生产模式。

（5）生产　离心机全速运转，分离产品。此时可定时排渣，或根据出口浊度排渣，或手动排渣。

（6）清洗　清洗时，离心机全速运行，清洗液走物料管。清洗模式根据预先设定的程序运行。清洗时，可定时排渣或手动排渣。

（7）停机　待机模式下手动选择正常停机，也可由于报警进入安全停机，或者必要情况下紧急停机。

第五节 现代过滤技术

较之于硅藻土过滤系统，近几年出现了一些新的过滤技术，包括用于啤酒澄清的无土过滤系统、用于清酒除菌的冷除菌膜过滤系统及适用于精酿啤酒厂的膜堆栈过滤系统。

一、无土过滤系统

1. 无土过滤系统的组成

完整的无土过滤系统（图 8-22），由前缓冲罐、离心机、无土膜过滤机、清酒罐及必要的泵阀、管路管件等组成。

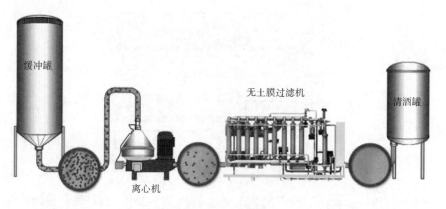

图 8-22 无土过滤系统

无土过滤与离心机组合使用是澄清过滤的好方法。未滤啤酒液首先通过高效离心机得到预澄清处理；然后利用调频添加泵将已预澄清的啤酒泵入错流过滤机中，进行过滤。这样可以不用硅藻土进行啤酒过滤，解决了废硅藻土难以处理的问题。无土过滤机组成部分如图 8-23 所示。

2. 无土膜过滤机的特点

（1）过滤原理 不带回流的切向流过滤；

（2）优点 减少酒损；切向流速低，连续过滤；减小对啤酒的剪切力；能耗低；清洗时水耗低；操作简单；系统死体积小；

（3）过滤膜特点 高孔隙度，容污力强；特定膜结构和化学稳定性，不使用含氯清洗剂即可恢复通量；很高的热及化学稳定性，可耐受超过 1000 个清洗

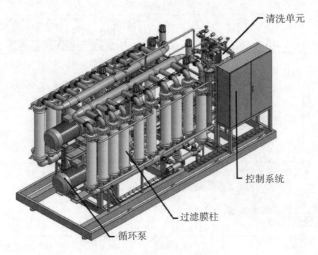

图 8-23　无土过滤机

循环；酵母去除率高，膜后<5 个/100mL；可重复在线膜损检测；

（4）CO_2 正向排空系统优点　排空时间短；啤酒损失少；啤酒品种转换简单、便捷；没有溶氧的增加；没有水耗。

二、冷除菌膜过滤系统

传统的啤酒生产过程中，通常采用高温巴氏杀菌的方法使啤酒具有良好的生物稳定性，但是，这种方法不仅杀灭了导致啤酒变质的有害微生物，也使啤酒中的许多营养成分受到破坏，甚至改变啤酒的风味，使刚刚酿造出来的新鲜啤酒很容易过早地氧化。

目前采用非热处理的冷过滤除菌方法，可以避免这些问题，即采用高精度的过滤器，将包装前清酒中可能存在的有害微生物全部过滤掉，完全替代了传统的巴氏杀菌方法，被称作"纯生啤酒"。

生产纯生啤酒必须彻底控制啤酒生产过程中的有害微生物，保证啤酒、容器及其密闭性、啤酒罐装机、环境处于无菌状态。可见，生产纯生啤酒，严格的微生物控制贯穿于整个啤酒酿造过程中，成功地生产纯生啤酒是啤酒厂微生物管理达到一定水平的重要标志。

1. 冷除菌和对除菌前啤酒的要求

（1）冷除菌的要求　冷除菌颗粒大小要求，见图 8-24。图中每向右移动一栏，颗粒和过滤膜或元件孔隙的尺寸就缩小 10 倍。通过此图可以很直观地看到，啤酒除菌过滤膜或元件的孔径是很小的，只有 $0.001 \sim 0.1 \mu m$。

（2）冷除菌前对啤酒的要求　生产纯生啤酒，对于膜过滤来说，啤酒首先

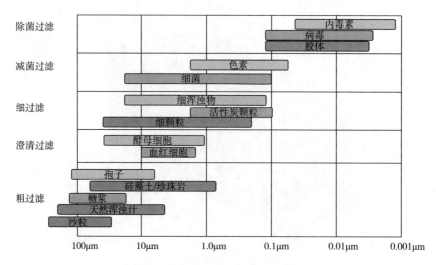

图 8-24　冷除菌的颗粒大小范围

要经过粗滤，再进行膜过滤，它属于啤酒的最终过滤，要想让膜发挥其最佳效果，粗滤之后的啤酒质量最好能达到如表 8-1 所列的参数。

表 8-1　　　　　　　　　　粗滤之后的啤酒质量参数

后熟温度	≤0℃		
β-葡聚糖	≤100mg/L	碘值	≤1
硅藻土消耗量	≤120~150g/hL	黏度	≤1.5mPa·s
酵母数	≤5 个/100 mL	浊度	≤0.5EBC

2. 滤材

用于膜的滤材，必须能确保去除微生物，而且必须可以进行整个滤芯的完整性检测。其设计标准是：过滤滤芯是绝对精度的（除菌过滤效果经微生物挑战试验验证）；过滤滤芯有稳定的结构；已截流的颗粒或有机物没有卸载。

市场通常选用 PES 材质滤膜（图 8-25），其具有如下特点。

（1）高稳定性，膜上游具有轻微不对称结构，逐级分离进入膜内的固态胶体杂质，易于清洗，高容污能力，优化的膜结构有利于微生物的安全分离。

（2）耐受灭菌的次数更多，寿命长，费用低，极好的化学兼容性，对各种化学试剂具有很强的抵抗力。

图 8-25　PES 材质滤膜

（3）对滤除啤酒有害菌方面，具有安全、可靠的资质，可有效滤除啤酒中典型有害菌的资质，对于 *Lactobacillus brevis* 和 *Pediococcus damnosus*（短乳杆菌和四联球菌）的滤除效率是 LRV≥107［LRV=$\log_{10}$（过滤前微生物数量/过滤后微生物数量）］。

（4）过滤器满足食品接触安全相关要求。

3. 啤酒除菌过滤

（1）啤酒除菌过滤是纯生啤酒生产的重要步骤

①在啤酒装瓶前，设置高精度过滤系统，彻底去除啤酒中的有害微生物。

②采用膜过滤技术及在线进行过滤器的完整性检测，装瓶之前了解过滤系统的除菌有效性。

③终过滤膜的绝对精度 $0.45\mu m$。

（2）除菌过滤流程图（图 8-26）　包含：CIP 清洗单元、清洗水过滤单元、预过滤单元、终过滤单元及控制单元。

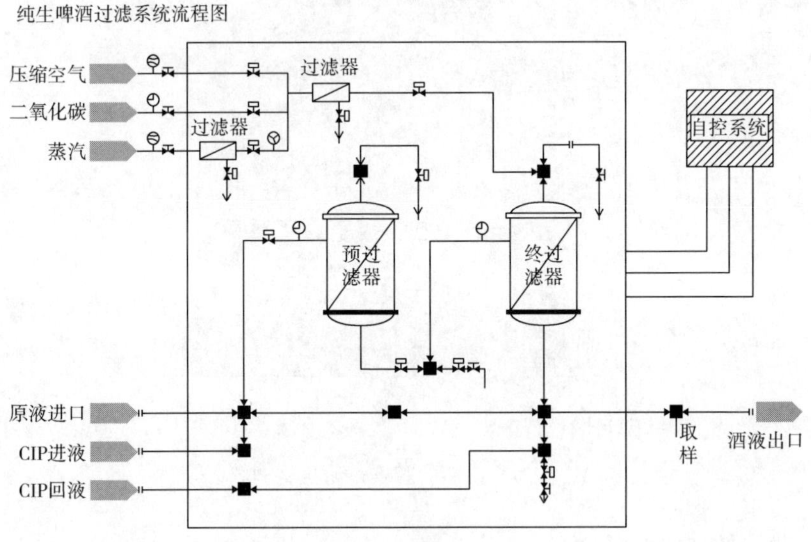

图 8-26　除菌过滤流程图

（3）对上游清酒的工艺参数要求　浊度小于 0.5EBC 单位；啤酒有害菌含量小于 10cfu/100mL；β-葡聚糖含量小于 150mg/L；碘还原反应小于 0.2；酵母数小于 5cfu/500mL。

（4）对冷热水的总体要求　SDI 值小于 3（控制颗粒和离子沉淀）；水中 $CaCO_3$ 含量小于 150mg/L；要求最好经过 $10\mu m$ 精度滤芯过滤；冷热水泵输送到膜过滤进口的压力差小于 0.1MPa。

（5）啤酒冷除菌膜过滤步骤　啤酒过滤——→系统排空——→用水冲洗系统

（包括冷水冲洗及热水冲洗）——→循环化学清洗——→系统循环杀菌——→系统冷却——→系统排空（为完整性检测做准备）——→集束完整性检测（保证下一次过滤的安全性）——→系统 CO_2 备压。

三、膜堆栈过滤技术

1. 膜堆

随着技术的发展，单张纸板向膜堆方向发展，其设计理念来源于经典的碟片式过滤机。将膜堆整合在压力壳体内，即为新型的膜堆过滤机（图 8-27）。目前，膜堆栈过滤技术已广泛应用于精酿啤酒的过滤。

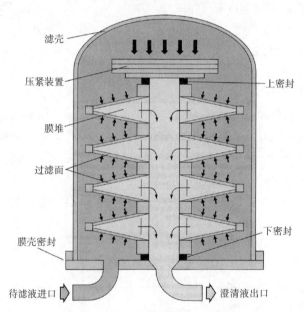

图 8-27　新型的膜堆过滤机结构图

2. 膜堆的结构材料

膜堆的结构材料有纤维素、聚烯烃基质、硅藻土、珍珠岩、活性炭、树脂等（图 8-28）。

3. 膜堆过滤器的选型及使用

（1）选型原则：

啤酒预过滤、精滤：150-400 LMH；

啤酒减菌过滤：100-250 LMH。

（2）清洗、灭菌及保存：

①冷水或者热水冲洗；

②热水清洁，最高温度可以达到85℃（10次，20min/次）；

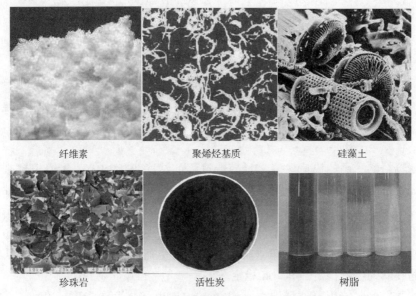

纤维素　　　　　　　聚烯烃基质　　　　　　硅藻土

珍珠岩　　　　　　　活性炭　　　　　　　树脂

图 8-28　膜堆的结构材料

③降温正向备压保存或降温后使用 0.5%～1.0%柠檬酸溶液保存。

（3）膜堆过滤器的基本组成（图 8-29）

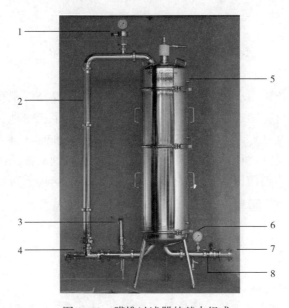

图 8-29　膜堆过滤器的基本组成

1—排气阀、压力表　2—连接管及阀等　3—安全阀、排污阀　4—进口碟阀

5—壳体（含所需配件及密封）　6—适配器、压力表　7—出口视镜　8—出口碟阀

第九章　酿酒设备清洗技术

随着精酿啤酒的快速发展，对酿造过程的洁净程度和无菌化要求越来越严格，无论是对生产现场的环境卫生，还是对生产管道和设备内部的清洗都提出了更高的要求。及时、正确地清洗啤酒生产设备，同时进行消毒和杀菌，才能保证生产出高质量、保质期长的啤酒。啤酒生产不仅要有良好的设备，还要有与之相配套的清洗工艺，这样才能保证啤酒各生产环节不被杂菌侵染，从而提高成品啤酒的生物稳定性和口味稳定性。

啤酒厂普遍使用原位清洗法（Cleaning In Place，简称 CIP）对生产系统进行清洗和灭菌，即在密闭环境下，不拆动设备零部件或管件，对设备系统进行清洗及消毒的过程。该技术的应用极大地提高了清洗及灭菌的工作效率。

第一节　清洗的基本原则

干酵母、酒花树脂、啤酒石和矿物质等，它们附着并沉积在设备和管道的内表面，使其变得粗糙难以清洗，给微生物生长提供了栖身地，同时削弱了杀菌剂的作用（图 9-1）。设备清洗的主要目的就是尽可能将上述蛋白质、碳水化合物形成的污垢膜及沉积的矿物质冲洗掉。由于杀菌剂只能杀死污物表层的细菌，而内部存活的细菌以后还会暴露出来，造成再次污染，所以在清洗时必须去除已经存在的微生物菌落。

一、对清洗过程的基本要求

（1）被清洗的系统必须封闭起来；

（2）清洗液必须直接与污物接触，洗涤液的浓度、作用温度和作用时间必须达到工艺要求，同时机械作用要全部作用于被清洗的部位；

（3）清洗掉的污物必须以流动方式从设备中排出，即附着物必须被溶解而去除掉，防止污物重新沉积；

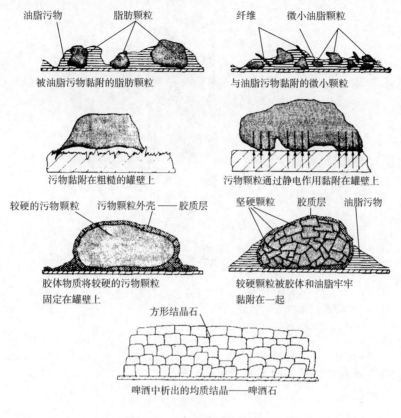

油脂污物　脂肪颗粒

被油脂污物黏附的脂肪颗粒

纤维　微小油脂颗粒

与油脂污物黏附的微小颗粒

污物黏附在粗糙的罐壁上

污物颗粒通过静电作用黏附在罐壁上

较硬的污物颗粒　污物颗粒外壳——胶质层

胶体物质将较硬的污物颗粒
固定在罐壁上

坚硬颗粒　胶质层　油脂污物

较硬颗粒被胶体和油脂牢牢
黏附在一起

方形结晶石

啤酒中析出的均质结晶——啤酒石

图9-1　设备及管道内表面污物图

（4）清洗掉的污物必须全部排出被清洗的系统（过滤或分离掉）；

（5）清洗剂本身对产品有害，它们同样必须全部排出被清洗的系统。由于清洗过程中酸和碱液的浓度被稀释，需定期调节和检测其浓度。

二、设备清洗

清洗过程是机械作用、化学作用和温度效应在一定时间内协同作用的过程（图9-2）。首先要发挥机械作用，即以较高的流速，增强冲击力，冲刷掉设备表面上的附着物。然后清洗剂在温度和表面活性物质的协同作用下发挥化学作用（提高清洗温度，可以加速化学反应速度，促进污物分解；加入表面活性剂可以降低设备表面附着物的表面张力），使污物疏松、崩裂或溶解，脱离附着表面。利用上述各因素的协同作用，才能彻底破坏污垢膜。

1. 影响清洗的主要因素

（1）污物的性质（坚硬程度、附着能力等）；

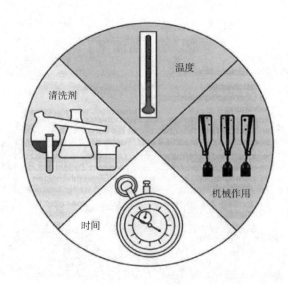

图 9-2 影响设备清洗效果的主要因素

（2）设备表面粗糙程度；

（3）机械作用力（冲刷强度）；

（4）清洗剂和杀菌剂的种类和浓度；

（5）作用温度；

（6）作用时间等。

清洗工艺的制定应考虑上述诸因素的影响。其中冲刷强度是主要因素，对于那些不宜使用化学清洗剂的场合，就要增加冲刷强度和提高清洗剂的温度来补偿。对于热敏性污物，如温度提高，反而会引起污物与金属表面附着力增加，清洗时只有增加冲刷强度和提高清洗剂浓度来达到预定的清洗效果。

2. 影响清洗时间的主要因素

（1）污物；

（2）清洗剂的类型、质量和功效；

（3）作用组分的浓度；

（4）清洗温度；

（5）机械作用。

在保证工艺品质要求的前提下，应尽可能缩短清洗时间，以提高设备的周转率。清洗时间与冲刷强度有关，也与清洗剂的浓度和温度有关。在冲刷强度大、清洗剂的浓度高时，所需的清洗时间就短。

提高清洗温度，能加速清洗剂与污物的化学反应速度。一般情况下，温度每升高 10℃，其化学反应速率将提高 1.5~2 倍，清洗时间随之缩短。

3. 一定清洗温度下，提高清洗速度的途径

（1）使污物颗粒中的作用物质达到最佳的分散效果；

（2）作用物质和污物具有较高的反应速度；

（3）被分解转化的产物具有较好的扩散性。

注：在65℃之前温度每升高10℃可减少二分之一的清洗时间。

4. 清洗的限制因素

（1）不能对清洗表面造成侵蚀，如腐蚀和真空的形成；

（2）清洗剂的稳定性，如当温度超过85℃时，可能形成的"黏糊"层；

（3）经济因素。

5. 一定的机械作用下，改善清洗效果的途径

（1）加强污物颗粒的剥离效应；

（2）提高罐壁的剪切张力；

（3）使表面结层脱离。

6. 增强机械作用效果的因素

（1）增大清洗液的压力；

（2）加大体积流量和数量；

（3）加强流体的机械作用；

（4）提高液流速度（湍流效应）；

（5）平滑管壁的理想雷诺数一般介于3000~9000；

（6）管道直径的影响（DN50~100）；

（7）流速（>2m/s）。

第二节　清洗剂和杀菌剂

一、清洗剂

清洗剂是影响清洗效果的主要因素。良好的清洗剂应具备如下要求：易在水中溶解；对污物的清洗效果好；低温下也有效；湿润能力强；污物携带能力强；不产生泡沫；易冲洗，不易沉积；不与水中的盐起反应；不腐蚀原材料；使用方便；费用低；废水对环境污染小。

清洗剂应根据污物的性质进行选择，这样才能取得理想的清洗效果（表9-1）。

表 9-1 清洗剂与污物作用效果表

污物的种类	清洗剂		添加剂	
	碱液	酸液	氧化剂	表面活性剂
蛋白质	+++	++	特殊情况添加，不含在酸性产品内	一般
疏水性污物：油污和脂肪	+	--	同上	非常好
低分子碳水化合物	+++	+++	不需要	不需要
高分子碳水化合物	+	--	好	特殊情况添加
矿物类污物	--	.+++	不需要	不需要

注：+++表示非常好；++表示好；+表示一般；--表示无效。

1. 碱性清洗剂

碱性清洗剂是由不同成分的无机碱性化合物，如磷酸盐、硅酸盐及氢氧化钠、氢氧化钾等和表面活性剂构成。比较常用的有氢氧化钠和磷酸钠。

（1）氢氧化钠（NaOH） 强碱，片状固体，易潮解，也有各种浓度的液态商品。它具有很好的有机物溶解能力、脂肪皂化能力和强烈的杀菌效果，具有较强的腐蚀性，易造成皮肤灼伤。它是大多数清洗剂的基础，添加浓度为 1.5%~2%，具有很强的清洗效果，同时还能杀菌。在氢氧化钠溶液中添加辅助剂即表面活性剂，能够大大提高清洗效果。表面活性剂在清洗剂中可以降低水的表面张力，使污垢得到浸润，并使之脱落。使用表面活性剂可以降低氢氧化钠的浓度而达到相同的清洗效果，所以，可以降低清洗成本。

（2）磷酸钠（$Na_3PO_4 \cdot 12H_2O$） 水溶液呈碱性，乳化剂，对铝、锡有腐蚀，伤皮肤，有刺激性。因为含磷，排污对环保不利。

2. 酸性清洗剂

酸性清洗剂主要有硫酸、硝酸、磷酸和各种有机酸，不能使用盐酸（对不锈钢设备有腐蚀作用）。酸能溶解无机类沉淀物，如啤酒石、水垢。啤酒石由 80% 的无机物（草酸钙和碳酸钙）和 20% 的有机物（蛋白质、鞣酸、酒花树脂）组成。啤酒石粗糙的表面为杂菌提供了最好的栖身之处。因此，必须定期除去啤酒石，清除啤酒石的最佳物质是稀释后的硝酸（0.5%~1.0%）或磷酸。

有机酸（柠檬酸、醋酸、酒石酸等）的腐蚀性比硝酸低，具有良好的缓冲性，对皮肤有轻度腐蚀，属于环保型的清洗剂，但价格较贵。

去除不锈钢或铝制容器表面的啤酒石用硝酸，钢制容器的啤酒石可以用硫酸或者氨基磺酸（$R \cdot NH \cdot SO_3H$）去除。氨基磺酸用于大多数材料表面是安全的。搪瓷表面可使用 2.5% 的冷溶液，或采用 0.2%~2.0%，65~70℃ 的热溶液。啤酒石长时间与热碱液接触也会疏松。要彻底去除啤酒石，最好做成含有 EDTA 的糊状体使用，经 1~2h 后，用水冲去。常用的清洗剂和杀菌剂及使用方法见表 9-2。

表 9-2　　　　　　　　　常用清洗剂和杀菌剂及使用方法

种类\项目	碱性化学剂			酸性化学剂			
	NaOH	NaOH+NaClO	NaClO 或 KClO	硫酸	磷酸或硝酸	过氧乙酸	含碘杀菌剂
最高浓度	5%	5%	300mg/L 活性氯	1.0%~1.5%* 3.5%**	5%	0.0075% 0.15%	50mg/L 活性碘
最高温度	140℃	70℃	20℃　60℃	60℃	90℃	90℃　20℃	30℃
pH 范围	13~14	≥11	≥9				≥3
水中 Cl⁻ 最高含量	500mg/L	300mg/L		150mg/L 250mg/L	200mg/L* 300mg/L**	300mg/L	
最长作用时间	3h	1h	2h　0.5h	1h	1h	0.5h　2h	24h

注:* 用于 CrNi 钢,** 用于 CrNiMo 钢。

二、杀菌剂

啤酒厂使用的杀菌剂,应无毒无味,没有腐蚀性,因此,部分企业采用蒸汽或热水杀菌。但是蒸汽杀菌,需保持设备在 100℃,至少 15~20min 才有效。而且蒸汽杀菌,必须先将设备清洗干净,否则污垢会被黏着在容器表面上,反而造成以后杀菌的困难。在现代化生产车间,啤酒罐的体积越来越大,为了防止抽真空现象的发生,一般不宜采用热杀菌,而用不超过 40℃ 的冷杀菌,通过化学或物理的杀菌方法来实现。啤酒厂常用的化学杀菌剂如下。

1. 碱性化学杀菌剂

碱性化学杀菌剂的主要成分是氯(次氯酸盐),一般使用次氯酸钠、二氧化氯(ClO_2)、氯化的磷酸三钠(含有效氯 3.5%)、三异氰尿酸等。采用氯杀菌,对金属有腐蚀性,在存在有机物或高 pH 条件下,会降低其杀菌效果。对某些涂料,如酚醛树脂,由于会形成氯酚,将大大影响啤酒口味。所有氯杀菌剂的能力,都以有效氯表示。通常配制成 50~100mg/kg 的有效氯溶液,因为在此浓度下腐蚀作用很小。

次氯酸钠 NaClO 碱性溶液通常含有 10%~15% 的活性氯,对铝、锡、不锈钢有腐蚀作用,对皮肤有轻度伤害。根据有关腐蚀的文献报道,铬镍不锈钢与含 0.3% 有效氯的盐或次氯酸盐溶液接触时间不宜超过 4h,否则将引起腐蚀;但含钼的铬镍不锈钢,对低于 10% 浓度的次氯酸溶液具有抗腐蚀性。

2. 酸性化学杀菌剂

酸性化学杀菌剂的主要成分是具有氧化作用的过氧化氢、醋酸和过氧乙酸。根据清洗污物的情况还可以选用四价铵盐、甲醛和含碘杀菌剂。在使用自动清洗系统时，四价铵盐容易产生泡沫，冲洗比较困难，需要耗费较多的冲洗水。

（1）含氯的水溶液　水中活性氯浓度达到 200mg/L 以上时，具有杀菌作用，氯溶于水后，生成不稳定的次氯酸，再释放出原子态的氧，具有杀菌作用。

$$Cl_2+H_2O \longrightarrow HCl+HOCl$$

（2）双氧水 H_2O_2　浓度达 300mg/L 以上，具有杀菌作用，是由于它能释放出原子态的氧。

$$H_2O_2 \longrightarrow H_2O+[O]$$

（3）硝酸溶液　浓度达到 3‰时，也具有杀菌作用。

（4）过乙酸 $CH_3COO \cdot OH$　在所有过氧化物中，过乙酸氧化性最强。它与水能无限混溶，有强烈的刺激味，高浓度过乙酸存在燃烧和爆炸的危险。啤酒厂使用的应是稀释后的商品。其作用如下：

$$CH_3COO \cdot OH+H_2O \longrightarrow CH_3COOH+H_2O_2$$

3. 含碘杀菌剂

含碘杀菌剂腐蚀性小，无毒，对啤酒风味无影响，在国外早已普遍应用。其成分中通常含有元素碘、一种湿润剂和一种酸，如磷酸。湿润剂能大量减少碘的治污和腐蚀性能。在相同浓度下，碘的杀菌能力较氯高。游离碘浓度 12.5～25mg/kg 即能达到有效的杀菌作用。

三、清洗剂和杀菌剂的应用

某些物质虽然同时具备清洗和杀菌双重作用，但不一定这两方面作用都很显著。如果把效果较好的清洗剂和杀菌剂结合起来使用，可以形成效果更好的混合制剂，即清洗杀菌剂，它是一种包含有碱类、磷酸盐、润湿剂、螯合剂和适当配比杀菌剂的清洗剂，基本能满足上述要求。上述成分的优点，在于其相互间的协同作用，即当两种物质混合使用时，具有比两者单独使用更高的效果。如碱性清洗剂，除清洗能力外，尚具有一定的杀菌能力，如果与氯化物结合使用，则显示更有效的杀菌效果；又如：季铵化合物是杀菌剂，也有些清洗作用，如果和碱液结合，其杀菌和清洗作用则更明显。清洗杀菌剂可以将生产设备的清洗与杀菌两个过程一次完成。如何选择正确有效的清洗程序取决于特定的需要和条件。为适应纯种发酵和清酒无菌化的要求，对消毒剂品种的选取和消毒方式的设计提出了更高的要求。目前广泛应用于啤酒生产中的 CIP 消毒剂主要有三种（热水、二氧化氯水和过氧乙酸），三种消毒剂的优缺点比较见表 9-3；常用消毒剂对微生物的有效性作用比较见表 9-4；常用消毒剂的使用性能比较见表 9-5。

表 9-3   **三种消毒剂的优缺点比较**

	热水	二氧化氯水	过氧乙酸
优点	便宜、容易获得、不腐蚀设备	强氧化剂，杀菌效果好	强消毒剂，广谱杀菌、无泡、无污染
缺点	易产生水垢、时间长、有冷凝水产生	有毒、易腐蚀	浓缩液气味刺激

表 9-4   **常用消毒剂对微生物的有效性**

	革兰阴性菌	革兰阳性菌	孢子	酵母	霉菌
有效氯	++	++	+	++	++
双氧水	++	++	+	++	++
过氧乙酸	++	++	+	++	++
酒精	++	++	--	++	++
醛类	++	++	+	++	+

注：++表示效果很好；+表示效果好；--表示效果不好。

表 9-5   **常用消毒剂的使用性能**

	有效氯	过氧乙酸	醛类
稳定性	0	+	+
腐蚀性	▲	0	#
起泡性	#	#	#
过水性	#	#	#
产生残留的可能性	▲	#	0
经济性	▲	#	#
遇到污垢的反应	▲	▲	
有效的 pH	5~8	2~6	2~7

注：#表示非常好；+表示好；0表示满意；▲表示可能有问题。

由此看来，过氧乙酸的消毒效果和使用性能比较适用于啤酒工业大、中罐的杀菌消毒。

第三节   CIP 清洗系统

采用清洗剂清洗容器和管路，在清洗之前，先用水冲洗，除去大部分污垢，然后再用清洗剂清洗，以节省清洗剂用量。用清洗剂清洗完毕后，再用水淋洗干净；如需杀菌，待用杀菌剂杀菌后，再以无菌水淋洗干净；如果用清洗杀菌混合剂，则清洗和杀菌一次完成，然后用无菌水淋洗干净。

目前，普遍采用原位清洗法（CIP），其优越性是不需拆卸管路和设备，清洗液和被清洗的设备管路用固定管路连接，形成密闭系统，然后进行循环清洗，代替了手工操作，并使全部清洗过程往自动化和程控过渡，清洗效果较过去有飞跃的发展。同时，由于人不需进入容器内，也容易做到无菌。

一、CIP 操作技术要点

原位清洗法主要用于大的密闭容器，如发酵罐、贮酒罐、糖化锅、麦汁煮沸锅、回旋沉淀槽及槽车等大容量设备，这种设备需用清洗液的量很大。其原理是将清洗液喷射到整个容器内表面，从而进行清洗和杀菌。

1. 清洗剂

以清洗剂的使用方式分，可分为一次性使用和循环使用两种。采用一次性清洗方式，被清洗的系统污染危险性小，清洗剂浓度低，但操作费用高，能耗高。此方式常用在清洗系统范围小或清洗度要求较高的场合。另一种是清洗剂循环使用的清洗方式，啤酒厂广泛采用此方式，清洗剂用量节省，能源消耗较低。但一次性投资较大，需要占据较大的空间。

2. 清洗温度

以清洗操作温度来分，可分为冷清洗与热清洗。冷清洗常用于大容器的清洗，主要是为大罐操作安全考虑。对于发酵罐而言，在任何情况下，其清洗温度都不得高于 45℃，否则，就可能造成发酵罐的损坏。热清洗常用于小容器、管线及设备的清洗。

3. 清洗装置的类型

一般使用洗罐器对锥型罐进行清洗，清洗液经洗罐器喷射到罐体内表面，然后清洗液沿罐壁向下流淌。一般情况下清洗液会形成一层薄膜附着在罐壁上，这样机械作用的效果很小，清洗效果主要靠清洗剂的化学作用来实现。锥型罐的清洗装置主要有下列三种，即固定式洗球、旋转式洗球和旋转式喷射洗罐器。在清洗工作中，清洗装置起着至关重要的作用。因此，要根据自己的生产特点、工艺要求、发酵容器的形状和大小，选择适宜的清洗装置。

（1）固定式洗球 固定式洗球（图 9-3）是最常用的清洗装置，是多数设备的标准配置。由于固定式洗球喷出的清洗液只能打到内壁的各个点上，因此，在射流之间的区域必须用大量的水、碱和酸进行冲洗，只有这样才能在全部大罐表面取得符合要求的清洗效果。因此，清洗成本较高，另外，这种清洗形式本身也具有一些不可靠因素：一方面，固定式洗球的自由流通表面会被颗粒堵住，因而产生不希望的筛效应；另一方面，洗球上被堵塞的孔必然在大罐内壁产生一个盲区；此外，固定式洗球对大罐的下部不产生任何机械作用，无法令人满意地去除下部三分之一区域内的紧密附着物。

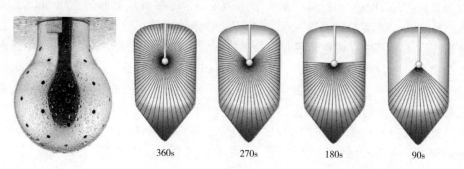

360s   270s   180s   90s

图 9-3 固定式 CIP 清洗喷头（左）和清洗轨迹（右）（据 www.aquaduna.com）

使用固定的多孔球形喷头，清洗时，将洗液喷淋到容器的顶部和上壁，借重力作用，使洗液往下流时，除去下壁的污垢。这种清洗方法，清洗液的压力比较低（0.15~0.25MPa），对器壁的冲击力小，去垢的效果也比较小。

（2）旋转式洗球 旋转式洗球（图 9-4）能够比固定式洗球产生更好的机械作用。旋转式洗球能产生定向的液体射流，能形成较高的冲击力和润湿能力。与固定式洗球相比，旋转式洗球采用缝隙状开孔，在罐体内表面产生扇面状射流。这种扇面状射流能通过剪切作用去除大罐内表面的产品残留物，所作用的面积也明显大于固定式洗球。通过附加的机械作用，可以缩短 CIP 的清洗时间，降低清洗液的浓度。另外，因缝隙的阻挡作用明显低于固定式洗球的圆孔，故全部流通面的堵塞危险也明显降低。旋转式洗球适用于直径不超过 4.5m 的大罐，工作压力为 0.15~0.3MPa。如果选择过高的工作压力，将导致洗球旋转速度过快，由于射流的雾化而影响清洗效果。旋转式洗球和固定式洗球的最佳工作压力均为 0.15~0.3MPa。

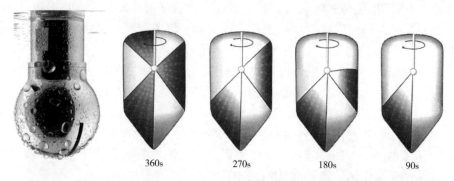

360s   270s   180s   90s

图 9-4 旋转式 CIP 清洗喷头（左）和清洗轨迹（右）（据 www.aquaduna.com）

（3）旋转式喷射洗罐器　使用旋转式喷射洗罐器可以增强冲洗的机械作用。如果发酵罐的直径大于 4.5m，或者罐的内表面污物的附着力极强时，建议不使用旋转式洗球，而是采用旋转式喷射洗罐器（图 9-5）。这种清洗装置的工作压力为 0.3~0.5 MPa，清洗范围最大可达 16m。它可在给定时间内提供 360°范围内密集清洗，最高工作温度 95℃，清洗发酵罐的规格可达 700m³。其工作原理为清洗液流经涡轮、齿轮装置和喷头本身，然后分散到 4 或 8 个喷嘴，产生高密度的喷射。随着洗罐器的旋转，形成的网状轨迹不断变密。洗罐器经过 8 次旋转后，网纹已经达到最佳紧密度。此时，可以假定大罐上的任何一个点都被射流喷过。通过洗罐器的上述工作方式，可以准确地预先计算出，罐内的每个点在经过多长时间和采用多少水量和清洗剂之后被冲洗到。此外，洗罐器的旋转运动可以用专门的传感器进行探测，并用相应的计算机程序进行评定。

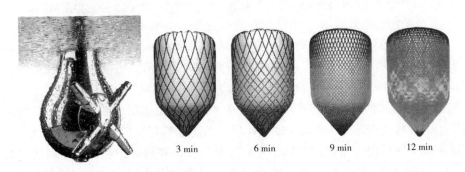

图 9-5　旋转式喷射 CIP 清洗喷头（左）和清洗轨迹（右）（据 www. aquaduna. com）

由于喷头和喷嘴的转速差异，喷射会产生一个控制的图案保证清洗距离内的区域得到有效的清洗。完整的清洗图案在喷头旋转 43 圈后产生，然后重新开始。此外，2 个外部的喷嘴可保证对喷头本身外表面进行清洗。

每个球形清洗器的清洗液流量约 12 m³/h。特殊球形清洗器的作用半径可以达到 5m，清洗液流量达到 60m³/h。在被清洗设备比较脏和罐体直径较大时（>2m），一般采用旋转式喷射清洗器，通过增加清洗器出口压力（0.7MPa）来加大清洗半径。与球形清洗器相比，旋转喷射型清洗器可以采用较低的清洗液流量。

采用洗罐器的优点：同其他清洗方式相比，具有强力的喷射和高效清洗效果；能节约清洗时间；水和清洗剂的用量降低；自我清洗设计，无自身污染。

利用高压旋转喷射器，清除麦汁煮沸锅内壁和加热器上的污垢及有机沉淀物，或清洗不锈钢发酵罐和啤酒槽车上的啤酒石，可采用葡萄糖酸钠或 EDTA 的碱性清洗剂。若为搪瓷容器，可以使用没有腐蚀性的碳酸氢钠和硅酸钠替代清洗液中的氢氧化钠，效果也很好。

二、CIP 清洗系统组成

1. CIP 系统设计要点

（1）CIP 贮罐容积至少应满足清洗泵 10min 工作流量（体积计）的要求；

（2）CIP 系统若需要回流泵达到回流循环时，回流泵的能力应比输出泵高 20%～30%，以防止 CIP 液在系统中积存；

（3）贮罐本身应具有清洗装置和排污装置；

（4）贮罐应设溢流口和排气孔，并将排气孔集中引向室外；

（5）CIP 设备组应设置观察走廊，并有良好的通风照明条件；

（6）酸、碱及其他有腐蚀性介质的贮罐，要有明显的安全标志和应急标志；

（7）罐内应有液位计、温度计等测量、显示仪表，以监控 CIP 系统运行；

（8）酸、碱、灭菌剂等贮罐应设取样阀，定期检查浓度；

（9）建议采用双座阀，避免 CIP 流体相混。

2. CIP 清洗系统的设计

CIP 系统的主要设备配置及流程见图 9-6。

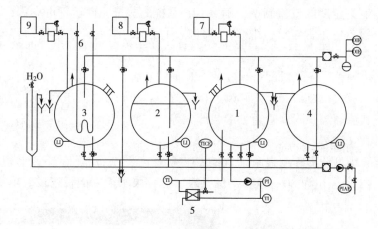

图 9-6 CIP 清洗系统组成及布置图

1—碱回收罐　2—酸性清洗剂收集罐　3—杀菌剂收集罐　4—回收水罐

5—碱加热器　6—杀菌剂冷却　7—浓缩碱贮存罐　8—酸贮存罐　9—杀菌剂贮存罐

LI—液位传感器　PI—压力传感器　TI—温度传感器　TICE—温度反馈调节

PIAE—压力反馈调节　OIE—末端排放

（1）回收水罐　它来自最后一道清洗的无菌水，回收贮存，供其后系统预洗用；

（2）碱贮存罐　贮存按工艺规定调配的碱液或碱性洗涤剂。一般罐外设加热器，用强制循环加热，换热速率较高。如采用热清洗工艺时，外加热器通入蒸汽加热，使碱液加热至预定的温度。碱洗是去除系统内生成的有机污物；

（3）酸贮存罐　贮存酸性洗涤剂，酸洗是去除系统内生成的无机污物，如钙盐、镁盐等；

（4）杀菌剂贮存罐　贮存规定浓度的杀菌剂；

上述 4 个贮罐是多数啤酒厂 CIP 系统最低要求的容器数量。有些啤酒厂还设置无菌水罐，无菌水用以冲洗残留的杀菌剂，以提高系统的无菌水平。无菌水首先采用砂滤预处理，后经紫外线灭菌，附属设施有清洗泵、外加热器（管壳式或薄板式），酸、碱、杀菌剂及无菌水的添加装置，控制面板等。清洗剂输送至清洗系统之前，应安装管式过滤器，以免把 CIP 罐内的污物又带回清洗系统。

3. CIP 系统的运行

（1）清洗剂、灭菌剂每周应校核两次，对于工作过程浓度波动较大的场合，清洗剂应每天校核一次；

（2）CIP 取样检查项目包括清洗剂中的固形物含量、色泽，以评定污染程度；

（3）正常运行的情况下，CIP 贮罐中的清洗剂 6~8 周排放一次；

（4）制订定期的校验制度，确保 CIP 系统的测量元件运行可靠；

（5）设备应正常年检、维修，清理罐内沉积的结垢，评定腐蚀程度，确保安全运行。

现代化啤酒厂各工段配备独立的 CIP 清洗装置。CIP 系统一般划分为：麦汁制备部分；板式换热器和至发酵罐入口的管道；酵母扩大培养系统；发酵罐区；过滤系统和清酒罐及附属管道；灌装部分等。

4. 小型 CIP 清洗车

适合于小型精酿啤酒设备清洗的 CIP 系统（图 9-7），在配置上相对简单，一般有 1~2 个容积为 80~150L 的储存罐，循环泵和控制面板组成。由于在底部

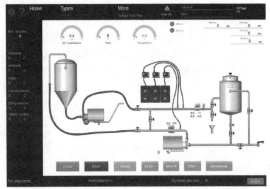

图 9-7　小型 CIP 清洗车（左）及管道连接（右）示意图（资料源于 Schulz 公司）

托盘设置了可移动的万向轮，方便移动到待清洗设备附近，通过橡胶软管连接后，再进行清洗操作。

三、CIP 清洗系统的缺陷

CIP 清洗系统虽然具有很多优点，但该系统存在以下清洗缺陷。

（1）由于 CIP 循环清洗罐自身罐体的清洁有可能存在问题，往往容易成为二次污染源，对纯种发酵和清酒无菌化形成潜在威胁；

（2）由于使用碱液作为清洗剂，在清洗发酵罐和清酒罐时必须先将罐内二氧化碳泄压排空再进行清洗，浪费大量的二氧化碳并且要相应增加碱液的消耗量，增加成本。同时由于碱液和罐中残留的二氧化碳反应而使得整个清洗剂的浓度和成分不断变化，使清洗效果不稳定和难以控制；

（3）清洗时间比较长，耗水量和耗电量比较高；

（4）由于此种清洗方式是在没有压力的情况下进行清洗，当清洗完成后投入使用时，罐内仍然残留有大量的空气，对酒液带来被氧化的危险和二次微生物污染的危险；

（5）往往容易造成因回流泵抽空引起负压而使罐体内陷的危险；

（6）由于消耗大量的清洗剂和水，给污水处理带来巨大压力。

第四节 实用清洗、杀菌技术

一、锥形发酵罐的清洗

1. 锥形罐清洗的基本问题

锥形罐的清洗，必须具备完善的原位自动清洗装置，包括碱液罐、酸液罐（稀硝酸）、杀菌剂罐和清洗喷头及送液泵等，通过自动程序控制系统，利用泵送，循环清洗，完成罐的清洗杀菌工作。大型容器如清酒罐、发酵罐不可能采用充满清洗剂来清洗，而只能采用清洗。设计及运行时必须考虑以下因素。

（1）清洗液必须能润湿容器内的每一个角落，否则不可能达到清洗的目的。在清洗大罐时，CIP 泵的流量和压力要求比较严格，需要做到使洗球喷出的液体能够通过机械力覆盖整个罐壁，流量达到沿罐体周长方向每分钟 20~35L。

（2）清洗时需要有一定的清洗强度及液流量，才能把污物冲洗干净；

（3）容器设计时，不要人为地制造一些死角，不合理地设置 CIP 流体无法覆盖的零部件，如人孔、仪表界面等；

（4）喷嘴的口径应与流量匹配，口径不宜太小，否则容易引起雾化，达不到清洗效果；

（5）大型容器的清洗，以冷清洗为宜。因为热清洗对设备本身不利，罐体的焊缝会因为温度的急剧变化产生收缩或膨胀造成撕裂，从而缩短容器的使用寿命；另外，热清洗后降温，容器内会产生负压，一旦真空保护阀出现故障，将导致容器失稳变形。建议大罐清洗温度不宜超过 45℃。

2. 锥形罐清洗的压力控制

经清洗器喷出的清洗液一定要使所有的设备表面都得到清洗，这一点非常重要。球形清洗器的作用半径约为 2m，在卧式罐里使用这种清洗器时就必须安装多个。清洗液在清洗器喷嘴出口的压力应当在 0.2~0.3MPa；对于立式罐来说，其压力测量不仅要考虑管路阻力造成的压力损耗，还要考虑发酵罐高度对清洗压力的影响。

压力太低时，清洗器的作用半径小，流量不够，喷射的清洗液不能布满罐壁；而压力太高时清洗液会形成雾状，不能形成沿罐壁向下流动的水膜或者喷射的清洗液被罐壁反弹回来，降低了清洗效果。

容器的清洗按使用压力可分为以下几种。

（1）低压清洗　压力为 0.2~0.3MPa，清洗半径小于 2m，此方式适用于小容器清洗；

（2）中压清洗　压力 0.5~0.6MPa，清洗半径 3~4m。适用于大型容器如发酵罐的清洗；

（3）高压清洗　压力 3~4MPa；清洗半径可达 6m，适用于糖化设备的清洗。

3. 锥形罐清洗的流量选择

对大型容器清洗时要控制一定的清洗强度和喷射量。清洗液流量的选择如下。

（1）按容器周边来选择　即每米周长每小时清洗液流量需要 $1.5~3.5m^3$。罐直径大，周边长，需要较大的清洗液流量。小罐清洗时取下限，大罐取上限。

（2）按容器内表面积来选择　即每平方米内表面积每小时需清洗液 $0.2m^3$。其考虑的原则是单位容积麦汁发酵产生的代谢物为常量。罐大，内表面积大，附着物量大，所以清洗液流量必须要大。

另外，碱液清洗发酵罐及其他贮酒容器时，必须先将罐内的二氧化碳排尽，以降低碱液的消耗。理论计算，每中和 $1m^3$ 的二氧化碳，要消耗 4kg 氢氧化钠，或 100L 4% 浓度的碱液。例，若预先用压缩空气把 $400\ m^3$ 发酵罐内的二氧化碳排除干净，耗电 45 度；若不采用压缩空气置换，直接碱洗，需耗用 1600kg 的 NaOH。

4. 锥形罐清洗的基本方式

发酵罐的 CIP 清洗流程一般为：冲清水至无泡→2.0%～4.0%碱液循环清洗 30min→冲水至 pH 为中性→清毒剂循环杀菌 10min 以上。

根据以上理论分析可以设计以下 CIP 清洗流程。

（1）碱洗+酸洗+清毒；

（2）碱洗+消毒；

（3）酸洗+消毒；

（4）含消毒剂的酸性清洗剂。

下面介绍某啤酒厂制定的容器清洗程序，如表 9-6 和表 9-7 所示。冷清洗总的作业时间为 110min，热清洗时间为 55min，作业时间缩短了一半。

表 9-6   冷清洗程序

步骤	清洗介质	清洗时间/min	去除的物质
预洗	回收水	10	去除表面疏松物
主洗	化学清洗剂	30	去除沉积物
中间冲洗	水	10	去除清洗剂
杀菌	杀菌剂	40	杀死微生物
终洗	无菌水	20	去除杀菌剂

表 9-7   热清洗程序

步骤	清洗介质	清洗时间/min	去除的物质
预洗	回收水	5	去除表面疏松物
主洗	化学清洗剂	15	去除沉积物
中间冲洗	水	10	去除清洗剂
杀菌	杀菌剂	10	杀死微生物
终洗	无菌水	15	去除杀菌剂

5. 锥型罐清洗的注意事项

（1）清洗器的最底部应当留一个孔，使清洗器内部不留残液；

（2）采用旋转喷射型清洗器时应当能自动监视自转情况，并定期人工检查；

（3）高于清洗器的部位应当通过对清洗器喷嘴的调整，使其得到可靠的清洗；

（4）清洗开始前，用空气将罐内二氧化碳排出，可以避免清洗时，碱液吸收二氧化碳，罐内形成真空而造成罐的损伤；

（5）对于容量大的罐体，清洗液的温度不能超过 45℃，否则形成的真空会损坏罐体；

（6）清洗液回收泵的流量应当比清洗泵高（约25%）否则罐就会被"淹没"；

（7）发酵罐每使用三次，可在碱洗之后，加一道1%硝酸酸清洗过程，以去除啤酒石。

二、管路的清洗

管路清洗的重点是充分发挥机械作用，以提高清洗效果。因为清洗管路时，流动状态对清洗效果的影响非常大，流速慢时管内的流体易于分层，受摩擦力的作用，管道内流体的流速自中心向边缘呈速度梯度变化（变慢），这样污物就难以洗掉。因此在进行管道清洗时，必须采用较高的流速，使管路内形成旋涡和湍流。

为确保管道清洗干净，CIP清洗液必须有一定的冲刷强度，其值可参考如下经验数据（表9-8）。用热清洗液进行清洗时，清洗液在管内的流速保持在1~1.5m/s。另外，还要重视对 CO_2 和压缩空气管路及其附件的清洗，每年至少应进行5次。

表9-8 　　　　　　　　　　　管路直径与清洗液流速对比

管径/mm	流速
DN<50	3~4m/s
DN=50~100	2m/s
DN>100	<1.5m/s

如果直管部分有三通的 T 型接头，其流速必须提高才能达到上述要求的最低冲刷强度1.5m/s。因此，啤酒管道，尤其是瞬时灭菌后或无菌过滤后的啤酒管道，尽可能不要设置三通及 T 型接头。如果非设置不可，其接头尽可能短；要紧贴近主干道，防止产生死角。管道清洗流向的选择，以采用物料流的反向流动为宜。

三、板式换热器的清洗

热交换器和管路的清洗原则上是一样的。正常的热交换器在工作状态下，其介质就呈紊流状态。因此用高出设计20%~30%的清洗液流量进行清洗，就可以获得良好的效果。换热薄板的清洗也应在物料出口处接入 CIP，进口处开设 CIP 回流口。

四、设备机件和机器的清洗

对此没有统一的清洗模式，应当按设备生产厂商提供的说明进行。在用热的清洗液灌满设备（如过滤机）进行浸泡时，应当使清洗液保持正压，以保证清洗液冷却时外界空气不能侵入。

五、清洗设备的清洗

清洗设备及其附属的管路、泵和附件也必须定期清洗，具体方法可参照容器和管路的清洗，建议每半年一次。

六、胶管的清洗

胶管要比不锈钢管道更难清洗，因此应尽可能减少胶管的使用。清洗温度和清洗时间要根据供货厂商的技术要求确定。一般胶管只能用碱性清洗剂清洗，氧化性的酸性清洗剂和杀菌剂都会加快胶管的老化（氧化增塑剂）。

氧化现象表现为胶管的内表面变得粗糙，出现细微的裂纹。这样就使胶管的清洗以及清洗剂的冲出变得很困难。胶管的使用寿命一般为 3~4 年，到期的胶管应及时淘汰，要使用标明生产日期的胶管。

七、罐顶部位部件的清洗

锥形发酵罐罐顶部件的清洗是啤酒厂卫生管理中的薄弱环节，特别是安全阀和真空阀。这些部件在罐的清洗过程中都应当被清洗到，有可能的话，应采用专用清洗器和清洗管路。由于位置不便，罐顶部位出现的问题在一般的检查工作中很难发现，因此应当采取特殊的预防性检查。

清洗和消毒的最终目的是使所有与产品接触的部件及设备表面没有存活的微生物，从而确保啤酒生产的卫生。卫生检验是啤酒厂质量控制的重要手段，因此，除认真进行清洗外，还必须对各个相关生产工序进行微生物检验和卫生监督。

另外，专用设备的清洗，如过滤机、灌装机等，由于结构特殊，制造商多数配备了 CIP 清洗系统，应按其规定的工艺要求进行清洗。

第十章 啤酒稳定性及风味演变

啤酒的风味绝不是稳定的。犹如我们每个人从出生的那一刻起就开始变老，每一滴啤酒的风味亦是如此。啤酒的风味是动态的，不是静止的（C. E. Dalgliesh，1977）。

第一节 啤酒的稳定性

啤酒的稳定性主要包括生物稳定性、胶体稳定性、口味稳定性、泡沫稳定性、喷涌稳定性、光稳定性和色度稳定性七个方面（图10-1）。其中，啤酒的生物、胶体和口味稳定性对啤酒的质量影响较大。啤酒稳定处理的最低目标是保证产品的保质期。

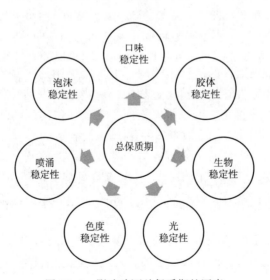

图 10-1　影响啤酒总保质期的因素

一、啤酒的生物稳定性

消费者评价啤酒质量的标准是口味新鲜、酒体澄清、泡沫丰富、色度适中。要实现这一目标，首先必须确保啤酒的生物稳定性。

在啤酒生产的全过程中，要对设备进行严格的清洗和杀菌，这对于保证啤酒的生物稳定性十分重要。煮沸结束时，麦汁要处于无菌状态，但如果后续工艺过程卫生管理不好的话，有害微生物就可能进入啤酒，在啤酒里繁殖并产生代谢产物，从而影响啤酒的生物稳定性，严重者在灌装后几天内就会出现失光和浑浊现象，风味也会随之发生变化，甚至导致啤酒无法饮用。因此，啤酒厂的卫生状况是决定啤酒质量的关键因素。

保证啤酒生物稳定性最可靠、最常用的技术是隧道式巴氏杀菌、瞬时杀菌和热灌装。当然，通过低温膜过滤的方法，也能确保啤酒的生物稳定性，得到接近无菌的纯生啤酒。

二、啤酒的胶体稳定性

1. 氧的作用

在有氧存在的情况下，啤酒中的蛋白质与多酚物质相互作用而形成蛋白质-多酚复合物。随着时间的延长，复合物的大小不断增加，从而导致啤酒胶体浑浊的形成。强烈氧化时，浑浊形成的速度可提高 5 倍。如果能有效地去除氧，就可以有效地防止啤酒的氧化。因此，在啤酒生产的全过程中都要采用抗氧措施。

2. 常用的稳定剂

延长保质期方法的基本原理是，尽可能地去除造成啤酒浑浊的潜在因素，从而达到延缓或者消除胶体浑浊的形成。在生产中，除了改善生产工艺条件以外，通常使用稳定剂来提高啤酒的胶体稳定性。

（1）硅胶——蛋白质吸附剂　硅胶可以吸附造成啤酒潜在浑浊的高分子蛋白质，而不影响啤酒中的泡沫活性物质。

硅胶有干硅胶和水合硅胶之分。干硅胶在酒中易分散，与酒液接触所需时间短，使用时不需添加专用设备，可直接加到硅藻土添加罐内；水合硅胶比表面积、孔容比干硅胶要大，吸附能力比干硅胶小，需要较长时间才能悬浮在酒液中进行吸附，且吸附时间也较长，使用时需有调和罐和缓冲罐，缓冲罐位于待滤酒罐和过滤机之间。待水合硅胶与酒在缓冲罐内接触 10~30min 后，即可通过过滤机将其去除。干硅胶添加量一般为 25g/hL 啤酒，而水合硅胶的添加量为 50g/hL 啤酒。

硅胶颗粒的大小与吸附作用有关。大颗粒（超过40μm）硅胶几乎没有吸附效果，而8~20μm的颗粒硅胶吸附效果最好。

（2）聚乙烯吡咯烷酮聚合物（PVPP）——多酚吸附剂 PVPP是一种粉末状物质，在普通溶液中不会溶解，在水中仅仅是吸水膨胀。

PVPP可以选择性地去除引起啤酒浑浊的多酚类物质。去除多酚的过程伴随氢键的形成，而氢键的形成又受pH的影响。在碱性溶液中，被吸附的酚类化合物又会裂解。因此，PVPP可以再生，并反复使用。

需要注意的是，使用PVPP时一定要严格控制啤酒中的含氧量。因为经PVPP处理后的啤酒对氧极为敏感。与普通啤酒相比，在相同的含氧量下，经PVPP处理后的啤酒氧化之后口味变化更快，口味稳定性更差。

三、啤酒的口味稳定性

在啤酒生产过程中，几乎所有的工艺过程都或多或少地影响啤酒的口味稳定性（图10-2）。而啤酒的口味质量恰恰是消费者最敏感的指标之一。

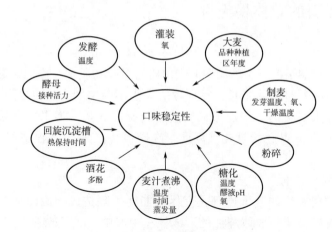

图10-2 影响啤酒口味稳定性的因素

口味的变化主要是由于麦芽、麦汁、啤酒吸氧和光照等因素引起的。氧气与啤酒发生氧化反应，从而产生一种令人讨厌的老化味（即类似面包、焦糖的不舒服的气味和口味），而且其反应速度随温度的升高而加快，酒花的新鲜感下降，纸板味、苹果酒/乙醛味上升，口感变得粗糙（图10-3）。因此，需要再次强调，氧是啤酒生产的头号大敌。

除了氧的因素之外，光线照射和剧烈运动也会影响啤酒的口味稳定性，产生老化味。因此，啤酒应避免曝晒，尽可能使用棕色瓶和绿色瓶，最好不用无色透明瓶，也不宜长途运输。

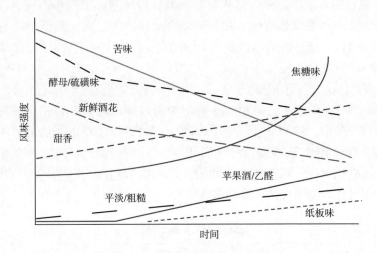

图 10-3　啤酒在贮存过程中风味变化

1. 老化反应的机理

啤酒的老化反应是一个受多种因素影响、极其复杂的过程，有许多反应的机理至今仍在不断研究中。

啤酒老化反应的机理主要涉及以下几方面。

（1）美拉德反应。

（2）糖类物质的焦糖化反应。

（3）高级醇的氧化反应（通过类黑精的催化作用）。氧化反应是产生啤酒老化味物质的主要反应。如果灌装后啤酒中含氧量较高，会导致成品酒在贮存过程中形成较多的羰基化合物，它们是通过啤酒中高级醇的氧化作用而产生的。在这个反应过程中，重金属没有催化作用。实验证明，在没有氧存在的情况下，即使高级醇含量增加，而相应醛类的含量也不会增加。没有氧，这类反应就不会发生。所以，在啤酒生产中应尽量采取抗氧措施，以减少氧的危害。

（4）另外，如果在啤酒中加入氧化了的还原酮类物质（如氢化抗坏血酸），也会形成更多的羰基化合物。这一现象表明，抗坏血酸并不能无限期地延长啤酒的保质期。同样，也不能过高地估计还原酮类物质的抗氧化作用。

（5）酒花成分（如异葎草酮）参与的一系列反应。虽然酒花成分具有抗氧化能力，但从另一方面看，如果生产中吸入较多的氧，苦味物质将发生变化，会对啤酒口味产生不利的影响。特别是那些添加香型酒花的啤酒，一旦氧化后就会出现明显的纸板味。

（6）脂肪的分解反应。包括酶及氧化物质的转化、光的化合作用、胡萝卜素的酶解和氧化分解。

（7）啤酒中非挥发性组分的分解，金属离子的催化氧化反应。

（8）通过酯化反应形成老化味物质和异香味物质。吸氧量不同，啤酒形成的老化味物质和异香味物质也不尽相同。含氧量高时，几天后就会出现异样的醋栗气味。这种气味是由最活泼的香味物质3-硫醇-3-甲基-丁基甲酸酯形成的，其风味阈值仅为5mg/L。

2. 啤酒口味稳定性的测定方法

根据啤酒专家的观点，可以将一些对啤酒口味老化起重要作用的物质称之为老化物质。其中，将能反映制麦、啤酒生产和销售过程中热负荷程度的物质称之为热负荷指示物质，而将啤酒吸氧后有明显增加的物质称之为氧化指示物质。典型的老化物质、热负荷指示物质及氧化指示物质实际上是由一些风味阈值极低的羰基化合物组成的，具体名称见表10-1。

表 10-1　　　　　　　　　　老化物质及其指示物质

老化物质	热负荷指示物质	氧化指示物质
3-甲基丁醛	2-糠醛	3-甲基丁醛
2-甲基丁醛	γ-壬乙醛	2-甲基丁醛
2-糠醛		苯甲醛
5-甲基糠醛		2-酚基乙醛
苯甲醛		
2-酚基乙醛		
琥珀酸十乙酯		
2-酚基乙酸乙酯		
2-乙基呋喃		
γ-壬乙醛		

3. 改善啤酒口味稳定性的措施

口味稳定性受多种工艺因素影响。除麦芽和麦汁的质量外，整个啤酒酿造过程都很重要，如大麦品种、制麦工艺、糖化工艺、煮沸条件、麦汁后处理、酵母工艺、成品酒的含氧量以及外在因素等对口味稳定性都有重大影响。

（1）大麦品种　大麦的质量受品种、产地、季节、气候等诸多因素的影响。即使在同一地区和相同的条件下种植的不同大麦品种，其大麦的组成也有很大的差别，由此而制成的麦芽的质量也不相同。若大麦中淀粉酶（α-淀粉酶）或蛋白酶活力不高、多酚含量过低，则啤酒的口味稳定性就会下降。麦芽的质量缺陷会造成麦汁组成不合理，最终导致口味稳定性差。因此，啤酒厂要十分重视原料的质量，要掌握大麦的产地、品种、气候、理化指标等各种信息，选择适合于产品目标的大麦，从根本上保证麦芽的质量，提高啤酒的口味稳定性。

（2）制麦工艺

①发芽时的含氧量：在制麦和酿造过程中，脂肪分解过程对挥发性物质的形成有重要影响。这些挥发性物质的量随啤酒的老化而增加。脂肪在大麦中约占2%，主要由甘油三酯组成。发芽时，脂肪被脂肪酶分解为脂肪酸，其中主要是亚油酸和亚油烯酸。

②麦芽干燥：在麦芽干燥过程的凋萎阶段，酶的分解作用仍在继续。在这一阶段会形成产生老化味的物质（如反-2-壬烯醛）。

凋萎时蛋白质分解继续进行，导致氨基酸含量增高。氨基酸和还原糖参与焙焦期间的化学反应。通过美拉德反应、氨基酸分解、糖的焦化以及脂肪酸的热氧化分解，会产生很多热氧化物。在此阶段形成的挥发性成分及其前驱体物质会进入啤酒，在啤酒生产过程中将发生变化，对啤酒的口味稳定性有利。

采用较低的凋萎温度（35~50℃）以及长时间的凋萎工艺（如发芽干燥箱50℃ 20h或现代双层干燥30h），此时脂肪分解较强烈，会产生较多的挥发性脂肪分解产物，由这种麦芽生产的啤酒具有较高的口味稳定性。

如果起始凋萎温度高于60℃时，麦芽和啤酒中的香味物质含量过高，啤酒的口味稳定性则会降低。如果凋萎期间以2℃/h的速度从50℃缓慢升温至70℃时，则对啤酒的质量及口味稳定性十分有利。

（3）麦芽组分　通过糖化对比试验发现，用蛋白质含量高的麦芽生产的啤酒（无论是新鲜啤酒还是老化啤酒），其老化物质的含量均高。相反，使用富含麦皮的麦芽粉生产的啤酒，其老化物质的含量均较低。

"麦皮糖化"啤酒口味稳定性较高是因为多酚物质含量较高。多酚物质存在于麦皮中，使用麦皮组分可以提高啤酒中多酚物质的浓度。因为多酚物质具有还原性，可以保护啤酒内含物质不易被氧化。所以，这种啤酒口味的老化程度相对低一些。

（4）糖化工艺

①下料温度：下料温度对啤酒的性质及啤酒的口味稳定性有显著的影响。高温下料可削弱蛋白质的分解过程，使麦汁的α-氨基氮含量降低，从而提高口味的稳定性。此外，通过高温下料，还可抑制蛋白质过度分解，从而改善啤酒的泡沫性能。如果只使用优质麦芽生产啤酒，则建议下料温度采用62℃，这样可以改善啤酒的口味稳定性。

②醪液的pH：通过生物酸化，降低醪液的pH，可减弱氧化过程。生物酸化不仅能为多数淀粉分解酶类（α-淀粉酶除外）和蛋白酶类提供适宜的作用条件，同时还能抑制脂肪氧化酶的作用。当醪液的pH调到5.5时，口味稳定性就比正常的醪液pH 5.8有所改善；当pH调至5.2时，新鲜啤酒和强化老化啤酒的口味质量均令人满意。

③氧的影响：糖化时，如果使用氮气隔离空气，以避免氧化（如脂肪酸和

多酚的氧化），将有利于提高产品质量。用这种方式生产的啤酒，其老化物质含量较低，多酚物质和花色苷含量较高，还原能力（以 ITT 值表示）较强，可以有效地防止氧化。

实际生产中，使用惰性气体难度很大。但采取下列措施可以明显减少吸氧量，一是投料要精心操作，当醪液量较少时，降低搅拌器的转速，以防止产生旋涡而吸入大量空气；二是从底部进料与合醪；三是使用含氧量低的酿造用水。

（5）麦汁煮沸　在传统低压煮沸中，随着麦汁煮沸时热负荷的提高，老化物质呈指数增加。与之相反，采用升压、降压交替进行煮沸的方法，其挥发性物质会彻底蒸发，热负荷虽较高，但对老化味的影响较小。这是因为能形成较多的还原物质，而且能彻底蒸除去对口味不利的物质。

（6）麦汁后处理　麦汁在回旋沉淀槽中的停留时间过长，将会使煮沸时没有分解的 DMS 前驱体物质继续分解，从而形成较高的 DMS 含量，同时还会使产生老化味物质的前驱体物质的浓度提高，从而引起啤酒的口味稳定性变差。在回旋沉淀槽中仍具备热反应条件，如美拉德反应、氨基酸的分解和糖的焦化仍会进行，在这些反应中均会形成老化物质。因为此时挥发性物质不易蒸发，所以应相对缩短在回旋沉淀槽中的热保持时间，麦汁停留时间以 30min 为宜。这样啤酒中老化物质的含量将明显降低，啤酒的口味稳定性将得以改善。

（7）酵母

①酵母质量的影响：质量差的酵母对成品啤酒的口味稳定性有不利的影响。酵母质量差会导致啤酒口味粗糙、后苦、泡沫差，同时也会带来啤酒生物稳定性、口味稳定性差的问题。另外，还会出现影响正常生产的问题，如发酵和成熟迟缓、过滤困难等。如果要提高啤酒的稳定性，就必须高度重视酵母的活化。

②改善酵母质量的技术措施：改善酵母质量的目的是尽可能使其达到最高的发酵能力，生产的每一个环节都必须注意满足酵母生理的要求。

为了使回收的酵母保持活力，必须对回收酵母进行活化处理。酵母须尽早回收，并用相应的设备对酵母进行卸压、脱气和通氧处理，以提高酵母活性。

不论是上面发酵啤酒还是下面发酵啤酒，使用活化酵母，口味都会更纯净、更杀口，并有舒适的苦味，双乙酰还原速度快，pH 下降也快，可在保留啤酒原有特点的同时改善啤酒的口味稳定性。

（8）成品啤酒的含氧量　从过滤到灌装是控制啤酒氧化的关键。如果在此阶段不能降低吸氧量的话，那么前面所采取的所有工艺措施将是徒劳的。

成品啤酒含氧量较高时，对产生老化物质的影响较大。当瓶装啤酒的含氧量较高时，在贮存过程中，由高级醇氧化产生的氧化指示物质 3-甲基丁醛、酚基乙醛等的浓度将明显提高。

下列措施可以降低瓶装啤酒的含氧量。

①啤酒转罐时，用二氧化碳或氮气对管道和罐备压；

②用脱氧水顶空管道及预涂过滤机；

③避免管道、弯头、泵等连接处出现不密封现象或带入空气；

④用先进的啤酒灌装机和灌装技术，如两次抽真空、高压激沫等；

⑤二氧化碳、氮气的纯度要高。

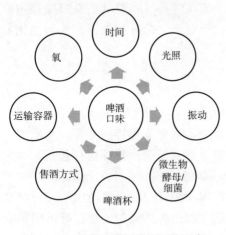

图 10-4　影响啤酒口味的环境因素

（9）外在因素　影响啤酒质量的外在因素很多，主要有温度、时间、光线、机械振动和人员等（图 10-4），它们对啤酒的口味稳定性影响也较大。

①温度：啤酒应低温贮存。因为每升高 10℃，啤酒的老化速度将增加 1 倍。所以，在啤酒运输和贮存过程中，应严格控制啤酒的热负荷值。应尽量保证在消费者饮用啤酒时不出现老化味，在实验室，可以通过检测指示啤酒老化程度的苯胺含量来监测啤酒的老化程度。

②光线：暴露于 350～500nm 的光线下，啤酒会产生光化学分解物质 3-甲基-2-丁烯-1-硫醇（MBT）。此物质有硫臭味，风味阈值<0.1mg/L，是由酒花中的异 α-酸经光敏性核黄素光分解作用产生的，对啤酒的口味有害。所以，在日光或日光灯照射下，啤酒会形成日光臭，影响啤酒的口味质量。棕色瓶避光性能最好，其次是绿色瓶，不推荐使用透明瓶。使用热收缩膜包装后的啤酒，应尽可能在暗处存放，严禁在阳光下曝晒。

③贮存时间：应缩短贮存时间，尽可能饮用新鲜的啤酒。目前市场上，啤酒销售周期一般不超过两个月，夏季则更短，所以追求过长的保质期并没有实际意义。另外，啤酒销售时应遵循先进先出的原则。

④机械振动：机械振动会破坏啤酒的胶体稳定性，加速啤酒的老化，尤其在夏季，长途运输会对啤酒产生较大危害。夏季，啤酒往往从灌装在线运出后直接装车，刚经过巴氏杀菌的啤酒的温度大多在 30℃ 左右，加之车辆在高温下长距离运输，其振动作用就如同微生物实验室的摇床，更加速了啤酒的老化进程，将严重影响啤酒的口味稳定性。

此外，啤酒应具有新鲜的口味，这是啤酒生产者和消费者最关注的问题。我们应从原料、生产、销售和市场开发等多角度全方位考虑，进行质量管理和控制，以达到较高的口味稳定性。

第二节　啤酒香气与风味的组成

啤酒的香气和风味主要来源于麦芽、酒花的香气和酵母在发酵过程中产生的风味物质。在啤酒酿造和贮存过程中，还会产生部分令人不愉快的老化和风味缺陷物质。

一、麦芽香气和风味

麦芽是啤酒酿造的主要原料之一，分为基础麦芽和特种麦芽，基础麦芽包括：比尔森麦芽、慕尼黑麦芽、黑麦芽、小麦麦芽等，特种麦芽包括：类黑精麦芽、焦糖麦芽、结晶麦芽、香味麦芽、烟熏麦芽等。

不同的麦芽对啤酒香气有着不同的影响，如有的麦芽在高温下经过烘烤使其变成深色并产生焦香气味，因此在酿造过程中选用该种麦芽，啤酒中就会有浓郁的颜色和焦香味。焦香麦芽是我们在酿酒时使用频率非常高、使用范围非常广的一种麦芽，它可以用于啤酒酿造中的调色，改善风味和增加特殊的麦芽香气和口感。

另外，麦汁煮沸时会发生化学反应而生成下列物质，如：5-羟甲基糠醛、乙醛、正丁醛、异戊醛等。这些都会对啤酒酿造过程中的香气产生不小的影响。

麦芽的香气种类主要分为5大类别（见表10-2）：烤焦味、烟熏味、水果/坚果味、麦芽味、焦糖味。麦芽还有甜味、酸味、苦味，而咸和鲜的味道与麦芽无关。

表 10-2　　　　　　　　　　　麦芽香气类别

香气类别	香气	图示	香气	图示
烤焦味	咖啡香气		烤杏仁香气	
	可可香气		干果香气	
	巧克力香气		面包香气	

续表

香气类别	香气	图示	香气	图示
烟熏味	橡木/山毛榉木香气		丁香香气	
水果/坚果味	杏仁香气		葡萄干香气	
	榛子香气		香草香气	
麦芽味	蜂蜜香气		柑橘香气	
	饼干香气		甜麦芽香气	
焦糖味	太妃糖香气		深色焦糖香气	
	淡色焦糖香气			

　　位于德国班贝克（Bamberg）的维耶曼特种麦芽公司列出了不同种类的麦芽香气环，将成品麦芽的香气和糖化后在麦汁中的香气进行了对比，多数麦芽在麦汁中的风味变化不大。维耶曼焦香麦芽的风味环见图 10-5。如果想了解更多的麦芽香气环资料，可以直接到其网站免费下载（https：//www. weyermann. de）。

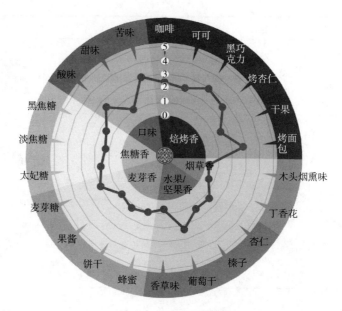

图10-5 焦香麦芽的风味环及香气特征（德国维耶曼特种麦芽公司）

二、酒花的香气

酒花能赋予啤酒愉快的香气，酒花香气主要源于酒花花苞内部蛇麻腺中的酒花精油（Essential oil）。酒花精油是酒花腺体的重要组成成分，是啤酒重要的香气来源，特别是它容易挥发。酒花精油成分复杂，包含500多种化合物，我们通常将原酒花的香气分成不同的类型加以描述（表10-3）。

表10-3	原酒花的香气和详细描述
酒花中的香气	香气的详细描述
薄荷味	薄荷，梅丽莎，樟脑
茶叶	绿茶，菊花茶，红茶
绿色水果味	梨，苹果，醋栗，酵母，葡萄
柑橘类水果味	柚子，橘子，酸橙，柠檬，佛手柑，柠檬草，生姜，柑橘
青草味	青草味，地瓜叶，青椒，荨麻叶
蔬菜味	芹菜，韭菜，洋葱，咖喱，野蒜，百合
焦糖布丁味	黄油，巧克力，酸奶，蜂蜜，奶油，焦糖，太妃糖
木头味	烟草，白兰地，草料，皮革，松香，熏香，没药
辣椒，草药味	胡椒粉，辣椒，咖喱，杜松，甘草，丁香，迷迭香精油，小茴香

续表

酒花中的香气	香气的详细描述
莓果味	黑醋栗，蓝莓，草莓，蔓越莓，树莓
甜水果味	香蕉，西瓜，桃子，杏仁，百香果，梅子，樱桃，菠萝，猕猴桃
花香味	茉莉花，玫瑰花，百合花，豌豆花，天竺葵

　　酒花种类不同，各类香味物质所占比例不同，但月桂烯（香叶烯）、石竹烯和葎草烯含量较高，是主要的香味物质。不同的物质拥有不同的香气。石竹烯带有生酒花的香味，同时具有辛香、木香、柑橘香、樟脑香，温和的丁香香气；香叶烯具有令人愉快的、清淡的松脂气味。沉香醇具有浓郁带甜的木香气息，似玫瑰木香气，更似刚出炉的绿茶清香，既有紫丁香、铃兰香与玫瑰的花香。这些香味物质共同组成酒花的香气（表10-4）。

表 10-4　　　　　　　酒花和啤酒中的风味物质及对应的香气

酒花和啤酒中的风味物质	香气描述
2-甲基丁酸	奶酪味
3-甲基丁酸（异戊酸）	奶酪味
3-巯基己-1-醇	黑加仑子味、葡萄柚味
3-巯基己基乙酸酯	黑加仑子味、葡萄柚味
3-巯基-4-甲基戊烷-1-醇	葡萄柚味、大黄味
4-巯基-4-甲基戊烷-2-酮	黑加仑子味
α-蒎烯	松树枝味、草药味
β-紫罗酮	花香味、浆果味
β-蒎烯	松树枝味、香料味
石竹-3.8 二烯（13）-二烯-5β-醇	杉木味
石竹烯	木头味
顺式-3-己烯醛	青草味、树叶味
顺式-玫瑰醚	果香味、草药味
柠檬醛	甜橙味、柠檬味
香茅醇	柑橘味、果香味
甲基丁酸乙酯	果香味
甲基丙酸乙酯	菠萝味
3-乙基-丁酸甲酯	果香味
4-乙基-甲基戊酸乙酯	果香味

续表

酒花和啤酒中的风味物质	香气描述
桉叶油醇	香料味
法尼烯	花香味
香叶醇	花香味、香甜味、玫瑰花味
葎草烯	木头味、松树枝味
异丁酸异丁酯	果香味
柠檬烯	柠檬味、橘子味
里那醇	花香味、橘子味
月桂烯	青草味、松脂味
橙花醇	玫瑰味、橙子味
松油醇	木头味

相同的酒花品种在不同地区生长时由于受环境因素的影响较大，因此其香气特征不同。

以常用的卡斯卡特酒花为例，对其香气特征进行对比分析。

美国卡斯卡特酒花，原酒花花苞的香气主要有红色浆果、水果和辛辣味。冷浸出后的香气呈现了更多的橘香、蔬菜和淡淡的青草、绿色水果香气（图10-6）。

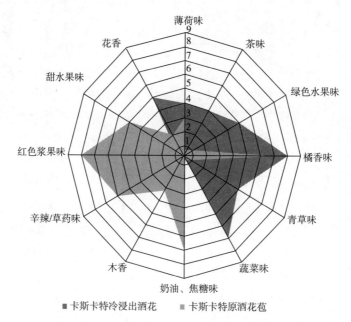

图10-6　美国卡斯卡特酒花香气特征

德国哈拉道地区种植的卡斯卡特酒花，原酒花花苞的香气主要有红色浆果、绿色水果香气，而冷浸出后的香气中橘香减少，呈现出茶的香气，红色浆果和水果的香气减弱（图10-7）。原酒花香气突出的酒花，未必在酒花干投后呈现出更加迷人的香气，每一种酒花的差异较大，必须经过实际酿酒实验才能准确地了解酒花的风味特征。

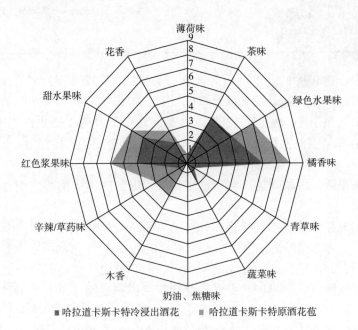

■ 哈拉道卡斯卡特冷浸出酒花　　■ 哈拉道卡斯卡特原酒花苞

图10-7　德国哈拉道卡斯卡特酒花香气特征

三、酵母代谢形成的风味

在发酵过程中酵母代谢产生的酯类和芳香族的大部分醇类对啤酒香气起着不小的作用。酯类化合物对啤酒的水果味道和香气做出了重要的贡献，它是酵母自然发酵的副产物，双乙酰在主发酵时形成，在啤酒成熟时消失。

1. 双乙酰味

关于发酵过程中双乙酰的形成及还原机制，很多都已熟悉了，这里不再赘述。

双乙酰是带两个酮基的物质，即丁二酮，实际上啤酒中这类物质除双乙酰外，还有2,3-戊二酮，总称联二酮或双酮类，简写为VDK。对啤酒口味有影响的四种反应过程物，其口味阈值见表10-5。

表 10-5 双乙酰风味的组成及含量

双乙酰味	含量/（mg/L）
双乙酰	0.1~0.15
乙偶姻	50
丁二醇	50
2,3-戊二酮	1.0

啤酒中双乙酰和2,3-戊二酮的含量基本相同，但戊二酮的阈值高，一般不会影响啤酒的口味。α-乙酰乳酸对口味没有直接影响，但如果在已除去酵母的酒液中，α-乙酰乳酸含量高，遇热、振荡、氧化，即脱羧形成双乙酰。所以，要使啤酒中不产生双乙酰味，除控制双乙酰指标外，还要控制α-乙酰乳酸的含量。

有资料报道，丙酮醛的味和双乙酰相同，因此啤酒中的醛、酮含量也会影响双乙酰味。

有时出现品尝的双乙酰味感和分析结果不一致，这和目前国内双乙酰的分析方法有关。邻苯二胺法的显色结果是双乙酰和2,3-戊二酮的总和，前者的显色强度是后者的两倍，而口味阈值不是后者的二分之一，而是十分之一，由于不同啤酒中这两者比例不同，品尝感觉和双乙酰测定结果就有差异。另外，在测定双乙酰的蒸馏过程中，受高温及氧的影响，部分α-乙酰羟基酸转化为联二酮，由于蒸馏强度和时间不一致，前驱物质转化的强度也不一致，可能部分α-乙酰羟基酸不能转化，使测定结果有误差。有时人为的因素也是有的，测定双乙酰含量一般都在刚灌装巴氏灭菌后，感官品尝则总要几天甚至更长时间后，此时的双乙酰含量已变化了，往往不受注意。

2. 高级醇味——喝啤酒"上头"

所谓高级醇，就是三个碳原子以上醇类的总称，在酒精和白酒工业上俗称杂醇油。一定量的高级醇是构成啤酒风味不可缺少的物质，但含量超过一定限度，就会出现高级醇味。啤酒的高级醇类很多，主要有正丙醇、正丁醇、异丁醇、正戊醇、异戊醇、活性戊醇、苯乙醇、辛醇等，其中对啤酒风味影响较大的是戊醇类，就含量而言，异戊醇最高，可占高级醇总量的50%。高级醇含量高，会使啤酒有腻厚感，不同的醇类对啤酒味感的影响不同。异戊醇会使啤酒饮后有头痛感，俗称"上头"；苯乙醇含量高，会使啤酒产生一种郁闷的玫瑰花香；正丙醇使啤酒有刺激的酒精味。除了单个高级醇含量高对啤酒风味的影响外，更重要的是各种醇的加成作用，还有脂类和高级醇比例的影响。

啤酒中高级醇的形成主要有两个途径，一是氨基酸降解成相应的醇，如亮氨酸生成异戊醇；异亮氨酸生成活性戊醇；缬氨酸生成异丁酸；苯丙氨酸生成苯乙醇等。二是由糖类合成氨基酸时的副产物形成高级醇。两者都要以 α-酮酸作为中间体，酮酸脱羧成醛，醛还原为醇。大部分高级醇都在主发酵时形成，后酵产生很少。影响高级醇生成的因素主要有：

（1）酵母菌种的影响　实验证明，不同的酵母菌种在相同的发酵条件下生成的高级醇的量有很大差别。青岛啤酒集团的传统酵母菌种是优良的低高级醇酵母菌种。

（2）麦汁成分的影响　麦汁浓度增高，形成的高级醇量也增加。一般说，麦汁含氮量及氨基酸含量越高，形成高级醇的量也越高，但是，氨基酸含量过高时，反会抑制高级醇的生成；麦汁中可利用氮含量太低，倒会产生较多的高级醇。麦汁中可发酵性糖含量太少、发酵度太高时，糖的胞内转化产物进行氨基酸合成加强，会使高级醇量增加。麦汁中缺少镁离子、泛酸、生物素等营养物质，酵母生长受到抑制时，高级醇生成量增加。

（3）发酵条件的影响　麦汁冷却温度高，酵母起发快，促进高级醇的生成。麦汁和酒液的 pH 越高，形成高级醇的量也越高，降低 pH 可抑制高级醇的生成。酵母接种量多，酵母增殖倍数低，致使代谢减弱，形成高级醇可减少。发酵温度越高，高级醇生成量越多。加压发酵，高级醇生成量可减少。下面发酵生成高级醇明显比上面发酵少。

（4）发酵过程污染腐败菌和野生酵母，会明显使高级醇含量增加，特别是异戊醇类。实践证明，发酵过程严重污染的啤酒，饮后不愉快，会"上头"。

3. 生青味

生青味是在嫩啤酒中感到的未成熟味道。据说后发酵时间过长，酵母自溶时也产生嫩啤酒味。未成熟味除了因发酵不彻底而残留的甜味、腻厚味外，酵母代谢产物中的双乙酰、乙偶姻、乙醛、2，3-戊二酮，以及硫化氢、硫醇、硫氨素等含硫化合物及挥发性胺等成分复合而成的物质。

乙偶姻的阈值，文献上报道的数值各不相同，低的为 3mg/L，高的为 10～50mg/L。它可以引起突出的不愉快的苦味，并有窖霉气味。乙醛的阈值为 20～25mg/L。超阈值时，可产生酸得使人恶心的郁闷的气味。二甲基硫阈值为 50μg/L，硫化氢的阈值为 5～10μg/L，二甲基硫产生一种煮熟了的洋葱味；硫化氢是一种令人郁闷的气味，含量高时呈臭鸡蛋味。

上述物质历来被称为生青味物质，是发酵不彻底的产物，旺盛的发酵可以减少这些物质，CO_2 洗涤也可去掉大部分生青味物质。

第三节　啤酒口味缺陷及预防措施

啤酒除了必须符合规定的理化和卫生指标外，还应具有良好的感官质量即良好的口味和风味，饮用时给人以舒适、愉悦的享受。实际生产中受各种因素的影响，啤酒易出现各种各样的异味。对啤酒进行感官检查，分析异味产生的原因，并采取及时有效的措施，是啤酒厂质量管理中极为重要的工作。

导致啤酒异味的因素主要有：原料、工艺、有害物质污染、微生物污染、运输和销售条件。

一、不舒适的苦味

消费者经常指责啤酒中有不舒适的苦味，多表现为入口不细腻，苦味粗糙和后苦，其原因主要有原料和工艺两大因素。

1. 原料方面

（1）水中的残余碱度，总硬度，镁、铁、锰离子和侵蚀性 CO_2 含量太高；

（2）酒花质量差，长时间存放后酒花已经老化，产地不理想；

（3）麦芽质量差，如麦皮粗糙且含有较高的蛋白质和鞣质，焙焦温度过高（焦香麦芽或着色麦芽）。

2. 工艺方面

（1）糖化工艺：糖化和麦汁过滤时间长，使过量的鞣质、花色苷和脂肪酸进入麦汁；过滤后的麦汁浑浊不清，下料、搅拌和倒醪时麦汁进氧过多，多酚与氧发生反应；糖化下料时使用了最后一遍洗糟水。

（2）发酵和后贮工艺：热、冷凝固物分离效果不好；泡盖下沉溶于酒中；工艺管道长霉；后贮温度过高，且有较多的酵母进入贮酒罐；发酵产生的高级醇和酯类含量过高。

3. 防止措施

（1）严把原料关，质量不合格的麦芽和陈年酒花不能使用。

（2）水质达不到要求必须进行水处理，要定期对水质进行理化分析和感官检查。

（3）提高煮沸效果，酒花的添加量不能过低，回旋沉淀槽的径高比要合理，控制麦汁进口流速。

（4）提高冷凝固物分离效果。一般采用冷麦汁过滤和浮选分离法。采用浮选法时要注意麦汁通风，通风量不低于 300~400L/t 麦汁，空气分布应均匀，这样分离率可达到 50%~60%。

二、酵母味

酵母味是一种令人不舒服的气味和口味，酵母自溶时尤其明显。带有酵母味的啤酒往往具有 pH 偏高、色度偏深和泡沫性能较差的特点。

1. 导致酵母味的原因

（1）贮酒温度较高和贮酒时间过长，酵母自溶并释出脂肪酸。研究已经证明，这些物质会使啤酒具有不舒适的异香味，并对泡沫产生不利的影响，其中乙酸乙酯和十二酸乙酯含量高时可共同作用形成酵母味，但其中之一不会单独起作用。

（2）卫生问题，如管道内生长霉菌，也会导致啤酒的酵母味。

2. 防止措施

（1）锥形罐的后酵期间应多次排放酵母，防止酵母自溶；

（2）检验酵母，使其保持良好的生理状态，且使用代数不能太高；

（3）注意检测啤酒中癸酸酯的含量。当酵母自溶时癸酸酯的含量明显升高，因此它是酵母味的指示物质，可分析它的含量来判断啤酒是否有酵母味。

三、水果味

1. 啤酒中的水果味主要是由酯类形成的，不同的酯类具有不同的口味阈值（表 10-6）。

表 10-6　　　　　　　　各种水果香味物质的特征及阈值

酯的种类	香味特征	浓度范围/（mg/L）	口味阈值/（mg/L）
醋酸异丁酯	香蕉味	0.5~2.5	1.0~1.6
醋酸乙酯	水溶剂味	5~30	25~30
醋酸异戊酯	香蕉味	<0.1	0.4~1.6
丁酸乙酯	木瓜味	<0.3	?~0.4
己酸乙酯	苹果味	0.1~0.3	0.12~0.13
辛酸乙酯	苹果味	0.1~0.5	0.2~0.9

2. 防止措施

（1）选择产酯水平适宜的酵母菌种；

（2）采用低温发酵工艺，适当提高酵母添加量，尽早通风，缩短贮酒时间，都会强烈抑制酯的生成；

（3）麦汁的浓度不能过高，麦汁浓度愈高，酯的含量也愈高；

（4）发酵罐的高度不能太高，较高的流体静压力和 CO_2 含量引起酯含量增加。所以，加压发酵生产的啤酒酯含量偏高。

四、生青味

啤酒的生青味一般被描述为不成熟的气味和口味。一般由双乙酰、乙醛和含硫化合物构成。成因和防止措施在前面已讲过，不再重复。

五、苯酚味

人们多把苯酚味描述为消毒剂味、烟熏味和霉味。苯酚的口味阈值为 $30\mu g/L$，麦芽中应含有 $50\mu g/100g$ 干物质。

1. 造成苯酚味的原因

（1）水中含有苯酚并进入啤酒；

（2）用离子交换树脂处理酿造用水，树脂再生用酸不纯净，结果污染了酿造用水；

（3）清洗剂选择不当或使用清洗剂后冲洗不彻底；

（4）硅藻土在潮湿的环境存放和使用发霉的包装纸袋都会导致啤酒产生类似苯酚味的霉味；

（5）微生物污染也是重要的原因，埃希大肠杆菌，克雷伯菌属以及野生酵母都可将 P-豆香酸和阿魏酸分解成 4-乙基愈创木酚和 4-乙基苯酸，从而导致啤酒的苯酚味；

（6）麦芽过分焙焦也会给啤酒带来烟熏味。

2. 防止措施

（1）定期对啤酒厂的水源水质进行分析和品尝，防止水源的苯酚污染；

（2）生产过程中使用的化学剂要进行认真的分析和质量把关，防止化学污染；

（3）正确选择清洗剂和清洗工艺，杜绝清洗剂残量；

（4）检验硅藻土的质量，防止发霉和吸收异味；

（5）严格卫生管理，防止微生物污染；

（6）原料加工中要防止过分焙焦，避免啤酒出现烟熏味。

六、微生物污染引起的口味缺陷

微生物引起的口味缺陷如老化味，并不会马上在成品啤酒中表现出来，微生物经过生长繁殖后，其代谢产物才会对啤酒的风味产生危害。通过感官品尝，可以及时发现这一缺陷。它们可在未加酵母的定型麦汁中迅速繁殖，有的产生芹菜味，有的产生多酚味，未加酵母的麦汁长时间存放很容易造成啤酒味缺陷。

1. 有害微生物造成的口味缺陷

啤酒中好氧菌的代谢产物为 2,3-丁二醇、醋酸盐、二甲基硫。麦汁所溶解的氧很快被酵母所消耗，所以好氧菌不易繁殖，对啤酒威胁不大。

对啤酒最危险的厌氧菌（表 10-7）是乳酸杆菌和球菌。乳酸杆菌可导致啤酒产生酸味并伴有浑浊和沉淀。乳酸杆菌在硅藻土过滤或纸板过滤中不可能完全去除，仍有部分保留在清酒中。球菌感染除产生浑浊外，还产生双乙酰，实验表明，每毫升啤酒中含有 20000 个球菌，双乙酰值就可达到 0.25mg/L。同乳酸杆菌相反，球菌可在硅藻土过滤或纸板过滤中去除。下面发酵啤酒中出现的球菌多是在灌装过程中出现的二次污染。革兰阴性菌长时间潜伏后，会突然产生强烈的浑浊，通过其代谢产物如丁酸、戊酸和乙酸使啤酒产生令人恶心的气味。

表 10-7　　　　　　　　主要啤酒有害微生物对啤酒口味的危害

种属　　作用	代谢产物	对啤酒口味的危害
埃希属	二甲基硫	芹菜味
异型乳酸杆菌属	乳酸，乙醇，CO_2	变酸，伴有浑浊，沉淀
同型乳杆菌属	乳酸，双乙酰	变酸，伴有浑浊，沉淀
足球菌属	双乙酰	双乙酰味，伴有浑浊，沉淀
短螺状菌属	醋酸，丙酸，硫化氢	下水道味，并有浑浊，沉淀
巨型球菌属	丁酸，戊酸	腐烂味，恶香，沉淀
酵母菌属		粗糙的苦味，不愉快的臭味和口味

2. 防止措施

（1）加强卫生管理，保证啤酒生产的卫生；

（2）对设备和管道进行严格清洗和消毒，要经常检查清洗剂的浓度、温度和时间，加强工艺卫生死角的管理；

（3）建立完善的卫生取样点，对生产的全过程、半成品和成品进行严格的卫生检测，有条件要进行厌氧微生物的检验；

（4）啤酒的感官品评要制度化，以便及时发现问题并采取有效的工艺措施。

第十一章 啤酒感官质量及评价

啤酒是成分非常复杂的胶体溶液。啤酒的感官性质量同其组成有密切的关系。啤酒主要由两大类物质组成，一类是其浸出物，另一类是由挥发性成分组成。浸出物主要包括碳水化合物、氮类化合物、甘油、矿物质、多酚物质、苦味物质、有机酸、维生素等。啤酒中的挥发性组分包括乙醇、CO_2、空气、发酵副产物、高级醇类、醛类、酸类、连二酮类等。由于这些成分的不同组成比例和工艺条件的差别，造成了啤酒感官质量的异同。

第一节 啤酒的感官质量

良好的啤酒，除理化上可测定的特性必须符合质量标准外，还必须满足以下的感官质量要求。这些感官特性，由于目前的状况，还不能确切地表示出来，但无论如何也不得不抽象地表达。

（1）爽快 系指有清凉感，利落的良好味道，即以爽快、轻快、新鲜、清凉感、利落表达的味感。反义语有缓慢（迟钝）、腻厚、黏口、浑浊、腻人、不利落、后味不好、沉重、无清凉感、不爽快等。

（2）口味纯正 指无杂味、纯正。亦指表现为轻松、愉快、纯正、细腻、无杂臭味、干净等。反义语为有杂味、不纯正，怪味、异味等。

（3）柔和 指口感柔和，亦指表现为温和、柔和、滑润、口味好等。酸、甜、苦、辣、咸五味调和才能显示为柔和。柔和是良好的啤酒花的芳香和上等品中温和的苦味。

其反义语为粗糙、干枯生硬、不滑润等。

（4）醇厚 指香味丰满、有浓度、给口中以满足感。亦指表现为醇厚、芳醇、丰满、浓醇等。啤酒的醇厚，与其说是这些物质的浓度，不如说胶体状态，即胶体分散度，才是重要因素。因此醇厚性在很大程度上与原麦汁浓度有关。但浸出物含量低的啤酒有时会比含量高的啤酒口味更丰满，发酵度低的啤酒并不醇厚，而发酵度高的啤酒多是醇厚的。其酒精含量高也贡献了醇厚性。泡持性好的啤酒，同时也是醇厚的啤酒，两者大致是一致的。慕尼黑型的浓色啤酒、多特蒙德啤酒、青岛啤酒都是醇厚啤酒。

醇厚的反义语是无躯干、味不浓、似水的、淡、轻、不令人十分满意、单调等。

（5）澄清有光泽，色度适中　无论何种啤酒都应该澄清有光泽，无浑浊，不沉淀。色度是确定啤酒类型的重要指标，如淡色啤酒、棕色啤酒、黑色啤酒等，可以通过外观直接分类。不同类型的啤酒色度有一定的范围要求。下面是几种典型啤酒的色度值。

比尔森型淡色啤酒：5.8~8.8EBC；

淡色烈性啤酒：9.5~11.0EBC；

维也纳型淡色啤酒：18~30EBC；

黑啤酒：45~95EBC。

（6）泡沫性能良好　淡色啤酒倒入杯中时升起洁白细腻的泡沫，并保持一定的时间。如果是含铁多或过度氧化的啤酒，有时泡沫会出现褐色或红色。

（7）适饮性　啤酒是供人类饮用的液体营养食品，只有再饮性好，才能大量消费，工厂才能继续生产，成品啤酒具有上述六种特性，才会让人感到易饮，无论怎么饮都饮不腻。

第二节　常用啤酒评酒术语

啤酒的感官品评是一门科学。评酒术语是要以准确、精练的语句表达酒的质量的用语。这些用语因长期使用，极易为人们所理解，达到了言简意赅的效果。评酒术语只是用来描绘各种酒质的常用语，很多是概念性的词语或比较性的形容词。品评人员应结合自身的实践和感受，并通过记忆和比较，才能恰如其分地使用。

按啤酒质量标准，啤酒的感官指标有四方面：外观、色度、泡沫、香气和口味。外观和色度是啤酒的外表，直观感觉是否让人信任和喜欢；泡沫是啤酒的头冠，泡沫好，会使人觉得这杯啤酒可能是高质量的；真正的质量实质是啤酒的香气和口味。一般情况下，这四项感官指标是相辅相成的。

一、外观

要求啤酒清亮透明，无明显的悬浮物和沉淀物，浊度不超过1.0EBC单位（保质期内）。前者用目测，很直观；后者用仪器更准确地定量表示。这里的

"无明显……"常因理解不同，成为争论点。

啤酒的清亮透明程度和有无明显沉淀物能给消费者第一印象，是反映啤酒质量的一个重要外观指标。

影响啤酒清亮程度主要有以下因素。

首先是清酒酒液过滤效果的好坏；

其次是发酵液基本特性，热凝固物、冷凝固物去除不彻底，酵母不强壮产生自溶，经常难以过滤澄清；

最后是啤酒的稳定性，生物、非生物稳定性差的啤酒会发生各种不同因素的浑浊沉淀。

二、色度

啤酒的色度可用 EBC 比色计测量，优良的淡色啤酒应呈淡黄色，似带"绿头"，不应发红棕色。色度不仅是啤酒感官质量的一个重要指标，而且也是啤酒储存过程中风味物质变化的一个重要标志。

啤酒中的色素主要来自两方面：一是生产过程的褐变反应：包括美拉德反应、焦糖化反应、氧化反应；二是麦芽和酒花的多酚类衍生物。

三、泡沫

啤酒倒在干净的杯中，应即刻有泡沫升起，称啤酒的起泡性能。

泡沫颜色应洁白；表现细腻，像奶油似的；泡体持久，缓慢下落，称泡持时间，啤酒标准规定，优质啤酒泡沫持久时间 210s 以上，泡沫边缘挂杯，沫体下降后，杯壁上应有泡沫附着，称泡沫挂杯。

四、香气和口味

优质啤酒要求有协调的香气，酒花香气明显，并有一定的麦芽香、口味纯正、爽口、酒体谐调、柔和、无异香异味。

啤酒的香气和口味取决于留在啤酒中的各种风味物质和香气成分之间的平衡，啤酒的特有香味也不是某一特定成分，而是由许多成分浑然一体协调表现出来的。所以要提高啤酒的香气和口味水平，不能只注重某一特殊成分，要看协调的结果。

啤酒的香气包括酒花香气、麦芽香气和发酵时含氮物质代谢生成的芳香物质。酒花香气是酒花中的酒花油类物质在啤酒中良好溶解结合所表现出来的一种特有的清澈花香味；麦芽香气是麦芽在焙焦时产生的一种本身的香味；发酵的芳香物质以酯类为代表，啤酒中的主要脂类是乙酸乙酯和乙酸异戊酯。

啤酒酒花中香气类型划分见表11-1。

表 11-1　　　　　　　　　　　酒花感官品评香气汇总表

总体描述	酒花感官评价香气详细描述
薄荷醇	薄荷，蜜蜂花，鼠尾草，金属味，樟脑
茶	绿茶，甘菊，黑茶
绿色水果	梨，柑橘，苹果，醋栗莓，肠，白兰地油
柑橘	柚子，橘子，酸橙，柠檬，佛手柑，柠檬草，生姜
绿色蔬菜	绿草，西红柿叶，柿子椒
蔬菜	芹菜，大葱，洋葱，洋蓟，大蒜
奶油/焦糖	黄油，巧克力，酸奶，姜饼，蜂蜜，奶油，焦糖，太妃糖，咖啡
木质香味	烟草，白兰地，木桶香，皮革，熏草豆，甜香车叶草，树脂，檀香，没药树脂，树脂
辛辣/草药	黑胡椒，辣椒，咖喱，杜松子，马郁兰，龙蒿，莳萝，薰衣草，茴香，甘草，茴香苗
红色浆果	黑醋栗甜酒，蓝莓，覆盆子，黑莓，草莓
甜味水果	香蕉，西瓜，蜜瓜，桃子，杏，百香果，荔枝，干果，话梅，菠萝，白果酱
花香	接骨木，甘菊花，铃兰，茉莉，苹果花，玫瑰，天竺葵

第三节　啤酒的香气及风味

一、啤酒中的主要香气成分及辨别阈值（表 11-2）

表 11-2　　　　　　　　啤酒中主要香味成分辨别阈值

香味成分	啤酒中的含量 /（mg/L）	啤酒中的辨别阈值 /（mg/L）	在啤酒中的味感
3-甲基丁醇	30~60	70	醇味/香蕉味/略甜味/芳香味
醋酸乙酯	8~47	33	溶剂味/水果味/略甜味
丁酸乙酯	0.1~0.2	0.4	木瓜味/奶油味/略甜味/苹果味/香料味

续表

香味成分	啤酒中的含量 /（mg/L）	啤酒中的辨别阈值 /（mg/L）	在啤酒中的味感
己酸乙酯	0.1~0.4	0.2	苹果味/水果味/略甜味/茴香味
辛酸乙酯	0.4~1.5	0.2	苹果味/略甜味/水果味
壬酸乙酯	0.1~0.2	1.2	水果味/木瓜味/红醋栗味
癸酸乙酯	0.07~1.10	1.5	肥皂味/水果味/苹果味/溶剂味
醋酸异戊酯	0.6~6.0	1.6	香蕉味/苹果味/酯味/溶剂味
2-醋酸苯乙酯	0.2~2.0	3.8	玫瑰香/蜂蜜香/苹果香/略甜味
乙醛	3~17	25	青草味/水果味
2-甲基苯醛酯	0.02~0.5	1.0	香蕉味/甜瓜味/清漆味/青草味/苦味
2-甲基丁醛	0.1~0.3	0.6	未熟香蕉味/苹果味/樱桃味/干酪味
双乙酰	0.03~0.22	0.15	双乙酰味/奶糖味
醋酸	40~205	175	酯味
正丁酸	0.6~3	2.2	奶油味/干酪味
异戊酸	0.5~1.5	1.5	干酪味/陈酒花味/汗臭味
己酸	1~6	8	膻味/植物油味/肥皂味/汗臭味
辛酸	3~9	4.5~15	膻味/肥皂味/植物油味
癸酸	0.5~3	1.5~10	石蜡味/牛油味/膻味/肥皂味/陈脂味
沉香醇	200~470μg/L	80μg/L	茴香味/类萜味
葎草二烯酮	34~72μg/L	100μg/L	酒花香
葎草醇Ⅱ	250~115μg/L	500μg/L	酒花香
硫化氢	0.2~4μg/L	5~10μg/L	臭蛋味
二甲基硫	7~205μg/L	25~60μg/L	过熟香味/葱蒜味/硫化氢味
反式-2-壬醛	0.03~3.6μg/L*	0.1μg/L	纸板味/氧化味/陈旧味/老化味
3-甲基-2-丁烯-1-硫醇	30μg/L**	0.1~32μg/L	臊味/日光臭

注：* 在长期保存的啤酒中的含量。

　　** 在阳光下曝晒的啤酒中的含量。

二、香气识别

各种气味就像学习语言那样可以被记忆。人们时时刻刻都可以感觉到气味的存在，但由于无意识或习惯性也就并不觉察它们。因此要设计专门的试验，有意识地加强记忆，以便识别各种气味。

香气识别是一项对品评人员的基本训练。训练的目的是使品评人员对各种气味有良好的识别能力和记忆能力，这对以后的品评工作至关重要。

三、啤酒中需鉴别的主要风味和口感异味（表11-3、表11-4）

表11-3	啤酒中需鉴别的主要风味成分	表11-4	啤酒中需鉴别的主要口感异味
风味	风味	口感异味	口感异味
麦芽香	硫化物臭	双乙酰味	乙醛
酯香	酵母臭	酵母味	铁腥味
酒花香	老化臭	酸味	污染味
酒花异香	乙醛	甜味	异苦味
双乙酰味	酸味	老化味	腻厚味
污染臭	高级醇	涩味	硫化物
生臭		麦皮味	高级醇
		陈酒花味	苯酚味
		酯味	焦煳味

四、影响香气的因素

（1）添加酒花的品种酒花中的芳香成分和葎草酮、蛇麻酮的含量，目前已能测定，酒花中的三种香精油——香叶烯、石竹烯、葎草烯，因酒花品种不同，其香精油含量变化很大。

（2）酒花陈旧程度、贮存条件、受氧化的程度。氧化的陈旧酒花不但无法带来酒花香味，还会带来异味。

（3）麦汁煮沸时添加酒花的方法、时间、数量：过早添加酒花，香气在煮沸时都损失掉了，添加过晚，酒花油溶解不好，随发酵泡盖损失较大。

（4）热麦汁处理过程中混入空气，会使酒花香受到明显损害。

（5）麦芽焙焦温度和时间，适度焙焦带来麦芽香，焙焦不足或过度都会产生异香。

（6）酵母正常发酵，产生一定的有机酸；受污染，发酵异常，就一定产生异香。

（7）发酵、过滤、灌装过程中少接触氧，严重氧化的啤酒不可能有香气。

第四节　国际评酒术语表

在感官品评中，风味的表达用语是不可缺少的，其语汇收集了表达啤酒风味所必要的用语，另外，关于其定义适用问题，品评人员最好能持有共同的理解，不要出现理解混乱的现象。通过约束品评人员使用共同的用语，以及用规定的用语一致表达特定的风味特性，确保能相互顺序并正确地交换意见。

用于表达啤酒风味的语汇，大多是每个啤酒厂根据工程技术人员的经验选择出来的。1979 年 ASBC（美洲啤酒酿造化学家学会）、MBAA（美国主任酿造师协会）和 EBC（欧洲啤酒协会），由 M. C. Meilgaard, C. E. Dalgliesh 和 J. F. Clapperton. 合作编集了国际统一用语集（International system of Beer Flavor Terminology）。

它将酿酒师广泛使用、理解相同的概括性的风味分类用语整合起来，分为 14 条，说明这个分类的第一列表达用语 44 条，按照分别下了定义的风味的近缘性的顺序配成环状（图 11-1）。根据需要还可以将风味特性更详细地叙述出来（见表 11-5）。另外，为了帮助对第一列用语的理解，将专门的表达用语 78 条作为第二列用语附后，还记载了适用于给风味下定义的标准化合物 34 种及若干自然物质。

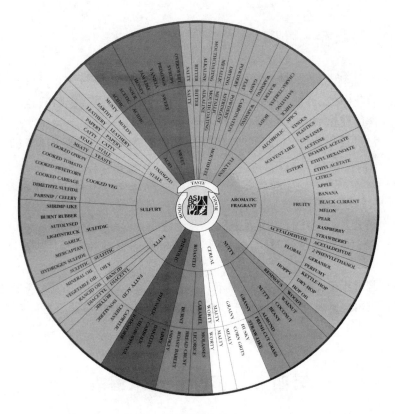

图 11-1　啤酒风味圆盘（据美国酿造化学家协会-The Beer Flavor Wheel by ASBC）

表 11-5　　　　　　　　　　　**啤酒风味圆盘物质分类明细表**

感官分类	第一列风味分类	第二列风味分类	风味特征
气味 Odor	1. 香味-芳香味 Aromatic-Fragrant	酒精味 Alcoholic	香料 Spicy
			葡萄酒的 Vinous
		溶剂味 Solvent-like	塑胶 Plastics
			易拉罐涂层 Can-liner
			丙酮 Acetone
		酯香 Eatery	乙酸异戊酯 Isoamyl acetate
			己酸乙酯 Ethyl hexanoate
			乙酸乙酯 Ethyl acetate
		水果味 Fruity	柑橘 Citrus
			苹果 Apple
			香蕉 Banana
			黑加仑 Black currant
			瓜 Melon
			梨 Pear
			覆盆子 Raspberry
			草莓 Strawberry
		乙醛味 Acetaldehyde	乙醛 Acetaldehyde
		花香 Floral	苯乙醇 2-Phenylethanol
			香叶醇 Geraniol
			香水 Perfumy
		酒花味 Hoppy	熟酒花 Kettle
			生酒花 Dry-hop
			酒花油 Hop oil
	2. 坚果味 Nutty	树脂 Resinous	木头 Woody
		坚果 Nutty	胡桃 Walnut
			椰子 Coconut
			豆腥味 Beany
			杏仁 Almond
		青草味 Grassy	新割草味 Fresh-cutgrass
			草味 Straw-like

续表

感官分类	第一列风味分类	第二列风味分类	风味特征
气味 Odor	3. 谷物味 Cereal	谷物 Grainy	谷壳 Husky
			玉米粉 Corn grits
			谷物粉 Mealy
		麦芽味 Malty	麦芽味 Malty
		麦汁味 Worty	麦汁味 Worty
	4. 焙烤味 Roasted	焦糖味 Caramel	糖浆 Molasses
			甘草 Licorice
		焦煳味 IBUrnt	面包皮 Bread crust
			烤大麦 Roast barley
			烟 Smokey
	5. 酚味 Phenolic	苯酚味 Phenolic	柏油 Tarry
			胶木 Bakelite
			苯酚 Carbolic
			氯酚 Chlorophenol
			碘仿 Iodoform
	6. 脂肪 Fatty	脂肪酸 Fatty acid	辛酸 Caprylic
			干酪 Cheesy
			异戊酸 Isovaleric
			丁酸 IBUtyric
		酸败（哈喇味）Rancid	腐败油 Rancid oil
		油味 Oily	植物油 Vegetable oil
			矿物油 Mineral oil
		双乙酰 Diacetyl	双乙酰 Diacetyl
	7. 硫黄味 Sulfury	酵母味 Yeasty	肉味 Meaty
		煮青菜味 Cooked VEG.	煮洋葱 Cooked onion
			煮西红柿 Cooked tomato
			煮白薯 Cooked sweetcorn
			煮白菜 Cooked cabbage
			二甲基硫 Dimethyl sulfide
			防风草/芹菜 Parsnip/ Celery

续表

感官分类	第一列风味分类	第二列风味分类	风味特征
气味 Odor	7. 硫黄味 Sulfury	硫化物 Sulfidic	虾味 Shrimp-like
			烧橡胶 IBUrnt blubber
			自溶物 Autolyzed
			日光臭 Light-struck
			大蒜 Garlic
			硫醇 Mercaptan
			硫化氢 Hydrogen sulfide
		亚硫酸味 Sulfitic	亚硫酸 Sulfitic
口味 Taste	8. 氧化老化味 Oxidized-Stale	老化味 Stale	老化味 Stale
		猫味 Catty	恶味 Catty
		纸板味 Papery	纸板 Papery
		皮革味 Leathery	皮革 Leathery
		霉味 Moldy	发霉的 Musty
			泥土 Earthy
	9. 酸 Acid	略带酸味 Sour	酸败味（食品）Sour
		醋味 Acetic	醋酸 Acetic
		酸味 Acidic	酸味（化学）Acidic
	10. 甜 Sweet	甜味 Sweet	过甜 Over sweet
			糖浆 Syrupy
			浓缩糖浆 Primings
			香草 Vanilla
			果酱 Jam-like
			蜜蜂 Honey
	11. 咸 Salty	咸味 Salty	咸 Salty
	12. 苦 Bitter	苦味 Bitter	苦 Bitter
	13. 口感 Mouthfeel	碱味 Alkaline	碱 Alkaline
		醇厚 Mouth coating	醇厚 Mouth coating
		金属 Metallic	金属 Metallic
		涩感 Astringent	涩、干 Drying
		粉末感 Powdery	粉末感 Powdery
		杀口力（CO$_2$）Carbonation	含气 Gassy
			平淡 Flat
		温吞感 Warming	温和 Warming

续表

感官分类	第一列风味分类	第二列风味分类	风味特征
口味 Taste	14. 醇厚性 Fullness	酒体 Body	厚重 Thick 丰满 Satiating 寡淡 Characterless 似水 Watery

第五节　世界啤酒评比大赛

一、世界上的主要啤酒评比大赛

1. 欧洲啤酒之星大赛（European Beer Star）

欧洲啤酒之星大赛是 2004 年由欧洲的私人啤酒厂协会举办的。它早已成为世界上最重要的啤酒比赛之一。高质量的啤酒被授予欧洲啤酒明星奖，这是真正赋予个性的啤酒。目前，参赛酒样不仅来自欧洲，还来自各大洲的所有国家。因此，所有那些按照传统的、欧洲的方式酿造的啤酒都在入选之列。参赛啤酒按照啤酒类型分组，由专家分别进行打分。评比结束后进行颁奖。

2. 布鲁塞尔啤酒挑战赛（Brussels Beer Challenge）

一年一度的比利时布鲁塞尔啤酒挑战赛吸引着广大啤酒爱好者。

3. 世界啤酒大赛（World Beer Cup）

其创办于 1986 年，对世界各地酿酒师开放。啤酒品评专家组在 91 个品种中评出 3 种顶级啤酒。每两年举办一届；参赛资格：具有啤酒酿造和销售许可的啤酒厂。

4. 澳洲国际啤酒大赛（AIBA——Australian International Beer Awards）

始于 1993 年，澳洲国际啤酒大赛是评价生啤酒和包装啤酒的全球最大啤酒竞赛。每年举办一届。参赛资格：在参赛期间，所有参赛啤酒必须是在市场上能买得到的，必须承担商标符合原产地要求的所有法律。在评审过程中品评 5个主要特征。

外观：色度、碳酸饱和度、泡持性；

香味：积极特征和香味缺陷；

口味：常规特征、苦味、发酵产物、风味缺陷；

风格：合适的啤酒分类；

工艺特性：无主要缺陷、平衡、适饮性。

5. 大美国啤酒节（GABF——Great American Beer Festival）

始于 1982 年的大美国啤酒节是美国最大的啤酒集会，是根据公众品尝和专家品评结果评优的竞赛。啤酒节每年秋天在科罗拉多州的丹佛市举办。参赛资格：只允许合法的美国商业啤酒厂参赛。自 2002 年起，大多数参赛的啤酒品种都是美式印度浅色爱尔（IPA）。2015 年啤酒节中参赛的啤酒包括了 92 个啤酒品种，覆盖了 145 种啤酒风格。

6. 国际酿酒大赛（The International Brewing Awards）

自 1886 年以来均在英国举办，而现代国际版的酿酒大赛是开始于 2011 年。大赛关注所有出色的商业啤酒。每两年举办一届；参赛资格：对所有风格的啤酒开放。

二、啤酒评比大赛中的评价标准

外观、香气、味道和口感，这四个指标是描述啤酒风格的最基本要素。它们是定义啤酒风格的感知要素，引导比赛中对啤酒的评价与对比。评委们通常从下面五个方面对啤酒的感官特性进行描述，满分为 50 分。

外观（APPEARANCE），一般满分是 5 分；

香气（AROMA），一般满分是 10 分；

味道（TASTE），一般满分是 20 分；

口感（PALATE），一般满分是 5 分；

整体评价（OVERALL），一般满分是 10 分。

1. 外观（5 分）

（1）颜色　颜色范围非常广泛，从明亮的黄金色、琥珀、红色到栗色、咖啡色和深黑色。并非颜色越重，得分越高，而是应该根据啤酒的分类来划分，比如世涛（Stout）、波特（Porter）的颜色越黑越好；而比尔森则呈金黄色为佳。

颜色的描述（EBC 单位）：5 浅禾秆黄色、10 深金色、15 青铜色、20 明亮的琥珀色、30 深铜色、40 栗色、60 花梨木色、80 深黑、100+摩卡色。

（2）澄清度　过滤的啤酒一般呈现清澈的外观，未过滤的啤酒含酵母和蛋白质，呈现浑浊。

澄清度分级（EBC 单位）：<1 明亮、1~2 清澈、2~3 暗淡、3~4 淡乳白，薄雾、4~5 云雾、5~10 非常浑浊、>10 不透明。

（3）泡沫（洁白细腻性、泡持性、挂杯性）　啤酒泡沫与啤酒倒入玻璃杯的方式有关；洁白细腻的泡沫能带来视觉享受，刺激我们的感官，不能有大的明泡。

持久性：优质啤酒应大于 180~220s，挂杯性好。

泡沫是啤酒特有的质量指标，啤酒没有泡沫属于严重的质量缺陷。同等条件下要选择啤酒杯中泡沫丰富的啤酒，啤酒杯子不洁净，泡沫差。

2. 香气（10 分）

香气主要评测项包括：麦香、啤酒花香和其他香气。但是，并非麦香、啤酒花香越浓就得分越高，而是应该根据啤酒的特征来评比，比如，IPA（印度淡色爱尔啤酒），啤酒花香气越浓郁则应该得分越高，但是一瓶 Brown Ale（棕色爱尔啤酒）则应该啤酒花越淡得分越高。其他香气则比较多，比较常见的有水果香气、烘焙麦芽的香气、坚果的香气，甚至药草、花卉等小众味道。这些都算是加分项。

麦芽的香气：太妃糖、面包、烟熏、巧克力、坚果、烤面包、咖啡。

啤酒花的香气：花香、柚子、松树枝。

酵母发酵形成的香气：如香蕉、桃子、玫瑰花、香料等。

3. 味道（20 分）

味道主要是麦芽味、酒花味、苦味质量、其他味道、平衡度、后味等。要求品鉴人要很熟悉各类啤酒的味道。比如什么啤酒应该是麦芽味重、什么啤酒应该是啤酒花重、什么啤酒应该有果香；几种味道平衡的是否好，会不会过酸或过苦；后味是否绵长等。

4. 口感（5 分）：主要就是酒体强度、杀口感。

5. 整体印象（10 分）

品鉴完之后，对其整体印象再进行打分。啤酒的风味特征能否反映出啤酒的风格，是否有异味和怪异的香气，是否能激发人们的再饮欲。

总体描述一杯啤酒的精髓，即与众不同的独到之处。

啤酒品鉴是一门学问，是评价啤酒质量的重要手段。好的啤酒应赋予啤酒特定的风格，让啤酒呈现出优雅的外观，协调的香气、味道和口感，最大限度地满足不同消费者的需求，激发消费者的再饮欲，令其饮后心旷神怡。

三、关于啤酒大赛的注意事项

美国啤酒商协会在啤酒风味指南中，以美国大型啤酒节（GABF）和世界啤酒杯（WBC）的指南形式为基础，提出了参加啤酒大赛的注意事项。

1. 比赛类别

参加 GABF 和 WBC 这两种啤酒比赛时，大会组委会将对参加比赛的啤酒进行分类，并将风味相似的啤酒归为子类别中。通常，他们会提供给每个类别足够的入围数目，以满足最低限度的入围数量。

2. 啤酒分类指南

在比赛时的啤酒类型与分类指南的啤酒类型有所不同。它们也许会包含一些特殊的注意事项来满足比赛的要求。这些注意事项主要征求酿酒师的意见，用来判断入围的啤酒准确性，防止对啤酒的风格和类型产生误判。

3. 倒酒

在比赛时，酿酒师需要采用正确的倒酒方式来展示啤酒的特性。大多数啤酒可以平静地倒酒，一些啤酒却需要适度摇晃将沉淀在瓶底的酵母涌起。大赛的组织者会给酿酒师这个机会，提供精确的倒酒说明，并且应该根据酿酒师要求的方式去判断参赛的啤酒。

对特定风格的参赛作品必须提供参赛说明，这有助于评委做出评判。大赛组织者应当要求参赛者提供这些信息，并提供这些信息给评委。评委有权要求提供这些信息。

第十二章　如何构建精酿啤酒坊

第一节　构建精酿啤酒坊涉及的问题

　　拥有一个可以酿造多种风格和口味啤酒的啤酒坊是很多啤酒爱好者的梦想。大多数家酿爱好者，经过几年的酿酒体验或对精酿啤酒有了更深的了解之后，在各方面条件成熟的情况下，便开始筹划自己的精酿啤酒坊或小型啤酒厂了。那么在构建啤酒坊之前，需要做哪些准备工作，方能运筹帷幄，决胜千里呢？

　　精酿啤酒坊的特点如下。

　　（1）微型啤酒生产线设计精美，设置于啤酒坊内会成为一道亮丽的风景线（图12-1）；

图12-1　精美的糖化系统（据 Schulz 公司）

　　（2）顾客能一边饮酒，一边欣赏啤酒的生产，亲身领略啤酒深邃的文化内涵；

（3）啤酒口味新鲜，能最大限度地保持啤酒的风味；

（4）生产灵活性强，可根据顾客的要求生产特殊要求的个性化啤酒；可随季节和节日的变化来安排生产，可以酿造多种特色啤酒。

一、您为什么喜欢啤酒酿造？

1. 如果您喜欢酿造自己喜爱的啤酒，并且想与他人分享您的作品，那么最好的方式就是创办自己的啤酒坊或啤酒厂。如果你对酿造不热爱又缺少激情和一颗执着的心，那就考虑去做其他喜欢的事情吧。

2. 当然酿酒是有经济效益的，但是你不可能靠它赚大钱。

二、形成您自己的酿酒和营销理念

1. 新建一个啤酒馆就像一个照看小孩，需要精心呵护和教导，需要付出并确保它健康成长，在加倍努力和工作付出后，它最终会成为你生存的后盾。

2. 你必须清楚酿酒相对营销要容易得多。最终将产品销售出去才是硬道理。

三、店名和 LOGO

1. 取一个响亮和容易让人记住的名字：最好是消费者感兴趣的和令人难忘的名字。

2. 一个象征性标志：LOGO。

四、店内的啤酒文化体现

1. 体现啤酒文化：需要设计一个特定的风格，比如像德国啤酒花园和比利时风格等。

2. 店面装修的材质：照明、地板、墙壁、地毯等要与店面风格一致。

五、明确您的销售主张

1. 要有独特的销售主张。

2. 明确您的客户群体是谁？啤酒是卖给哪些人喝的？

3. 您的啤酒坊与其他酒吧和啤酒坊的差异化是什么？

4. 要考虑竞争对手的实力和水平，明确自己的市场目标。

六、您打算将啤酒坊开设在哪里？

1. 啤酒坊的开设位置至关重要。主要考虑您的客户群体是否方便前来饮酒，闹市区未必是最佳选择。

2. 了解您的客户他们在哪里生活和工作？

3. 了解啤酒坊周边的交通状况，出行是否方面，有无方便停车的场地。店面是否容易被发现。

4. 餐厅和吧台设计必须精美，具有独创性（图12-2）。

图12-2　啤酒坊的售酒前台（Cigar City，Tempa）

七、做好资金投入预算

1. 做好经济评估

（1）建设成本。

（2）设计成本。

（3）运营成本。

（4）总体投资成本。

（5）预算外不可预估的成本。充分的对项目资金进行评估是顺利开工和营业的关键。

2. 合理安排好建设进度

（1）项目管理。

（2）先运行啤酒车间，设备的加工和采购需要至少2个月的准备期。设备的安装调试需要7~10d，开始投料到酿造好啤酒准备销售，最快需要两周。

（3）施工期间同期进行的项目（培训员工、准备市场营销、准备材料和购买其他物品）。因为时间就是金钱，每个环节的有效衔接至关重要。

八、酒吧和售酒配置

1. 如何选择啤酒销售设备？酒桶、不锈钢桶和酒茅的选择很重要（下节讲述）。

2. 需要什么样式的玻璃器皿？配备最专业的啤酒杯（图12-3）。

3. 还需要其他什么设备？

4. 是否提供食物和菜品？什么类型的？烧烤还是冷拼。

5. 明智地选择您的冰箱或冷库，并确保一切符合售酒要求。

6. 直接售酒分配器：直接售酒分配器是用于啤酒最常见和简单的服务应用程序系统。小桶的关键是距离分配插口不远的地方有一个冷却装置，要求大约只有2m的管子，啤酒的分配是利用二氧化碳产生的压力推送到售酒柱。

图12-3　啤酒杯的类型

7. 便携式酒吧：如果你不是把所有小桶放在啤酒吧内，就需要一个带冷却的空间。为不同需求设计便携式酒吧，比如室外音乐会，或者欢迎宴会，或者只随时提供少量啤酒的酒吧。

（1）售酒系统要考虑啤酒的温度始终一致。

（2）售酒台的空气冷却方案。

（3）空气冷却方案系统：这个系统依赖于进入的冷介质充满小桶外室，隔热的空气管道环绕啤酒管子，并且一个风扇让冷空气在冷却剂和管道间循环。将酒输送至售酒柱售酒。

8. 酒吧和餐厅设备

（1）瓶子，调酒器和过滤器。

（2）大量的清洁用品。

（3）洗碗机和大量的贮藏空间。

（4）冷藏饮料的冰箱。

（5）搭配您菜单的设备。如：烤炉、制冰机等。

9. 啤酒杯垫（图 12-4）

（1）防滑，把酒杯或者啤酒瓶放在杯垫上面不容易滑落。

（2）广告宣传，啤酒厂家给经销商或者酒吧专门定做杯垫的 LOGO 或者图案，让人们在喝酒时顺便记住了该酒的品牌。

（3）清洁，杯垫有吸水功能，从酒杯溢出来的啤酒液不会漏在桌面上，防止桌面变脏。

（4）杯垫正面标记饮用啤酒的数量，背面记录突发而想的重要信息。

图 12-4　各种式样的啤酒杯垫

10. 食物和菜品的供应

（1）零食是最普遍的，花生、爆米花、咸鸡蛋等，咸的食物有助于多喝。

（2）制作一个含有您的啤酒的菜单。

（3）啤酒坊加餐馆模式，其运营费用较高，需要各类食材和必要的员工，还需要配置更多的设备。

（4）注意您的菜单样式。

九、啤酒坊的员工配备

1. 客人员工比例，自己决定——餐厅和酒吧。

2. 他们是相同的还是有区别的？

3. 计算几班制和营业时间。

4. 计算一个餐厅完整轮班制的最多人员。

5. 计算开门和关门有哪位经理负责。

6. 酿酒师作为最重要的员工之一，最好让他拥有公司的股份，这样才能让他发挥最佳的酿酒技艺，有效降低酿酒成本，使啤酒的质量达到酿酒师酿酒的最佳水平。

十、客户使用的设施如何？

1. 我的标志如何？容易让客人迷失吗？——他们能否容易找到卫生间。

2. 他们知道我们店的促销活动吗？

3. 干净整洁的卫生间——我的地板安全吗？

4. 桌椅的高度合适吗？——尝试一直保持还是可以调整、您想坐的椅子有靠背吗？

十一、人员设备管理

1. 锁，钥匙和计算机。

2. 员工考勤系统。

3. 建立一个销售制度——有一个订单的备份系统。

4. 无线 WIFI 链接方便吗？

5. 微信、支付宝和其他付款方式便捷吗？

6. 安全的现金存放。

7. 带摄像机的安全系统——减少负债和赔偿金。

十二、实施计划

1. 不要急于求成，要按照计划分阶段进行。

2. 还要做好应变准备。设计计划需要随时调整。

3. 聆听客户心声，听取客户建议。——建立网络媒体传播和粉丝群，不定期地开展饮酒活动，口碑相传最重要。

如果您对上述问题都考虑成熟了，那就动手干吧！现在下手，永远比不干要早。

第二节 精酿啤酒坊的设备组成

一、精酿啤酒坊基本工艺流程

精酿啤酒坊与大型啤酒厂相比辅助设备较少，但主要啤酒酿造的主要设备一应俱全，从麦芽粉碎、糖化、麦汁过滤、煮沸、麦汁冷却、发酵、过滤到灌装等工序（图12-5）。

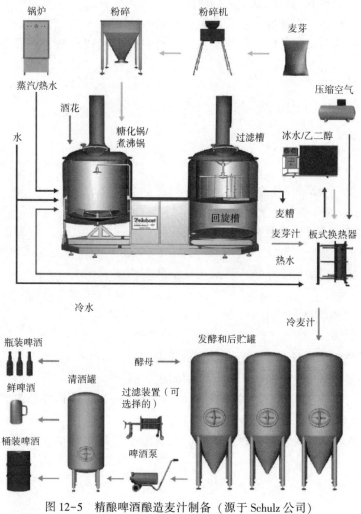

图 12-5 精酿啤酒酿造麦汁制备（源于 Schulz 公司）

二、啤酒坊产量与相关要求

啤酒的产量与糖化和发酵能力有密切关系（表12-1）。每天的产量大小直接决定了设备的投资规模和场地的占用面积、耗水量、耗电量。发酵周期与酿造啤酒的种类有关，下面发酵的拉格型啤酒相对上面发酵的爱尔型啤酒的发酵周期长。

表 12-1　　　　　　　　　　　啤酒产量与相关要求

单批次麦汁量/L	占地面积范围/m²	每批次总耗水/L	每批次麦芽消耗范围/kg	总耗电范围/（每批次/kW）	发酵周期/d
100	20~30	500	17~20	30	14~21
200	30~40	800	34~40	50	14~21
300	40~60	1500	55~60	80	14~21
500	60~70	2500	85~100	120	14~21
600	60~80	3000	100~120	160	14~21
800	80~90	4000	130~160	200	14~21
1000	80~100	5000	170~200	220	14~21
2000	150~160	10000	340~400	380	14~21
3000	160~200	13000	500~600	400	14~21
4000	160~220	16000	680~800	420	14~21

三、精酿啤酒坊设备配置方案

1. 单批次麦汁产量的确定

精酿啤酒坊中的设备以紧凑、小巧占地少为首选。酿造组合中尤以两器组合或三器组合为主，系统中包括供水装置、供热装置及供冷装置（表12-2）。控制系统多为手动控制，操作极为简便；也可以选用自动控制系统，操作触摸屏包含可视化系统和配方控制装置。

表 12-2　　　　　　　　　　糖化设备组成与糖化批次的关系

设备名称/组合形式	2 器组合	3 器组合	3 器组合	4 器组合	4 器组合	5 器组合
糖化锅			√	√	√	√
糖化锅/过滤槽一体	√					

续表

设备名称/组合形式	2 器组合	3 器组合	3 器组合	4 器组合	4 器组合	5 器组合
糖化/煮沸锅一体		√				
过滤槽		√	√	√	√	√
麦汁贮存罐					×	×
煮沸锅				√		√
煮沸锅/回旋槽一体	√		√		√	
回旋槽		√		√		√
糖化周期/h	7	6	6	5	4	3
24h 糖化批次	3	4	4	5	6	8

　　精酿啤酒设备的基本组成，主要有糖化系统、发酵系统、制冷系统和控制系统，其三维构成见图 12-6。

图 12-6　精酿啤酒坊酿造设备组成三维视图（资料源于克朗斯公司）

2. 建设啤酒坊必须明确的参数

（1）生产数据

①每年应该生产多少销售啤酒？

②之后有扩大的计划吗？

③明确销售旺季时的最大产能。

④能够同时生产和配发多少种不同的啤酒？

⑤年内生产能力不变吗？是；不，有几个月是最高产量：

⑥容量约：多少升/月啤酒销售量。

（2）技术规格

①带拱形圆顶的铜夹板（经典风格）；

②不锈钢圆锥圆顶抛光（工业风格）；

③不锈钢高光泽，拱形圆顶抛光（独家风格）；

④批次数量（L）：200、300、500、1000、2000、5000，其他 。

（3）操作程度　手动，半自动，远距离操控，全自动控制系统。

（4）供应蒸汽/热水　压力，温度。

（5）计划每天酿造多少啤酒？每天，平均工作日？一周

（6）发酵贮存区

①传统酿造工艺（开放式发酵罐，冷却储罐室）；

②现代联合酿造工艺（一罐发酵和贮藏罐）。

（7）过滤和灌装

①过滤：是/否；

②装桶：是/否；

③装瓶：是/否；

④其他灌装形式。

（8）供电　（220/380）V；（50/60）Hz，（单/三）相？

（9）安装地温度和湿度　最低（?）℃，最高（?）℃。

（10）供水来源　自来水，是否需要水处理设备，井水？

①供水的平均温度是多少？

②如有，请提供水的分析报告。

3. 啤酒坊的平面布置

啤酒坊需要根据场地的大小和实际房间尺寸来选定设备的配置和数量（图12-7），以便充分合理地安排各设备，方便操作，冷热区分开，制冷机必须放置在室外，便于通风和对流。

四、精酿啤酒坊糖化室主要设备组成

精酿啤酒坊的设备基本构成：粉碎机、糖化锅、过滤槽、煮沸锅（蒸汽加热，电加热管加热，直火加热）、回旋沉淀槽（分离热凝固物）、蒸汽锅炉（电加热，燃气，燃油）、板式换热器（建议使用一段式冷却，节能）、冷水罐（用来交换热麦汁）、热水罐（洗麦糟，回收热水等）、麦汁充氧、酵母添加，发酵罐、后储罐、乙二醇（冷媒）罐、制冷机，过滤机、离心机（可选）和离心泵、CIP清洗系统等组成。

啤酒坊可以根据自己的场地和产量等因素自由组合（图12-7），以确保生产出合格的麦汁和啤酒。

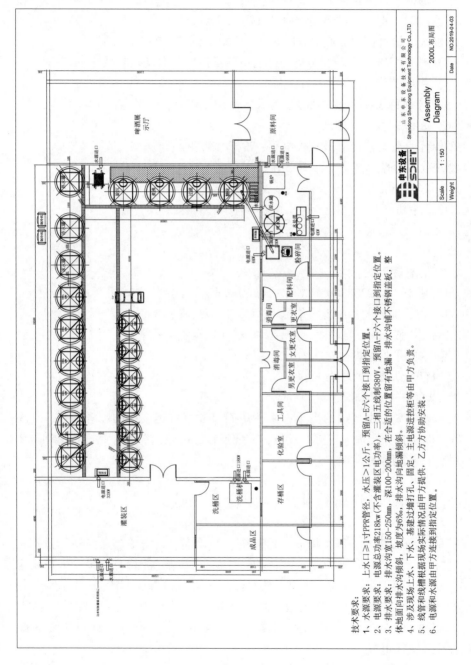

图 12-7　根据不同场地设计的设备布局图

技术要求：

1. 水源要求：上水口为1寸PPR管径，水压＞1公斤，预留A-E六个接口到指定位置。
2. 电源要求：电源总功率218kw（不含灌装区）电功率380V。预留A-F六个接口到指定位置。三相五线制380V。在合适的位置留有地漏。排水沟铺不锈钢盖板。整
3. 排水要求：排水沟宽150~250mm，深100~200mm，坡度为6%。排水沟向地漏倾斜。
   体地面向排水沟倾斜。
4. 涉及现场上水、下水、基建过墙打孔、固定，主电源进控柜等由甲方负责。
5. 线管和线槽根据现场实际情况由甲方提供，固定、主电源由甲方提供，乙方协助安装。
6. 电源和水源由甲方连接到指定位置。

1. 粉碎机

对辊式粉碎机是麦芽粉碎的最佳选择，其生产能力一般在 100~300kg/h，即可满足小型啤酒坊的生产（图 12-8）。可选用麦芽粉输送系统和料仓。

小型对辊粉碎机的特点如下。

（1）对辊平置，物料容易进入研磨区，拆装维修方便。

（2）快慢辊之间采用齿轮传动，传动效率高，运转平稳，噪音低。

（3）对辊采用自动调心轴承，保证精确地同心旋转，能承受较高的运转速度和对辊压力。

（4）优质钢轴头，合金钢对辊运转平稳噪音低。

（5）微调轧辊结构简单省力，调整精度高，数字显示。

图 12-8　小型对辊粉碎机

（6）外罩防护结构，简单方便。

（7）整机为全封闭结构，安全美观。

2. 糖化系统

（1）糖化容器的配置　糖化容器的大小因用途不同而有所区别。按 100kg 麦芽投料量计算，各容器的容积为：

糖化锅 6~8hL；过滤槽 6~8hL；麦汁煮沸锅 8~9hL；回旋沉淀槽 6~8hL。糖化容器的大小取决于打出麦汁量。

（2）传统型糖化锅及搅拌装置

传统型糖化锅：传统糖化过程在糖化锅中进行（图 12-9）。糖化锅主要用于麦芽淀粉、蛋白质的分解，使糖化醪液按照糖化工艺参数，调整温度和糖化休止时间，糖化结束后将醪液打入过滤槽。

糖化锅需具备加热和搅拌功能，一般采用蒸汽加热方式。其中搅拌器尺寸的设计非常重要，它的转速必须与锅体直径相适应，而且线速度不得超过 3m/s，否则会对醪液产生剪切力，使醪液内容物发生改变。

（3）醪液搅拌装置　对醪液搅拌装置的基本要求是：能使进行物料混合的固体颗粒呈悬浮状态，并均匀地分布在液体中，以避免局部过热，产生焦煳现象，影响麦汁和啤酒的质量。

近年来，世界啤酒设备公司对糖化醪液搅拌装置进行了大量研究和探索，提出了许多新观点和新方法，发明了几种新型的搅拌装置，现以德国 Huppmann 公司的新型搅拌桨叶（图 12-10）。桨叶直径达到罐体直径的 90% 以上，桨叶反向倾斜 45 度，并在桨叶上设置导流孔。

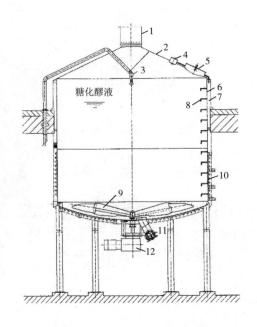

图 12-9　通用型糖化锅结构及组成

1—排汽筒　2—排汽锅顶盖　3—CIP 清洗　4—内部照明灯　5—视孔　6—锅壁夹套
7—保温层　8—攀登栏　9—搅拌器　10—加热管　11—醪液进口和出口　12—驱动电机

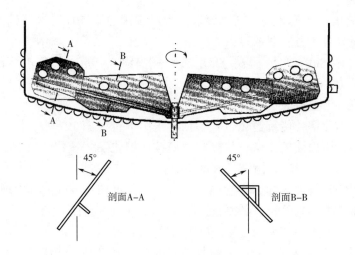

图 12-10　德国 Huppmann 公司新型搅拌桨叶结构简图

　　兹曼公司最新研发了 Colibri 无损拱形搅拌器（图 12-11）。糖化醪液的上部总是有悬浮的大麦皮，常规搅拌器无法采用震动的方式将麦皮融入到醪液中。为达到糖化醪液的最佳混合效果，新型搅拌器底部采用多孔板设计，加强醪液在加热区的对流和混合，并在对称桨叶末端连接了两个拱形垂直装置，有效地提高了醪液的升温速度和混合的均匀度。搅拌转速较慢，对醪液的剪切力降低。

图 12-11　兹曼公司 Colibri 无损拱形搅拌器

（4）小型糖化锅/煮沸锅　小型糖化锅/煮沸锅大多采用蒸汽加热，也可以使用电加热管加热或直火加热方式。

该设备主要由罐体、上下封头、人孔门、下料器、搅拌装置、进出料口和CIP 清洗环管组成（图 12-12）。新型下料器能对麦芽粉和下料水充分融合，避免结块现象的发生。锅内的挡板有助于醪液混合均匀并平均受热。鲨鱼皮内部表面设计，增加了单位面积的加入效率。

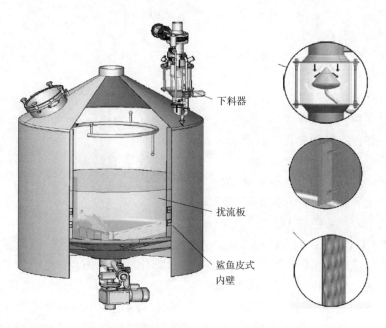

下料器

扰流板

鲨鱼皮式
内壁

图 12-12　小型糖化锅/煮沸锅（源于 Schulz 公司）

（5）单体式麦汁制备装置　德国 Speidel Braumeister 新型糖化、过滤槽、煮沸锅和回旋槽多功能，组合一体式麦汁制备系统（图 12-13），使用一个罐体和过滤内胆的方式，完成全部糖化过程，操作简单方便，设备占地面积小。

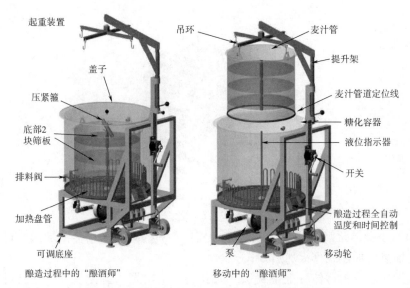

起重装置 / 盖子 / 压紧箍 / 底部2块筛板 / 排料阀 / 加热盘管 / 可调底座
吊环 / 麦汁管 / 提升架 / 麦汁管道定位线 / 糖化容器 / 液位指示器 / 开关 / 酿造过程全自动温度和时间控制 / 泵 / 移动轮

酿造过程中的"酿酒师"　　　　移动中的"酿酒师"

图 12-13　德国 Speidel Braumeister 新型糖化系统

"酿酒师"（Braumeister）200L 糖化系统的技术参数如下。

①重量：150 kg，附加组件和提升装置

②尺寸：1360cm（长）×900cm（宽）×2080cm（高）

③加热线圈：3×3kW

④泵：1×370W-转速控制

⑤供电：400V~3 相

⑥最低熔断器保护：16A

⑦总功耗：9.4kW

⑧冷却：双冷却夹套，面积 1.2m^2

⑨容量：麦汁量约 210L

⑩麦芽用量：最大麦芽用量 42kg

⑪最大容积：拉杆上的顶部标记=230L

⑫最小容积：拉杆上的底部标记=200L

（6）蒸汽加热式两器糖化系统　蒸汽加热式麦汁制备系统，是目前在美国使用最为广泛的两器糖化系统（图 12-14）。糖化和过滤槽为一体，煮沸锅和回旋沉淀槽为一体。投料时先将 67~68℃ 热水加入过滤槽中，打开耕刀代替搅拌，再将粉碎好的麦芽粉与水充分混合，进行糖化。糖化结束后，将麦汁泵送到煮沸锅中，洗槽时用泵将热水罐中的热水打入过滤槽中洗槽。煮沸结束后，用泵在煮沸锅中打循环，回旋结束后再通过扳式换热器将麦汁降温，通风添加酵母进入发酵罐，便于温度控制的系统。通过蒸汽加热盘带或加热管加热醪液和麦汁，受热均匀，不易造成局部过热。根据客户要求，设备厂家也可以在过滤槽筒体部位设置加热盘带，这有利于糖化温度的调整。

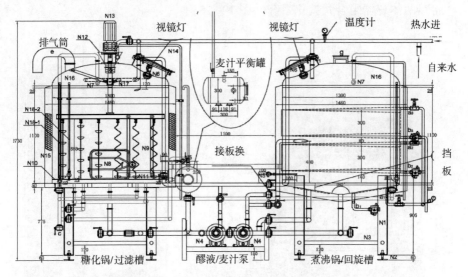

图 12-14　美式两器组合糖化系统

（7）直火加热式三器糖化系统　直火加热式麦汁制备系统（图 12-15），采用第一能源加热麦汁和水，这大大地降低了酿酒成本。特别是在电力供应不足的地区尤为适合，美国很多精酿啤酒厂使用该方法酿酒，其采用天然气和丙烷作燃料，使用炉盘或燃烧器加热麦汁和水。

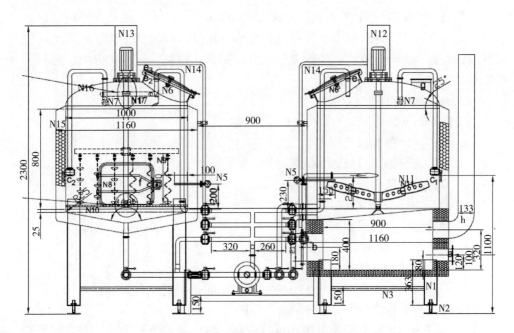

图 12-15　直火加热式两器组合糖化系统

（8）两体三器组合式糖化系统（图12-16）

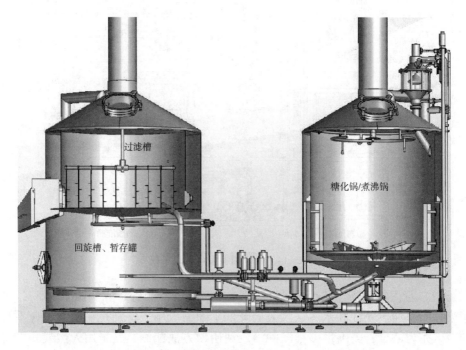

图 12-16　两体三器组合式糖化系统（源于 Schulz 公司）

德国 Schulz 公司的酿造单元（BRAU BLOCK）——多功能糖化系统。该系统使用三个容器，完成五个容器的糖化操作，这是目前世界上使用最广泛的一种组合系统。占地面积小，操作方便，实现糖化、过滤、暂存、煮沸、回旋分离等工艺要求。

该酿造单元的特点：

①设备配置灵活多变

a. 标准设计在 5~25hL；

b. 预装在机架上，以减少装配时间；

c. 空间的最佳利用；

d. 可提供各种尺寸和容器类型；

e. 预管道、预接线和测试；

f. 容纳麦汁注入和糖化过程的灵活性；

g. 配有单独的麦汁罐；

h. 可在经典的酒吧酿酒厂风格中看到"Brauhaus"（铜外包）模式。

②优化系统确保干燥麦芽的无粉尘下料

a. 麦芽粉的流动首先是以中心位置为主，然后在整个过程中被来自四面八方的水彻底浸透。结果是在最低的搅拌器中将流经搅拌器的成品捣碎，可能的速度进入搅拌船。这一过程温和的处理也有助于避免氧化。

b. 卫生安全的流动保护板消除了无效的循环流动,并确保完美的混合。

c. 加热缸架面积保证了优良的加热率,即使在降低加热介质温度的情况下也是如此。

③糖化锅/煮沸锅(热水罐)

a. 扰流板

b. 隔热罩、框架和底座

c. 变频驱动单元

d. 麦汁分配器

e. 具有沿底部和罐体侧壁的加热区,温和加热系统

④过滤槽

a. 用经认证的安全控制将麦糟过滤掉

b. 安装或折叠用过的谷物转向器

c. 过滤压差智能测量系统

d. 机床铣制筛板

e. 筛板底部冲洗

⑤回旋槽/暂存和热水罐

a. 可作为独立热水罐使用

b. 回旋槽:完全分离热凝固物

c. 容器的最佳利用

(9) 四器组合式糖化系统　该系统(图 12-17)采用四器组合:糖化锅、过滤槽、煮沸锅和回旋槽,是一种更具工艺灵活多变的糖化组合。

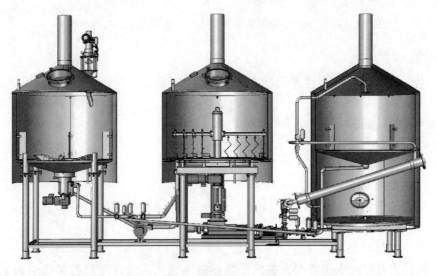

图 12-17　四器组合式糖化系统(源于 Schulz 公司)

该系统的技术特点如下。

①30~200hL 的麦汁输出量；

②各种组合和容器数量（3~6 个）；

③不同酿酒设备组合；

④可以随时扩展；

⑤使用全自动化系统（BRUMATAIK S7）；

⑥使用最佳选择；

⑦可供选择的全自动卫生清洗设施，包括所有生产设备和管道。

（10）带热能回收装置的糖化系统　该系统利用设置在回旋沉淀槽后的真空蒸发器（图 12-18），将热麦汁在真空下蒸发，再将蒸汽中的热能通过换热器将热能通过冷水转化为热水。

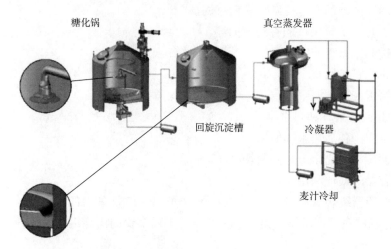

图 12-18　带热能回收装置的糖化系统（资料源于 Schulz 公司）

五、啤酒坊发酵系统

啤酒坊发酵系统主要由下列部分组成。

（1）敞口发酵罐

（2）锥形发酵罐

（3）后储罐

（4）清酒罐

（5）酵母扩培和添加罐

（6）发酵控制系统

敞口式发酵罐应用较少，德国传统酿造工艺大多使用敞口发酵罐进行前发酵，但对卫生管理要求较高。锥型发酵罐是目前使用最广泛的一种发酵容器，下锥 60°方便冷凝物和酵母排放，侧面人孔门设计方便人员进入发酵罐，由于人孔门处没有保温，在 0℃储存啤酒时的冷耗较顶部人孔门高。

（1）锥形发酵罐的特点

①具有锥底，角度在 60°~90°，主发酵后回收酵母方便。为保证啤酒良好的过滤性，酵母多采用絮凝性良好的菌株。

②罐体设有冷却夹套，冷却能力能满足工艺降温要求。罐的柱体部分设 2~3 段冷却夹套，锥体部分设一段冷却夹套，这种结构有利于酵母沉降和保存。

③锥形罐是密闭罐，可以回收 CO_2，也可进行 CO_2 洗涤；既可作发酵罐用，又可作贮酒罐用。

④发酵罐中酒液的自然对流比较强烈。罐体越高，对流作用越强。对流强度与罐体形状、容量大小和冷却系统的控制有关。

⑤锥形罐具有相当的高度，絮凝性较强的酵母较易沉淀，而絮凝性差的酵母就需要借助其他手段进行酵母分离。

⑥锥底罐不仅适用于下面发酵，同样也适用于上面发酵，在山东很多啤酒厂已经使用锥形发酵罐生产上面发酵的小麦啤酒。

（2）锥形发酵罐的结构　锥形发酵罐主要由罐的筒体、下锥体和顶部封头组成。通常采用不锈钢 SUS304 制作。锥形发酵罐的结构图见 12-19。

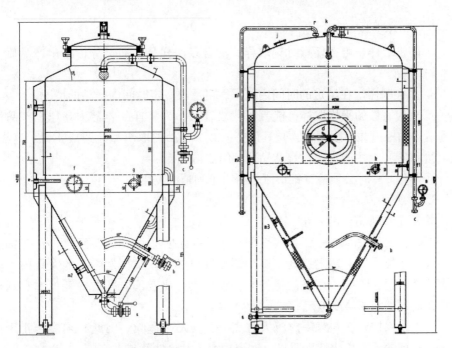

图 12-19　锥形发酵罐结构（左：底部圆形人孔，右：腰部椭圆形人孔门）

（3）发酵罐的附件

①温度计：在主酵过程中，需要进行准确的温度控制和精确的温度测量。由于在这期间罐内会出现强烈的对流，形成温差，因此需要在罐的上部 1/3 处和罐的下部 1/3 处分别安装温度计。现在啤酒厂的温度控制多采用计算机。

②液位高度显示器：罐内液位的检查很重要。通过压差变送器，可以将压力信号转换为液位高度。通过计算机，可以很方便地换算出罐内酒液的体积。

③压力表或压力感测器：在发酵和贮酒过程中，必须监控锥形罐的压力。压力显示使用传统的压力表，或使用压力感测器与计算机连接，采集数据，随时检查正、负压保护阀是否正常。

④最低液位探头和最高液位探头：每个锥形罐都安装有最低液位和最高液位探头，以保证在进液时不超过最高液位，在出罐时能终止液体的流出。探头的作用十分重要。

在此要特别阐明：若达到最高允许液位时，进液仍未停止，则在发酵时，泡沫上升的自由空间就会不够。泡沫会通过罐顶阀门并从上升管中流出，由此使整个设备都被泡沫"污染"，造成很大的危害。此外，锥形罐的酒液全部排空会使罐中吸入大量空气，损失同样不小（进液时，还得备压）。

⑤取样装置：锥形罐上设有取样口，取样口与自动取样装置连接。自动取样装置借助于固定安装的小泵进行循环，利用此泵可随时进行酵母或嫩啤酒的取样。

从管道中取样的可行办法有：

a. 随机取样。可在任意时刻取样，混合多次样品，通过分析得出产品质量的平均结果。

b. 多次取样。在给定的时间内取样，可反映一定时间内样品的情况。

c. 有代表性的平均取样，能真正代表样品。先将样品容器内备压至产品流过管道中的压力并不断调整，与其保持一致。样品的取出与流速成正比；这样，在"量和质"上才能真正代表产品及其组成情况。

⑥人孔：有时必须检查锥形罐是否有下列情况发生：

a. 出现裂缝或腐蚀；

b. 罐上或管道中的死角。

因此，大型发酵罐一般上下各开一个可关闭的人孔，其直径至少为 500mm。下部人孔在锥体最下端出口处，旋松螺母即可卸下。小型发酵罐的人孔门大多在罐顶部或罐的腰部。需要注意的是，顶部人孔比腰部人孔的冷耗低，有利于啤酒在后贮期间的温度恒定。

⑦正压保护阀：发酵罐内压力升高时，会发生危险。因此必须安装正压保护阀。空罐的压力变化特别明显，罐容越大，危险性就越大。

⑧真空阀或负压保护阀：大罐对真空很敏感，较小的负压就会导致其外形

的改变。负压造成的危险远比大罐超压要大。即使温度只有很小的变化，也会造成较大的气体体积的变化。

⑨CIP 清洗装置：锥形罐当然要采用 CIP 系统清洗。冲洗喷头与罐顶装置相连接，保证罐顶和罐体都能很好地被清洗。清洗罐顶装置时，要卸下所有的阀门，以防止黏接。CIP 清洗装置是发酵罐中重要的组成部分，它是加强啤酒安全生产和卫生管理的前提。大罐的清洗装置主要有三种形式，即固定式洗球、旋转式洗球和旋转式喷射洗罐（锥形罐的清洗技术详见清洗篇）。

六、啤酒坊其他重要组成

1. 制冷系统

（1）制冷机组一体机，（2）半封闭式制冷机，（3）全封闭式制冷机，（4）冷媒罐（乙二醇、酒精），（5）冷媒循环泵。

2. 清洗设备——带清洗罐的移动式清洗车和洗桶机

（1）CIP 清洗罐，清洗泵，泵控制系统，（2）CIP 清洗车，（3）桶清洗机。

3. 啤酒过滤

（1）硅藻土过滤机，（2）板框式过滤机，（3）离心机，（4）膜过滤机。

4. 灌装系统

（1）不锈钢洗桶和灌装机，（2）玻璃瓶灌装，（3）易拉罐、异形瓶灌装等。

5. 其他辅助设备

（1）无油润滑空压机，空气无菌过滤器，（2）二氧化碳钢瓶，减压阀，（3）食品级卫生橡胶软管，（4）温度计，（5）糖度表，（6）排糟小车，（7）磅秤，（8）管道、阀门、接头等，（9）售酒桶分配器，（10）不锈钢桶、二氧化碳钢瓶与减压阀，（11）手持式糖度仪，测糖比重计等，（12）工具箱等。

表 12-3		小型啤酒坊设备的控制系统		
	01	控制柜	1 套	国际标准 GGD 柜体（喷塑）700×400×2000
	02	糖化控制	配套	温度显示，麦汁泵变频调速，搅拌启动/停止控制
控制系统	03	发酵控制		发酵罐温度手/停/自动控制温度，自动控制压力，冰水泵的手/停/自动启停控制
	04	制冷控制		冰水罐/冷水罐温度手/停/自动控制温度压缩机保护，等等
	05	清洗控制		洗涤泵的启停控制

续表

	06	粉碎控制		粉碎电机的启停控制
控制系统	07	控制线、信号线	配套	信号线采用抗干扰信号线，提高温度采集准确性，准确度达到 0.5%，提高啤酒发酵温度的准确性

第三节　精酿啤酒坊售酒系统

一、桶装啤酒组合售酒系统

桶装啤酒组合售酒系统（图 12-20）是桶装啤酒分发系统当中适应性、灵活性最强的系统之一，更是未来的主力分发系统之一，智能双冷机即是其代表作品。该系统通过一体化设计，将啤酒机、冷柜、酒柱、气瓶等组件完美整合，匹配不同风格的酒柱以及可根据啤酒品牌风格定制的外观造型，呈现出完美的终端分发解决方案。

图 12-20　桶装啤酒组合售酒系统（资料源于塔罗斯公司）

（1）方案特点：一体化、智能化、个性化。

（2）主要利益：移动便利、多种啤酒销售、可搭载 100 多种酒塔。

（3）独特价值：啤酒品牌象征、极致场景体验。

（4）可选机型：1~8 头。

（5）适用场景：机型多样，室内外全场景适用。

二、啤酒吧台售酒系统

吧台系统是顶级冷库系统以外最为专业的分发系统（图 12-21），根据经营品种的数量及台下空间的大小，灵活调配方案，实现酒桶、啤酒机及组件的明装、暗装处理，拆装、维护保养十分便捷。因其可选配风格多样的酒塔，往往成为酒吧的第一视觉印象，被称为"百分百的啤酒推销员"。

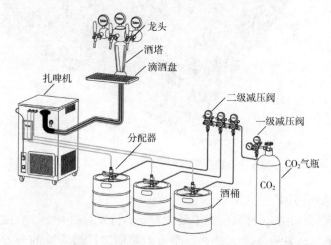

图 12-21　桶装啤酒速冷组合售酒系统（资料源于塔罗斯公司）

（1）方案特点：模块化、智能化、个性化。

（2）主要利益：超强出酒、多种啤酒销售、可搭载 100 多种酒塔。

（3）独特价值：极致场景体验。

（4）可选机型：1~8 头。

（5）适用场景：适用于大、中、小型，拥有前置吧台的经营场所。

三、冷库系统

迄今为止，这是国内桶装啤酒分发领域第一套具有自主知识产权、市场充分验证的解决方案。

塔罗斯公司对上百家桶装啤酒专业经营场所进行实地访谈调研，对国内桶装啤酒主要消费城市在场景风格、经营规模、盈利现状、酒品种类与数量、销售时段及人流规模等方面展开专业分析，以此形成国内主要经营业态的个性需求进行分析并专项研究突破，成功推出桶装啤酒冷库组合售酒系统（图12-22）。

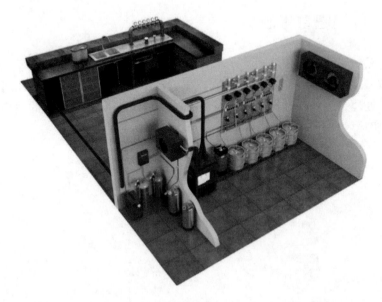

图12-22　桶装啤酒冷库组合售酒系统（资料源于塔罗斯公司）

1. 冷库系统解读

冷库系统是On-Tap售酒模式中最为专业的分发解决方案，在欧美地区广泛流行。该系统集分发设备之大成，也是专业啤酒工厂最青睐的分发方式，根据出酒终端的不同分为壁出式、吧台式两种类型，可以说是一个专业桶啤经营场所的标志。

（1）方案特点：模块化、智能化、个性化。

（2）主要利益：超强出酒，短、长距离输送，多种啤酒销售。

（3）可选系统：冷库自酿壁出式、吧台式；冷库桶啤壁出式、吧台式。

（4）独特价值：专业酒吧标志、极致场景体验。

（5）适用场景：适用于中、大型，酒品种类多、自酿或桶啤的经营场所。

2. 输酒组件

个性十足的酒柱、龙头是整套分发系统中最引人注目的组件。客户可以根据自己的需求定制酒柱、龙头等组件。

3. 冷却组件

研究表明，在3℃时，啤酒泡沫既细腻又持久，口感丰富、舒适；塔罗斯独创双层双冷技术，采用恩布拉科压缩机、双层制冷管的冷库专用啤酒机，不仅确保持续出酒时的高效稳定制冷，还具备高温环境的快速制冷能力。

4. 进气组件

塔罗斯进气组件由控压式、CO_2 式、混合式三种进气方式组成，可根据啤酒品种、场地因素灵活配置。

5. 控压组件

不同品种的啤酒需要设置不同的气压。气压过高，进入酒桶的 CO_2 过多会造成啤酒泡沫过多，影响口感并造成酒的浪费。气压过低，进入酒桶的 CO_2 不足，影响泡沫的形成影响口感。

其气压控制系统主要由减压阀、气体混合器组成，可实现酒桶压强的精准化管理，还可以现场混合 CO_2 和 N_2，降低经营成本。

四、冷库——桶装啤酒吧台式解决方案

桶装啤酒吧台（图 12-23）解决了酒库与经营场所分离的情况下，长距离啤酒输送过程中温度易升高和出酒效率低的难题。常规输送距离 30m，最长输送距离可达 150m。

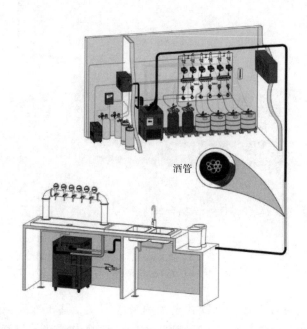

酒管

图 12-23　桶装啤酒吧台组合售酒系统（资料源于塔罗斯公司）

五、冰封系统

冰封系统通过循环水高强制冷，在酒塔表面形成细腻而持久的冰层，为啤酒二次降温，从而起到辅助稳定酒温、确保高效出酒的作用。

六、冷库——桶装啤酒壁出式解决方案

满足了酒库与经营场所分离的情况下，短距离运输啤酒的需要。穿过酒库墙壁直接打酒，因此，又称壁挂式直接打酒系统（图12-24）。

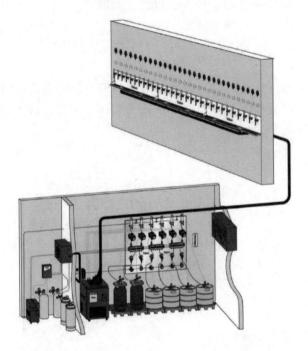

图12-24　桶装啤酒壁出式组合售酒系统-1（资料源于塔罗斯公司）

七、冷库——桶装啤酒壁出式解决方案

完美酒品的极致表达，是壁式出酒的最佳定义。基于冷库系统原理，桶装啤酒壁出式解决方案能够满足酿酒师对每一种啤酒出酒端的精确控制，实现对酒温、泡沫形态、比例的严苛追求（图12-25）。

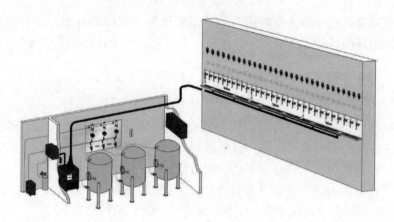

图 12-25　桶装啤酒壁出式组合售酒系统-2（资料源于塔罗斯公司）

八、冷库——自酿啤酒吧台式解决方案

一个成功的自酿酒吧往往有一批忠实的拥趸，而这背后往往是那位追求完美细节的酿酒师。冷库式自酿啤酒吧台组合售酒系统是一个不错的解决方案（图 12-26）。

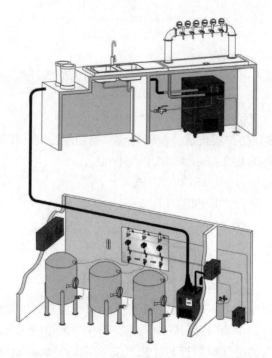

图 12-26　自酿啤酒吧台组合售酒系统（资料源于塔罗斯公司）

塔罗斯基于冷库系统原理研发的自酿啤酒吧台式解决方案，专为顶级酿酒师提供出酒端的极致酒品保障，并擅长以个性化吧台场景凸显酒品风格。

九、新型啤酒太空桶

传统啤酒桶将被新型容器替代，塑胶和不锈钢材质的啤酒包装容器是目前使用最为广泛的新鲜啤酒运输和售酒容器（图12-27），随着技术的不断进步和创新，一种新型的太空桶已越来越受到消费者的喜爱。

太空桶容积通常有20L（直径235mm、高度580mm、空桶质量1100g）和30L（直径295mm、高度580mm、空桶质量1350g）两种规格。

图12-27　传统啤酒桶（左）和新型太空桶（右）

1. 太空桶酒液传输原理

塔罗斯太空桶采用全新输酒技术，通过向桶内灌入压缩空气对铝袋产生挤压力传输酒液。

2. 多层防护，保护酒品

太空桶体由多层防护层组成，抗紫外线，高阻隔性能，保证了酒品的纯正。

（1）材质：防爆PET+高阻隔PET+环保铝袋。

（2）正常使用压力：0.15~0.25MPa。

（3）最高使用压力：0.3MPa。

（4）爆破压力：<0.6MPa。

（5）桶身颜色：透明。

（6）酒茅型号：D型。

3. 快速连接，快速出酒

（1）检查分配器的单向进气阀、止逆头、出酒垫片有无缺失。

（2）将分配器的手柄向上拉到最高位，确保分配器的进气处于关闭状态。

（3）将分配器的进气螺帽拧紧，把气管连接到分配器进气接头处，用卡箍钳把气管上的卡箍夹紧。

（4）将分配器的出酒螺帽拧紧，把酒管连接到分配器出酒接头处，用卡箍钳把酒管上的卡箍夹紧。

（5）将分配器连接至酒茅头，顺时针拧紧，确保密封。

（6）解除分配器把手锁位，向下压把手，听到咯嚓一声，确保分配器处于打开状态。

（7）打开气源，气体进入太空桶的 PET 桶体与酒袋之间。酒袋受压后，酒液通过分配器进入酒管，直至酒柱的龙头处。

（8）打开龙头就能出酒。

4. 便利回收

（1）关闭气源，将分配器手柄解锁，手柄向上拉至最高处，确保分配器处于关闭状态。

（2）逆时针旋转，拆出分配器。

（3）将专用排压工具插入酒茅头并向下压，以此进行桶体排压，直至压力排空。

（4）拆出专用排压工具并妥善保管。

（5）用脚将桶身踩扁，并放入回收桶。

第四节　开办啤酒坊和精酿啤酒厂需要办理的手续

一、开办啤酒坊需要办理的手续

开办小型的餐饮一体的小型啤酒坊对证件的要求相对简单。需要办理的证件如下：

1. 首选注册营业执照，然后再办理卫生许可证、健康证、消防证等。

2. 办理食品经营许可证。设备安装调试完成，酿造出酒后，取样送到当地食药监局，拿到检测报告后，注册食品经营许可证。

二、精酿啤酒厂需要办理的手续及证件

近几年精酿啤酒发展迅猛，开设精酿啤酒厂在手续办理上相对啤酒坊要复杂。简单地讲，开办一个精酿啤酒厂需要一份批文、一个执照、两个评估、一个许可证。前期需要办理的工作：第一，项目立项，申报项目审批；第二，申请营业执照；第三，进行环保评估；第四，进行消防评估。后期工作：申请食

品生产许可证（SC）。

按照国家的规定，可能造成环境污染和生态破坏的项目，在可行性研究阶段，都要进行环境影响评价，然后才可以办理其他前期手续。所以，啤酒厂也不例外，要在开工之前进行环保评估工作，获得环保局的批复后，才能申请开工许可证。

1. 项目审批：一个酒厂的申办首先要获得国家发改委的批文，因为国家发改委在 2013 年的计划中将每小时灌装量在 18000 瓶以下的瓶装生产线定为国家淘汰类轻工生产线，所以要想获得批文，首先就要考虑到自己生产线的生产能力是否达到国家的标准。但是每个地方的审核标准不一样，最好到当地主管部门查一下当地的标准（以国家标准为指导，按照地方标准执行）。

2. 营业执照：申请营业执照（略）。

3. 环保评估

（1）首先建立啤酒厂使用的土地必须是工业用地，其他性质的土地直接不给予受理，用地性质非常重要。

（2）根据环保评估单位的要求撰写环评报告，必须按照他们的要求提供相关资料。环保部门首先去现场勘察，了解周围环境的具体情况。需要提供可行性研究报告，了解拟建项目的规模、工艺过程、原辅材料等内容。详细内容可咨询当地环保部门。还需要搞清楚项目建设地周围是否有自然保护区、水源地、居民点等环境敏感点。

4. 消防评估：健全各种消防设施，如：消防栓、消防通道等。

5. 食品生产许可证：直接到当地食品药品监督局办理，咨询提供的相关材料有哪些。

需要准备的资料有：（1）食品生产许可申请书；（2）营业执照；（3）食品生产加工场所及其周围环境平面图；（4）各功能区间布局平面图；（5）工艺设备布局图；（6）食品生产工艺流程图；（7）食品生产主要设备、设施清单；（8）进货查验记录、生产过程控制、出厂检验记录、食品安全自查、从业人员健康管理、不安全食品召回、食品安全事故处置；（9）保证食品安全的规章制度等相关一系列资料；（10）人员要求：化验员；（11）出示自己生产啤酒在当地食药监局的检测合格报告。

三、SC 生产执照申请需要关注的问题

1. 申请啤酒 SC 执照需要许多的投入，所以一开始资金是非常重要的：你需要设立企业，租赁生产厂房，采购原材料，购置生产设备、清洁设备、检验设备，招聘管理和技术员工等，只有硬件条件都准备好了，你才可以着手进行申请。

2. 如果想要销售啤酒，最开始的第一步需要注册公司，而且公司的经营范围需要啤酒酿造生产以及销售，从企业的经营角度允许啤酒生产和销售以后，才可以向有关部门提交申请。

3. 关于生产场所规定，国家也在《啤酒生产许可证审查细则》中详细说明：啤酒生产企业应建在地势高、水源充足的地区。厂区应设绿化带，应有良好的排水系统，必须设有废水、废气处理系统。废水、废气的排放应符合国家排放标准。

4. 布局上主要考察的两点：安全和卫生。

5. 申请 SC 执照的设施考核主要有：生产设施、清洁设施、检验设施三个类别。

四、关于原辅材料

国家在《啤酒生产许可证审查细则》的说明是：生产啤酒所用的原辅材料应符合相应的国家标准和行业标准的规定：

①麦芽应符合 QB 1686—1993《啤酒麦芽》的规定。

②大米应符合 GB 1354—1986《大米》的规定。

③啤酒花应符合 QB/T 3770.1—1999《压缩啤酒花及颗粒啤酒花》的规定。

④啤酒瓶应符合 GB 4544—1996《啤酒瓶》的规定。

⑤如使用的原辅材料为实施生产许可证管理的产品，必须选用获得生产许可证企业生产的产品。

⑥人员配置方面，可以一个人多个岗位，提前参加培训，需要检验员，还有质检员两本证书，普通有生化知识的人，经过培训一般 1 个月内能胜任。

⑦最后是关于企业质量管理制度的，这一些你可以访问中国国家标准化管理委员会网站查询并下载。

五、啤酒生产许可证审查细则

1. 发证产品范围及申证单元

实施食品生产许可证管理的啤酒产品包括所有以麦芽（包括特种麦芽）、水为主要原料，加啤酒花（包括酒花制品），经酵母发酵酿制而成的，含有二氧化碳的、起泡的、低酒精度的发酵酒。不包括酒精度含量<0.5%（体积分数）的产品。

啤酒的申证单元为 1 个。

在生产许可证上应当注明获证产品名称即啤酒，并注明生产的产品品种（熟啤酒、生啤酒、鲜啤酒、特种啤酒），生产许可证有效期为 3 年。

2. 啤酒基本生产流程及关键控制环节

（1）基本生产流程

糖化→发酵→啤酒过滤→包装。

（2）关键控制环节

①原辅料的控制；

②添加剂的控制；

③清洗剂、杀菌剂的控制；

④工艺（卫生）要求的控制；

⑤啤酒瓶的质量控制。

（3）容易出现的质量安全问题

①在原辅料的贮运过程中，出现污染；

②食品添加剂的超范围使用和添加量超标；

③清洗剂、杀菌剂等在啤酒中存在残留；

④在啤酒生产中，清洗过程和杀菌过程不符合要求；

⑤啤酒瓶的质量以及啤酒瓶的刷洗过程不符合要求。

3. 必备的生产资源

（1）生产场所　啤酒生产企业应建在地势高、水源充足的地区。厂区应设绿化带，应有良好的排水系统，必须设有废水、废气处理系统。废水、废气的排放应符合国家排放标准。

（2）必备的生产设备

①原料粉碎设备；②糖化设备；③糊化设备；④麦汁过滤设备；⑤煮沸设备；⑥回旋沉淀设备；⑦麦汁冷却设备；⑧酵母扩培设备；⑨发酵罐；⑩啤酒澄清设备；⑪清酒罐；⑫灌装设备；⑬杀菌设备（熟啤酒应具备）；⑭无菌过滤和无菌包装设备（纯生啤酒的生产还应有全面的生产过程无菌控制）。

4. 产品相关标准

GB 4927—2001《啤酒》；GB 2758—1981《发酵酒卫生标准》；GB 10344—1989《饮料酒标签标准》；GB 4544—1996《啤酒瓶》；备案有效的企业标准。

5. 原辅材料的有关要求

生产啤酒所用的原辅材料应符合相应的国家标准和行业标准的规定。麦芽应符合 QB 1686—1993《啤酒麦芽》的规定；大米应符合 GB 1354—1986《大米》的规定；啤酒花应符合 QB/T 3770.1—1999《压缩啤酒花及颗粒啤酒花》的规定；啤酒瓶应符合 GB 4544—1996《啤酒瓶》的规定；如使用的原辅材料为实施生产许可证管理的产品，必须选用获得生产许可证企业生产的产品。

6. 必备的出厂分析检验设备（表 12-4）

表 12-4 **啤酒厂化验室 SC 认证所需的基本仪器设备**

仪器名称	主要用途
分析天平（0.1mg）	样品称量
浊度仪	检测浊度
紫外分光光度计	定量分析
二氧化碳测定仪	检测产品中的二氧化碳
高压消毒灭菌器	样品及实验用品的消毒灭菌
生化培养箱	微生物培养
无菌室或超净工作台	菌类测定，酵母扩大培养
酸度计	pH 测定
恒温水浴	恒定温度

7. 检验项目及判定原则

（1）检验项目 啤酒的发证检验、监督检验、出厂检验分别按照下列表格中所列出的相应检验项目进行（表 12-5）。出厂检验项目中注有"*"标记的，企业应当每年检验 2 次。

表 12-5 **啤酒产品质量检验项目表**

序号	检验项目	发证	监督	出厂	备注
1	色度	√	√	√	
2	净含量负偏差	√	√	√	
3	外观透明度	√	√	√	对非瓶装的鲜啤酒不要求
4	浊度	√	√	√	对非瓶装的鲜啤酒不要求
5	泡沫形态	√	√	√	
6	泡持性	√		√	对桶装（鲜、生、熟）的啤酒不要求
7	香气和口味	√	√	√	
8	酒精度	√	√	√	
9	原麦汁浓度	√	√	√	
10	总酸	√	√	√	
11	二氧化碳	√	√	√	
12	双乙酰	√	√	√	对浓色和黑色啤酒不要求
13	蔗糖转化酶活性	√	√	√	仅对生啤酒和鲜啤酒有要求
14	真正发酵度	√	√	√	仅对干啤酒有要求

续表

序号	检验项目	发证	监督	出厂	备注
15	菌落总数	√	√	*	对生、鲜啤酒不要求
16	大肠菌群	√	√	√	适用鲜啤酒
				*	适用鲜啤酒以外的啤酒
17	铅	√	√	*	
18	二氧化硫残留量	√	√	*	
19	黄曲霉毒素 B_1	√		*	
20	N-二甲基亚硝胺	√			
21	标签	√	√		

注：1. 标签必须标注的内容：产品名称、原料、酒精度、原麦汁浓度、净含量（净容量）、制造者名称和地址、灌装（生产）日期、保质期、采用标准号及质量等级；2. 啤酒在标签、附标或外包装上应印有"警示语"——"切勿撞击，防止爆瓶"。

（2）项目分类

①缺陷项目：菌落总数、大肠菌群、铅、二氧化硫残留量、黄曲霉毒素 B_1、N-二甲基亚硝胺。

②严重瑕疵项目：净含量负偏差、包装、标签、特种啤酒的特征性指标（指：干啤酒的"真正（实际）发酵度"、冰啤酒的"浊度"）、生啤酒及鲜啤酒的"蔗糖转化酶活性"和双乙酰。

③一般瑕疵项目：除缺陷项目和严重瑕疵项目以外的其余项目。

（3）判定原则

①检验项目全部符合规定的，或只有1项一般瑕疵项目不符合规定且不低于下一个质量等级指标的，判为符合发证条件。

②其他情况均判为不符合发证条件。

8. 抽样方法

根据企业申请取证的产品品种，每类随机抽取1种产品进行发证检验。

在企业的成品库内，从同一规格、同一批次的合格产品中随机抽取样品。所抽每个品种应为企业生产的主导产品。听、瓶装啤酒的抽样基数不得少于200箱。桶装啤酒的抽样基数不得少于100桶。净含量≥500mL 的抽样数量为24瓶（听），净含量<500mL 的抽样数量为32瓶（听）。桶装啤酒的抽样数量为2桶。所抽样品1/2用于检验，1/2用于备查。核查组抽样人员与被抽查企业陪同人员确认无误后，双方在抽样单上签字、盖章，并当场加贴封条封存样品后送检验机构。封条上应有抽样人员签名、抽样单位盖章和抽样日期。

9. 其他要求

瓶装啤酒外包装应使用符合 GB/T 6543 要求的瓦楞纸箱、符合 GB/T 5738

要求的塑胶周转箱，或者使用软塑整体包装。瓶装啤酒不得用绳捆扎销售。

建立独立于酒店之外的小型啤酒厂需要办理 SC 生产认证后，才能生产啤酒并将产品销售到其他酒店和超市。

建设者可以根据自己的销售模式，选择办厂或在酒店和餐馆建设酿酒设备。开设一家啤酒坊，可谓五脏俱全，每个细节都关乎成败。酿酒和营销两者不可偏废。拥有一家自己的啤酒坊，酿造自己和消费者喜爱的啤酒，将您的激情和努力融入到啤酒中，那您的梦想就一定能够实现。让我们一起酿造美好的未来吧！

附　录

附录一　美国酒花香气特征一览表

酒花品种 英文名称	酒花品种 中文名称	水果香	坚果香	热带水果香	柑橘香	花香	辛辣味	烟草、泥土香	雪松香	药草香	松木香	青草香
Ahtanum	阿塔纳姆				√	√						
Alph Aroma	阿尔法香			√	√							
Amarillo	亚麻黄			√	√	√						
Apolo	阿波罗				√		√		√		√	√
Azacca	阿扎卡	√		√								
Bitter Gold	苦金		√	√								
Bravo	喝彩	√				√						
Brewer's Gold	酿造者金	√					√					
IBUllion	布林	√										
CTZ	哥伦布/战斧/宙斯				√	√	√				√	
Calypso	卡利泊颂	√		√	√				√			
Cascade	卡斯卡特	√			√	√						
Cashmere	喀什米尔	√			√					√		
Centennial	世纪				√	√						
Chelan	奇兰				√	√						
Chinook	奇努克				√		√				√	
Citra	西楚	√		√	√							
Cluster	克拉斯特				√	√	√					

续表

酒花品种英文名称	酒花品种中文名称	水果香	坚果香	热带水果香	柑橘香	花香	辛辣味	烟草、泥土香	雪松香	药草香	松木香	青草香
Columbia	哥伦比亚	√						√				
ColumIBUs	哥伦布						√					
Comet	彗星				√			√				
Crystal	水晶					√	√					
Delta	德尔塔	√			√	√	√			√	√	
Denali	德纳丽	√		√	√						√	
Ekuanot	春秋			√	√					√		
El Dorado	埃尔德拉多	√	√	√								
Eroica	爱柔卡	√										
Eureka	尤里卡	√		√						√		
First Gold	首金	√			√	√	√	√		√	√	
Fuggle	法格尔	√						√				
Galena	格丽娜		√		√		√					
Glacier	冰川	√							√			
Golding	金牌					√	√					
Hallertau	哈拉道					√	√			√		
Horizon	地平线					√	√					
Idaho 7	爱达荷7号	√		√	√					√	√	
Jarrylo	亚利洛	√			√		√					
Lemondrop	柠檬滴	√			√					√		
Liberty	自由				√		√					
Magnum	马格努门	√	√		√		√	√	√	√	√	√
Meridian	子午线	√		√	√							
Millennium	千禧					√		√		√		
Mosaic	摩西				√	√						√
Mt. Hood	胡德峰						√	√		√		
Mt. Rainer	雷尼尔峰				√	√	√					
Newsport	纽波特										√	
N. Brewer	北酿							√		√		

续表

酒花品种英文名称	酒花品种中文名称	水果香	坚果香	热带水果香	柑橘香	花香	辛辣味	烟草、泥土香	雪松香	药草香	松木香	青草香
Nugget	拿格特						√			√		
Olympic	奥林匹克				√		√					
Palisade	芭乐西		√							√		√
PEKKO	派克			√	√	√				√		
Perle	珍珠					√	√					
Saaz	萨兹						√		√			
Santiam	圣西姆					√	√					
Serebrianka	赛睿布兰卡	√				√			√			
Simcoe	西姆科				√		√				√	
Sorachi Ace	空知王牌				√					√		√
Spalter	斯派尔特								√			
Sterling	斯特林				√	√	√					
Strissel Spalter	斯垂瑟 斯派尔特				√	√	√		√			
Summit	顶峰				√		√		√			
Super Galena	超级格丽娜	√			√		√			√		√
Tahoma	战斧				√				√			
Talisman	塔利斯曼											
Teamaker	茶农						√			√		
Tettnanger	泰特南						√					
Tillicum	特利库姆	√	√		√							
Tomahawk	战斧	√	√						√			
Topaz	陶佩兹			√			√					√
Triple Perle	三倍体珍珠	√				√	√					
Ultra	犹他					√	√					
Vanguard	先锋					√				√		
Warrior	勇士				√					√		√
Willamette	威廉麦特					√	√					
Yakima Gold	雅基玛金	√			√	√	√		√			√
Zeus	宙斯				√		√					

注：资料源自美国酒花种植者协会（HGA，Hop Grower of American），表格内描述的酒花所含香气类型，与香气含量无关。

附录二　美国苦型酒花特征一览表

酒花品种	世系	苦味指标			特点
		α-酸/%	β-酸/%	合葎草酮/%	
Apolo (阿波罗)	Zeus(宙斯) (2005)	15.0~19.0	5.5~8.0	24.0~28.0	苦味干净强烈,柑橘香浓郁,可作香花、干投。
Azacca (尔扎卡)	顶峰,酿造金 (2014)	14.0~16.0	4.0~5.5	38.0~45.0	强烈的柑橘香,熟芒果香,松针气味,香花、极其适合干投——这其实是一种极其受欢迎的兼优酒花。
Bravo (喝彩)	Zeus(宙斯) (2006)	12.0~14.0	3.0~5.0	29.0~34.0	苦味质量适中,泥土香、草本香、花香、果香出众,可干投。
Cluster (克拉斯特)	US×UK	7.6~8.9	4.9~5.6	37.0~40.0	世界上贮存性最好的苦花,果香为主,泥土香、辛香、百花香为辅,适于所有啤酒类型。
Chelan (奇兰)	Galena (格丽娜) (1994)	12.0~14.5	8.5~9.8	33.0~35.0	苦花,β-酸极高,苦味柔和;在美式淡色艾尔中可作香花加在煮沸末期。
Chinook (奇努克)	Petham Golding (佩萨姆金) (1985)	12.2~15.3	3.4~3.7	28.0~33.0	苦味干净强烈,松香、辛香明显,更多用作香花,在高浓啤酒、世涛以及IPA中有非常杰出的表现。
Columbus (哥伦布) Tomahawk (战斧) Zeus (宙斯)	Nugget (拿格特)	14.5~16.5	4.0~5.0	28.0~32.0	合成CTZ,美国种植面积最大的品种,α-酸含量高,苦味优异,酒花油含量远超香花,香气浓郁,啤酒集团和精酿啤酒都大量使用。
Galena (格丽娜)	酿造金 (1978)	10.0~14.0	7.0~9.0	32.0~42.0	β-酸含量高,苦味极其柔和,耐贮存;香气类似老布林酒花,以柑橘香和甜蜜核果香为主,同时带有木香和青草香。

401

续表

酒花品种	世系	苦味指标			特点
		α-酸/%	β-酸/%	合葎草酮/%	
Millennium（千禧）	Nugget（拿格特）（2000）	14.5~16.5	4.3~5.3	28.0~32.0	类似拿格特和哥伦布的苦味，草本香突出。
Nugget（拿格特）	酿造金，坎特伯雷金牌（1983）	13.5~15.5	4.4~4.8	23.0~25.0	经典苦花，新型苦花的鼻祖，非常突出的草本香。
Newport（纽波特）	Magnum（马格努门）（2002）	13.5~17.0	7.2~9.1	36.0~38.0	β-酸含量高，苦味不够干净，泥土香、柑橘香明显。
Summit（顶峰）	Nugget（拿格特），Zeus(宙斯)（2003）	16.9~18.5	5.5~6.6	27.0~29.0	第一款侏儒酒花，柑橘香和葡萄柚香出众，可本行 IPA，双料 IPA。
Comet（彗星）	野生（1961）	9.4~12.4	3.0~6.1	40.0~45.0	接骨木花香，干投少量辛辣味就很明显，因此毁誉参半。
Warrior（勇士）	未知	15.8~18.2	4.4~5.4	25.0~27.0	极其干净的苦味，突出的草本香、柑橘香，新型苦花的佼佼者。

附录三 新西兰酒花特征汇总表

酒花品种英文名称	酒花品种中文名称	α-酸/%	β-酸/%	石竹烯/%	柑橘香类组分/%	开合葎草酮/%(α酸)	法呢烯/%	花香类组分/%	葎草烯/%	香叶烯/%	其他组分/%	总油含量/(mL/100g)
Cascade	卡斯卡特	6.0~8.0	5.0~5.5	5.4	6.1	37	6	2.2	14.5	53.6		1.1
Chinook (NZ)	新西兰奇努克	12.1~12.2	7.6	7.56	7.49	29~34	0.08	3.96	17.3	38.5	16.7	0.89
Dr. Rudi	鲁迪博士	10~12.0	7~8.5	10.1	8	33	0.5	2.4	33.2	29.2		1.3
Fuggle (NZ)	新西兰法格尔	6.1	2.8~3.3	12.5	2.65	25~32	0.27	2.99	42.4	29.3		0.86
Golding (NZ)	新西兰金牌	4~4.2	4.6~4.8	13.2	3.66	20~25	0.34	3.26	48.4	13.7		0.3
Green IBUllet	绿色子弹	11~14.0	6.5~7.0	9.2	7.9	38~39	0.3	2.3	28.2	38.3		1.1
Kohatu	靠海图	6.0~7.0	4.0~5.0	11.5	3.5	21	0.3	2.7	36.5	35.5		1
Liberty (NZ)	新西兰自由	5.9	4.7	9.57	2.83	24~30	0.25	2.84	35.2	36.7		0.71
Motueka	莫图依卡	6.5~7.5	5.0~5.5	2	18.3	29	12.2	4	3.6	47.7	10.4	0.8
Nelson Sauvin	尼尔森苏维	12~13.0	6~8.0	10.7	7.8	24	0.4	2.8	36.4	22.2	14	1.1
Pacific Gem	太平洋金	13~15	7~9.0	11	9.4	37	0.3	1.8	29.9	33.3		1.2

续表

酒花品种英文名称	酒花品种中文名称	α-酸/%	β-酸/%	石竹烯/%	柑橘香类组分/%	异合率葎酮/%/g α酸	法呢烯/%	花香类组分/%	葎草烯/%	香叶烯/%	其他组分/%	总油含量/(mL/100g)
Pacific Jade	太平洋翡翠	12~14.0	7~8.0	10.2	6.5	24	0.3	2.4	32.9	33.3	14.4	1.4
Pacifica	帕西菲卡	5.0~6.0	6	16.7	6.9	25	0.2	1.6	50.9	12.5	5.7	1
Rakau	拉考	10~11.0	5.0~6.5	5.2	5.7	24	4.5	1.2	16.3	56	9	2.15
Riwaka	瑞瓦卡	4.5~6.5	4.0~5.0	4	5.9	32	1	2.8	9	68		1.5
Southern Cross	南部穿越	11~14.0	5~6.0	6.7	6.9	25~28	7.3	2.7	20.8	31.8		1.2
Sticklebract	史迪克大宝	12.3	6.6	12.6	18	38	6.7	4.7	25.5	15.1		0.8
Styrian Golding	斯特兰金牌	5.1~6.1	2.4~3.5	10.6	3	25~30	10.8	2.89	32	26.9		0.55
Wai-iti	味之道	2.5~3.5	4.5~5.5	9	8	22~24	13	2.4	28	3		1.6
Waimea	味美	16~19	7~9.0	2.6	6.2	22~24	5	2.1	9.5	60		2.1
Wakatu	哇卡图	6.5~8.5	8.5	8.2	9.5	28~30	6.7	3.2	16.8	35.5	17	1
Willamette(NZ)	威廉麦特	6~7.6	3.8~3.9			30~35	5	2.55	20	30		1.5
Wye Challenger	威挑战者	8.9	5.8	6.9	11.5		0.21		25.8	36		0.6

注:据北京理博兆禾酒花有限公司新西兰酒花资料。

附录四　欧洲酒花品种、成分和香气特征

酒花品种	α-酸/%	β-酸/%	合葎草酮/%	酒花油总量/(mL/100g)	葎草烯占总油量/%	法呢烯占总油量/%	里那醇占总油量/%	香气特征
Apollo(阿波罗)	15.0~19.0	5.5~8.0	24~28	0.8~2.5	0.35~0.62	0.00~1.00	0.2~0.4	酸橙，葡萄柚，松木
Bravo(喝彩)	14.0~17.0	3.0~5.0	29~34	1.6~2.4	0.58	0.00~1.00	0.2~0.3	橙子，花香，果香，香草
Calypso(卡利泊颂)	12.0~14.0	5.0~6.0	40~42	1.6~2.5	0.44	0.00~1.00	0.3~0.5	梨，苹果，热带水果，薄荷
Delta(德尔塔)	5.5~7.0	5.5~7.0	22~24	0.5~1.1	0.34		0.8~1.2	辛辣的，泥土的，生美的，柑橘味的
Denali(德纳里峰)	13.0~15.0	4.0~5.0	22~26	2.5~4.0				凤梨，松木，柑橘
Eureka(尤里卡)	17.0~19.9	4.6~6.0	28~30	2.5~4.4		0.10~0.30	0.2~0.5	黑醋栗，深色水果，强烈草本味，松树
Lemondrop(柠檬滴)	5.0~7.0	4.0~6.0	28~34	1.5~2.0	0.56~0.58	6.00~7.00	0.4~0.6	柠檬，薄荷，绿茶，小甜瓜
Super Galena(超级格丽娜)	13.0~16.0	8.0~10.0	35~40	0.8~2.5	0.38~0.47	0.00~1.00	0.3~0.6	青草味，辛辣味
Zeus(宙斯)	15.0~17.0	4.0~6.0	27~35	2.5~3.5	0.57	0.00~1.00	0.4~0.6	黑胡椒，洋葱，轻微柠檬色
Ariana(阿里安娜)	9.0~13.0	4.5~6.0	40~42	1.6~2.4				黑浆果，黑醋栗，桃子，梨，热带水果，树脂质的
Bitter Gold(苦金)	12.0~15.0	4.0~6.0	30~45	1.0~2.5	0.60~0.70	0.10~0.20	0.4~0.6	松树，葡萄柚，花香
Brewers Gold(酿造者金牌)	5.7~7.8	2.9~3.7	40~48	1.6~2.2	0.20	0.00~1.00		醋栗，辛辣，果香

续表

酒花品种	α-酸/%	β-酸/%	合葎草酮/%	酒花油总量/(mL/100g)	葎草烯占总油量/%	法呢烯占总油量/%	里那醇占总油量/%	香气特征
Cascade(卡斯卡特)	4.5~7.0	4.5~7.0	33~40	0.8~1.5	0.32	4.00~8.00	0.4~0.6	果香,柑橘,药草
Centennial(世纪)	9.5~11.5	3.5~4.5	29~30	0.8~2.3	0.46	0.00~1.00	1.0~1.3	柠檬,树脂质的,香草
Callista(卡莉斯塔)	2.0~5.0	5.0~10.0	15~21	1.4~2.1				果香浓郁,杏,西番莲,红浆果
Chinook(奇努克)	12.0~14.0	3.0~4.0	29~34	1.5~2.5	0.44	0.00~1.00	0.2~0.4	杏,葡萄柚,树脂
Cluster(克劳斯特)	5.0~8.5	4.5~5.5	36~42	0.4~1.0	0.39	0.00~1.00	0.3~0.5	葡萄柚,松树,洋葱
Columbus(哥伦布)	15.0~17.0	4.5~5.0	30~35	2.5~3.5	0.60~0.61		0.4~0.6	黑胡椒,药草,轻微柑橘,甘草
Comet(彗星)	8.0~10.5	3.0~6.0	34~37	1.0~2.0	0.32	1.20~1.50	0.6~1.0	葡萄柚,酸橙,青草味
Crystal(水晶)	2.5~4.0	4.0~6.5	19~23	0.8~1.8	0.29	0.00~1.00	0.6~0.8	青草味,松木,柑橘
Fuggle(法格尔)	3.0~6.0	2.0~3.0	30~33	0.7~1.2	0.30	5.00~6.00		温柔的,青草的,薄荷,泥土的
Galena(格丽娜)	10.0~13.5	7.0~9.0	35~40	0.9~1.2	0.32	0.00~1.00	0.1~0.3	柠檬,泥土,洋葱
Glacier(冰川)	3.3~9.7	5.4~9.5	11~13	0.7~1.6	0.28	0.00~1.00		酒花香
Golding(金牌)	4.0~7.0	2.0~3.0	23~25	0.6~1.0	0.30~0.39	0.00~4.50	1.0~1.1	辛辣,泥土的,药草的味道
Hallertau Blanc(哈拉道长相思)	9.0~12.0	4.0~6.0	22~26	0.8~1.5	0.70~2.00	0.00~3.50	0.2~0.5	白酒,咖啡,黑醋栗,醋栗
Magnum(马格努门)	11.0~16.0	5.0~7.0	21~29	1.9~2.8	0.20~0.30	0.00~1.00	0.2~0.3	果香,苹果,梨

品种							香气
Hallertauer Merkur（哈拉道默克）	10.0~14.0	3.5~7.0	17~22	1.4~2.2	0.28	0.00~1.00	0.6~1.1	柑橘，糖果香，菠萝
Hallertauer（哈拉道）	3.0~5.5	3.0~5.0	18~28	0.7~1.3	0.29~0.30	0.00~1.00	0.7~1.1	柑橘，糖果香，薄荷，菠萝
Hallertauer Taurus（哈拉道淘乐思）	12.0~17.0	4.0~6.0	20~25	0.9~1.5	0.30~0.31	0.00~1.00	1.0~1.5	辛辣，青草，茶，轻微柑橘色
Hallertauer（哈拉道）	4.0~7.0	3.0~6.0	24~30	0.3~0.7	0.28~0.30	0.00~1.00	0.7~1.3	茶，辛辣，橙子，薰衣草
Herkules（海库乐斯）	13.0~17.0	4.0~5.5	31~38	1.4~2.4	0.28~0.30	0.00~1.00	0.3~0.8	胡椒，辛辣，树脂，橙子
Hersbrucker（赫斯布鲁克）	1.5~4.0	2.5~6.0	17~25	0.5~1.0	0.40~0.44	0.00~1.00	0.5~1.0	辛辣，干草，橙子，烟草
Huell Melon（胡乐香瓜）	6.9~7.5	6.0~9.0	25~30	0.5~0.8	0.50~1.28	0.00~19.80	0.4~0.7	甜瓜，热带水果，橙子，香草
Horizon（地平线）	10.0~14.0	6.0~8.5	18~20	1.5~2.5	0.72	2.00~3.00	1.1~1.3	温和的，辛辣，柑橘
Liberty（自由）	3.5~6.5	3.0~4.0	24~28	0.7~1.2	0.30	0.00~1.00		
Mandarina Bavaria（巴伐利亚橘香）	7.0~10.0	4.0~7.0	31~35	1.1~2.1	0.28~0.31	0.10~3.30	0.1~0.6	橘子，葡萄柚，酸橙，泡泡糖
Melba（梅尔巴）	7.0~10.0	2.5~5.0	25~35	2.0~4.0				西番莲，葡萄柚，柑橘和夏季水果
Hallertau Mittelfrüeh（哈拉道中晚熟）	4.0~8.0	4.0~7.5	22~23	1.0~1.7	0.46	0.00~1.00	0.5~0.7	花香，药草，龙蒿，蜂蜜
Northern Brewer（北酿）	6.0~10.0	3.0~5.0	27~32	1.0~1.6	0.30~0.40	0.00~1.00	0.3~0.8	青草，辛辣，酸橙，松木，薄荷
Nugget（拿格特）	11.0~14.0	4.0~6.0	24~30	1.5~3.0	0.50	0.00~1.00	0.8~1.0	生姜，菠萝，花香

续表

酒花品种	α-酸/%	β-酸/%	合葎草酮/%	酒花油总量/(mL/100g)	葎草烯占总油量/%	法呢烯占总油量/%	里那醇占总油量/%	香气特征
Opal（蛋白石）	5.0~8.0	3.5~5.5	15~17	0.8~1.3	0.30~0.39	0.00~1.00	1.0~1.5	药草,胡椒,青草,茴香
Perle（珍珠）	4.0~9.0	2.5~4.5	29~35	0.5~1.3	0.30~0.33	0.00~1.00	0.2~0.6	茶,辛辣,新鲜水果,胡椒
Polaris（北极星）	19.0~23.0	4.0~6.0	22~28	2.4~4.4	0.40	0.00~1.00	0.1~0.4	薄荷,冰酒,菠萝
Saaze（萨兹）	2.8~3.5	3.0~5.0	24~26	0.3~0.7	0.28~0.40	14.00~22.00	0.3~0.5	青草,树脂,柠檬
Saphir（蓝宝石）	2.0~4.5	4.0~7.0	12~17	0.6~1.4	0.40~0.50	0.00~1.00	0.8~1.3	柑橘,辛辣,花香
Spalter（斯派尔特）	2.5~5.5	3.0~5.0	22~29	0.5~1.0	0.40	12.0~18.00	0.5~0.8	辛辣,果香,花香,松木,香草,茶
Spalter Select（斯派尔特精选）	3.0~6.5	2.5~5.0	21~27	0.5~0.9	0.37~0.40	14.50~22.00	1.0~1.5	辛辣,花香,青草
Strissel Spalt（斯垂塞 斯派尔特）	3.0~5.0	3.0~5.5	20~25	0.6~0.8	0.40	0.00~1.00	0.5~0.6	葡萄柚,柑橘,药草
Styrian Golding（施蒂里亚金牌）	4.0~7.0	2.5~4.5	27~31	0.3~0.9	0.33~0.40	3.40~10.00	0.5~1.2	柠檬,绿茶,药草
Sorachi Ace（空知王牌）	10.0~15.2	6.0~10.2	20~25	2.5~4.5	0.28~0.33	0.70~1.80	0.1~0.3	柠檬,甜,杉木
Sterling（斯特林）	4.0~6.0	5.0~6.0	21~23	0.8~1.2	0.33	13.00~15.00	0.7~0.9	花香,茶,烟草,胡椒
Summit（顶峰）	13.0~18.0	3.5~5.5	28~35	1.5~2.5	0.63	0.00~1.00	0.5~0.7	柑橘,辛辣,大蒜
Tettnanger（泰特南）	2.5~5.5	3.0~5.0	22~28	0.4~0.9	0.28~0.30	14.00~24.00	0.4~0.9	辛辣,花香,胡椒,黑茶
Vanguard（先锋）	4.0~6.0	5.0~7.5	14~16	0.8~1.2	0.28	0.00~1.00	0.4~0.6	热带水果,柠檬,青草,茶
Willamette（威廉麦特）	4.5~7.0	3.0~4.0	30~35	1.0~1.5	0.30	5.00~6.00	0.4~0.6	辛辣,泥土,生姜,柑橘

品种						香气
Northdown(北丘)	6.0~10.0	4.5~6.5	30~32	1.2~2.2	0.30	1.00~2.00	辛辣,花香,松木
Aurora(曙神星)	7.5~8.8	3.3~5.0	22~26	0.8~1.4	0.30~0.40	5.00~10.00	花香,柑橘,药草,茴香,茶
Boadicea(博阿迪西亚)	8.0~9.0	3.5~3.7	25~27	1.4~1.6	0.80	4.00~6.00	辛辣,花香,干燥水果,热水果
Progress(进程)	5.0~7.0	2.0~2.5	27~29	0.5~0.8	0.30	0.00~1.00	辛辣,醋栗,黑醋栗所酿的酒
Bor(博尔)	7.0~11.0	4.0~7.0	22~26	0.7~1.5	0.30	0.00~1.00	酒花香,辛辣
White breads Golding(白面包金牌)	5.0~8.0	2.0~2.5	33~35	0.8~1.2	0.30	1.50~2.50	果香,甜瓜,药草
Santiam(圣西姆)	5.5~7.0	7.0~8.5	20~22	1.3~1.7	0.29	13.00~16.00	辛辣,药草,花香
Marynka(玫琳凯)	9.0~12.0	10.0~13.0	26~33	1.6~2.2	0.40~0.50	1.50~2.60	茴香,葡萄柚,柠檬
Phoenix(菲尼克斯)	8.0~12.0	4.0~5.5	29~31	1.2~2.5	0.40	1.00~2.00	辛辣,巧克力
Challenger(挑战者)	5.0~9.0	3.0~4.0	27~30	1.0~1.5	0.30	1.00~2.00	辛辣,绿茶,雪松
Sovereign(索夫林)	5.0~6.0	2.2~2.4	27~29	0.6~0.8	0.40	3.40~3.80	果香,梨,甜
First Gold(首金)	6.0~10.0	3.0~4.0	32~35	0.7~1.3	0.30	0.00~1.00	红浆果,药草,橙子,柑橘
Premiant(普瑞敏特)	8.0~12.5	4.5~8.0	22~23	1.1~1.8	0.28~0.30	1.00~1.50	果香,柠檬,薰衣草
Lublin(卢布林)	3.0~4.5	2.5~3.5	25~30	0.7~1.2	0.30	10.00~12.00	茶,柠檬,花香
Target(目标)	8.0~13.0	4.5~5.5	35~37	1.2~1.4	0.50	0.00~1.00	药草,花香,柑橘,橘子
Mt. Rainier(雷尼尔峰)	5.0~9.4	5.0~9.4	20~25	0.2~2.2	0.5	0.00~0.20	青草,雪松,柠檬,茶
Nelson Sauvin(尼尔森苏维)	12.0~14.0	6.0~8.0	23~25	1.1~1.5	0.33	0.00~1.00	白酒,果香,葡萄,醋栗

续表

酒花品种	α-酸/%	β-酸/%	合葎草酮/%	酒花油总量/(mL/100g)	葎草烯占总油量/%	法呢烯占总油量/%	里那醇占总油量/%	香气特征
Smaragd(祖母绿)	4.0~6.0	3.5~5.5	13~18	0.4~0.8	0.30~0.33	0.00~1.00	0.8~1.4	辛辣,茴香,烟草,丁香
Admiral(海军上将)	11.0~15.0	5.0~6.0	42~44	1.0~1.7	0.30	1.00~2.00		果香,茶,柑橘
Bober(博伯)	3.0~7.0	4.0~7.0	25~35	0.7~4.0	0.40	4.00~8.00	1.0~2.0	花香,酒花香,松木,酸橙
Pilgrim(皮尔格林)	9.0~13.0	4.5~5.0	36~38	1.2~1.8	0.40	0.00~1.00	0.1~0.2	辛辣,柑橘,梨
Pride of Ringwood(林伍德的骄傲)	7.0~10.0	4.0~6.0	33~39	1.0~2.0	1.36	0.00~1.00		果香,柑橘,雪松,药草
Sladek(斯拉德克)	4.5~8.5	5.0~9.0	23~26	0.6~1.2	0.30	0.00~1.00		果香,西番莲,柑橘
BramLing Cross(布拉姆林十字)	5.0~7.0	2.0~3.5	33~35	0.7~1.0	0.50	0.00~1.00		葡萄柚,香草,醋栗

附录五　安琪啤酒酿造酵母产品速查指南

分类	产品及型号	酵母属性	适宜温度	发酵速度	凝集性	酒精度	酿酒特性
酵母	啤酒酵母 BF16	拉格酵母	10.0~20.0℃	温和	强	中高	泡沫丰富，香气细腻，适用于比尔森等拉格啤酒的发酵
	啤酒酵母 CN36	爱尔酵母	10.0~25.0℃	快	强	中高	酯香淡雅，口感温润，可实现中高酒度的啤酒发酵，可适用于上面、下面两种发酵工艺
	啤酒酵母 CS31	爱尔酵母	15.0~25.0℃	温和	中等	高	酒体水果味、酯香味香气突出，可适用于高酒精度的啤酒发酵
	啤酒酵母 S129	爱尔酵母	13.0~30℃	较快	中等	高	不产硫化氢（H_2S）杂交酵母，富含辛香、柑橘香气，发酵度高，适合干型啤酒的酿造
	啤酒酵母 WA18	爱尔酵母	10.0~22.0℃	快	中等	中高	启酵旺盛，发酵度中等，发酵力强劲，有明显的香蕉等热带水果香气
	啤酒酵母 W38	爱尔酵母	17~24℃	快	中等	高	起酵迅速，发酵度高，不产 H_2S 融合酿酒酵母，辛香、丁香显著，馥郁的水果香气，应用于小麦啤酒的酿造
	啤酒酵母 Classic	爱尔酵母	10.0~25.0℃	快	强	中高	泡沫丰富，口感风味俱佳，性价比高，广泛应用于爱尔、拉格、小麦啤酒等工艺
	果酒酵母 BV818	巴氏酵母	8.0~32.0℃	快	强	高	突出水果品种典型性，适用于低温、低营养等高耐性发酵需求，酒精度可达 17% 以上
	果酒酵母 VIC	巴氏酵母	10.0~35.0℃	较快	强	高	不产 H_2S 等异杂味，香气纯净清新，发酵力强，嗜杀性好，适用于白葡萄酒、起泡酒和高质量餐酒

续表

	产品及型号	成分	酿酒特性
酵母制品	甘露糖蛋白 MP60	甘露糖蛋白≥40.0%，总多糖≥60.0%，溶解率≥95.0%	易溶起效快，改善酒的稳定性，提升口感饱满度与协调性，用于酒体感官优化处理，适宜陈酿至装瓶前添加
	发酵营养剂 FN502	酵母天然提取物，溶解率100%	快速提供氨基酸、维生素和矿物质等生长因子，满足酵母代谢需求
其他	家庭啤酒套装 PORT66	纯品浓缩麦芽汁、高档酒花、优质啤酒酵母	套装种类有琥珀啤酒、美式 IPA、至尊欧式拉格啤酒、德国小麦啤酒，每套装可酿制 23L 手工啤酒

附录六　啤酒中 CO_2 含量与压力及温度的关系

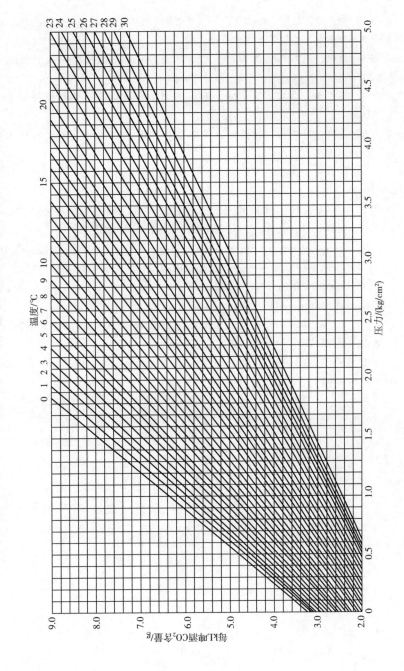

参考文献

［1］周广田，聂聪，崔云前，等．啤酒酿造技术．济南：山东大学出版社，2004

［2］董小雷，等．啤酒感官品评技术．北京：中国化工出版社，2008

［3］聂聪，周广田，崔云前，等．济南：第八届国际啤酒饮料技术研讨会资料汇编，2011

［4］周广田，聂聪，董小雷，等．济南：第九届国际啤酒饮料技术研讨会资料汇编，2013

［5］聂聪，周广田，崔云前，等．济南：第十届国际啤酒饮料技术研讨会资料汇编，2015

［6］崔云前，聂聪，董小雷，等．济南：第十一届国际啤酒饮料技术研讨会资料汇编，2017

［7］Patrick L. Ting , David S. Ryder, （2017）The Bitter, Twisted Truth of the Hop：50 Years of Hop Chemistry，J. Am. Soc. Brew. Chem. 75（3）：161~180.

［8］Cynthia Almaguer，Christina Schönberger，Martina Gastl et al.（2014）Humulus lupulus- a story that begs to be told. A review，J. Inst. Brew. 2014；120：289~314.

［9］Dennis E. Briggs. Brewing Science and Practice. Boca Raton, USA. Woodhead Publishing Limited and CRC Press LLC，2004

［10］C. W. Bamforth. Brewing and New Technology, Boca Raton, USA. Woodhead Publishing Limited and CRC Press LLC，2006

［11］Wolfgang Kunze. Technology Brewing & malting, 5th revised English edition. Berlin, Germany. Published by VLB，2014